21世纪高等学校规划教材 | 物联网

物联网软件工程

张 凯 主编

清华大学出版社
北京

内容简介

本书是物联网专业"软件工程"课程的教材，内容包括物联网软件工程概述、物联网系统工程、物联网软件开发管理、需求分析、软件系统设计、编码与实现、软件测试与维护、物联网软件开发技术、物联网工程案例、综合实验，以及练习题和参考答案。

本书可作为高等院校计算机专业物联网方向"软件工程"课程的教材或教学参考书，也可作为软件开发工具物联网的学者和爱好者的参考书。

图书在版编目(CIP)数据

物联网软件工程/张凯主编.—北京：清华大学出版社，2013(2018.8 重印)
(21 世纪高等学校规划教材・物联网)
ISBN 978-7-302-32594-9

Ⅰ.①物…　Ⅱ.①张…　Ⅲ.①互联网络—应用—软件工程—高等学校—教材 ②智能技术—应用—软件工程—高等学校—教材　Ⅳ.①TP393.4 ②TP18

中国版本图书馆 CIP 数据核字(2013)第 117745 号

责任编辑：闫红梅　王冰飞
封面设计：傅瑞学
责任校对：时翠兰
责任印制：董　瑾

出版发行：清华大学出版社
网　　址：http://www.tup.com.cn，http://www.wqbook.com
地　　址：北京清华大学学研大厦 A 座　　**邮　　编**：100084
社 总 机：010-62770175　　**邮　　购**：010-62786544
投稿与读者服务：010-62776969，c-service@tup.tsinghua.edu.cn
质量反馈：010-62772015，zhiliang@tup.tsinghua.edu.cn
课件下载：http://www.tup.com.cn，010-62795954
印 装 者：北京建宏印刷有限公司
经　　销：全国新华书店
开　　本：185mm×260mm　　**印　　张**：25.25　　**字　　数**：610 千字
版　　次：2013 年 12 月第 1 版　　**印　　次**：2018 年 8 月第 6 次印刷
印　　数：3501～3800
定　　价：49.00 元

产品编号：050131-02

出版说明

随着我国改革开放的进一步深化，高等教育也得到了快速发展，各地高校紧密结合地方经济建设发展需要，科学运用市场调节机制，加大了使用信息科学等现代科学技术提升、改造传统学科专业的投入力度，通过教育改革合理调整和配置了教育资源，优化了传统学科专业，积极为地方经济建设输送人才，为我国经济社会的快速、健康和可持续发展以及高等教育自身的改革发展做出了巨大贡献。但是，高等教育质量还需要进一步提高以适应经济社会发展的需要，不少高校的专业设置和结构不尽合理，教师队伍整体素质亟待提高，人才培养模式、教学内容和方法需要进一步转变，学生的实践能力和创新精神亟待加强。

教育部一直十分重视高等教育质量工作。2007 年 1 月，教育部下发了《关于实施高等学校本科教学质量与教学改革工程的意见》，计划实施"高等学校本科教学质量与教学改革工程（简称'质量工程'）"，通过专业结构调整、课程教材建设、实践教学改革、教学团队建设等多项内容，进一步深化高等学校教学改革，提高人才培养的能力和水平，更好地满足经济社会发展对高素质人才的需要。在贯彻和落实教育部"质量工程"的过程中，各地高校发挥师资力量强、办学经验丰富、教学资源充裕等优势，对其特色专业及特色课程（群）加以规划、整理和总结，更新教学内容、改革课程体系，建设了一大批内容新、体系新、方法新、手段新的特色课程。在此基础上，经教育部相关教学指导委员会专家的指导和建议，清华大学出版社在多个领域精选各高校的特色课程，分别规划出版系列教材，以配合"质量工程"的实施，满足各高校教学质量和教学改革的需要。

为了深入贯彻落实教育部《关于加强高等学校本科教学工作，提高教学质量的若干意见》精神，紧密配合教育部已经启动的"高等学校教学质量与教学改革工程精品课程建设工作"，在有关专家、教授的倡议和有关部门的大力支持下，我们组织并成立了"清华大学出版社教材编审委员会"（以下简称"编委会"），旨在配合教育部制定精品课程教材的出版规划，讨论并实施精品课程教材的编写与出版工作。"编委会"成员皆来自全国各类高等学校教学与科研第一线的骨干教师，其中许多教师为各校相关院、系主管教学的院长或系主任。

按照教育部的要求，"编委会"一致认为，精品课程的建设工作从开始就要坚持高标准、严要求，处于一个比较高的起点上；精品课程教材应该能够反映各高校教学改革与课程建设的需要，要有特色风格、有创新性（新体系、新内容、新手段、新思路，教材的内容体系有较高的科学创新、技术创新和理念创新的含量）、先进性（对原有的学科体系有实质性的改革和发展，顺应并符合 21 世纪教学发展的规律，代表并引领课程发展的趋势和方向）、示范性（教材所体现的课程体系具有较广泛的辐射性和示范性）和一定的前瞻性。教材由个人申报或各校推荐（通过所在高校的"编委会"成员推荐），经"编委会"认真评审，最后由清华大学出版社审定出版。

目前，针对计算机类和电子信息类相关专业成立了两个“编委会”，即“清华大学出版社计算机教材编审委员会”和“清华大学出版社电子信息教材编审委员会”。推出的特色精品教材包括：

(1) 21 世纪高等学校规划教材·计算机应用——高等学校各类专业，特别是非计算机专业的计算机应用类教材。

(2) 21 世纪高等学校规划教材·计算机科学与技术——高等学校计算机相关专业的教材。

(3) 21 世纪高等学校规划教材·电子信息——高等学校电子信息相关专业的教材。

(4) 21 世纪高等学校规划教材·软件工程——高等学校软件工程相关专业的教材。

(5) 21 世纪高等学校规划教材·信息管理与信息系统。

(6) 21 世纪高等学校规划教材·财经管理与应用。

(7) 21 世纪高等学校规划教材·电子商务。

(8) 21 世纪高等学校规划教材·物联网。

清华大学出版社经过三十多年的努力，在教材尤其是计算机和电子信息类专业教材出版方面树立了权威品牌，为我国的高等教育事业做出了重要贡献。清华版教材形成了技术准确、内容严谨的独特风格，这种风格将延续并反映在特色精品教材的建设中。

清华大学出版社教材编审委员会

联系人：魏江江

E-mail：weijj@tup.tsinghua.edu.cn

前言

"物联网软件工程"课程是物联网专业本科生的一门专业课。作为一门新兴的专业和课程,编者深感市面上的教材与实际教学有一定的差距。目前市面上物联网专业的教材比较少,物联网软件工程教材更是凤毛麟角。

本书在构思方面具有三大特色:第一,本书系统介绍软件工程理论体系;第二,在理论体系的基础上,通过实例,介绍物联网软件工程的开发方法;第三,本书安排了实验环节和大量练习(课后习题、总复习题和期末考试模拟试卷)。

本书共分10章:第1章物联网软件工程概述;第2章物联网系统工程;第3章物联网软件开发管理;第4章需求分析;第5章软件系统设计;第6章编码与实现;第7章软件测试与维护;第8章物联网软件开发技术;第9章物联网工程案例;第10章综合实验。

本书由张凯教授策划、主编、审核、修改和定稿。研究生张雯婷做了大量的资料整理工作,并编制了习题(课后习题、总复习题和期末考试模拟试卷),刘爱芳老师对全书进行了文字校对。在此,对所有参加本书编写工作的人员和关心本书的学者表示衷心的感谢。

在本书的编写过程中,参考和引用了大量国内外的著作、论文、研究报告和网站文献。由于篇幅有限,本书仅仅列举了主要参考文献。作者向所有被参考和引用论著的作者表示由衷的感谢,他们的辛勤劳动成果为本书提供了丰富的资料。

本书是对"物联网"课程和教材的一种探索,包括教学内容和教学法。尽管作者做出了巨大努力,但因能力有限,本书难免存在一些错误,望读者对此提出宝贵意见。

目前,清华大学出版社的数字化教学平台已经运行,本书的课件将在出版时上传,届时读者可以从中下载。另外,如果其他院校授课教师有什么具体或特殊要求,包括期末考试题电子稿、教学计划、实验大纲、背景资料等,请直接与作者联系,我们将尽量满足您的愿望。

电子邮件:zhangkai@znufe.edu.cn(联系人:张凯)。

编　者

2013年6月

目 录

第1章 物联网软件工程概述

本章重点介绍物联网软件工程的概念、软件工程方法和开发模型。本章要求学生了解物联网软件工程的概念、方法和模型。

1.1 物联网软件工程简介

本节重点介绍物联网软件工程的概念、物联网软件工程过程和软件生命周期。

1.1.1 物联网软件工程的概念

物联网是通过各种信息传感设备及系统，如传感器、射频识别(RFID)技术、全球定位系统(GPS)、红外感应器、激光扫描器、气体感应器等各种装置与技术，实时采集任何需要监控、连接、互动的物体或过程，采集其声、光、热、电、力学、化学、生物、位置等各种需要的信息，与Internet结合形成的一个巨大网络。

物联网系统由三部分组成：第一个是感知，将物品信息进行识别、采集；第二个是可靠传递，就是通过现有的2G、3G以及未来的4G通信网络将信息进行可靠传输；第三个是智能处理，通过后台的庞大系统来进行智能分析和管理。第三个方面必须通过软件技术实现。

软件工程(Software Engineering)是一门研究用工程化方法构建和维护有效的、实用的和高质量的软件的学科。它涉及程序设计语言、数据库、软件开发工具、系统平台、标准、设计模式等方面。

就软件工程的概念，很多学者、组织机构都分别给出了自己的定义。

(1) BarryBoehm：运用现代科学技术知识来设计并构造计算机程序及为开发、运行和维护这些程序所必需的相关文件资料。

(2) IEEE在软件工程术语汇编中的定义：软件工程是将系统化的、严格约束的、可量化的方法应用于软件的开发、运行和维护，即将工程化应用于软件。

(3) FritzBauer在NATO会议上给出的定义：建立并使用完善的工程化原则，以较经济的手段获得能在实际机器上有效运行的可靠软件的一系列方法。

(4)《计算机科学技术百科全书》中的定义：软件工程是应用计算机科学、数学及管理科学等原理，开发软件的工程。软件工程借鉴传统工程的原则、方法，以提高质量、降低成本。其中，计算机科学、数学用于构建模型与算法；工程科学用于制定规范、设计范型

(paradigm)、评估成本及确定权衡；管理科学用于计划、资源、质量、成本等管理。

物联网软件工程是软件工程的分支，是将软件工程技术应用于物联网系统的软件开发、运行和维护，是一门研究用工程化方法构建和维护有效的、实用的和高质量的软件学科。

1.1.2 物联网软件工程的过程

1. 软件过程

软件过程是一个为建造高质量软件所需完成的任务的框架，即形成软件产品的一系列步骤，包括中间产品、资源、角色及过程中采取的方法、工具等范畴。

软件过程(Software Process)是指一套关于项目的阶段、状态、方法、技术和开发、维护软件的人员以及相关文档(计划、文档、模型、编码、测试、手册等)组成。目前有三种方法：统一过程(The Unified Process)、开启过程(The OPEN Process)和面向对象的软件过程(The Object-Oriented Software Process)。软件过程是指软件生命周期(也称为生存周期)所涉及的一系列相关过程。过程是活动的集合；活动是任务的集合；任务要起着把输入进行加工然后输出的作用。活动的执行可以是顺序的、重复的、并行的、嵌套的或者是有条件地引发的。

软件过程主要针对软件生产和管理进行研究。为了获得满足工程目标的软件，不仅涉及工程开发，而且还涉及工程支持和工程管理。对于一个特定的项目，可以通过剪裁过程定义所需的活动和任务，并可使活动并发执行。与软件有关的单位根据需要和目标可采用不同的过程、活动和任务。

一个软件过程架构是一个框架，在这个框架中一个项目的具体过程被定义了。虽然应用在具体项目中的软件工程过程应当反映特殊性，但一个框架却需要提供项目间的共同属性。一个软件架构包括关键检查点、任务以及允许采用的通用技术、方法和度量的说明。这样既带来了标准化的许多好处，又能根据项目需要灵活调整。此外，它还提供了一个评估和改进软件工程过程的框架。

2. 软件工程过程

软件工程过程是指生产一个最终能满足需求且达到工程目标的软件产品所需要的步骤，是将用户需求转化为软件所需的软件工程活动的总集。软件工程过程主要包括开发过程、运作过程、维护过程。它覆盖了需求、设计、实现、确认以及维护等活动。这个过程可能包括投入、需求分析、规格说明、设计、实施、验证、安装、使用支撑和文档化，还可能包括短、长期的修复和升级以满足用户增长的需求。

ISO12207 软件工程过程将软件工程分为 3 个过程周期，每一个过程周期含有多个过程(共定义了 17 个过程)，每一过程含有多个活动。

1) 基本生命周期过程

基本生命周期过程是构成软件生命周期主要部分的那些过程，这些过程启动并执行软件产品的开发、操作或维护，含有 5 个过程。

(1) 获取过程：定义需方(即获取一个系统、软件产品或软件服务的组织)的活动。

(2) 供应过程：定义供方(即向需方提供系统、软件产品或软件服务的组织)的活动。

(3) 开发过程：定义开发者(即定义和开发软件产品的组织)的活动。

(4) 操作过程：定义操作者(即在计算机系统运行环境中为用户提供操作服务的组织)的活动。

(5) 维护过程：定义维护者(即对软件产品进行维护服务的组织)的活动，这个过程包括系统移植和换代。

2) 支持生命周期过程

支持生命周期过程是对另一个过程提供支持的过程。被支持的过程根据需要采用支持过程，并与该过程结合，帮助软件项目获得成功，并提高质量。支持生命周期过程包括8个过程。

(1) 文档开发过程：定义对某生命周期过程所产生的信息进行记录的活动。

(2) 配置管理过程：定义配置管理活动。

(3) 质量保证过程：定义保证软件产品和过程符合规定要求，遵守一定的计划活动。

(4) 验证过程：定义需方、供方或独立的第三方对软件产品进行验证的活动。这些验证活动的深度由软件项目的性质决定。

(5) 确认过程：定义需方、供方或独立的第三方对软件产品进行确认的活动。

(6) 联合评审过程：定义对某项活动的状态和产品进行评价的活动。这一过程可由任何双方共同采用，其中一方(评审方)评审另一方(被评方)。

(7) 审计过程：定义对是否符合要求、计划和合同进行确定的过程。这个过程可由任何双方采用，其中一方(审计方)审计另一方(被审方)的软件产品或活动。

(8) 问题解决过程：定义对开发、操作、维护或其他过程中发现的问题(包括不一致性)进行分析与排除的过程。

3) 组织生命周期过程

组织生命周期过程是一个组织用来建立、实施一种基础结构并不断改进该基础结构的过程。基础结构由一些相关的生命周期过程和人员组成，包括4个过程。

(1) 管理过程：定义在生命周期过程中管理(包括项目管理)的基本活动。

(2) 基础过程：定义建立生命周期过程的基础结构所需的基本活动。

(3) 改进过程：定义一个组织(即需方、供方、开发者、操作者、维护者或另一过程的管理者)为了建立、测量、控制和改进其生命周期过程需完成的基本活动。

(4) 培训过程：对人员进行适当培训所需的活动。

软件工程过程框架如图1-1所示。

基本生命周期过程	包括获取过程、供应过程、开发过程、运作过程、维护过程和管理过程。
支持生命周期过程	包括文档过程、配置管理过程、质量保证过程、验证过程、确认过程、联合评审过程、审计过程以及问题解决过程。
组织生命周期过程	包括基础设施过程、改进过程以及培训过程。

图1-1 软件工程过程

3. 软件开发流程

软件开发流程(Software Development Process)即软件设计思路和方法的一般过程，包括设计软件的功能和实现的算法和方法、软件的总体结构设计和模块设计、编程和调试、程序联调和测试以及编写、提交程序。具体地，软件开发流程一般分为以下7个步骤。

1）第一步：需求调研分析

系统分析员向用户初步了解需求，然后列出要开发系统的大功能模块，每个大功能模块有哪些小功能模块，对于有些需求要求比较明确的相关界面时，在这一步里面可以初步定义好少量的界面。

系统分析员深入了解和分析需求，根据自己的经验和需求用相关的工具再做出一份系统的功能需求文档。这次的文档会清楚列出系统大致的大功能模块，大功能模块有哪些小功能模块，并且还列出相关的界面和界面功能。

系统分析员向用户再次确认需求。

2）第二步：概要设计

开发者需要对软件系统进行概要设计，即系统设计。概要设计需要对软件系统的设计进行考虑，包括系统的基本处理流程、系统的组织结构、模块划分、功能分配、接口设计、运行设计、数据结构设计和出错处理设计等，为软件的详细设计提供基础。

3）第三步：详细设计

在概要设计的基础上，开发者需要进行软件系统的详细设计。在详细设计中，描述实现具体模块所涉及的主要算法、数据结构、类的层次结构及调用关系；需要说明软件系统各个层次中的每一个程序（每个模块或子程序）的设计考虑，以便进行编码和测试；应当保证软件的需求完全分配给整个软件。详细设计应当足够详细，能够根据详细设计报告进行编码。

4）第四步：编码

在软件编码阶段，开发者根据《软件系统详细设计报告》中对数据结构、算法分析和模块实现等方面的设计要求，开始具体的编写程序工作，分别实现各模块的功能，从而实现对目标系统的功能、性能、接口、界面等方面的要求。

5）第五步：测试

测试编写好的系统；交给用户试用，用户试用后一个一个地确认每个功能。

6）第六步：软件交付准备

在软件测试证明软件达到要求后，软件开发者应向用户提交开发的目标安装程序、数据库的数据字典、《用户安装手册》、《用户使用指南》、需求报告、设计报告、测试报告等双方合同约定的产物。

7）第七步：验收

对软件进行功能项测试、业务流测试、容错测试、安全性测试、性能测试、易用性测试、适应性测试和文档测试等。

1.1.3 软件生命周期

1. 定义

同任何事物一样，一个软件产品或软件系统也要经历孕育、诞生、成长、成熟、衰亡等阶段，一般称为软件生命周期（软件生存周期）。把整个软件生命周期划分为若干阶段，使得每个阶段有明确的任务，使规模大、结构复杂和管理复杂的软件开发变得容易控制和管理。通常，软件生命周期包括可行性分析与开发项计划、需求分析、设计（概要设计和详细设计）、编码、测试、维护等活动，可以将这些活动以适当的方式分配到不同的阶段去完成。

软件生命周期（Systems Development Life Cycle，SDLC）是软件的产生直到报废的生命周期，周期内有问题定义、可行性分析、总体描述、系统设计、编码、调试和测试、验收与运行、维护升级到废弃等阶段，这种按时间分层的思想方法是软件工程中的一种思想原则，即按部就班、逐步推进，每个阶段都要有定义、工作、审查、形成文档以供交流或备查，以提高软件的质量。但随着新的面向对象的设计方法和技术的成熟，软件生命周期设计方法的指导意义正在逐步减少。一个软件生命周期示例如图 1-2 所示。

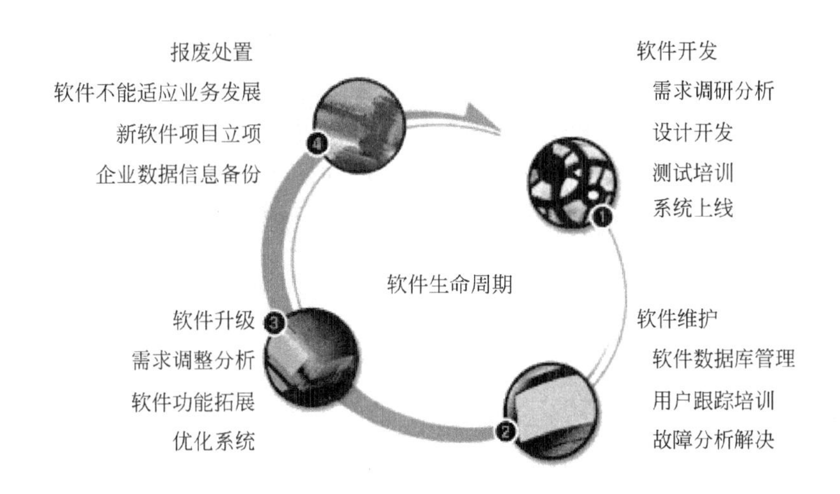

图 1-2　软件生命周期示例

2. 软件生命周期的几个阶段

1）问题的定义及规划

此阶段由软件开发方与需求方共同讨论，主要确定软件的开发目标及其可行性。

2）需求分析

在确定软件开发可行的情况下，对软件需要实现的各个功能进行详细分析。需求分析阶段是一个很重要的阶段，这一阶段做得好，将为整个软件开发项目的成功打下良好的基础。同时，需求也是在整个软件开发过程中不断变化和深入的，因此必须制定需求变更计划来应付这种变化，以保护整个项目的顺利进行。

3）软件设计

此阶段主要根据需求分析的结果对整个软件系统进行设计，如系统框架设计、数据库设计等。软件设计一般分为总体设计和详细设计。好的软件设计将为软件程序编写打下良好的基础。

4）程序编码

此阶段是将软件设计的结果转换成计算机可运行的程序代码。在程序编码中必须要制定统一的、符合标准的编写规范，以保证程序的可读性和易维护性，从而提高程序的运行效率。

5）软件测试

在软件设计完成后要经过严密的测试，以发现软件在整个设计过程中存在的问题并加以纠正。整个测试过程分单元测试、组装测试以及系统测试3个阶段进行。测试的方法主要有白盒测试和黑盒测试两种。在测试过程中需要建立详细的测试计划并严格按照测试计划进行测试，以减少测试的随意性。

6）运行维护

软件维护是软件生命周期中持续时间最长的阶段。在软件开发完成并投入使用后，由于多方面的原因，软件不能继续适应用户的要求，要延续软件的使用寿命就必须对软件进行维护。软件的维护包括纠错性维护和改进性维护两个方面。

7）软件升级

软件升级是指软件开发者在编写软件的时候，由于设计人员考虑不全面或程序功能不完善，在软件发行后，通过对程序的修改或加入新的功能后，以补丁的形式发布的方式。用户把这些补丁更新，即升级完成。软件升级是为了更好地满足用户的需求和防止病毒的入侵。

8）软件报废

软件因不能继续使用或功能不能满足现在的需求而作废。

1.2 软件工程方法

本节重点介绍结构化方法、面向对象方法以及软件复用和构件技术。

1.2.1 结构化方法

1. 历史背景

20世纪60年代以前，计算机刚刚投入实际使用，软件设计往往只是为了一个特定的应用而在指定的计算机上设计和编制，采用密切依赖于计算机的机器代码或汇编语言，软件的规模比较小，文档资料通常也不存在，很少使用系统化的开发方法，设计软件往往等同于编制程序，基本上是个人设计、个人使用、个人操作、自给自足的私人化的软件生产方式。20世纪60年代中期，大容量、高速度计算机的出现，使计算机的应用范围迅速扩大，软件开发急剧增长，高级语言开始出现，操作系统的发展引起了计算机应用方式的变化，大量数据处理导致了第一代数据库管理系统的诞生。软件系统的规模越来越大，复杂程度越来越高，软件可靠性问题也越来越突出。原来的个人设计、个人使用的方式不再能满足要求，迫切需要改变软件生产方式、提高软件生产率，软件危机开始爆发。早期出现的软件危机主要表现在：软件开发费用和进度失控；软件的可靠性差；生产出来的软件难以维护。1968年北大西洋公约组织的计算机科学家在联邦德国召开国际会议，第一次讨论软件危机问题，并正式提出“软件工程”一词，从此一门新兴的工程学科（软件工程学）为研究和克服软件危机应运而生。进入20世纪80年代以来，尽管软件工程研究与实践取得了可喜的成就，软件技术水平有了长足的进展，但是软件生产水平依然远远落后于硬件生产水平的发展速度。

2. 结构化方法的定义

结构化方法是一种传统的软件开发方法，它是由结构化分析、结构化设计和结构化程序设计三部分有机组合而成的。它的基本思想：把一个复杂问题的求解过程分阶段进行，而且这种分解是自顶向下，逐层分解，使得每个阶段处理的问题都控制在人们容易理解和处理的范围内。

结构化方法的基本要点是自顶向下、逐步求精、模块化设计。结构化分析方法是以自顶向下、逐步求精为基点，以一系列经过实践的考验被认为是正确的原理和技术为支撑，以数据流图、数据字典、结构化语言、判定表、判定树等图形表达为主要手段，强调开发方法的结构合理性和系统的结构合理性的软件分析方法。

结构化方法按软件生命周期划分，有结构化分析(SA)、结构化设计(SD)和结构化系统实现(SP)。其中要强调的是，结构化方法学是一个思想准则的体系，虽然有明确的阶段和步骤，但是也集成了很多原则性的东西，所以要学会结构化方法，单从理论知识上去了解是不够的，更多的还是需要在实践中慢慢地理解每个准则，慢慢地将其变成自己的方法学。

3. 结构化分析

结构化分析(SA)是在 20 世纪 70 年代末由 Demarco 等人提出的，旨在减少分析活动中的错误，建立满足用户需求的系统逻辑模型。该方法的要点是面对数据流的分解和抽象，即把复杂问题自顶向下逐层分解，经过一系列分解和抽象，到最底层的就都是很容易描述并实现的问题了。SA 方法的分析结果由数据流图、数据字典和加工逻辑说明。

结构化分析就是使用数据流图、数据字典、结构化语言、判定表和判定树等工具，来建立一种新的、称为结构化说明书的目标文档，也就是需求规格说明书。

结构化分析的步骤：

(1) 分析当前的情况，做出反映当前物理模型的数据流图。

(2) 推导出等价的逻辑模型的数据流图。

(3) 设计新的逻辑系统，生成数据字典和基元描述。

(4) 建立人机接口，提出可供选择的目标系统物理模型的数据流图。

(5) 确定各种方案的成本和风险等级，据此对各种方案进行分析。

(6) 选择一种方案。

(7) 建立完整的需求规约。

4. 结构化设计

结构化设计(SD)方法给出一组帮助设计人员在模块层次上区分设计质量的原理与技术。它通常与结构化分析方法衔接起来使用，以数据流图为基础得到软件的模块结构。SD 方法尤其适用于变换型结构和事务型结构的目标系统。在设计过程中，它从整个程序的结构出发，利用模块结构图表述程序模块之间的关系。结构化设计的结果是概要设计说明书和详细设计说明书。

结构化设计方法的设计原则：使每个模块尽量只执行一个功能(坚持功能性内聚)；每

个模块用过程语句(或函数方式等)调用其他模块；模块间传送的参数作数据用；模块间共用的信息(如参数等)尽量少。

结构化设计的步骤：

(1) 评审和细化数据流图。

(2) 确定数据流图的类型。

(3) 把数据流图映射到软件模块结构，设计出模块结构的上层。

(4) 基于数据流图逐步分解高层模块，设计中下层模块。

(5) 对模块结构进行优化，得到更为合理的软件结构。

(6) 描述模块接口。

5. 结构化系统实现

结构化系统实现(SP)是系统开发工作的最后一个阶段。它是将结构化系统设计的成果变成可实际运行的系统的过程。系统实现的主要工作包括：数据库的建立；应用程序设计与编码；程序测试与系统调试；试运行；现场布局调整与系统移人；组织机构调整；系统切换、文档整理与验收(鉴定)。实现阶段形成的文档主要有数据库源模式清单、程序流程图及源程序清单、系统调试书、使用说明书、维护手册和系统验收(鉴定、评审)书等。

1.2.2 面向对象方法

1. 面向对象方法概述

面向对象方法(Object-Oriented Method)是一种把面向对象的思想应用于软件开发过程中指导开发活动的系统方法，简称 OO(Object-Oriented)方法，是建立在“对象”概念基础上的方法学。对象是由数据和容许的操作组成的封装体，与客观实体有直接对应关系，一个对象类定义了具有相似性质的一组对象。而继承性是对具有层次关系的类的属性和操作进行共享的一种方式。所谓面向对象就是基于对象概念，以对象为中心，以类和继承为构造机制，来认识、理解、刻画客观世界和设计、构建相应的软件系统。

用计算机解决问题需要用程序设计语言对问题求解加以描述(即编程)，实质上，软件是问题求解的一种表述形式。显然，假如软件能直接表现人们求解问题的思维路径(即求解问题的方法)，那么软件不仅容易被人们理解，而且易于维护和修改，从而会保证软件的可靠性和可维护性，并能提高公共问题域中的软件模块和模块重用的可靠性。面向对象的机能和机制恰好可以使得人们按照通常的思维方式来建立问题域的模型，设计出尽可能自然的表现求解方法的软件。

面向对象方法作为一种新型的独具优越性的新方法正引起全世界越来越广泛的关注和高度的重视，它被誉为“研究高技术的好方法”，更是当前计算机界关心的重点。20 世纪 90 年代以来，OO 方法强烈地影响、推动和促进了一系列高技术的发展和多学科的综合。

2. 由来与发展

OO 方法起源于面向对象的编程语言(简称为 OOPL)。20 世纪 50 年代后期，在用 FORTRAN 语言编写大型程序时，常出现变量名在程序不同部分发生冲突的问题。鉴于此，ALGOL 语言的设计者在 ALGOL 60 中采用了以 Begin…End 为标识的程序块，使块内变量名是局部的，以避免它们与程序中块外的同名变量相冲突。这是编程语言中首次提供封装(保护)的尝试。此后程序块结构广泛用于高级语言如 Pascal、Ada、C 之中。

20 世纪 60 年代中后期，Simula 语言在 ALGOL 基础上研制开发，它将 ALGOL 的块结构概念向前发展一步，提出了对象的概念，并使用了类，也支持类继承。20 世纪 70 年代，Smalltalk 语言诞生，它取 Simula 的类为核心概念，它的很多内容借鉴于 Lisp 语言。由 Xerox 公司经过对 Smalltalk 72、76 持续不断的研究和改进之后，于 1980 年推出其商品化，它在系统设计中强调对象概念的统一，引入对象、对象类、方法、实例等概念和术语，采用动态联编和单继承机制。从 20 世纪 80 年代起，人们基于以往已提出的有关信息隐蔽和抽象数据类型等概念，以及由 Modula2、Ada 和 Smalltalk 等语言所奠定的基础，再加上客观需求的推动，进行了大量的理论研究和实践探索。由此，不同类型的面向对象语言(如 Object-C、Eiffel、C++、Java、Object-Pascal 等)逐步地发展和研制开发出来，包括 OO 方法的概念理论体系和实用的软件系统。

面向对象源于 Simula，真正的 OOP 由 Smalltalk 奠基。Smalltalk 现在被认为是最纯的 OOPL。正是通过 Smalltalk 80 的研制与推广应用，使人们注意到 OO 方法所具有的模块化、信息封装与隐蔽、抽象性、继承性、多样性等独特之处，这些优异特性为研制大型软件、提高软件可靠性、可重用性、可扩充性和可维护性提供了有效的手段和途径。20 世纪 80 年代以来，人们将面向对象的基本概念和运行机制运用到其他领域，获得了一系列相应领域的面向对象的技术。面向对象方法在许多领域的应用都得到了很大的发展，已被广泛应用于程序设计语言、形式定义、设计方法学、操作系统、分布式系统、人工智能、实时系统、数据库、人机接口、计算机体系结构以及并发工程、综合集成工程等。1986 年在美国举行了首届"面向对象编程、系统、语言和应用(OOPSLA'86)"国际会议，使面向对象受到世人瞩目，其后每年都举行一次，这进一步标志 OO 方法的研究已普及到全世界。

3. 面向对象的基本概念

1) 对象

对象是要研究的任何事物。从一辆车到一个车库，从一条信息到一个数据库，甚至航天飞机或空间站都可看作对象，它不仅能表示有形的实体，也能表示无形的(抽象的)规则、计划或事件。对象由数据(描述事物的属性)和作用于数据的操作(体现事物的行为)构成一个独立整体。从程序设计者来看，对象是一个程序模块；从用户来看，对象为他们提供所希望的行为。在对内的操作通常称为方法。一个对象请求另一对象为其服务的方式是通过发送消息。

2) 类

类是对象的模板。即类是对一组有相同数据和相同操作的对象的定义，一个类所包含的方法和数据描述一组对象的共同属性和行为。类是在对象之上的抽象，对象则是类的具体化，是类的实例。类可有其子类，也可有其他类，形成类层次结构。

3) 消息

消息是对象之间进行通信的一种规格说明。它一般由三部分组成：接收消息的对象、消息名及实际变元。

4）封装

封装是一种信息隐蔽技术，它体现于类的说明，是对象的重要特性。封装使数据和加工该数据的方法（函数）封装为一个整体，以实现独立性很强的模块，使得用户只能见到对象的外特性（对象能接收哪些消息，具有哪些处理能力），而对象的内特性（保存内部状态的私有数据和实现加工能力的算法）对用户是隐蔽的。封装的目的在于把对象的设计者和对象的使用者分开，使用者不必知晓行为实现的细节，只需用设计者提供的消息来访问该对象。

5）继承性

继承性是子类自动共享父类之间数据和方法的机制。它由类的派生功能体现。一个类直接继职其他类的全部描述，同时可修改和扩充。继职具有传达室递性。继职分为单继承（一个子类只有一父类）和多重继承（一个类有多个父类）。类的对象是各自封闭的，如果没继承性机制，则类对象中数据、方法就会出现大量重复。继承不仅支持系统的可重用性，而且还促进系统的可扩充性。

6）多态性

多态性是对象根据所接收的消息而做出的动作。同一消息为不同的对象接收时可产生完全不同的行动，这种现象称为多态性。利用多态性用户可发送一个通用的信息，而将所有的实现细节都留给接收消息的对象自行决定，这样同一消息即可调用不同的方法。例如，Print 消息被发送给一个图或表时调用的打印方法与将同样的 Print 消息发送给一个正文文件而调用的打印方法会完全不同。多态性的实现受到继承性的支持，利用类继承的层次关系，把具有通用功能的协议存放在类层次中尽可能高的地方，而将实现这一功能的不同方法置于较低层次，这样，在这些低层次上生成的对象就能给通用消息以不同的响应。在 OOPL 中可通过在派生类中重定义基类函数（定义为重载函数或虚函数）来实现多态性。

4. 面向对象技术

OO 方法是程序设计新范型、系统开发的新方法学。作为一门新技术，OO 方法可支持种类不同的系统开发，已经或正在许多方面得以应用。

目前除了面向对象的程序设计以外，OO 方法已发展应用到整个信息系统领域和一些新兴的工业领域，包括用户界面、应用集成平台、面向对象数据库（OODB）、分布式系统、网络管理结构、人工智能领域以及并发工程、综合集成工程等。人工智能是和计算机密切相关的新领域，在很多方面已经采用面向对象技术，如知识的表示、专家系统的建造、用户界面等。人工智能的软件通常规模较大，用面向对象技术有可能更好地设计并维护这类程序。

20 世纪 80 年代后期形成的并发工程，其概念要点是在产品开发初期（即方案设计阶段）就把结构、工艺、加工、装配、测试、使用、市场等问题同期并行地启动运行，其实现必须有两个基本条件：一是专家群体，二是共享并管理产品信息（将 CAD、CAE、CIN 紧密结合在一起）。显然，这需要面向对象技术的支持。目前，一些公司采用并发工程组织产品的开发，已取得显著效益，例如：波音公司用以开发巨型 777 运输机，比开发 767 节省了一年半的时间；日本把并发工程用于新型号的汽车生产，和美国相比只用一半的时间。产业界认为它们今后的生存要依靠并发工程，而面向对象技术是促进并发工程发展的重要支持。

综合集成工程是开发大型开放式复杂系统的新的工程概念。与并发工程相似，专家群体的组织和共享信息是支持这一新工程概念的两大支柱。由于开放式大系统包含人的智能活动,建立数学模型非常困难,而 OO 方法能够比较自然地刻画现实世界,容易达到问题空间和程序空间的一致,能够在多种层次上支持复杂系统层次模型的建立,是研究综合集成工程的重要工具。面向对象技术对于并发工程和综合集成工程的作用,一方面说明了这一新技术应用范围的宽广,同时也说明了它的重要影响,更证明了面向对象技术是一门新兴的值得广泛重视的技术。

5. 面向对象方法的基本步骤

(1) 分析确定在问题空间和解空间出现的全部对象及其属性。

(2) 确定应施加于每个对象的操作,即对象固有的处理能力。

(3) 分析对象间的联系,确定对象彼此间传递的消息。

(4) 设计对象的消息模式,消息模式和处理能力共同构成对象的外部特性。

(5) 分析各个对象的外部特性,将具有相同外部特性的对象归为一类,从而确定所需要的类。

(6) 确定类间的继承关系,将各对象的公共性质放在较上层的类中描述,通过继承来共享对公共性质的描述。

(7) 设计每个类关于对象外部特性的描述。

(8) 设计每个类的内部实现(数据结构和方法)。

(9) 创建所需的对象(类的实例),实现对象间应有的联系(发消息)。

6. OOA 方法 .

面向对象的分析(OOA)方法,是在一个系统的开发过程中进行了系统业务调查以后,按照面向对象的思想来分析问题。OOA 与结构化分析有较大的区别。OOA 所强调的是在系统调查资料的基础上,针对 OO 方法所需要的素材进行的归类分析和整理,而不是对管理业务现状和方法的分析。

1) 处理复杂问题的原则

用 OOA 方法对所调查结果进行分析处理时,一般依据以下几项原则:

(1) 抽象(abstraction)。抽象是指为了某一分析目的而集中精力研究对象的某一性质,它可以忽略其他与此目的无关的部分。在使用这一概念时,要承认客观世界的复杂性,也知道事物包括有多个细节,但此时并不打算去完整地考虑它。抽象是科学地研究和处理复杂问题的重要方法。抽象机制被用在数据分析方面,称之为数据抽象。数据抽象是 OOA 的核心。数据抽象把一组数据对象以及作用其上的操作组成一个程序实体。使得外部只知道它是如何做和如何表示的。在应用数据抽象原理时,系统分析人员必须确定对象的属性以及处理这些属性的方法,并借助于方法获得属性。在 OOA 中属性和方法被认为是不可分割的整体。抽象机制有时也被用在对过程的分解方面,被称之为过程抽象。恰当的过程抽象可以对复杂过程的分解和确定以及描述对象发挥积极的作用。

(2) 封装(encapsulation)。即信息隐蔽,指在确定系统的某一部分内容时,应考虑到其他部分的信息及联系都在这一部分的内部进行,外部各部分之间的信息联系应尽可能地少。

(3) 继承(inheritance)。继承是指能直接获得已有的性质和特征而不必重复定义它们。

OOA 可以一次性地指定对象的公共属性和方法，然后再特化和扩展这些属性及方法为特殊情况，这样可大大地减轻在系统实现过程中的重复劳动。在共有属性的基础之上，继承者也可以定义自己独有的特性。

(4) 相关(association)。相关是指把某一时刻或相同环境下发生的事物联系在一起。

(5) 消息通信。这是指在对象之间互相传递信息的通信方式。

(6) 组织方法。在分析和认识世界时，可综合采用如下三种组织方法(method of organization)：特定对象与其属性之间的区别；整体对象与相应组成部分对象之间的区别；不同对象类的构成及其区别等。

(7) 比例(scale)。这是一种运用整体与部分原则，辅助处理复杂问题的方法。

(8) 行为范畴(categories of behavior)。这是针对被分析对象而言的，它们主要包括基于直接原因的行为、变性行为和功能查询性行为。

2) OOA 方法的基本步骤

在用 OOA 方法具体地分析一个事物时，大致上遵循如下 5 个基本步骤：

(1) 第一步，确定对象和类。这里所说的对象是对数据及其处理方式的抽象，它反映了系统保存和处理现实世界中某些事物的信息的能力。类是多个对象的共同属性和方法集合的描述，它包括如何在一个类中建立一个新对象的描述。

(2) 第二步，确定结构(structure)。结构是指问题域的复杂性和连接关系。类成员结构反映了泛化-特化关系，整体-部分结构反映整体和局部之间的关系。

(3) 第三步，确定主题(subject)。主题是指事物的总体概貌和总体分析模型。

(4) 第四步，确定属性(attribute)。属性就是数据元素，可用来描述对象或分类结构的实例，可在图中给出，并在对象的存储中指定。

(5) 第五步，确定方法(method)。方法是在收到消息后必须进行的一些处理方法：方法要在图中定义，并在对象的存储中指定。对于每个对象和结构来说，那些用来增加、修改、删除和选择一个方法本身都是隐含的(虽然它们是要在对象的存储中定义的，但并不在图上给出)，而有些则是显示的。

7. OOD 方法

面向对象的设计(OOD)方法是 OO 方法中的一个中间过渡环节。其主要作用是对 OOA 分析的结果做进一步的规范化整理，以便能够被 OOP 直接接受。在 OOD 的设计过程中，要展开的主要有如下几项工作。

(1) 对象定义规格的求精过程。对于 OOA 所抽象出来的对象和类以及汇集的分析文档，OOD 需要有一个根据设计要求整理和求精的过程，使之更能符合面向对象编程(OOP)的需要。这个整理和求精过程主要有两个方面：一是要根据面向对象的概念模型整理分析所确定的对象结构、属性、方法等内容，改正错误的内容，删去不必要和重复的内容等；二是进行分类整理，以便于下一步数据库设计和程序处理模块设计的需要。整理的方法主要是进行归类，对类、对象、属性、方法、结构、主题等进行归类。

(2) 数据模型和数据库设计。数据模型的设计需要确定类和对象属性的内容、消息连接的方式、系统访问、数据模型的方法等。最后每个对象实例的数据都必须落实到面向对象的库结构模型中。

8. OOP 方法

OOP(Object Oriented Programming,面向对象编程)是一种计算机编程架构。OOP 的基本原则是程序由单个能够起到子程序作用的单元或对象组合而成。OOP 的基本思想是把组件的实现和接口分开,使组件具有多态性。OOP 具有重用性、灵活性和扩展性。为了实现整体运算,每个对象都能够接收信息、处理数据和向其他对象发送信息。OOP 的关键是组件,它是数据和功能一起在运行着的计算机程序中形成的单元,组件在 OOP 计算机程序中是模块和结构化的基础。

9. OOT 方法

OOT 是面向对象的测试(Object-Oriented Test)。OOA Test 和 OOD Test 是对分析结果和设计结果的测试,主要是对分析设计产生的文本进行,是软件开发前期的关键性测试。OOP Test 主要针对编程风格和程序代码实现进行测试,其主要的测试内容在面向对象单元测试和面向对象集成测试中体现。面向对象单元测试是对程序内部具体单一的功能模块的测试,如果程序是用 C++语言实现的,主要就是对类成员函数的测试。面向对象单元测试是进行面向对象集成测试的基础。面向对象集成测试主要对系统内部的相互服务进行测试,如成员函数间的相互作用,类间的消息传递等。面向对象集成测试不但要基于面向对象单元测试,更要参见 OOD 或 OOD Test 结果。面向对象系统测试是基于面向对象集成测试的最后阶段的测试,主要以用户需求为测试标准,需要借鉴 OOA 或 OOA Test 结果。

1.2.3　软件复用和构件技术

1. 软件复用

1) 软件复用的定义

软件复用(Software Reuse)就是将已有的软件成分用于构造新的软件系统,以缩减软件开发和维护的花费。无论对可复用构件原封不动地使用还是做适当修改后再使用,只要是用来构造新软件,则都可称作复用。被复用的软件成分一般称作可复用构件。软件复用是提高软件生产力和质量的一种重要技术。早期的软件复用主要是代码级复用,后来扩大到包括领域知识、开发经验、项目计划、可行性报告、体系结构、需求、设计、测试用例和文档等一切有关方面。对一个软件进行修改,使它运行于新的软硬件平台不称为复用,而称为软件移植。

软件复用的主要思想是,将软件看成是由不同功能部分的组件所组成的有机体,每一个组件在设计编写时可以被设计成完成同类工作的通用工具,这样,如果完成各种工作的组件被建立起来以后,编写一特定软件的工作就变成了将各种不同组件组织连接起来的简单问题,这对于软件产品的最终质量和维护工作都有本质性的改变。

2) 软件复用的级别

(1) 代码的复用。包括目标代码和源代码的复用。其中目标代码的复用级别最低,历史也最久,当前大部分编程语言的运行支持系统都提供了连接(Link)、绑定(Binding)等功能来支持这种复用。源代码的复用级别略高于目标代码的复用,程序员在编程时把一些想复用的代码段复制到自己的程序中，但这样往往会产生一些新旧代码不匹配的错误。想大规模地实现源程序的复用只有依靠含有大量可复用构件的构件库。如对象链接及嵌入(OLE)技术，既支持在源程序级定义构件并用以构造新的系统，又使这些构件在目标代码的级别上仍然是一些独立的可复用构件，能够在运行时被灵活地更新组合为各种不同的应用。

(2) 设计的复用。设计结果比源程序的抽象级别更高，因此它的复用受实现环境的影响较少，从而使可复用构件被复用的机会更多，并且所需的修改更少。这种复用有三种途径，第一种途径是从现有系统的设计结果中提取一些可复用的设计构件，并把这些构件应用于新系统的设计；第二种途径是把一个现有系统的全部设计文档在新的软硬件平台上重新实现，也就是把一个设计运用于多个具体的实现；第三种途径是独立于任何具体的应用，有计划地开发一些可复用的设计构件。

(3) 分析的复用。这是比设计结果更高级别的复用，可复用的分析构件是针对问题域的某些事物或某些问题的抽象程度更高的解法，受设计技术及实现条件的影响很少，所以可复用的机会更大。复用的途径也有三种：从现有系统的分析结果中提取可复用构件用于新系统的分析；用一份完整的分析文档做输入产生针对不同软硬件平台和其他实现条件的多项设计；独立于具体应用，专门开发一些可复用的分析构件。

(4) 测试信息的复用。主要包括测试用例的复用和测试过程信息的复用。前者是把一个软件的测试用例在新的软件测试中使用，或者在软件做出修改时在新的一轮测试中使用。后者是在测试过程中通过软件工具自动地记录测试的过程信息，包括测试员的每一个操作、输入参数、测试用例及运行环境等一切信息。这种复用的级别，不便和分析、设计、编程的复用级别做准确的比较，因为被复用的不是同一事物的不同抽象层次，而是另一种信息，但从这些信息的形态看，大体处于与程序代码相当的级别。

3) OO方法对软件复用的支持

支持软件复用是人们对面向对象方法寄托的主要希望之一，也是这种方法受到广泛重视的主要原因之一。面向对象方法之所以特别有利于软件复用，是由于它的主要概念及原则与软件复用的要求十分吻合。

面向对象方法从面向对象的编程发展到面向对象的分析与设计，使这种方法支持软件复用的固有特征能够从软件生命周期的前期阶段开始发挥作用，从而使OO方法对软件复用的支持达到了较高的级别。与其他软件工程方法相比，面向对象方法的一个重要优点是，它可以在整个软件生命周期达到概念、原则、术语及表示法的高度一致。这种一致性使得各个系统成分尽管在不同的开发与演化阶段有不同的形态，但可具有贯穿整个软件生命周期的良好映射。这一优点使OO方法不但能在各个级别支持软件复用，而且能对各个级别的复用形成统一的、高效的支持，达到良好的全局效果。做到这一点的必要条件是，从面向对象软件开发的前期阶段——OOA就把支持软件复用作为一个重点问题来考虑。运用OOA方法所定义的对象类具有适合作为可复用构件的许多特征，OOA结果对问题域的良好映射，使同类系统的开发者容易从问题出发，在已有的OOA结果中发现不同粒度的可复用构件。

2. 构件技术

1) 定义

构件(component)是系统中实际存在的可更换部分，它实现特定的功能，符合一套接口标准并实现一组接口。构件代表系统中的一部分物理实施，包括软件代码（源代码、二进制代码或可执行代码）或其等价物（如脚本或命令文件）。

构件是面向软件体系架构的可复用软件模块。构件是可复用的软件组成成分，可被用来构造其他软件。它可以是被封装的对象类、类树、一些功能模块、软件框架、软件构架（或体系结构）、文档、分析件、设计模式等。

1995 年，Ian. oraham 给出的构件定义如下：构件是指一个对象（接口规范或二进制代码），它被用于复用，接口被明确定义。构件是作为一个逻辑紧密的程序代码包的形式出现的，有着良好的接口。像 Ada 的 Package、Smalltalk 80 和 C++的 class 和数据类型都可属于构件范畴。但是，操作集合、过程、函数即使可以复用也不能成为一个构件。开发者可以通过组装已有的构件来开发新的应用系统，从而达到软件复用的目的。软件构件技术是软件复用的关键因素，也是软件复用技术研究的重点。

采用构件软件无须重新编译，也无须源代码并且不局限于某一种编程语言。该过程叫做二进制复用（Binary Reuse），因为它是建立在接口而不是源代码级别的复用之上的。虽然软件构件必须遵守一致的接口，但是它们的内部实现是完全自动的。因此，可以用过程语言和面向对象语言创建构件。由于构件技术是由基于面向对象技术而发展起来的，与面向对象的设计中的对象相类似，它们都是针对软件复用，都是被封装的代码，但它们之间仍存在很大差异。

2）软件构件的属性

（1）有用性（Usefulness）：构件必须提供有用的功能。

（2）可用性（Usability）：构件必须易于理解和使用。

（3）质量（Quality）：构件及其变形必须能正确工作。

（4）适应性（Adaptability）：构件应该易于通过参数化等方式在不同语境中进行配置。

（5）可移植性（Portability）：构件应能在不同的硬件运行平台和软件环境中工作。

3）构件的特点

（1）自描述：构件必须能够识别其属性、存取方法和事件，这些信息可以使开发环境将第三方软件构件无缝地结合起来。

（2）可定制：允许提供一个典型的图形方式环境，软件构件的属性只能通过控制面板来设置。

（3）可集成：构件必须可以被编程语言直接控制。构件也可以和脚本语言或者与从代码级访问构件的环境连接，这个特点使得软件构件可以在非可视化开发项目中使用。

（4）连接机制：构件必须能产生事件或者具有让程序员从语义上实现相互连接的其他机制。

1.3 开发模型

本节重点介绍瀑布模型、快速原型法模型、增量开发模型、螺旋模型和喷泉模型。

1.3.1 瀑布模型

瀑布模型（Waterfall Model）是一个项目开发架构，开发过程是通过设计一系列阶段顺序展开的,从系统需求分析开始直到产品发布和维护,每个阶段都会产生循环反馈,因此,如果有信息未被覆盖或者发现了问题,那么最好返回上一个阶段并进行适当的修改,项目开发进程从一个阶段流动到下一个阶段,这也是瀑布模型名称的由来。其主要包括软件工程开发、企业项目开发、产品生产以及市场销售等构造瀑布模型。

1970 年温斯顿·罗伊斯(Winston Royce)提出了著名的瀑布模型,如图 1-3 所示,直到 20 世纪 80 年代早期,它一直是唯一被广泛采用的软件开发模型。

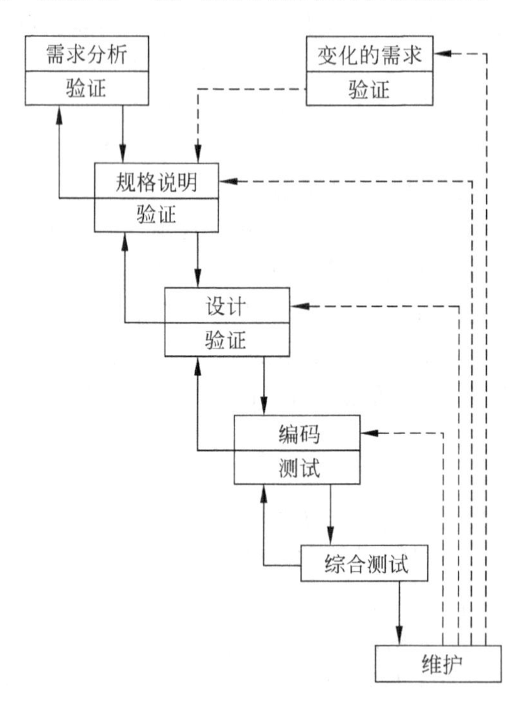

图 1-3　瀑布模型示意图

瀑布模型核心思想是按工序将问题化简,将功能的实现与设计分开,便于分工协作,即采用结构化的分析与设计方法将逻辑实现与物理实现分开。将软件生命周期划分为制定计划、需求分析、软件设计、程序编写、软件测试和运行维护等 6 个基本活动,并且规定了它们自上而下、相互衔接的固定次序,如同瀑布流水,逐级下落。

瀑布模型的优点是为项目提供了按阶段划分的检查点;当前一阶段完成后,只需要去关注后续阶段;可在迭代模型中应用瀑布模型。瀑布模型的缺点是在项目各个阶段之间极少有反馈;只有在项目生命周期的后期才能看到结果;通过过多的强制完成日期和里程碑来跟踪各个项目阶段;瀑布模型的突出缺点是不适应用户需求的变化。

1.3.2　快速原型法模型

1. 模型概述

快速原型法就是在系统开发之初,尽快给用户构造一个新系统的模型(原型),反复演示原型并征求用户意见,开发人员根据用户意见不断修改完善原型,直到基本满足用户的要求进而实现系统,这种软件开发方法就是快速原型法。原型就是模型,而原型系统就是应用系统的模型。它是待构筑的实际系统的缩小比例模型，但是保留了实际系统的大部分性能。这个模型可在运行中被检查、测试、修改，直到它的性能达到用户需求为止。因而这个工作模型很快就能转换成原样的目标系统。快速原型法模型示意图如图 1-4 所示。

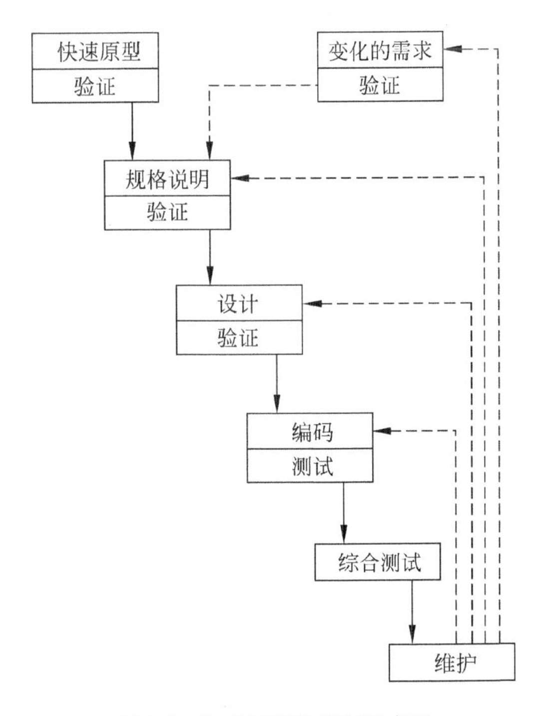

图 1-4 快速原型法模型示意图

2. 原型法的 3 个层次

第一层包括联机的屏幕活动。这一层的目的是确定屏幕及报表的版式和内容、屏幕活动的顺序及屏幕排版的方法。

第二层是第一层的扩展，引用了数据库的交互作用及数据操作。这一层的主要目的是论证系统关键区域的操作，用户可以输入成组的事务数据，执行这些数据的模拟过程，包括出错处理。

第三层是系统的工作模型，它是系统的一个子集，其中应用的逻辑事务及数据库的交互作用可以用实际数据来操作。这一层的目的是开发一个模型，使其发展成为最终的系统规模。

3. 模型的优缺点

原型法的主要优点在于它是一种支持用户的方法，使得用户在系统生命周期的设计阶段起到积极的作用；它能减少系统开发的风险，特别是在大型项目的开发中，由于对项目需求的分析难以一次完成，应用原型法效果更为明显。原型法的概念既适用于系统的重新开发，也适用于对系统的修改；原型法不局限于仅对开发项目中的计算机方面进行设计，第三层原型法是用于制作系统的工作模型的。快速原型法要取得成功，要求有像第四代语言

(4GL)这样的良好开发环境/工具的支持。原型法可以与传统的生命周期方法相结合使用，这样会扩大用户参与需求分析、初步设计及详细设计等阶段的活动，加深对系统的理解。近年来，快速原型法的思想也被应用于产品的开发活动中。

原型法的主要缺点是所选用的开发技术和工具不一定符合主流的发展；快速建立起来的系统结构加上连续的修改可能会导致产品质量低下。

1.3.3 增量开发模型

1. 模型概述

增量模型也称为渐增模型，如图 1-5 所示。使用增量模型开发软件时，把软件产品作为一系列的增量构件来设计、编码、集成和测试。每个构件由多个相互作用的模块构成，并且能够完成特定的功能。使用增量模型时，第一个增量构件往往实现软件的基本需求，提供最核心的功能。第二个增量构件提供更完善的编辑和文档生成功能；第三个增量构件实现拼写和语法检查功能；第四个增量构件完成高级的页面排版功能。

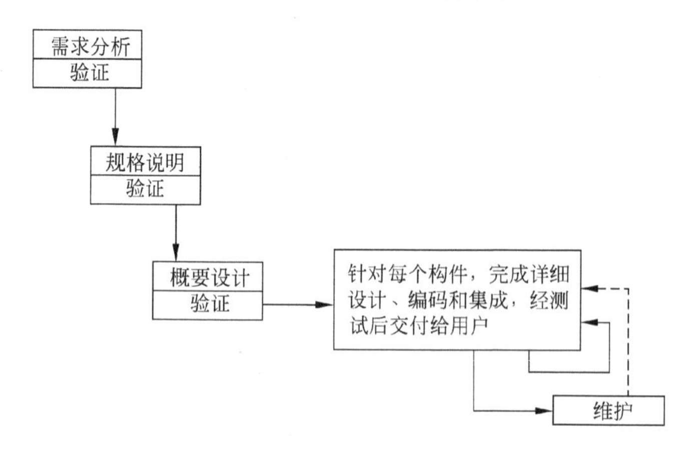

图 1-5　增量模型示意图

2. 模型的优缺点

把软件产品分解成增量构件时，应该使构件的规模适中，规模过大或过小都不好。最佳分解方法因软件产品特点和开发人员的习惯而异。分解时唯一必须遵守的约束条件是，当把新构件集成到现有软件中时，所形成的产品必须是可测试的。

采用瀑布模型或快速原型法模型开发软件时，目标都是一次就把一个满足所有需求的产品提交给用户。增量模型则与之相反，它分批地逐步向用户提交产品，整个软件产品被分解成许多个增量构件，开发人员一个构件接一个构件地向用户提交产品。从第一个构件交付之日起，用户就能做一些有用的工作。显然，能在较短时间内向用户提交可完成部分工作的产品是增量模型的一个优点。

增量模型的另一个优点是，逐步增加产品功能可以使用户有较充裕的时间学习和适应新产品，从而减少一个全新的软件可能给客户组织带来的冲击。

使用增量模型的困难是，在把每个新的增量构件集成到现有软件体系结构中时，必须不破坏原来已经开发出的产品。此外，必须把软件的体系结构设计得便于按这种方式进行扩充，向现有产品中加入新构件的过程必须简单、方便，也就是说，软件体系结构必须是开放的。但是，从长远观点看，具有开放结构的软件拥有真正的优势，这样的软件的可维护性明显好于封闭结构的软件。

因此，尽管采用增量模型比采用瀑布模型和快速原型法模型需要更精心的设计，但在设计阶段多付出的劳动将在维护阶段获得回报。如果一个设计非常灵活而且足够开放，足以支持增量模型，那么这样的设计将允许在不破坏产品的情况下进行维护。事实上，使用增量模型时开发软件和扩充软件功能(完善性维护)并没有本质区别，都是向现有产品中加入新构件的过程。

从某种意义上说，增量模型本身是自相矛盾的。它一方面要求开发人员把软件看作一个整体，另一方面又要求开发人员把软件看作构件序列，每个构件本质上都独立于另一个构件。除非开发人员有足够的技术能力协调好这一明显的矛盾，否则用增量模型开发出的产品可能并不令人满意。

3. 一种风险更大的增量模型

图 1-5 所示的增量模型表明，必须在开始实现各个构件之前就全部完成需求分析、规格说明和概要设计的工作。由于在开始构建第一个构件之前已经有了总体设计，因此风险较小。图 1-6 描绘了一种风险更大的增量模型：一旦确定了用户需求之后，就着手拟定第一个构件的规格说明文档，完成后规格说明组将转向第二个构件的规格说明，与此同时设计组开始设计第一个构件……用这种方式开发软件，不同的构件将并行地构建，因此有可能加快工程进度。但是，使用这种方法将冒构件无法集成到一起的风险，除非密切地监控整个开发过程，否则整个工程可能毁于一旦。

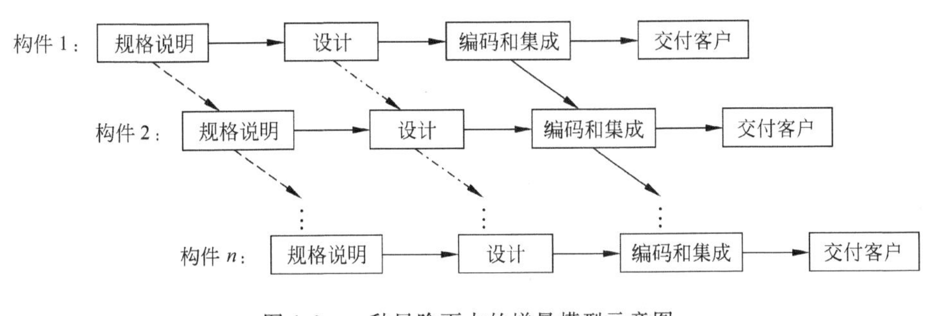

图 1-6　一种风险更大的增量模型示意图

1.3.4　螺旋模型

1. 模型概述

1988 年巴利·玻姆(Barry Boehm)提出了软件系统开发的螺旋模型，它将瀑布模型和快速原型法模型结合起来，强调了其他模型所忽视的风险分析，特别适合于大型复杂的系统。

螺旋模型采用一种周期性的方法来进行系统开发。这会导致开发出众多的中间版本。

使用它，项目经理在早期就能够为客户实证某些概念。该模型是快速原型法，以进化的开发方式为中心，在每个项目阶段使用瀑布模型法。这种模型的每一个周期都包括需求定义、风险分析、工程实现和评审 4 个阶段，由这 4 个阶段进行迭代，软件开发过程每迭代一次，软件开发又前进一个层次，如图 1-7 所示。

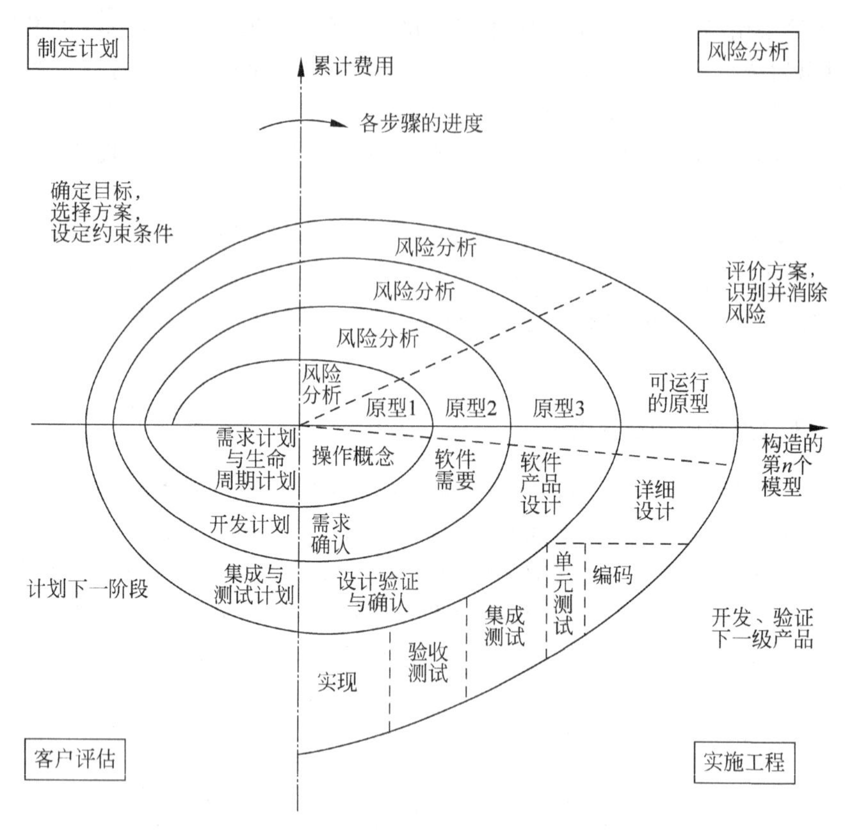

图 1-7 螺旋模型示意图

2. 采用螺旋模型的软件过程

螺旋模型基本做法是在瀑布模型的每一个开发阶段前引入一个非常严格的风险识别、风险分析和风险控制，它把软件项目分解成一个个小项目。每个小项目都标识一个或多个主要风险，直到所有的主要风险因素都被确定。螺旋模型强调风险分析，使得开发人员和用户对每个演化层出现的风险有所了解，继而做出应有的反应，因此特别适用于庞大、复杂并具有高风险的系统。对于这些系统，风险是软件开发不可忽视且潜在的不利因素，它可能在不同程度上损害软件开发过程，影响软件产品的质量。减小软件风险的目标是在造成危害之前，及时对风险进行识别及分析，决定采取何种对策，进而消除或减少风险的损害。

螺旋模型沿着螺线进行若干次迭代。图 1-7 中的 4 个象限代表了以下活动：

(1) 制定计划：确定软件目标，选定实施方案，弄清项目开发的限制条件。

(2) 风险分析：分析评估所选方案，考虑如何识别和消除风险。

(3) 实施工程：实施软件开发和验证。

(4) 客户评估：评价开发工作，提出修正建议，制定下一步计划。

螺旋模型由风险驱动，强调可选方案和约束条件从而支持软件的重用，有助于将软件质量作为特殊目标融入产品开发之中。

1.3.5 喷泉模型

1. 模型概述

喷泉模型(fountain model)是一种以用户需求为动力，以对象为驱动的模型，主要用于描述面向对象的软件开发过程。

该模型认为软件开发过程自下而上周期的各阶段是相互迭代和无间隙的。软件的某个部分常常被重复工作多次，相关对象在每次迭代中随之加入渐进的软件成分。无间隙指在各项活动之间无明显边界，如分析和设计活动之间没有明显的界限。由于对象概念的引入，表达分析、设计、实现等活动只用对象类和关系，从而可以较为容易地实现活动的迭代和无间隙，使其开发自然地包括复用。

喷泉模型不像瀑布模型那样需要分析活动结束后才开始设计活动、设计活动结束后才开始编码活动，该模型的各个阶段没有明显的界限，开发人员可以同步进行开发。其优点是可以提高软件项目开发效率，节省开发时间，适应于面向对象的软件开发过程。由于喷泉模型在各个开发阶段是重叠的，因此在开发过程中需要大量的开发人员，不利于项目的管理。此外这种模型要求严格管理文档，使得审核的难度加大，尤其是面对可能随时加入各种信息、需求与资料的情况。

2. 模型应用解释

迭代是软件开发过程中普遍存在的一种内在属性。经验表明，软件过程各个阶段之间的迭代或一个阶段内各个工作步骤之间的迭代，在面向对象范型中比在结构化范型中更常见。图 1-8 所示的喷泉模型是典型的面向对象生命周期模型。

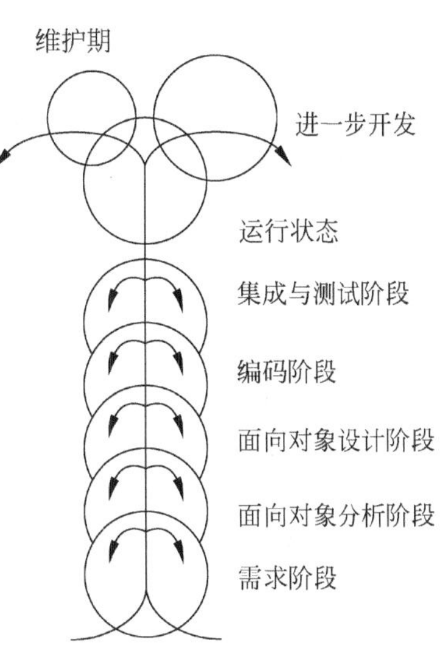

图 1-8 喷泉模型示意图

“喷泉”这个词体现了面向对象软件开发过程迭代和无缝的特性。图 1-8 中代表不同阶段的圆圈相互重叠，这明确表示两个活动之间存在交迭；而面向对象方法在概念和表示方法上的一致性，保证了在各项开发活动之间的无缝过渡。事实上，用面向对象方法开发软件时，在分析、设计和编码等各项开发活动之间并不存在明显的边界。图 1-8 中，在一个阶段内的向下箭头代表该阶段内的迭代(或求精)，较小的圆圈代表维护，圆圈较小象征着采用了面向对象范型之后维护时间缩短了。

为避免使用喷泉模型开发软件时开发过程过分无序，应该把一个线性过程(例如，快速原型法模型或图 1-8 中的中心垂线)作为总目标。但同时也应该记住，面向对象范型本身要求经常对开发活动进行迭代或求精。

习题 1

1. 名词解释

(1) 软件工程。

(2) 软件工程过程。

(3) OO 方法。

(4) OOA 方法。

(5) 软件复用。

(6) 喷泉模型。

2. 判断题

(1) 软件过程是一个为建造高质量软件所需完成的任务的框架,即形成软件产品的一系列步骤,包括中间产品、资源、角色及过程中采取的方法、工具等范畴。 ( )

(2) 构件代表系统中的一部分物理实施,包括软件构件框架或其等价物。 ( )

(3) 瀑布模型核心思想是按工序将问题化简,将功能的实现与设计分开,便于分工协作,即采用结构化的分析与设计方法将逻辑实现与物理实现分开。 ( )

(4) 使用增量模型开发软件时,把软件产品作为一个整体来设计、编码、集成和测试。 ( )

3. 填空题

(1) 物联网系统由________、________和________三部分组成。

(2) 软件工程涉及________、________、________、系统平台、标准和设计模式等方面。

(3) 结构化方法是一种传统的软件开发方法,它是由________、________和结构化程序设计三部分有机组合而成的。

(4) 结构化分析就是使用数据流图、________、________、________和判定树等工具,来建立一种新的、称为结构化说明书的目标文档,也就是需求规格说明书。

(5) 瀑布模型将软件生命周期划分为制定计划、________、________、________、软件测试和运行维护等 6 个基本活动,并且规定了它们自上而下、相互衔接的固定次序,如同瀑布流水,逐级下落。

4. 选择题(多选)

(1) 物联网软件工程过程是指一套关于项目的阶段、状态、方法、技术和开发、维护软件的人员以及相关文档组成,它有哪几种方法?( )

A. 统一过程 B. 开启过程 C. 结构化过程 D. 面向对象的软件过程

(2) 软件开发流程(Software Development Process)即软件设计思路和方法的一般过程,包括以下哪几项?( )

A. 设计软件的功能和实现的算法和方法

B. 软件的总体结构设计和模块设计
C. 成本预算和效益分析
D. 编程和调试
E. 程序联调和测试以及编写
（3）结构化设计方法的设计原则遵循哪几条？（　　）
A. 以类和继承为构造机制
B. 使每个模块尽量只执行一个功能
C. 每个模块用过程语句调用其他模块
D. 模块间传送的参数作数据用
（4）在 OOD 的设计过程中，要展开的主要有如下哪几项工作？（　　）
A. 对象定义规格的求精过程　　B. 需求分析和详细设计
C. 数据模型和数据库设计　　D. 成本核算
（5）软件构件的属性有哪些？（　　）
A. 有用性　　B. 可用性　　C. 质量　　D. 适应性　　E. 可移植性
（6）软件构件的特点有哪些？（　　）
A. 自描述　　B. 可继承　　C. 可集成　　D. 连接机制

5. 简答题

（1）软件生命周期有哪几个阶段？
（2）简述结构化分析的步骤。
（3）简述面向对象程序设计的基本步骤。
（4）简述 OOA 方法的基本步骤。
（5）简述软件复用的几个级别。
（6）简述快速原型法模型的 3 个层次。

6. 论述题

（1）简述软件开发流程的步骤。
（2）解释面向对象方法里的对象、类、消息、封装、继承性、多态性这些基本概念。
（3）画出螺旋模型示意图，并给出意义解释。

第2章 物联网系统工程

本章重点介绍物联网系统结构、系统调查与规划、项目可行性分析、立项审批与开发计划，要求学生了解物联网系统工程的结构、设计方式以及项目开发方法。

2.1 物联网系统结构

本节重点介绍硬件系统结构、感知层、网络层、应用层以及物联网软件。

2.1.1 硬件系统结构

1. 物联网的体系结构

物联网融合了传感器、计算机网络和智能控制技术实现的物与物之间的通信互联。物联网的体系结构分为三层，分别是感知层、网络层（或传输层）、应用层，如图 2-1 所示。

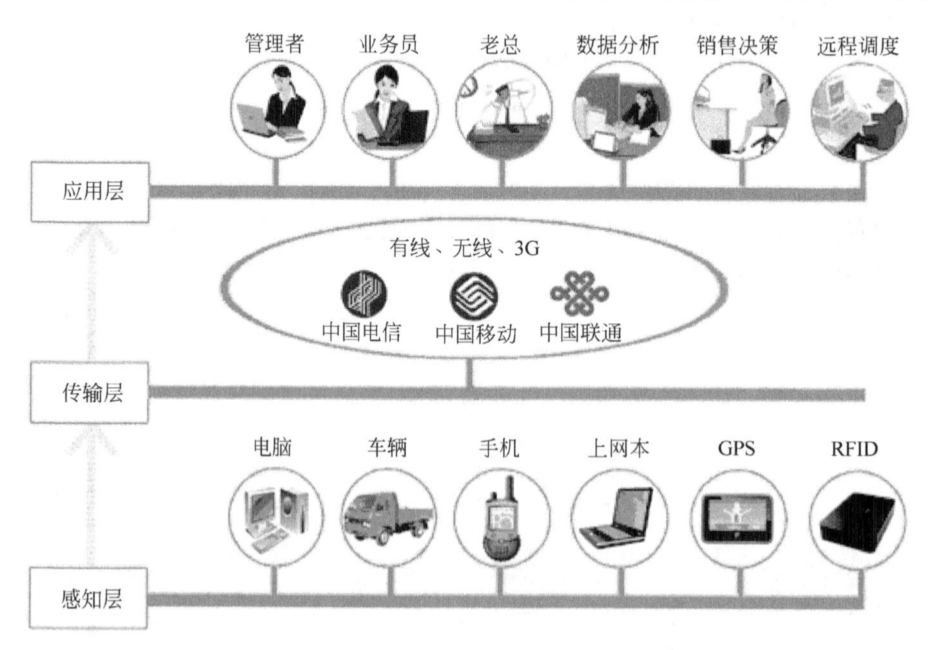

图 2-1 物联网体系结构示意图

2. 感知层

感知层的作用是采集物品信息、传递控制信号。这是物联网互联的第一步，这里需要用到电子标签、数据采集技术和无线传感器。一方面，RFID 系统通过射频信号采集物品电子标签中的标识和信息；另一方面，感知层中的通信模块通过短距离无线信号与本地网关相联并进行身份验证。与网关成功连接以后，感知层可以将数据通过网关发送出去，同时接收网关传递过来的控制命令及其他信息，在接收到网络层发送的控制命令后，执行相应的操作。同时被标识的物体也有相互感知能力，通过相互感知，物体间的信息可以相互传输，并由此来处理更为复杂的事务。

3. 网络层

网络层的作用是接收感知层传递的数据，将数据发送到其他网络中，并将控制命令发送给感知层。网络层需要网络化物理系统。网络化物理系统是利用计算技术监测和控制物理设备行为的嵌入式系统 CPS(Cyber-Physical System)。网络层的具体功能包括：获取物品信息，获取感知层所发送的物品数据，识别其中的 EPC 码，并在本地网关注册；数据格式转换指的是一方面将网络层、感知层获取的数据信息进行格式转换，以便在 Internet、3G 或广电等外部网络中传输，另一方面把外部网络发送的数据转换成感知层可识别的数据格式；发送控制命令指的是将外部网络获取的数据，经转换格式后发送给感知层；网络连接，发送/接收外部网络数据。

4. 应用层

应用层是收集数据的终端，经过数据分析和计算之后，向联网的物体发送实际的控制命令，以达到特定的应用目标。物联网的应用归根结底还是要实现某种功能，比如智能控制交通系统、智能农业灌溉系统、智能物流系统等。

2.1.2 感知层

1. 概述

感知层是物联网的“皮肤和五官”，识别物体，采集信息。感知层一般包括二维码标签和识读器、RFID 标签和读写器、摄像头、GPS、传感器、终端、传感器网络等。主要作用是识别物体、采集信息，这与人体结构中皮肤和五官的作用相似，如图 2-2 所示。

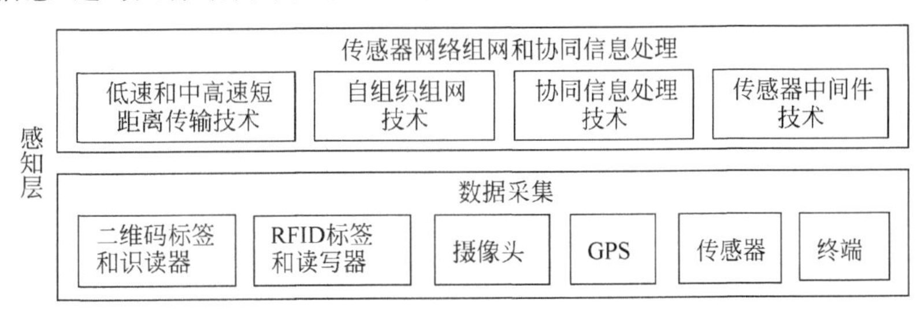

图 2-2 感知层示意图

通过感知层，物联网可以实现对物体的感知。首先，把传感器装备到电网、铁路、桥梁、隧道、公路、建筑、供水系统、大坝、油气管道以及家用电器等各种真实物体上，通过 Internet 连接起来，进而运行特定的程序，达到远程控制或者实现物与物的直接通信。然后，通过装置在各类物体上的射频识别、传感器、二维条码等，经过接口与无线网络相联，从而给物体赋予“智能”。实现人与物体的沟通和对话，也可以实现物体与物体互相间的沟通和对话，这种将物体连接起来的网络被称为物联网。因此，物联网是基于传感网之上，实现物对物的操作。

2. 感知技术

常见的感知层有 RFID、无线传感器网络以及其他传感设备。下面简单阐述几种主要的感知技术。

1）RFID 射频识别技术

RFID(Radio Frequency IDentification，射频识别）又称电子标签，是一种通信技术，可通过无线电信号识别特定目标并读写相关数据，而无须识别系统与特定目标之间建立机械或光学接触。RFID 标签分为被动、半被动和主动三类。由于被动式标签具有价格低廉、体积小巧、无须电源的优点，目前市场的 RFID 标签主要是被动式的。RFID 技术主要用于绑定对象的识别和定位。通过对应的阅读设备对 RFID 标签 Tag 进行阅读和识别。

2）无线传感器网络（WSN)技术

无线传感器网络利用部署在目标区域内的大量节点，协作地感知、采集各种环境或监测对象的信息，获得详尽而准确的信息数据，并对这些数据进行深层次的多元参数融合、协同处理，抽象出环境或物体对象的状态。此外，还能够依托自组网或定向链路方式将这些感知数据和状态信息传输给观察者，将逻辑上的信息世界与客观上的物理世界融合在一起，改变人类与物理世界的交互方式。无线传感器节点是物联网伸入自然界的触角，主要负责信息的采集并将其他如光信号、电信号、化学信号转变为电信号并送给微控制器，根据应用环境不同，不同的参数对传感器的选择也有所区别；无线收发器负责与网关之间的通信；微控制器负责协调系统的工作，接收传感器发送的信息并控制无线收发器的工作；电源及电源管理模块为系统的工作提供可靠的能源。无线传感器网络（Wireless Sensor Networks，WSN)已经在医疗、工业、农业、商业、公共管理、国防等领域得到了广泛应用，是促进未来经济发展、构建和谐社会的重要手段。

3. ZigBee 传感技术

ZigBee 是基于 IEEE 802.15.4 标准的短距离、低速率的无线网络技术。ZigBee 技术可以支持多到 65 000 个无线数据传输模块组成的一个无线数据传输网络平台。同时，每一个 ZigBee 网络数据传输模块类似移动网络的一个基站，在整个网络范围内可以进行相互通信；每个网络节点间的距离可以从标准的 75 米到扩展后的几百米，甚至几公里；另外整个 ZigBee 网络还可以与现有的其他各种网络连接。ZigBee 应用领域比较广泛，如无线家庭自动化、无线门禁考勤、无线电力测控、无线智能公交、RFID 数据传输无线医疗监护等。随着物联网的进一步深入发展，ZigBee 将得到更为广泛的应用。

2.1.3　网络层

网络层包括通信网、互联网、3G 网络、GPRS 网络、广电网络、NGB、网络管理系统和云计算平台等组成，如图 2-3 所示，是整个物联网的中枢，负责传递和处理感知层获取的信息。也叫传输层，是物联网成为普遍服务的基础设施，保障实现应用层与感知层之间信息的可靠传送。

图 2-3　网络层示意图

1. 通信网

通信网是一种使用交换设备、传输设备将地理上分散的用户终端设备互连起来实现通信和信息交换的系统。通信最基本的形式是在点与点之间建立通信系统，许多的通信系统(传输系统)通过交换系统按一定拓扑结构组合在一起称为通信网。

2. 互联网

互联网即广域网、局域网及单机按照一定的通信协议组成的国际计算机网络。互联网是指将两台计算机或者是两台以上的计算机终端、客户端、服务端通过计算机信息技术的手段互相联系起来的结果。

3. 3G 网络

3G 是第三代通信网络，可实现无线漫游，并处理图像、音乐、视频流等多种媒体形式，提供包括网页浏览、电话会议、电子商务等多种信息服务。目前国内支持国际电联确定的 3 个无线接口标准，分别是中国电信的 CDMA2000、中国联通的 WCDMA 和中国移动的 TD-SCDMA，GSM 设备采用的是时分多址(TDMA)，而 CDMA 使用码分扩频技术。

4. GPRS 网络

这是一种基于 GSM 系统的无线分组交换技术，提供端到端的、广域的无线 IP 连接。通俗地讲，GPRS 是一项高速数据处理的科技，方法是以分组的形式传送资料到用户手上。虽然 GPRS 是作为现有 GSM 网络向第三代移动通信演变的过渡技术，但是它在许多方面都具有显著的优势。

5. 广电网络

广电网络通常是各地有线电视网络公司(台)负责运营的，通过 HFC(光纤+同轴电缆混合网)网向用户提供宽带服务及电视服务的网络，宽带可通过 Cable Modem 连接到计算机，理论到户的最高速率为38Mbps，实际速度要视网络情况而定。

6. NGB广域网络

中国下一代广播电视网(NGB)是以有线电视数字化和移动多媒体广播(CMMB)的成果为基础，以自主创新的高性能宽带信息网核心技术为支撑，构建适合我国国情的、三网融合的、有线无线相结合的、全程全网的下一代广播电视网络。

2.1.4 应用层

物联网系统通常可由M2M应用平台、用户侧的汇聚网关和用户侧若干传感器组成。在此，介绍一种在汇聚网关上的通用应用层架构，它是一种通用应用层的分层架构模型，如图2-4所示。

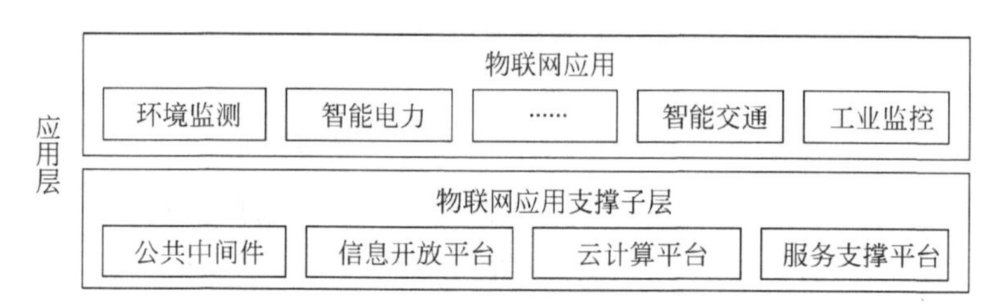

图2-4 通用应用层示意图

1. 通用应用层架构和系统接口

M2M网关引入通用应用层架构有助于解决应用平台和网关之间的标准统一，也有助于M2M网关的标准化。通用应用层可向M2M应用平台提供通用的应用编程接口API，以便应用平台不再关心M2M网关的差异。通用应用层的系统接口如图2-5所示。

传感器管理平台可使用通用应用层提供的API，其中管理平台可能是应用平台的一部分，也可能是独立的平台。不同行业甚至可以共享一个管理平台，比如由电信运营商提供M2M网关的情形，设备的管理即由电信运营商管理，而业务采用各行业自建的平台。

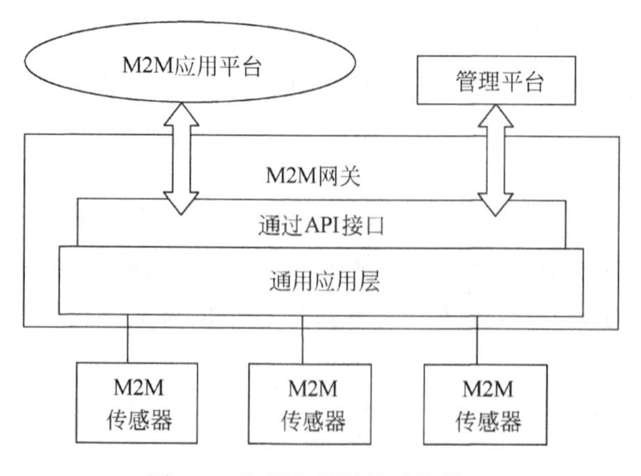

图2-5 通用应用层的系统接口

通用应用层可提供不同形式的 API。对实时性要求较高的应用可采用基于 TCP/UDP 的私有协议；对实时性要求较低的应用，如管理、配置类通信请求，采用业界通用的 Web Service 接口。

通用应用层技术还可以提供应用平台 SDK 开发包，开发者无须关心通信的底层协议，从而可以让开发者专注于 M2M 应用开发。

2. 通用应用层的分层结构

图 2-6 所示为通用应用层的 4 层逻辑架构。

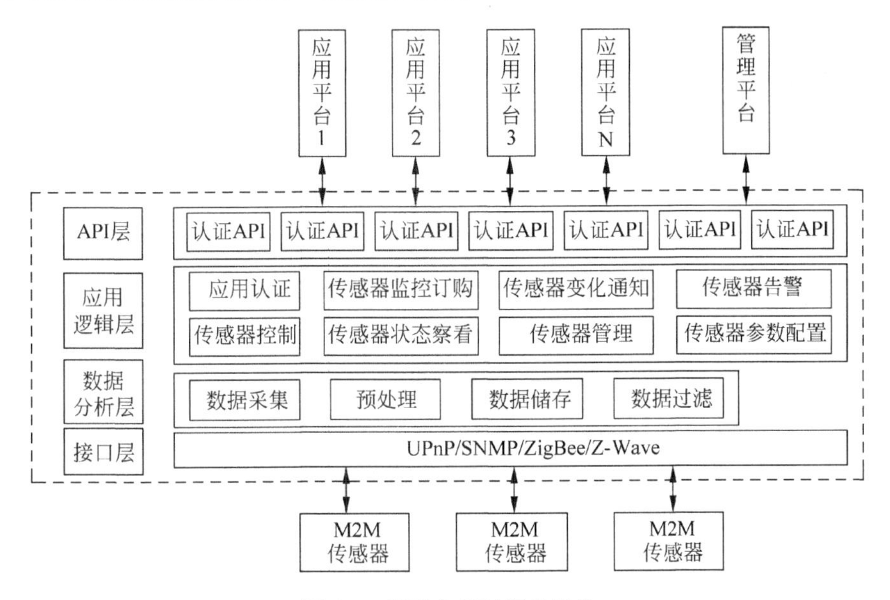

图 2-6　通用应用层逻辑架构

1）接口层

接口层主要是和各种传感器的接口。该层能适配各种传感器通信协议，如 UPnP、SNMP、ZigBee、Z-Wave 等。

2）数据分析层

数据分析层主要是对主动采集的信息、设备上报的告警信息、事件信息等进行统一过滤和分析，只有超过用户设置的阈值才会向用户发送告警信息；同时对采集的数据进行预处理，丢弃无用信息，并可转换采集的数据格式；另外就是进行简单的统计分析，供应用查询；再就是提供数据的短时间的存储。设计这一个策略层的目的就是减轻应用逻辑层的数据过滤和处理的压力，提高系统的整体性能。

3）应用逻辑层

应用逻辑层主要是对应用的请求进行处理。主要包含应用认证、传感器监控订购、传感器状态察看、传感器远程控制、传感器变化通知、传感器管理、传感器告警、传感器参数配置等八大类业务逻辑处理模块。应用认证模块的目的是防止未经授权的应用来访问传感器；传感器监控订购模块用于接收应用的订购监控请求，并保存；传感器状态察看模块接收应用的传感器状态查询请求，并从传感器获得相应状态，然后返回给应用；传感器远程控制模块可实现对远程传感器的控制；传感器变化通知模块根据传感器监控订购模块存储的定制请求，定期查询传感器状态，有符合应用定制要求的，就主动通知应用；传感器管理模块主要关注传感器工作状态的管理，而不是对传感器业务的管理；传感器告警模块接收数据分析层的告警信息，并发送到管理平台；传感器参数配置模块用于接收管理平台的配置工单，并正确配置传感器的参数。

4) API层

API层可提供一系列的API，以供应用平台和管理平台调用。可根据应用的不同提供Web Service API和实时响应的自定义API。与管理相关的API对实时性要求不高，可以采用Web Service API。而传感器状态监控、控制命令下发则对实时性要求很高，故需要采用实时性较强的通信技术。具体地，API主要包括认证API、订购API、查询API、控制API、通知API、告警API和配置API等。

表2-1所列是通用应用层编程接口API的主要分类。

表2-1 通用应用层编程接口API分类

API类型	描　述	通信协议类型
认证API	认证应用/管理平台的合法性	Web Service
订购API	应用平台订购监控的传感器、监控的传感器参数及通知的周期、阈值等	Web Service
查询API	通过应用平台查询传感器的参数信息	实时协议，TCP
控制API	通过应用平台下发对传感器的控制命令	实时协议，TCP
通知API	通用应用层向应用平台反向发送传感器的参数变化信息	实时协议，UDP，需确认
告警API	通用应用层向管理平台发送传感器的告警	实时协议，UDP
配置API	管理平台下发配置工单	Web Service

2.1.5 物联网软件

1. 物联网标准

物联网标准涵盖架构标准、通信协议、标识标准、安全标准、应用标准、数据标准、信息处理标准等方面。在物联网应用层中应用层标准体系主要包括应用层架构标准，云计算技术标准，软件和算法技术标准，行业、公众应用类标准以及相关安全标准体系。

(1) 应用层架构重点是面向对象的服务架构，包括SOA体系架构、面向上层业务应用的流程管理、业务流程之间的通信协议、元数据标准以及SOA安全架构标准。

(2) 云计算技术标准重点包括开放云计算接口、云计算开放式虚拟化架构(资源管理与控制)、云计算互操作、云计算安全架构等。

(3) 软件和算法技术标准包括数据存储、数据挖掘、海量智能信息处理和呈现等。

(4) 行业、公众应用类标准一般指物联网行业的标准和物联网应用的标准。

(5) 安全标准重点包括安全体系架构、安全协议、支持融合网络的认证和加密技术、用户和应用隐私保护、虚拟化和匿名化、面向服务的自适应安全技术标准等。

2. 面向服务的体系架构和中间件

对于物联网来讲，最为重要的就是基于感知层采集数据的信息处理和应用集成，从而获取价值性信息来指导物理世界更加高效运转。软件和算法在物联网的信息处理和应用集成中发挥重要作用，是物联网智慧性的集中体现。其关键技术主要包括面向服务的体系架构(Service-Oriented Architecture，SOA)和中间件技术，重点包括各种物联网计算系统的感知信息处理、交互与优化软件与算法、物联网计算系统体系结构与软件平台研发等。

(1) SOA(面向服务的体系结构)是一个组件模型，它将应用程序的不同功能单元(称为服务)通过这些服务之间定义良好的接口和契约联系起来。接口是采用中立的方式进行定义的，它应该独立于实现服务的硬件平台、操作系统和编程语言。这使得构建在各种这样的系统中的服务可以以一种统一和通用的方式进行交互。

(2) 中间件(Middleware)是处于操作系统和应用程序之间的软件，也有人认为它应该属于操作系统中的一部分。人们在使用中间件时，往往是一组中间件集成在一起构成一个平台(包括开发平台和运行平台)，但在这组中间件中必须要有一个通信中间件，即中间件＝平台＋通信，这个定义也限定了只有用于分布式系统中才能称为中间件，同时还可以把它与支撑软件和实用软件区分开来。

与标准化的接口和调用方式联系起来，可实现快速可重用的系统开发和部署。SOA 可提供物联网架构的扩展性，提升应用开发效率，充分整合和复用信息资源。目前，SOA 在国际上尚没有统一的概念和实施模式，SOA 相关标准规范正在多个国际组织(如 W3C、OASIS、WS-I、TOG、OMG 等)中研究制定，在已发布的 84 项 SOA 相关标准规范中，尚以 Web Services 标准为主，缺乏能支撑 SOA 工程和应用的标准，这些规范及标准仅在各个标准组织或企业内形成初步体系，不同组织标准间存在重复甚至冲突。目前，中间件呈现出多样化的发展态势，国际上最主要的中间件产品是 IBM Web sphere 和 Oracle(BEA) Web logic 应用服务器套件。

2.2 系统调查与规划

本节重点介绍系统调查与系统规划的方法。

2.2.1 系统调查

1. 系统调查概述

调查是为了了解客观需求情况而进行的考察。系统调查是系统开发过程中的基础工作。通常调查分为基础调查和详细调查，分别在总体规划和系统分析阶段进行。调查是获取需求的一种方法，也是总体规划和系统分析阶段不可缺少的过程和手段。

1) 基础调查

基础调查是系统规划和系统分析的第一个步骤，它分为一般调查和需求调查。一般调查是对系统进行的一般性调查，调查的对象主要是针对系统的主要功能、目的、运行环境等。通过一般调查，对系统有一个初步轮廓性的认识。需求调查是整个基础调查的主要内容，通过调查了解系统的功能要求。基础调查是全方位的，包括经济、技术、管理、开发、社会环境等方面的内容，通过调查了解系统的基本信息，为可行性分析和系统规划奠定坚实的基础。

2）详细调查

详细调查是对系统各个方面的调查，指调查的方式详细。详细调查需要根据科学原理，以科学的方法进行调查。调查需要注重完备性、目标性、适应性、层次性和关联性5个方面，兼顾系统的发展观和消亡观，了解和把握系统的风险和发展规律。

（1）静态调查：主要是针对组织结构和功能体系的调查。组织结构的调查是调查组织的设置、层次和隶属关系，然后绘制层次结构图。功能体系调查是对系统功能构造进行的调查，要用数据流图和IPO层次图描述，还有绘制子系统图，并描述子系统的功能。

（2）动态调查：动态调查主要是业务流程的调查和数据流程的调查。业务流程的调查旨在了解系统组织结构和功能的基础上，对系统业务信息流动过程的调查。数据流程的调查是在了解业务流程的基础上，对组织与功能的匹配、功能与功能的关联的调查。

（3）风险调查：对系统的风险调查很重要，它涉及系统未来的管理和运作。风险调查是风险管理的基础和前提，这为系统运行时的风险分析、缝隙规避、风险应对等奠定了坚实的基础。

2. 系统调查方法

1）常用的系统调查方式

（1）遍历调查：要针对每个部分逐个进行调查。

（2）典型调查：就是选择一个或若干个具代表性的系统进行调查。

（3）个案调查：是对某个系统或部分进行的调查。

2）常用的系统调查方法

（1）问卷法：合理设计问卷，采用开放式、封闭式或混合式问卷收集信息。

（2）文献法：通过书面材料、统计数据等文献对研究对象进行间接调查。

（3）访问法：通过交谈获得资料。

（4）观察法：现场观察，凭借感觉的印象搜集数据资料。

2.2.2 系统规划

1. 系统规划的过程

20世纪70年代，B. W. Boehm提出了软件生命周期的瀑布模型，软件生命周期可划分为8个阶段，它们是问题定义、可行性研究、软件需求分析、系统总体设计、详细设计、编码和单元测试、综合测试以及软件维护。

软件系统开发采用生命周期法，从时间角度对软件开发和维护的复杂问题进行分解，把软件生存的漫长周期依次划分为8个阶段，又可归纳为3个大的阶段，即规划阶段、开发阶段和维护阶段。

软件规划是软件系统开发的一个重要组成部分，是软件生命周期的第一个阶段，是软件开发的前提和基础，它的主要工作就是对软件开发工程进行详细的系统分析。随着信息化产业的发展，软件企业的增多，尤其是面对一些大中型的软件项目，软件系统详细的规划显得更加重要，它极大地影响着软件的质量和效率。

2. 软件规划原理

软件系统规划的任务是确定软件开发工程必须完成的总目标；确定工程的可行性，导出实现工程目标应该采用的策略及系统必须完成的功能；估计完成该项工程需要的资源和成本，并且制定工程进度表。这个时期的工作通常又称为系统分析，由系统分析员负责完成。通常划分为3个阶段，即问题定义、可行性研究和需求分析。

(1) 问题定义。确切地定义问题在实践中可能是最容易被忽视的一个步骤，软件开发初期，如果不知道问题是什么，就试图解决某些问题，盲目地讨论实现的细节，只会白白浪费时间和金钱，最终得出的结果很可能是毫无意义的。所以，问题定义阶段的首要关键问题是：要解决的问题是什么？只有弄清问题是什么，才能开始下一阶段的工作。

(2) 可行性研究。由于在问题定义阶段提出的对工程目标和规模的报告通常比较含糊，并没有确定是否有解决问题的途径，所以对于可行性研究阶段要解决的关键问题是：对于上一阶段所确定的问题有行得通的解决办法吗？在这个阶段，系统分析员要将系统设计大大压缩和简化，在较抽象的高层次上进行软件分析，从而导出系统的高层逻辑模型（通常用数据流程控制图表示），并且在此基础上要更准确、更具体地确定工程规模和目标，准确地估计系统的成本和效益。最后，由使用部门负责人做出是否继续进行这项工程的决定。一般地，只有投资可能取得较大效益的工程项目才值得继续研究。因为可行性研究以后的阶段将需要投入更多的人力、物力，所以及时中止不值得投资的工程项目可以避免更大的浪费。

(3) 需求分析。这个阶段的任务仍然不是具体地解决问题，而是准确地确定"为了解决这个问题，目标系统必须做什么"，主要是确定目标系统必须具备哪些功能。用户了解他们所面对的问题，知道必须做什么，但是通常不能完整准确地表达出他们的要求，更不知道怎样利用计算机解决他们的问题；软件开发人员知道怎样使用软件实现人们的要求，但是对特定用户的具体要求并不完全清楚。因此，系统分析员在需求分析阶段必须要和用户密切配合，充分交流信息，以便得出经过用户确认的系统逻辑模型。需求分析阶段确定的系统逻辑模型是以后设计和实现目标系统的基础，所以必须要准确完整地体现用户的要求。

总之，软件规划的3个阶段都要在与用户不断地交流和讨论的基础上进行，每个阶段都要做出相应的书面文档。

3. 调查的内容

在软件规划阶段，为了能使系统更加详尽、准确到位，重点需要确定用户是否需要这样的产品类型以及获取每个用户类的需求。它包括3个不同的层次：业务需求、用户需求和功能需求（也包括非功能需求）。

(1) 业务需求。反映组织机构或用户对系统、产品高层次的目标要求，它们在项目视图与范围文档中予以说明。

(2) 用户需求。文档描述用户使用产品必须要完成的任务，这在使用实例文档或方案脚本说明中予以说明。

(3) 功能需求。定义开发人员必须实现的软件功能，使得用户能完成他们的任务，从而满足了业务需求。

2.3 项目可行性分析

本节重点介绍项目的可行性分析以及可行性分析报告的写法。

2.3.1 可行性分析

1. 可行性研究报告工作程序

国际上典型的可行性研究报告的工作程序分6个步骤。

(1) 开始阶段。要讨论研究的范围,细心限定研究的界限及明确投资者的目标。

(2) 进行实地调查和技术经济研究。包括项目的主要方面,如需要量、价格、市场机会、工艺需求、人工费、外部影响以及工艺技术选择等。所有这些方面都是相互关联的,但是每个方面都要分别评价。

(3) 优选阶段。将项目的各不同方面设计成可供选择的方案。用有代表性的设计组合制定出少数可供选择的方案,便于有效地取得最优方案,随后进行详细讨论,投资者要做出判定,并确定协议项目的最后形式。

(4) 对选出的方案进行详细论证,确定具体的范围,估算投资费用、经营费用和收益,并做出项目的经济分析和评价。为了达到预定目标,可行性研究必须论证选择的项目在技术上是可行的,建设进度是能达到的。估计的投资费用应包括所有合理的未预见费用(如包括实施过程中的涨价预备费)。经济和财务分析必须说明项目在经济上是可以接受的,资金是可以筹措到的。敏感性分析则用来论证成本、价格或进度等发生时,可能给项目的经济效果带来的影响。

(5) 编制可行性研究报告。其结构和内容常常有特定的要求(如各种国际贷款机构的规定),这些要求和涉及的步骤,在项目的编制和实施中能有助于投资者。

(6) 编制资金筹措计划。项目的资金筹措在比较方案时已做出详细的考查,其中一些潜在的项目资金会在贷款者讨论可行性研究时冒出来。实施中的期限和条件的改变也会导致资金的改变,这些都可以根据可行性研究的财务分析做相应的调整。

最后,要做出一个明确的结论,以供决策者做出最终判断。

2. 可行性研究分段实施方法

1) 第一阶段:初期工作

(1) 收集资料。包括投资者的要求,投资者现有的系统现状等有关资料。

(2) 现场考察。考察所有可利用的设备、软件系统状况,与投资者方技术人员初步商讨设计资料、设计原则和工艺技术方案。

(3) 数据评估。认真检查所有数据及其来源,分析项目潜在的致命缺陷和设计难点,审查并确认可以提高效率、降低成本的工艺技术方案。

(4) 初步报告。扼要总结初期工作,列出所收集的设计基础资料,分析项目潜在的致命缺陷,确定参与方案比较的工艺方案。

初步报告提交投资者，在得到投资者的确认后方可进行第二阶段的研究工作。如投资者认为项目确实存在不可逆转的致命缺陷，则可及时终止研究工作。

2）第二阶段：可选方案评价

（1）制定设计原则。以现有资料为基础来确定设计原则，该原则必须满足技术方案和产量的要求，当进一步获得资料后，可对原则进行补充和修订。

（2）技术方案比较。对选择的各专业工艺技术方案从技术上和经济上进行比较，提出最后的入选方案。

（3）初步估算基建投资和生产成本。为确定初步的工程现金流量，将对基建投资和生产成本进行初步估算，通过比较，可以判定规模经济及分段生产效果。

（4）中期报告。确定项目的组成，对可选方案进行技术经济比较，提出推荐方案。中期报告提交投资者，在得到投资者的确认后方可进行第三阶段的研究工作。如投资者对推荐方案有疑义，则可对方案比较进行补充和修改；如投资者认为项目规模经济确实较差，则可及时终止研究工作。

3）第三阶段：推荐方案研究

（1）具体问题研究。对推荐方案的具体问题做进一步的分析研究，包括工艺流程、生产进度计划、设备选型等。

（2）基建投资及生产成本估算。估算项目所需的总投资，确定投资逐年分配计划，合理确定筹资方案；确定成本估算的原则和计算条件，进行成本计算和分析。

（3）技术经济评价。分析确定产品售价，进行财务评价，包括技术经济指标计算、清偿能力分析和不确定性分析，进而进行国家收益分析和社会效益评价。

（4）最终报告。根据本阶段研究结论，按照可行性研究内容和深度的规定编制可行性研究最终报告。最终报告提交投资者，在得到投资者的确认后，研究工作即告结束。如投资者对最终报告有疑义，则可进一步对最终报告进行补充和修改。

3. 可行性研究的主要内容

各类投资项目可行性研究的内容一般应包括以下内容。

（1）投资必要性。主要根据市场调查及预测的结果，以及有关的产业政策等因素，论证项目投资建设的必要性。在投资必要性的论证上，一是要做好投资环境的分析，对构成投资环境的各种要素进行全面的分析论证，二是要做好市场研究，包括市场供求预测、竞争力分析、价格分析、市场细分、定位及营销策略论证。

（2）技术可行性。主要从项目实施的技术角度，合理设计技术方案，并进行比选和评价。各行业不同项目技术可行性的研究内容及深度差别很大。可行性研究的技术论证应达到能够比较明确地提出设备清单的深度，技术方案的论证也应达到目前工程方案初步设计的深度，以便与国际惯例接轨。

（3）财务可行性。主要从项目及投资者的角度，设计合理财务方案，从企业理财的角度进行资本预算，评价项目的财务盈利能力，进行投资决策，并从融资主体（企业）的角度评价股东投资收益、现金流量计划及债务清偿能力。

（4）组织可行性。制定合理的项目实施进度计划、设计合理的组织机构、选择经验丰富的管理人员、建立良好的协作关系、制定合适的培训计划等，保证项目顺利执行。

(5) 经济可行性。主要从资源配置的角度衡量项目的价值,评价项目在实现区域经济发展目标、有效配置经济资源、增加供应、创造就业、改善环境、提高人民生活等方面的效益。

(6) 社会可行性。主要分析项目对社会的影响,包括政治体制、方针政策、经济结构、法律道德及社会稳定性等。

(7) 风险因素及对策。主要对项目的市场风险、技术风险、财务风险、组织风险、法律风险、经济及社会风险等风险因素进行评价,制定规避风险的对策,为项目全过程的风险管理提供依据。

2.3.2 软件可行性分析报告

1. 国家标准

《计算机软件产品开发文件编制指南(GB 8567—1988)》国家标准是一份指导性文件。其中涉及14种文件,可行性研究报告包括其中。可行性研究报告的编写内容要求如下。

1. 引言

1.1 编写目的

说明编写本可行性研究报告的目的,指出预期的读者。

1.2 背景

说明:a. 所建议开发的软件系统的名称;b. 本项目的任务提出者、开发者、用户及实现该软件的计算中心或计算机网络;c. 该软件系统同其他系统或其他机构的基本的相互来往关系。

1.3 定义

列出本文件中用到的专门术语的定义和外文首字母组词的原词组。

1.4 参考资料

列出用得着的参考资料,如:a. 本项目的经核准的计划任务书或合同、上级机关的批文;b. 属于本项目的其他已发表的文件;c. 本文件中各处引用的文件、资料,包括所需用到的软件开发标准。

列出这些文件资料的标题、文件编号、发表日期和出版单位,说明能够得到这些文件资料的来源。

2. 可行性研究的前提

说明对所建议的开发项目进行可行性研究的前提,如要求、目标、假定、限制等。

2.1 要求

说明对所建议开发的软件的基本要求,如:a. 功能;b. 性能;c. 输出,如报告、文件或数据,对每项输出要说明其特征,如用途、产生频度、接口以及分发对象;d. 输入,说明系统的输入,包括数据的来源、类型、数量、数据的组织以及提供的频度;e. 处理流程和数据流程,用图表的方式表示出最基本的数据流程和处理流程,并辅之以叙述;f. 在安全与保密方面的要求;g. 同本系统相连接的其他系统;h. 完成期限。

2.2 目标

说明所建议系统的主要开发目标,如:a.人力与设备费用的减少;b.处理速度的提高;c.控制精度或生产能力的提高;d.管理信息服务的改进;e.自动决策系统的改进;f.人员利用率的改进。

2.3 条件、假定和限制

说明对这项开发中给出的条件、假定和所受到的限制,如:a.所建议系统的运行寿命的最小值;b.进行系统方案选择比较的时间;c.经费、投资方面的来源和限制;d.法律和政策方面的限制;e.硬件、软件、运行环境和开发环境方面的条件和限制;f.可利用的信息和资源;g.系统投入使用的最晚时间。

2.4 进行可行性研究的方法

说明这项可行性研究将是如何进行的,所建议的系统将是如何评价的。摘要说明所使用的基本方法和策略,如调查、加权、确定模型、建立基准点或仿真等。

2.5 评价尺度

说明对系统进行评价时所使用的主要尺度,如费用的多少、各项功能的优先次序、开发时间的长短及使用中的难易程度。

3. 对现有系统的分析

这里的现有系统是指当前实际使用的系统,这个系统可能是计算机系统,也可能是一个机械系统甚至是一个人工系统。分析现有系统的目的是为了进一步阐明建议中的开发新系统或修改现有系统的必要性。

3.1 处理流程和数据流程

说明现有系统的基本的处理流程和数据流程。此流程可用图表即流程图的形式表示,并加以叙述。

3.2 工作负荷

列出现有系统所承担的工作及工作量。

3.3 费用开支

列出由于运行现有系统所引起的费用开支,如人力、设备、空间、支持性服务、材料等项开支以及开支总额。

3.4 人员

列出为了现有系统的运行和维护所需要的人员的专业技术类别和数量。

3.5 设备

列出现有系统所使用的各种设备。

3.6 局限性

列出本系统的主要的局限性,例如处理时间赶不上需要,响应不及时,数据存储能力不足,处理功能不够等。并且要说明,为什么对现有系统的改进性维护已经不能解决问题。

4. 所建议的系统

本章将用来说明所建议系统的目标和要求将如何被满足。

4.1 对所建议系统的说明

概括地说明所建议系统,并说明在第2章中列出的那些要求将如何得到满足,说明所使用的基本方法及理论根据。

4.2 处理流程和数据流程

给出所建议系统的处理流程和数据流程。

4.3 改进之处

按2.2条中列出的目标，逐项说明所建议系统相对于现存系统具有的改进。

4.4 影响

说明在建立所建议系统时，预期将带来的影响，包括：

4.4.1 对设备的影响

说明新提出的设备要求及对现存系统中尚可使用的设备须做出的修改。

4.4.2 对软件的影响

说明为了使现存的应用软件和支持软件能够同所建议系统相适应。而需要对这些软件所进行的修改和补充。

4.4.3 对用户单位机构的影响

说明为了建立和运行所建议系统，对用户单位机构、人员的数量和技术水平等方面的全部要求。

4.4.4 对系统运行过程的影响

说明所建议系统对运行过程的影响，如：a. 用户的操作规程；b. 运行中心的操作规程；c. 运行中心与用户之间的关系；d. 源数据的处理；e. 数据进入系统的过程；f. 对数据保存的要求，对数据存储、恢复的处理；g. 输出报告的处理过程、存储媒体和调度方法；h. 系统失效的后果及恢复的处理办法。

4.4.5 对开发的影响

说明对开发的影响，如：a. 为了支持所建议系统的开发，用户需进行的工作；b. 为了建立一个数据库所要求的数据资源；c. 为了开发和测验所建议系统而需要的计算机资源；d. 所涉及的保密与安全问题。

4.4.6 对地点和设施的影响

说明对建筑物改造的要求及对环境设施的要求。

4.4.7 对经费开支的影响

扼要说明为了所建议系统的开发，设计和维持运行而需要的各项经费开支。

4.5 局限性

说明所建议系统尚存在的局限性以及这些问题未能消除的原因。

4.6 技术条件方面的可行性

本节应说明技术条件方面的可行性，如：a. 在当前的限制条件下，该系统的功能目标能否达到；b. 利用现有的技术，该系统的功能能否实现；c. 对开发人员的数量和质量的要求并说明这些要求能否满足；d. 在规定的期限内，本系统的开发能否完成。

5. 可选择的其他系统方案

扼要说明曾考虑过的每一种可选择的系统方案，包括需开发的和可从国内国外直接购买的，如果没有供选择的系统方案可考虑，则说明这一点。

5.1 可选择的系统方案1

参照第4章的提纲，说明可选择的系统方案1，并说明它未被选中的理由。

5.2 可选择的系统方案2

按类似5.1条的方式说明第2个乃至第n个可选择的系统方案。

……

6. 投资及效益分析

6.1 支出

对于所选择的方案，说明所需的费用。如果已有一个现存系统，则包括该系统继续运行期间所需的费用。

6.1.1 基本建设投资

包括采购、开发和安装下列各项所需的费用，如：a. 房屋和设施；b. 设备；c. 数据通信设备；d. 环境保护设备；e. 安全与保密设备；f. 操作系统的和应用的软件；g. 数据库管理软件。

6.1.2 其他一次性支出

包括下列各项所需的费用，如：a. 研究（需求的研究和设计的研究）；b. 开发计划与测量基准的研究；c. 数据库的建立；d. 软件的转换；e. 检查费用和技术管理性费用；f. 培训费、差旅费以及开发安装人员所需要的一次性支出；g. 人员的退休及调动费用等。

6.1.3 非一次性支出

列出在该系统生命期内按月或按季或按年支出的用于运行和维护的费用，包括：a. 设备的租金和维护费用；b. 软件的租金和维护费用；c. 数据通信方面的租金和维护费用；d. 人员的工资、奖金；e. 房屋、空间的使用开支；f. 公用设施方面的开支；g. 保密安全方面的开支；h. 其他经常性的支出等。

6.2 收益

对于所选择的方案，说明能够带来的收益，这里所说的收益，表现为开支费用的减少或避免、差错的减少、灵活性的增加、动作速度的提高和管理计划方面的改进等，包括：

6.2.1 一次性收益

说明能够用人民币数目表示的一次性收益，可按数据处理、用户、管理和支持等项分类叙述，如：a. 开支的缩减，包括改进了的系统的运行所引起的开支缩减，如资源要求的减少，运行效率的改进，数据进入、存储和恢复技术的改进，系统性能的可监控，软件的转换和优化，数据压缩技术的采用，处理的集中化/分布化等；b. 价值的增升，包括由于一个应用系统的使用价值的增升所引起的收益，如资源利用的改进，管理和运行效率的改进以及出错率的减少等；c. 其他，如从多余设备出售回收的收入等。

6.2.2 非一次性收益

说明在整个系统生命周期内由于运行所建议系统而导致的按月的、按年的能用人民币数目表示的收益，包括开支的减少和避免。

6.2.3 不可定量的收益

逐项列出无法直接用人民币表示的收益，如服务的改进，由操作失误引起的风险的减少，信息掌握情况的改进，组织机构给外界形象的改善等。有些不可捉摸的收益只能大概估计或进行极值估计（按最好和最差情况估计）。

6.3 收益/投资比

求出整个系统生命周期的收益/投资比值。

6.4 投资回收周期

求出收益的累计数开始超过支出的累计数的时间。

6.5 敏感性分析

所谓敏感性分析是指一些关键性因素如系统生命周期长度、系统的工作负荷量、工作负荷的类型与这些不同类型之间的合理搭配、处理速度要求、设备和软件的配置等变化时,对开支和收益的影响最灵敏的范围的估计。在敏感性分析的基础上做出的选择当然会比单一选择的结果要好一些。

7. 社会因素方面的可行性

本章用来说明对社会因素方面的可行性分析的结果,包括:

7.1 法律方面的可行性

法律方面的可行性问题很多,如合同责任、侵犯专利权、侵犯版权等方面的陷阱,软件人员通常是不熟悉的,有可能陷入,务必要注意研究。

7.2 使用方面的可行性

例如从用户单位的行政管理、工作制度等方面来看,是否能够使用该软件系统;从用户单位的工作人员的素质来看,是否能满足使用该软件系统的要求等,都是要考虑的。

8. 结论

在进行可行性研究报告的编制时,必须有一个研究的结论。结论可以是:a. 可以立即开始进行;b. 需要推迟到某些条件(例如资金、人力、设备等)落实之后才能开始进行;c. 需要对开发目标进行某些修改之后才能开始进行;d. 不能进行或不必进行(例如因技术不成熟、经济上不合算等)。

2. 案例

以下案例源自于×××上市公司物联网科技产业园启动项目可行性研究报告(2011-7-20)。下面是《基于物联网技术的生产安全监控系统项目可行性研究报告》:

一、项目实施背景

在全球金融危机的背景下,美国总统奥巴马将“物联网”和“新能源”列为振兴经济的两大武器。2009年11月3日,温总理在人民大会堂提出“要着力突破传感网、物联网关键技术,使之成为信息社会的发动机”。在“十二五”规划中,新一代信息技术作为重点发展的几大领域之一,受到高度重视。物联网作为新一代信息技术的分支和代表,更是被冠以第三次信息产业浪潮的领头军。目前,世界范围内物联网发展总体上还处于起步阶段。我国物联网发展与国际基本同步,已初步具备了一定的技术、产业和应用基础,部分领域已形成一定产业规模。

物联网是Internet和通信网的网络延伸和应用拓展,是利用感知技术与智能装置对物理世界进行感知识别,通过Internet、移动通信网等网络的传输互联,进行智能计算、信息处理和知识挖掘,实现人与物、物与物信息交互和无缝连接,达到对物理世界实时控制、精确管理和科学决策目的。×××是全国较早从事气体传感器和检测仪器仪表研发和生产的企业,具有从气体传感器到气体检测仪器仪表、控制系统的完整产业链;公司目前是国内唯一一家以传感器主业的上市公司,已具备一定的物联网相关领域的研发和产业应用基础。

二、项目基本情况

(1) 基本情况

公司计划在×××高新区新征土地125亩,建设×××物联网科技产业园(以下简称"物联网产业园项目"),项目拟计划总投资200 000万元,公司准备根据产业发展状况、分阶段、分项目逐步对物联网产业园进行投资建设,但不排除受政策、市场、外部环境等多方面的影响而调整总投资计划。公司将根据物联网产业园各个单项目的进展实施情况,履行相应的董事会或股东大会审议程序,并及时进行信息披露。

×××物联网科技产业园初期拟投资实施的启动项目为:基于物联网技术的生产安全监控系统项目。

该项目以公司现有产品为基础,基于高端气体探测技术以及其他传感技术、计算机技术、网络技术、通信技术、GIS、GPS等高技术手段,研究、开发、生产基于行业应用的燃气无线管网巡检管理信息系统、军队数字化油库综合监管信息平台、非煤矿山安全生产监控信息系统、区域性的安全生产综合监管与应急救援平台等行业安全生产的典型应用。利用物联网技术解决安全生产的技术瓶颈,减少重、特大生产事故的发生,确保人民生命财产安全。

(2) 投资估算与资金筹措

基于物联网技术的生产安全监控系统项目计划投资6500万元,新增建筑面积2000平方米。该项目资金来源全部由公司以自筹方式解决。项目资金主要应用于生产厂房建设、设备购置费用、技术研发费、市场拓展费用、铺底流动资金等。资金初步使用计划如下表所示:

序　号	项目内容	金额(万元)
1	技术研发	800
2	设备购置	1700
3	生产厂房建设	2800
4	市场拓展费用	220
5	铺底流动资金	980
合计		6500

其中:

生产厂房建设投资主要包括研发、生产、质检、销售管理、仓库等项目相关场地的建设和装修费用。

设备购置投资主要包括研发设备投资、生产设备投资、质量检测设备等设备的购置费用。

技术研发投资主要包括研发物料购置费、研发团队相关费用、项目管理费用等支出。

市场拓展费用主要包括广告费、展会费、市场拓展相关的其他费用。

(3) 建设周期

基于物联网技术的生产安全监控系统项目建设期24个月,计划于2012年4月正式开始施工建设,2014年4月建设完成。

三、项目实施的可行性分析

(1) 符合国家的产业政策

物联网被誉为信息通信下一个万亿级的超级产业,正成为世界各国竞相聚焦的战略性新兴产业。在我国"十二五"规划中,发展物联网被摆在重要的战略地位。工业与信息化部召开的促进物联网发展座谈会上明确指出"加大应用推广力度,围绕生产过程监测、仓储物流和安全监控等领域实施规模化应用的重点突破"。基于物联网技术的生产安全监控系统项目建设符合国家发展物联网的产业政策,项目的实施能形成行业的应用示范。

(2) 用物联网技术解决相关行业中的安全生产问题,市场前景广阔

随着我国经济社会的发展,安全生产已被提高到越来越重要的位置。国家相继采取了包括立法在内的一系列重大举措,推进安全生产建设。安全生产成为"十一五"、"十二五"规划的重要的内容。《国家安全生产"十一五"规划》指出,要"坚持安全第一、预防为主、综合治理","依靠科技进步,加大安全投入,建立安全生产机制,推动安全发展"。国务院2010年7月19日发布《国务院关于进一步加强企业安全生产工作的通知》,进一步明确了现阶段安全生产工作的总体要求和目标任务,提出了新形势下加强安全生产工作的一系列政策措施,是指导全国安全生产工作的纲领性文件。基于物联网技术的生产安全监控系统项目的实施有助于促进企业安全生产工作的好转,提高企业整体信息化管理和经营管理水平,提高行业安全监管水平,防范和遏制重、特大安全生产事故的发生,市场前景广阔。

(3) 公司具备较强技术研发、产业化和市场推广的能力

我公司具备较好的技术基础,公司已建有占地70余亩的汉威工业园,为产品的研发、测试和生产创造了优良的条件。公司设立了××省物联网工程研究中心、省级工程技术研究中心、博士后科研工作站和院士工作站,拥有一支较强的科技开发队伍。

公司是国内唯一一家具备四大主流气体传感器生产能力的制造商。公司产品已形成工业用、民用及警用三大种类、70余个型号、1000余种规格。

公司具有较好的推广应用基础和稳定的客户群体。应用行业涵盖采矿、石油、化工、冶金、电力、燃气、市政工程等,主要客户包括平煤集团、永煤集团、中石油、中石化、大庆油田、青海油田、中原油田、新奥、港华、华润、北京燃气、首钢、武钢、宝钢等国内知名企业。国际市场上,公司客户已遍布全球,主要区域为欧洲、中东、美洲、东南亚等地区。

(4) 带动物联网行业的技术进步和产业升级

本项目的实施能够使我国掌握具有自主知识产权的气体探测的核心技术和物联网应用技术,解决我国气体探测和物联网相关技术应用共性问题,带动我国物联网行业的技术发展,实现自主创新。

(5) 项目的实施能起到物联网行业示范作用

我国物联网产业刚刚起步,应首先在急需的高端行业应用,起到示范和带头作用,然后逐步推广开来,应用于我国经济建设的各个行业。据不完全统计,目前全国共有13个省市

已经规划了物联网产业基地或园区，分别是无锡、成都、南京、苏州、上海、深圳、重庆、太原、江阴、邯郸、福州、银川、潍坊。本项目实施后，可建成国内物联网技术和产品的研发产业化基地，在国民经济建设中的重点行业实现应用示范，加快物联网技术的实用化进程。

(6) 拉长产业链，扩大产业规模

目前本公司产品是以气体传感器为核心，以检测仪表为重点的产品格局，存在着产业规模不大，产业链发展不均衡的特点。公司将借助基于物联网技术的生产安全监控系统项目的实施，有助于围绕核心的传感器产业、以传感器为依托的仪器仪表产业、延伸到为行业的相关用户提供全面解决方案的物联网系统集成产品的综合产业为发展方向，打造先进传感器、智能仪器仪表、基于行业应用的物联网产业三大产业板块的产业布局，健全产品结构，完善产业链，扩大产业规模。

四、项目实施的必要性分析

(1) 我国物联网产业的需要

目前，物联网技术发展在全球范围还处于起步阶段，主要以RFID、传感器、M2M等应用项目体现，大部分是试验性或小规模部署的，处于探索和尝试阶段，覆盖国家或区域性大规模应用较少。我国物联网应用总体上处于发展初期，许多领域积极开展了物联网的应用探索与试点，但在应用水平上与发达国家相比仍有一定差距。汉威电子作为国内民族品牌传感器的龙头企业，借助技术、行业地位、专业、产业链、服务等优势，有必要也有责任实施物联网行业应用的示范项目，从而有效摆脱我国信息产业核心技术和市场受制于发达国家控制的局面，推动我国物联网产业的有序、健康的发展。

(2) 我国生产领域对保障安全生产技术和产品的迫切需求

在矿山、燃气、石油、化工、煤炭等行业的生产环境中，存在有各种各样的危险化学品，包括易燃、易爆、有毒、腐蚀性气体、无机和有机类蒸汽等，可能引起意外事故的发生，造成生命财产损失。运用物联网技术，将具备压力、流量、气体和温度等“传感”功能的“网络测控终端”置入拟监控的生产、监管环境，无须人到现场，即可进行实时监测生产的各个环节，实现安全监管智能化，确保安全生产和人民生命财产安全。

(3) 本公司自身对科研水平的提高需求迫切

随着全球信息技术的进步和物联网产业的快速兴起，高科技产品面临的市场竞争越来越激烈。本公司要想在市场竞争中取得主导地位，必须不断跟进技术发展的趋势，借助本项目的实施，加快新产品的研发，掌握具有自主知识产权的领先技术。

五、项目经济效益分析

基于物联网技术的生产安全监控系统项目建成达产后，预计会在以下几个行业应用方向形成销售业绩：燃气无线管网巡检管理信息系统、军队数字化油库综合监管信息平台、非煤矿山安全生产监控信息系统、区域性的安全生产综合监管与应急救援平台。

项目达产后，预计每年实现利润总额2200万元，净利润1800万元，项目盈利状况较好。

六、风险分析

(1) 购买土地的风险

本次购买土地资产还将通过××市国土资源局组织的土地招、拍、挂程序获得，若不能成功竞拍到土地，将会影响项目的实施进度。

（2）政策风险

在我国“十二五”规划中，发展物联网被摆在重要的战略地位给予重点支持。因此，物联网将是我国未来长期发展的重点。本项目属国家重点扶持的产业化项目，符合国家长期的政策支持方向。如国家调整相关产业政策方向，将对项目的发展造成一定影响。

（3）技术风险

本项目涉及的物联网技术属于高精尖技术领域，公司在该领域的技术风险主要来自两个方面：一方面，公司自主研发的产品和生产工艺能否保持技术的先进性，从而在与国外产品的竞争中处于有利的位置，这将成为项目成功的关键；另一方面，如何避免公司自有专利被侵权、技术被侵权将是本项目产业化中的一个重要问题。

针对技术风险，公司一方面要增加科技投入，加大研发力度，并积极寻求与国内外先进的研发机构合作，掌握自主知识产权，保持技术的持续领先优势。另一方面，公司加大知识产权的保护力度，避免技术风险。

七、项目实施对公司的影响

本项目的实施能够使我公司在核心和基础产品——传感器上取得一系列自主知识产权，提高企业的核心竞争能力。公司借助基于物联网技术的生产安全监控系统项目的实施，使公司由产品的研发、生产者提升到为客户提供行业应用方案的策划和实施者，有利于健全产品结构，完善产业链，扩大产业规模。

同时，本项目可建成国内物联网研发和产业化基地，能够有力地推动我国物联网产业的健康快速发展，起到较好的示范作用，不仅能为公司带来可观的经济效益，更能够提升企业形象，扩大公司的影响力和知名度，促使公司成为我国物联网行业的骨干企业。

八、结论

综上所述，项目建设十分必要而且切实可行。

2.4 立项审批与开发计划

本节重点介绍项目立项审批以及项目开发计划。

2.4.1 立项审批

1. 项目立项

在我国，项目，特别是大中型项目，要列入政府的社会和经济发展计划中。

项目经过项目实施组织决策者和政府有关部门的批准，并列入项目实施组织或者政府计划的过程叫项目立项。

立项分类：鼓励类、许可类、限制类。分别对应的报批程序为备案制、核准制、审批制。报批程序结束即为项目立项完成。

申请项目的立项时，应将立项文件递交给项目的有关审批部门。立项报告包括项目实施前所涉及的各种由文字、图纸、图片、表格、电子数据组成的材料。不同项目、不同的审批部门、不同的审批程序所要求的立项文件是各有不同的。

2. 项目立项核准与备案

根据《国务院投资体制改革的决定》(国发[2004]20号)文件，对于企业不使用政府性资金建设的重大和限制类固定资产投资项目，即企业投资建设实行核准制项目，仅需向政府提交项目申请报告，不再经过批准项目建议书、可行性研究报告和开工报告的程序。政府对企业提交的项目申请报告，主要从维护经济安全、合理开发利用资源、保护生态环境、优化重大布局、保障公共利益、防止出现垄断等方面进行核准。对于外商投资项目，政府还要从市场准入、资本项目管理等方面进行核准。企业不使用正负形资金投资建设，对于《目录》以外的项目，除国家法律法规和国务院专门规定禁止投资的项目以外，实行备案制。

3. 核准和备案办理指南

1) 立项(项目建议书审批)

(1) 办理范围：

① 使用政府性资金投资建设的项目。

② 国家机关的基本建设项目。

③ 城镇基础设施建设项目。

④ 经济适用住房、学生公寓。

(2) 办事依据：

① 国家计委计投资(1996)693号《关于重申严格执行基本建设程序和审批规定的通知》第一条。

② 国发[2004]20号《国务院关于投资体制改革的决定》。

③ 国家发改委令(2004年19号)《企业投资项目核准暂行办法》。

④ 国家发改委令(2004年22号)《外商投资项目核准暂行管理办法》。

(3) 申报材料：

① 项目承办单位申请文件(包括项目申报单位概况、申请理由、建设地点、拟建规模、总投资估算及资金来源)。

② 项目建议书。

③ 行政机关的建设项目需上级主管部门或市政府的书面意见。

④ 规划部门核发的红线图或选址意见书。

⑤ 经济适用住房需提供房管部门出具的批准文件及其相关附件。

⑥ 其他与申报项目有关的材料，如：有关行政管理部门关于该项目立项的会议纪要；符合国家法律法规、具有法律效力的协议、合同等。

(4) 办理程序：申报—受理—审查—批复。

(5) 办理时限：10个工作日。

(6) 备注：投资额2000万元以上的建设项目转报省；外商投资项目投资额1000万美元以上的转报省；需国家、省投资的建设项目转报省。

2) 核准

(1) 办理范围：

① 企业不使用政府性资金投资建设，列入《政府核准的投资项目目录》的投资项目。

② 国家鼓励类、允许类，总投资额在1000万美元以下的外商投资项目。

(2) 办事依据：

① 国家计委计投资(1996)693号《关于重申严格执行基本建设程序和审批规定的通知》第一条。

② 国发[2004]20号《国务院关于投资体制改革的决定》。

③ 国家发改委令(2004年19号)《企业投资项目核准暂行办法》。

④ 国家发改委令(2004年22号)《外商投资项目核准暂行管理办法》。

(3) 申报材料

内资企业投资项目需提供：

① 有相应资格的咨询机构编制的申请报告(包括项目申报单位情况、拟建项目情况、建设用地与相关规划、资源利用规划和能源耗用分析、生态环境影响分析、经济和社会效果分析)。

② 城市规划部门出具的选址意见。

③ 国土部门出具的项目用地预审意见，房地产开发等经营性投资项目需提供土地公开拍卖确认书。

④ 环保部门出具的环境影响评价文件的审批意见。

⑤ 根据有关法律法规应提交的其他文件。

外商投资项目需提供：

① 有相应资格的咨询机构编制的申请报告(包括项目名称、经营期限、投资方基本情况；项目建设规模、主要建设内容及产品，采用的主要技术和工艺，产品目标市场，计划用工人数；项目建设地点，对土地、水、能源等资源的需求，以及主要原材料的消耗量；环境影响评价；涉及公共产品或服务的价格；项目总投资、注册资本及各方出资额、出资方式及融资方案，需要进口设备及金额)。

② 中外投资各方的企业注册证(营业执照)、商务登记证及经审计的最新企业财务报表、开户银行出具的资金信用证明。

③ 投资意向书，增资、购并项目的公司董事会决议。

④ 银行出具的融资意向书。

⑤ 环保部门出具的环境影响评价意见书。

⑥ 规划部门出具的规划选址意见书。

⑦ 国土部门出具的用地预审意见书。

⑧ 以国有资产或土地使用权出资的，需由有关主管部门出具的确认文件。

(4) 办理程序：申报—受理—审查—核准。

(5) 办理时限：10个工作日。

(6) 备注：投资额2000万元以上的建设项目转报省；外商投资项目投资额1000万美元以上的转报省；需国家、省投资的建设项目转报省。

3) 备案

(1) 办理范围：除不符合国家法律法规的规定、产业政策禁止发展、需报政府核准或审批的投资项目外，其他基本建设投资项目一律实行备案。

(2) 办事依据：

① 国家计委计投资(1996)693号《关于重申严格执行基本建设程序和审批规定的通知》第一条。

② 国发[2004]20号《国务院关于投资体制改革的决定》。

③ 国家发改委令(2004年19号)《企业投资项目核准暂行办法》。

④ 国家发改委令(2004年22号)《外商投资项目核准暂行管理办法》。

(3) 申报材料：

① 填写《基本建设投资项目备案申请表》。

② 企业营业执照、资质证书。

③ 项目简介(包括产品方案、配套条件、符合国家法律法规的说明、符合国家产业政策的说明、符合行业准入标准的说明，建设地点、建设内容、投资规模、建设工期、资金来源等)。

④ 发展改革部门认为有必要说明的其他材料。

(4) 办理程序：申报—受理—备案。

(5) 办理时限：5个工作日。

(6) 备注：投资额5000万元以上的建设项目由省备案。

4. 项目立项报告主要内容

1) 概述

立项申请书也称为项目建议书或立项报告，是项目建设筹建单位或项目法人根据国民经济的发展、国家和地方中长期规划、产业政策、生产力布局、国内外市场、所在地的内外部条件提出的某一具体项目的建议文件，是对拟建项目提出的框架性的总体设想。为保证立项申请书的正式性和严谨性，一般由专业机构代写。

项目立项申请书是由项目投资方向其主管部门上报的文件，目前广泛应用于项目的国家立项审批工作中。它要从宏观上论述项目设立的必要性和可能性，把项目投资的设想变为概略的投资建议。项目建议书的呈报可以供项目审批机关做出初步决策。它可以减少项目选择的盲目性，为下一步可行性研究打下基础。

按新的投资体制改革相关政策，项目立项申请书主要是国有企业或政府投资项目单位向发改委申报的项目申请。

项目立项申请书是项目发展周期的初始阶段基本情况的汇总，是国家选择和审批项目的依据，也是制作可行性研究报告的依据。涉及利用外资的项目，只有在项目建议书批准后，才可以开展对外工作。项目建议书应包括项目的战略、市场和销售、规模、选址、物料供应、工艺、组织和定员、投资、效益、风险等，将使投资机会研究或项目规划设想的效益前景更可信，使项目更具吸引力，更具可行性。

项目立项申请书批准后，可以着手成立相关项目法人。民营企业(私人投资)项目一般不再需要编写项目建议书，只有在土地一级开发等少数领域，由于行政审批机关习惯沿袭旧的审批模式，有时还要求项目方编写项目建议书。外资项目，目前主要采用核准方式，项目方委托有资格的机构编写项目申请报告即可。

2) 立项报告基本框架

(1) 总论。

(2) 项目背景和发展概况。

(3) 市场分析与建设规模。
(4) 建设条件与厂址选择。
(5) 工厂技术方案。
(6) 环境保护与劳动安全。
(7) 企业组织和劳动定员。
(8) 项目实施进度安排。
(9) 投资估算与资金筹措。
(10) 财务效益、经济效益和社会效益评价。
(11) 可行性研究结论与建议。
(12) 附件。

2.4.2 开发计划

1. 软件项目开发计划的国家标准

《计算机软件产品开发文件编制指南(GB 8567—1188)》国家标准是一份指导性文件,其中涉及14种文件,项目开发计划包括其中。项目开发计划的编写内容要求如下:

项目开发计划
1. 引言
  1.1 编写目的
  1.2 背景
  1.3 定义
  1.4 参考资料
2. 项目概述
  2.1 工作内容
  2.2 主要参加人员
  2.3 产品及成果
    2.3.1 程序
    2.3.2 文件
    2.3.3 服务
    2.3.4 非移交产品
  2.4 验收标准
  2.5 完成项目的最迟期限
  2.6 本计划的审查者与批准者
3. 实施总计划
  3.1 工作任务的分解
  3.2 接口人员
  3.3 进度
  3.4 预算
  3.5 关键问题

4. 支持条件

  4.1　计算机系统支持

  4.2　需要用户承担的工作

  4.3　需由外单位提供的条件

5. 专题计划要点

2. 案例

以下是针对“武汉市×××局计算机网络系统‘十二五’规划与顶层设计”项目的《工作计划》,其内容如下:

一、研究背景

为推动“十二五”期间武汉市×××局信息化进程,提高其工作效率和质量,对现有的计算机网络基础设施及应用平台进行整合,减少不必要的重复建设和资源浪费,降低行政成本,节约行政经费支出,减少盲目性和偶发性的网络投资,使经费的使用可以合理和有序地进行,2010年我们与武汉市×××局共同提出了“武汉市×××局计算机网络系统‘十二五’规划与顶层设计”的项目。

二、研究内容

(1) 网络体系规划与设计:发展目标与路线图,网络发展规划,网络体系结构的框架设计。

(2) 网络器件和系统的变革性升级换代:发展目标与路线图,网络设备升级换代的规划与分步实施方案,服务器升级换代的规划与分步实施方案,存储设备网络设备升级换代的规划与分步实施方案,无线网络规划与分步实施方案,多媒体网络规划与分步实施方案,网络环境设备规划与设计。

(3) 信息安全技术体系:发展目标与路线图,用户及终端管理规划与分步实施方案,灾难备份系统的规划与分步实施方案,应急测评与管理的规划与分步实施方案,网络安全监管技术规划与分步实施方案。

三、实施步骤

根据项目的目标,将采取以下8个步骤实施:

第一阶段:制定工作计划

课题组召开研讨会,研究工作方案,讨论课题的工作计划。

第二阶段:系统现状调研,查阅资料

这一阶段的工作有两个方面:一是调研武汉市×××局计算机网络系统的现状,收集项目规划所需的信息、数据和资料,以及甲方未来的网络需求;二是了解国内外网络发展的现状及未来的趋势。就其国内外网络发展的现状及未来的趋势,撰写学术论文一篇。

第三阶段:制定网络发展的战略目标

在第一阶段工作的基础上,根据武汉市×××局计算机网络系统的现状和未来网络发展趋势,制定武汉市×××局计算机网络系统“十二五”网络规划的战略目标,并就其与甲方进行商讨和确定网络发展的战略目标。

第四阶段:制定技术路线图

待甲方批准武汉市×××局计算机网络系统“十二五”网络规划的战略目标后,制定未来5～10年网络发展的技术路线图,也就是网络发展的步骤和时间表,并具体制定每个时间表内要实现的子目标。将其交予甲方批准。

第五阶段：规划网络总体框架方案

根据武汉市×××局的计算机网络系统的战略目标和技术路线图，提出“网络总体框架的草案”，并向甲方汇报。根据甲方提出的具体意见，对“网络总体框架草案”进行修改，直至甲方确认。

第六阶段：“规划纲要”和“技术方案”

根据甲方确认的“网络总体框架方案”，提出设计方案。汇报绘画纲要和技术方案。

第七阶段：修改网络框架设计方案、汇报修改方案。

根据甲方提出的意见，修改报告。然后再进行工作汇报。

第八阶段：结项鉴定

乙方向甲方提交设计报告。甲方认为达到要求后，组织专家鉴定。鉴定后，根据专家意见进行修改，并将最终的结果提交甲方。

四、季度、年度计划进度及目标

步　骤	开始时间	结束时间	工作内容
1	2010-12-20	2010-12-31	课题组召开研讨会，讨论课题的工作计划。
2	2011-1-1	2011-1-15	系统现状调研，查阅资料。
3	2011-1-16	2011-1-31	制定网络发展的战略目标，技术路线图。
4	2011-2-15	2011-2-28	制定网络规划总体框架方案。
5	2011-3-1	2011-4-31	设计网络重点项目。
6	2011-5-1	2011-5-31	汇报“规划纲要”和“技术方案”。
7	2011-6-1	2011-6-15	修改网络框架设计方案、汇报方案。
8	2011-6-15	2011-6-31	组织专家鉴定、结项。

五、项目考核指标

具体考核指标的目标是：

第一阶段：项目工作计划。

第二阶段：需求分析报告。

第三阶段：网络发展战略目标。

第四阶段：网络发展技术路线图。

第五阶段：网络规划总体框架方案。

第六阶段：每个网络子系统设计。

第七阶段：10万字以上的项目研究报告。

第八阶段：组织专家鉴定的材料。

习题 2

1. 名词解释

(1) RFID。

(2) 通信网。

(3) 3G。

2. 填空题

(1) 物联网的体系结构分为三层,分别是________、________、________。

(2) 在软件规划阶段,为了能使系统更加详尽、准确到位,重点需要确定用户是否需要这样的产品类型以及获取每个用户类的需求。它包括 3 个不同的层次:________、________和________。

(3) 各类投资项目可行性研究的内容一般应包括投资必要性、________、________、________、________、社会可行性和风险因素及对策。

3. 简答题

(1) 简述物联网的层次结构以及相应的作用。

(2) 简述软件系统规划的任务和阶段。

第3章 物联网软件开发管理

本章重点介绍物联网开发团队、项目进度控制、项目成本估算与控制、软件质量管理，要求学生了解物联网软件开发的过程和项目进度控制、成本控制、质量管理的相关内容。

3.1 物联网开发团队

本节重点介绍个人软件过程、团队软件过程、软件项目组以及微软软件开发团队。

3.1.1 个人软件过程

1. 概述

软件工程师都知道，要开发高质量的软件，必须改进软件生产的过程。软件生产能力成熟度模型 SW-CMM(简称 CMM)是当前最好的软件过程，并且 CMM 已经成为软件过程工业标准。但是，CMM 仅提供了一个有力的软件过程改进框架，却只告诉人们“应该做什么”，而没有告诉人们“应该怎样做”，并未提供有关实现关键过程域所需要的具体知识和技能。为了弥补这个欠缺，Humphrey 主持开发了个人软件过程(Personal Software Process, PSP)。

PSP 是一种可用于控制、管理和改进个人工作方式的自我持续改进过程，是一个包括软件开发表格、指南和规程的结构化框架。PSP 与具体的技术(程序设计语言、工具或者设计方法)相对独立，其原则能够应用到软件工程任务之中。PSP 说明了个人软件过程的原则；帮助软件工程师做出准确的计划；确定软件工程师为改善产品质量要采取的步骤；建立度量个人软件过程改善的基准；确定过程的改变对软件工程师能力的影响。

在 CMM 1.1 版本的 18 个关键过程域中有 12 个与 PSP 有关，据统计，软件项目开发成本的 70%取决于软件开发人员个人的技能、经验和工作习惯。因此，软件开发人员若能接受 PSP 培训，对软件能力成熟度的升级是一个有力的保证。面向软件开发单位，CMM 侧重于软件企业中有关软件过程的宏观管理；面向软件开发人员，PSP 则侧重于企业中有关软件过程的微观优化。二者互相支持，互相补充，缺一不可。

按照 PSP 规程，改进软件过程的步骤首先需要明确质量目标，也就是软件将要在功能和性能上满足要求和用户潜在的需求。接着就是度量产品质量，有了目标还不行，目标只是一个原则性的东西，还不便于实际操作和判断，因此，必须对目标进行分解和度量，使软件质量能够“测量”。然后就是理解当前过程，查找问题，并对过程进行调整。最后应用调整后的过程度量实践结果，将结果与目标做比较，找出差距，分析原因，对软件过程进行持续改进。

2. PSP 等级

就像 CMM 为软件企业的能力提供一个阶梯式的进化框架一样，PSP 为个人的能力也提供了一个阶梯式的进化框架，以循序渐进的方法介绍过程的概念，每一级别都包含了更低一级别中的所有元素，并增加了新的元素，如图 3-1 所示。这个进化框架是学习 PSP 过程基本概念的好方法，它赋予软件人员度量和分析工具，使其清楚地认识到自己的表现和潜力，从而可以提高自己的技能和水平。

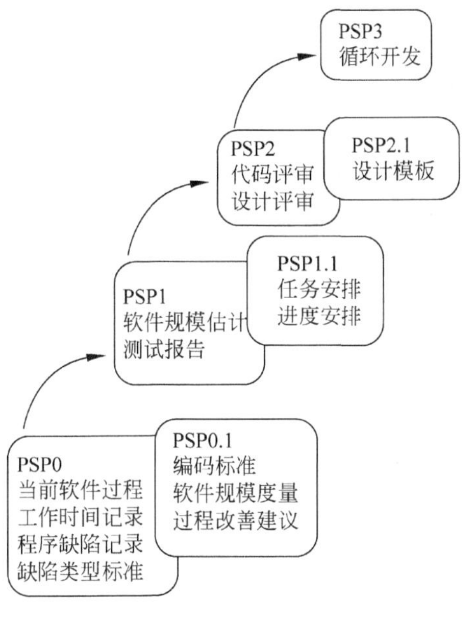

图 3-1 PSP 过程进化框架

1) 个人度量过程 PSP0 和 PSP0.1

PSP0 的目的是建立个人过程基线，通过这一步，让软件工程师学会使用 PSP 的各种表格采集过程的有关数据，此时执行的是该软件开发单位的当前过程，通常包括计划、开发(包括设计、编码、编译和测试)以及后置处理 3 个阶段，并要做一些必要的试题，如测定软件开发时间，按照选定的缺陷类型标准度量引入的缺陷个数和排除的缺陷个数等，用以作为测量在 PSP 的过程中进步的基准。

PSP0.1 增加了编码标准、程序规模度量和过程改善建议等 3 个关键过程域，其中过程改善建议表格用于随时记录过程中存在的问题、解决问题的措施以及改进过程的方法，以提高软件开发人员的质量意识和过程意识。

应该强调指出，在 PSP0 阶段必须理解和学会使用表格进行规划和度量的技术和经验，以准确地满足期望的需求，其中最重要的是要保持数据的一致性、有用性和简洁性。

2) 个人规划过程 PSP1 和 PSP1.1

PSP1 的重点是个人计划，引入了基于估计的计划方法，用自己的历史数据来预测新程序的大小和需要的开发时间，并使用线性回归方法计算估计参数，确定置信区间以评价预测的可信程度。PSP1.1 增加了对任务和进度的规划。

在 PSP1 阶段，软件工程师应该学会编制项目开发计划，这不仅对承担大型软件的开发十分重要，即使是开发小型软件也必不可少。因为，只有对自己的能力有客观的评价，才能做出更加准确的计划，才能实事求是地接受和完成客户(顾客)委托的任务。

3) 个人质量管理过程 PSP2 和 PSP2.1

PSP2 的重点是个人质量管理，根据程序的缺陷建立检测表，按照检测表进行设计复查和代码复查(有时也称“代码走查”)，以便及早发现缺陷，使修复缺陷的代价最小。随着个人经验和技术的积累，还应学会怎样改进检测表以适应自己的要求。PSP2.1 则论述设计过程和设计模板，介绍设计方法，并提供了设计模板，但 PSP 并不强调选用什么设计方法，而强调设计完备性准则和设计验证技术。

实施PSP的一个重要目标就是学会在开发软件的早期实际地、客观地处理由于人们的疏忽所造成的程序缺陷问题。人们都期盼获得高质量的软件，但是只有高素质的软件开发人员并遵循合适的软件过程，才能开发出高质量的软件，因此，PSP2引入并着重强调设计复查和代码复查技术，一个合格的软件开发人员必须掌握这两项基本技术。

4）个人循环过程PSP3

PSP3的目标是把个人开发小程序所能达到的生产效率和生产质量延伸到大型程序。其方法是采用螺旋式上升过程，即迭代增量式开发方法，首先把大型程序分解成小的模块，然后对每个模块按照PSP2.1所描述的过程进行开发，最后把这些模块逐步集成为完整的软件产品。

应用PSP3开发大型软件系统必须采用增量式开发方法，并要求每一个增量都具有很高的质量。在这样的前提下，在新一轮开发循环中，可以采用回归测试的方法，集中力量考察新增加的这个（这些）增量是否符合要求。因此，要求在PSP2中进行严格的设计复查和代码复查，并在PSP2.1中努力遵循设计结束准则。

从对个人软件过程框架的概要描述中可以清楚地看到，如何做好项目规划和如何保证产品质量是任何软件开发过程中最基本的问题。

PSP可以帮助软件工程师在个人的基础上运用过程的原则，借助于PSP提供的一些度量和分析工具，了解自己的技能水平，控制和管理自己的工作方式，使自己日常工作的评估、计划和预测更加准确、更加有效，进而改进个人的工作表现，提高个人的工作质量和产量，积极而有效地参与高级管理人员和过程人员推动的组织范围的软件工程过程改进。

3. 时间管理

1）时间管理的逻辑原理

为了制定切实可行的计划，必须对所用的时间进行跟踪。要搞清楚时间都用在什么地方，必须对时间进行跟踪，保留一份准确的记录。为了检查时间估计和计划的准确性，必须把它们写成文档并在今后与实际情况进行比较。做计划是一种技能，学习制定好的计划，第一步就是要先做计划，然后把该计划写下来，以便今后与实际数据相比较。为了管理好时间，首先制定时间分配计划，然后按照计划去做。制作计划容易，但真正实施计划是困难的。

2）了解时间的使用情况

了解时间的使用情况的方法：记录每项主要活动所花费的时间；用标准的方法记录时间；以分钟为测量单位；处理中断时间。时间数据保存的方法是用工程记事本来记录，同时做周活动总结表，并记录时间的提示。

4. 制订计划

这里介绍两种计划：阶段计划和产品计划。阶段计划是关于这段时间内对时间的安排，产品计划是关于制作产品活动期间的时间安排。

1）如何制定阶段计划

为了制定阶段计划，必须清楚时间的使用情况。根据上周事物活动总结表制订下一周的计划。一种较为精确的方法就是首先考虑下周将要做的工作内容，然后根据以前的最长和最短时间来估计出一个合适的时间。

2）如何制定产品计划

（1）收集历史项目数据。产品计划只包括对任务或作业所需时间的估计，通过收集以前不同任务所用时间的数据，就能够估计将来类似的任务大概所需要的时间。

（2）估算程序规模。产品计划的第一步是要估计产品的规模。对于程序来说，可以使用代码行测量方法估计新程序的规模。查看新程序的需求，估计各类代码有多少行，然后与以前统计的数字进行比较，可以得出开发新程序需要多少时间完成。

3）管理好时间

关于如何管好时间有以下建议值得参考：复查时间使用的分类情况；做出时间安排；找出更多可用的时间；制定基本行为规则；设定时间分配的优先级；制定执行时间安排表；收集时间数据；时间管理的目标。

可以按照如下步骤管理时间：

（1）分析自己使用时间的历史记录。

（2）制定时间安排表，决定如何使用时间。

（3）对照制定的安排表跟踪使用时间的方式。

（4）决定应该改变什么以使自己的行动达到所做安排的要求。

5. 缺陷管理

1）缺陷查找技术

研究证明，开发过程每前进一步，发现和修复缺陷的平均代价要增长10倍，因此要尽早发现和修复缺陷。缺陷查找技术有多种，比如：编译器能够表示出大部分语法缺陷；测试可以发现程序的错误；复查源程序清单是发现程序缺陷最有效的方法。发现程序缺陷的步骤如下：

（1）表示缺陷征兆。

（2）从征兆中推断出缺陷的位置。

（3）确定程序中的错误。

（4）决定如何修复缺陷。

（5）修复缺陷。

（6）验证这个修复是否已经解决了这个问题。

2）代码复查

代码复查就是从头到尾阅读源代码，并从中发现错误。代码复查的第一步是了解自己引入的缺陷的种类，因为在下一个程序中引入的缺陷种类一般会与前面的基本类似，只要采用同样的软件开发方法，情况会一直如此。第二步是建立标准编码实践集，以预防缺陷。第三步是建立个人代码复查检查表，并遵照其规程进行。

3）缺陷预测

开发一个新的程序时可能会觉得很难估计引入了多少缺陷，首先是经验问题。随着个人技能的不断提高，缺陷预测的准确性将会提高。试验证明，如果在代码复查方面花了足够的时间，对缺陷预测的准确性会稳定下来。一旦稳定，缺陷将容易预测。

3.1.2 团队软件过程

1. 概述

团队软件过程(Team Software Process,TSP)为开发软件产品的开发团队提供指导。TSP的早期实践侧重于帮助开发团队改善其质量和生产率,以使其更好地满足成本及进度的目标。TSP加上PSP可以帮助高绩效的工程师在一个团队中工作,来开发有质量保证的软件产品,生产安全的软件产品,改进组织中的过程管理。

TSP被设计为满足2~20人规模的开发团队,大型的多团队过程的TSP被设计为大约最多为150人左右的规模。通过TSP,一个组织能够建立起自我管理的团队来计划追踪他们的工作、建立目标,并拥有自己的过程和计划。这些团队可以是纯粹的软件开发团队,也可以是集成产品的团队,规模可以从3到20个工程师不等。TSP使具备PSP的工程人员组成的团队能够学习并取得成功。如果组织中运用了TSP,它会帮助该组织建立一套成熟规范的工程实践,确保安全可靠的软件。

2. TSP

软件过程控制是软件企业成功的关键,但过去一直缺乏一套可操作的规范来具体指导和规范项目组的开发。PSP和TSP为企业提供了规范软件过程的一整套方案,从而解决了长期困扰软件开发的一系列问题,有助于企业更好地应对挑战。PSP主要指导软件工程师个人如何更好地进行软件设计与编码,关注个人软件工程师能力的提高,从而保证个人承担的软件模块的质量,对于大型项目中的项目组如何协同工作、共同保证项目组的整体产品质量则没有给出任何指导性的原则。个人能力的提高同时需要一个有效地工作在一个团体(小组)的环境,并知晓如何一致地创造高质量的产品。为了提高团队的质量及生产能力,更加精确地达到费用、时间要求,结合PSP的原则提出了TSP以提高小组的性能,从而提供工程质量。TSP能够指导项目组中的成员如何有效地规划和管理所面临的项目开发任务并且告诉管理人员如何指导软件开发队伍始终以最佳状态来完成工作。

1) TSP的4条基本原理

(1) 应该遵循一个确定的、可重复的过程并迅速获得反馈,这样才能使学习和改革最有成效。

(2) 一个群组是否有效是由明确的目标、有效的工作环境、有能力的教练和积极的领导这4个方面因素的综合作用所确定的,因此应在这4个方面同时努力,而不能偏废其中任何一个方面。

(3) 应注意及时总结经验教训,当学员在项目中面临各种各样的实际问题并寻求有效的解决问题方案时,就会更深刻地体会到TSP的威力。

(4) 应注意借鉴前人和他人的经验,在可知利用的工程、科学和教学法经验的基础上来规定过程改进的指令。

2) TSP设计的7条原则

在软件开发(或维护)过程中,首先需要按照TSP框架定义一个过程。在设计TSP过程时,需要按照以下7条原则:

(1) 循序渐进的原则。首先在 PSP 的基础上提出一个简单的过程框架，然后逐步完善。

(2) 迭代开发的原则。选用增量式迭代开发方法，通过几个循环开发一个产品。

(3) 质量优先的原则。对按 TSP 开发的软件产品，建立质量和性能的度量标准。

(4) 目标明确的原则。对实施 TSP 的群组及其成员的工作效果提供准确的度量。

(5) 定期评审的原则。在 TSP 的实施过程中，对角色和群组进行定期的评价。

(6) 过程规范的原则。对每一个项目的 TSP 规定明确的过程规范。

(7) 指令明确的原则。对实施 TSP 中可能遇到的问题提供解决问题的指南。

3) TSP 管理的 6 条原则

在实施 TSP 的过程中，应该自始至终贯彻集体管理与自我管理相结合的原则。具体地说，应该实施以下 6 项原则：

(1) 计划工作的原则。在每一阶段开始时要制订工作计划，规定明确的目标。

(2) 实事求是的原则。目标不应过高也不应过低，而应实事求是，在检查计划时如果发现未能完成或者已经超越规定的目标，应分析原因，并根据实际情况对原有计划做必要的修改。

(3) 动态监控的原则。一方面应定期追踪项目进展状态并向有关人员汇报，另一方面应经常评审自己是否按 PSP 原理进行工作。

(4) 自我管理的原则。开发小组成员若发现过程不合适，应主动、及时地进行改进，以保证始终用高质量的过程来生产高质量的软件，任何消极埋怨或坐视等待的态度都是不对的。

(5) 集体管理的原则。项目开发小组的全体成员都要积极参加和关心小组的工作规划、进展追踪和决策制订等项工作。

(6) 独立负责的原则。按 TSP 原理进行管理，每个成员都要担任一个角色。

在 TSP 的实践过程中，TSP 的创始人 Humphrey 建议在一个软件开发小组内把管理的角色分成客户界面、设计方案、实现技术、工作规划、软件过程、产品质量、工程支持以及产品测试八类。如果小组成员的数目较少，则可将其中的某些角色合并；如果小组成员的数目较多，则可将其中的某些角色拆分。总之，每个成员都要独立担当一个角色。

4) 开发小组素质的基本度量元

软件开发小组按 TSP 进行生产、维护软件或提供服务，其质量可用两组元素来表达。一组元素用以度量开发小组的素质，称之为开发小组素质度量元；另一组元素用以度量软件过程的质量，称之为软件过程质量度量元。

(1) 开发小组素质的基本度量元有以下 5 项：

① 所编文档的页数。

② 所编代码的行数。

③ 花费在各个开发阶段或花费在各个开发任务上的时间(以分钟为度量单位)。

④ 在各个开发阶段中注入和改正的缺陷数目。

⑤ 在各个阶段对最终产品增加的价值。

应该指出，这 5 个度量元是针对软件产品的开发来陈述的，对软件产品的维护或提供其他服务可以参照这些条款给出类似的陈述。

(2) 软件过程质量的基本度量元有以下5项：

① 设计工作量应大于编码工作量。

② 设计评审工作量应占一半以上的设计工作量。

③ 代码评审工作量应占一半以上的代码编制的工作量。

④ 每千行源程序在编译阶段发现的差错不应超过10个。

⑤ 每千行源程序在测试阶段发现的差错不应超过5个。

无论是开发小组的素质，还是软件过程的质量，都可用一个等五边形来表示，其中每一个基本度量元是该等五边形的一个顶。基本度量元的实际度量结果落在其顶点与等五边形中心的连线上，其取值可以根据事先给出的定义来确定。在应用TSP时，通过对必要数据的收集，项目组在进入集成和系统测试之前能够初步确定模块的质量。如果发现某些模块的质量较差，就应对该模块进行精心的复测，有时甚至有必要对质量特别差的模块重新进行开发，以保证生产出高质量的产品，且能节省大量的测试和维护时间。

3. TSP的具体操作

TSP由一系列阶段和活动组成，各阶段均由计划会议发起。在首次计划中，TSP组将制订项目整体规划和下阶段详细计划，TSP组员在详细计划的指导下跟踪计划中各种活动的执行情况。首次计划后，原定的下阶段计划会在周期性的计划制订中不断得到更新。通常无法制订超过3～4个月的详细计划。所以，TSP根据项目情况，每3～4个月为一阶段，并在各阶段进行重建。无论何时，只要计划不再适应工作就进行更新。当工作中发生重大变故或成员关系调整时，计划也将得到更新。在计划的制订和修正中，小组将定义项目的生命周期和开发策略，这有助于更好地把握整个项目开发的阶段、活动及产品情况。每项活动都用一系列明确的步骤、精确的测量方法及开始、结束标志加以定义。在设计时将制订完成活动所需的计划、估计产品的规模、各项活动的耗时、可能的缺陷率及去除率，并通过活动的完成情况重新修正进度数据。开发策略用于确保TSP的规则得到自始至终的维护。

3.1.3 软件项目组

1. 概述

项目组织机构是项目型组织，是指那些一切工作都围绕项目进行、通过项目创造价值并达成自身战略目标的组织。

项目组是指为了完成某个特定的任务而把一群不同背景、不同技能和来自不同部门的人组织在一起的组织形式。其特点是根据任务的需要，将各种人才集合在一起进行联合攻关，任务完成后，小组基本就可以解散了，项目组人员不固定。其优点是适应性强，机动灵活，容易接受新观念、新方法。其缺点是缺乏稳定性；在规模上有很大的局限性。

项目组织是保证工程项目正常实施的组织保证体系，就项目这种一次性任务而言，项目组织建设包括从组织设计、组织运行、组织更新到组织终结这样一个生命周期。项目管理要在有限的时间、空间和预算范围内将大量物资、设备和人力组织在一起，按计划实施项目目标，必须建立合理的项目组织。

项目组织的特征：组织目标单一，工作内容庞杂；项目组织是一个临时性机构；项目组织应精干高效；项目经理是项目组织的关键。

项目组织的设置原则：有效幅度管理；权责对等；才职相称；命令统一；效果与效率；适时重组。

2. 项目组织机构的类型

1）垂直团队组织

垂直团队组织由多面手组成。用例分配给了个人或小组，然后由他们从头至尾地实现用例。

垂直团队组织的优点：以单个用例为基础实现平滑的端到端开发；开发人员能够掌握更广泛的技能。

垂直团队组织的缺点：多面手通常是一些要价很高并且很难找到的顾问；多面手通常不具备快速解决具体问题所需的特定技术专长；主题专家可能不得不和若干开发人员小组一起工作，从而增加了他们的负担；所有多面手水平各不相同。

垂直团队组织的成功因素：每个成员都按照一套共同的标准与准则工作；开发人员之间需要进行良好的沟通，以避免公共功能由不同的组来实现；公共和达成共识的体系结构需要尽早地在项目中确立。垂直团队组织结构示意图如图 3-2 所示。

2）水平团队组织

水平团队组织由专家组成。此类团队同时处理多个用例，每个成员都从事用例中有关其自身的方面。

水平团队组织的优点：能高质量地完成项目各个方面（需求、设计等）的工作；一些外部小组，如用户或操作人员，只需要与了解他们确切要求的一小部分专家进行交互。

水平团队组织的缺点：专家们通常无法意识到其他专业的重要性，导致项目的各方面之间缺乏联系；"后端"人员所需的信息可能无法由"前端"人员来收集；由于专家们的优先权、看法和需求互不相同，所以项目管理更为困难。

水平团队组织的成功因素：团队成员之间需要有良好的沟通，这样他们才能彼此了解各自的职责；需要制定专家们必须遵循的工作流程和质量标准，从而提高移交给其他专家的效率。水平团队组织结构示意图如图 3-3 所示。

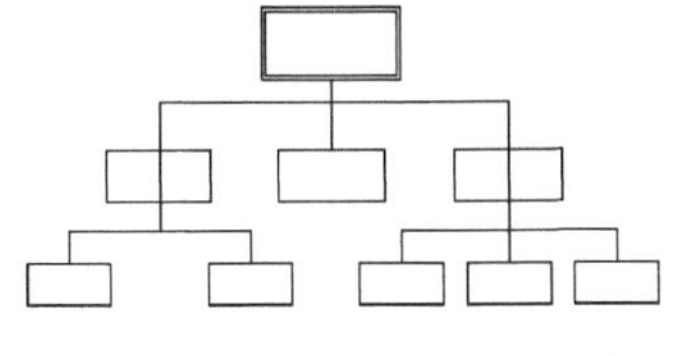

图 3-2 垂直团队组织结构示意图

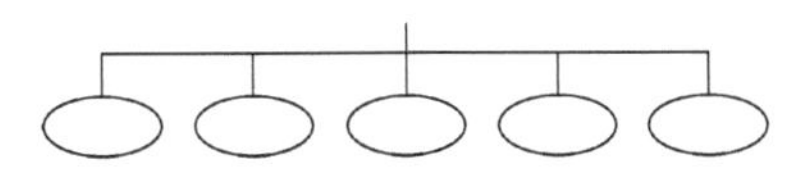

图 3-3 水平团队组织结构示意图

3）混合团队组织

混合团队组织由专家和多面手共同组成。多面手继续操作一个用例的整个开发过程，支持并处理多个使用用例中各部分的专家们一起的工作。

混合团队组织的优点：拥有前两种方案的优点；外部小组只需要与一小部分专家进行交互；专家们可集中精力从事他们所擅长的工作；各个用例的实现都保持一致。

混合团队组织的缺点：拥有前两种方案的缺点；多面手仍然很难找到；专家们仍然不

能认识到其他专家的工作并且无法很好地协作,尽管这应该由多面手来调节;项目管理仍然很困难。

混合团队组织的成功因素:项目团队成员需要良好的沟通;需要确定公共体系结构;必须适当地定义公共流程、标准和准则。

如何组织项目团队?是采用垂直方案、水平方案还是混合方案?以垂直方案组织的团队由多面手组成,每个成员都充当多重角色;以水平方案组织的团队由专家组成,每个成员充当一、两个角色;以混合方案组织的团队既包括多面手,又包括专家。一个重要的考虑因素是可供选择的人员的性质。如果大多数人员是多面手,则往往需要采用垂直方案;如果大多数人员是专家,则采用水平方案;既有多面手又有专家,就采用混合方案。

3. 如何组织软件开发团队

如何构建软件开发团队取决于可供选择的人员、项目的需求以及组织的需求。有效的软件项目团队由担当各种角色的人员所组成。每位成员扮演一个或多个角色;可能一个人专门负责项目管理,而另一些人则积极地参与系统的设计与实现。常见的一些项目角色包括分析师、策划师、数据库管理员、设计师、操作/支持工程师、程序员、项目经理、项目赞助者、质量保证工程师、需求分析师、主题专家(用户)以及测试人员。

3.1.4 微软软件开发团队

微软的开发团队被公认是最成功的开发团队之一。微软的团队模型描述了微软的一个产品开发团队的组成及其内部人员的分工和职责等情况。

1. 微软的产品团队的原则

该原则包括:小型并具有多功能的团队;角色互相依赖并分担责任;具有深厚的技术和商业敏锐性;关注于完成产品;有明确的工作目标;用户积极参与;共享产品远景;人人参与设计;努力从过去的产品中学习;共享产品总体管理和决策;所有团队成员都在同一个地方工作;大团队的工作方式类似于小团队。

在微软的产品团队中,权威仅仅来自于知识,而不是来自于职位。

2. 各团队的角色及主要目标

微软的产品团队由一些地位平等的小团队组成,这些小团队在整个产品团队中扮演着互相依赖、互相合作的不同角色,每一个角色都有自己特定的任务。他们共享对产品的管理,也共享对产品的责任。每一个角色都始终存在并作用于整个产品的开发过程。

(1) 产品管理团队(Product Management Team)。产品管理部门负责人,即为产品经理(General Manager)。产品总经理下面有一个或几个产品单元经理(Product Unit Manager)。同时产品管理团队中还包含产品计划、市场分析、产品推销和公共关系的负责人。

(2) 项目管理团队(Program Management Team)。项目管理的任务是控制决策的各种因素,以保证在适合的时候推出合适的产品,同时负责创建功能规定文档,并将它作为如何实施产品或服务的一种决策工具。最后,项目管理团队将面对使产品或服务与组织标准和操作目标相一致的日常协调工作。

(3) 软件开发团队。开发人员的任务比较单一,主要就是负责代码的设计和程序的实现。

(4) 软件测试团队。软件测试团队的任务很清楚,就是站在使用者和攻击者的角度上,通过不断地使用刚开发出来的软件产品,尽量多地找出产品中存在的问题。

3.2 项目进度控制

本节重点介绍项目进度概述、进度控制的4个过程以及如何实施进度控制。

3.2.1 项目进度概述

1. 概念

1) 项目进度计划

项目进度计划(plan)是指对一个工程项目按一定的方式进行分解,并对分解后的工作单元(activity)规定相互之间的顺序关系以及工期(duration)。

2) 进度

进度(schedule)是指作业在时间上的排列,强调的是作业进展(progress)以及对作业的协调和控制(coordination & control),在规定工期内完成规定任务的情况。

3) 工期

工期是由从开始到竣工的一系列施工活动所需的时间构成的。工期目标包括总进度计划实现的总工期目标、各分进度计划(采购、设计、施工等)或子项进度计划实现的工期目标、各阶段进度计划实现的里程碑目标。通过计划进度目标与实际进度完成目标值的比较,找出偏差及其原因,采取措施调整、纠正,从而实现对项目进度的控制。

4) 进度控制

进度控制是指在限定的工期内,以事先拟定的合理且经济的工程进度计划为依据,对整个建设过程进行监督、检查、指导和纠正的行为过程。进度控制是反复循环的过程,体现运用进度控制系统控制工程建设进展的动态过程。进度控制在某一界限范围内(最低费用相对应的最优工期)对加快施工进度能达到使费用降低的目的。而超越这一界限,施工进度的加快反而将会导致投入费用的增大。因此,对建设项目进行三大目标(质量、投资、进度)控制的实施过程中应互相兼顾,单纯地追求某一目标的实现均会适得其反。因而对建设项目进度计划目标实施的全面控制,是投资目标和质量目标实施的根本保证,也是履行工程承包合同的重要工作内容。

2. 进度控制全过程

在工程项目进度计划的实施中,控制循环过程包括:

(1) 执行计划的事前进度控制,体现对计划、规划和执行进行预测的作用。

(2) 执行计划的过程进度控制,体现对进度计划执行的控制作用,以及在执行中及时采取措施纠正偏差的能力。

(3) 执行计划的事后进度控制,体现对进度控制每一循环过程总结整理的作用和调整计划的能力。

建设项目实施全过程的三项控制各有各的实用环境、控制工作内容和时间。能实现对施工进度事先进行全面控制最好,但是,工程进度计划的编制者很难事先对项目的实施过程可能出现的问题进行全面估计。因此,进度控制工作大量的是在过程控制和事后控制中完成。

3. 进度控制的措施

进度控制是一项全面的、复杂的、综合性的工作,原因是工程实施的各个环节都影响工程进度计划。因此要从各方面采取措施,促进进度控制工作。采用系统工程管理方法,编制网络计划只是第一道工序,最关键的是如何按时间主线进行控制,保证计划的实现。为此,采取进度控制的措施包括:

(1) 加强组织管理。网络计划在时间安排上是紧凑的,要求参加施工的不同管理部门及管理人员协调配合、努力工作。因此,应从全局出发合理组织,统一安排劳力、材料、设备等,在组织上使网络计划成为人人必须遵守的技术文件,为网络计划的实施创造条件。

(2) 为保证总体目标实现,对工期应着重强调工程项目各分级网络计划控制。严格界定责任,依照管理责任层层制定总体目标、阶段目标、节点目标的综合控制措施,全方位地寻找技术与组织、目标与资源、时间与效果的最佳结合点。

(3) 网络计划的实施效果应与经济责任制挂钩。把网络计划内容、节点时间的要求具体落实,实行逐级负责制,使对实际网络计划目标的执行有责任感和积极性。同时规定网络计划实施效果的考核评定指标,使各分部、分项工程完成日期、形象进度要求、质量、安全、文明施工均达到规定要求。

(4) 网络计划的编制修改和调整应充分利用计算机,以利于网络计划在执行过程中的动态管理。

3.2.2 进度控制过程

1. 进度控制过程的 4 个阶段

进度控制的 4 个步骤(PDCA)是计划(Plan)、执行(Do)、检查(Check)、行动(Action)。进度控制过程是一个周期性的循环过程。进度控制过程的 4 个阶段如图 3-4 所示,分别是:

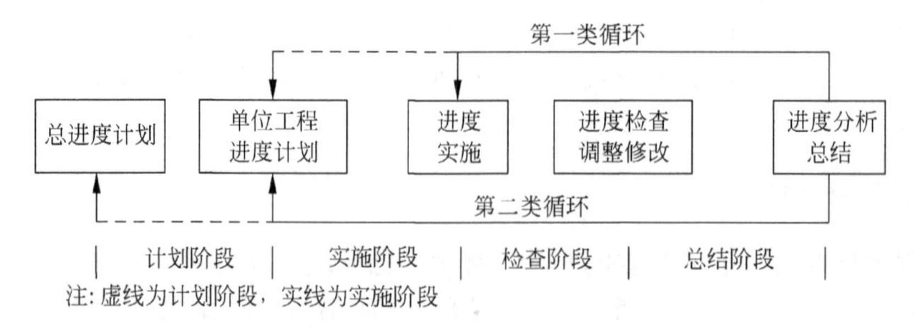

图 3-4 进度控制过程的 4 个阶段

(1) 计划阶段(编制进度计划)。

(2) 实施阶段(实施进度计划)。

(3) 检查阶段(检查与调整进度计划)。

(4) 总结阶段(分析与总结进度计划)。

2. 进度计划的编制

进度计划是表示各项工程的实施顺序、开始和结束时间以及相互衔接关系的计划。进度计划是现场实施管理的核心指导文件,是进度控制的依据和工具。进度计划是按工程对象编制的,重点是安排工程实施的连续性。

1) 进度计划编制的目的

具体目的包括:

(1) 保证按时获利以补偿已经发生的费用支出。

(2) 协调资源。

(3) 使资源需要时可以利用。

(4) 预测在不同时间上所需资金和资源的级别以便赋予项目不同的优先级。

(5) 保证项目正常完成。

2) 进度计划编制的要求

具体要求包括:

(1) 保证项目在合同规定的时间内完成,实现项目目标要求。

(2) 实施进度安排必须满足连续性和均衡性要求。

(3) 实施顺序的安排应进行优化,以便提高经济效益。

(4) 应选择适当的计划图形,满足使用进度计划的要求。

(5) 讲究编制程序,提高进度计划的编制质量。

3) 进度计划编制的原则

具体原则包括:

(1) 应对所有大事及其期限要求进行说明。

(2) 确切的工作程序能够通过工作网络得以说明。

(3) 进度应该与工作分解结构(WBS)有直接关系。采用 WBS 中的系统数字来说明工作进度,应该表明项目开始和结束时间;全部进度必须体现时间的紧迫性。

可能的话应详细说明每件大事需要配置的资源;项目越复杂、专业分工就越细,就更需要综合管理,需要一个主体的、协调的工作进度计划。

4) 进度计划的内容

具体内容包括:

(1) 项目综合进度计划。

(2) 设备(材料)采购工作进度计划。

(3) 项目实施(开发)进度计划。

(4) 项目验收和投入使用进度计划。

3. 进度计划的实施

1）做好准备工作

具体工作包括：

（1）将进度计划具体化为实施作业计划和实施任务书。

（2）分析计划执行中可能遇到的阻力、计划执行的重点和难点，提出保证计划成功实施的措施。

（3）将计划交给执行者。交底可以开会进行，也可结合下达实施任务书进行。管理者和作业者均应提出计划实现的技术和组织措施。

2）做好实施记录

具体实施记录包括：

（1）在计划实施过程中，应进行跟踪记录，以便为检查计划、分析实施状况、计划执行状况、调整计划、总结等提供原始资料。

（2）记录工作最好在计划图表上进行，以便检查计划时分析和对比。

（3）记录必须实事求是，不得造假。

（4）流水计划：在计划流水之下绘制实际进度线条。

（5）网络计划：记录实际持续时间。

（6）在计划图上用彩色标明已完成部分。

（7）用切割线记录。

3）做好调度工作

调度工作的任务是掌握计划实施情况，协调关系，排除矛盾，克服薄弱环节，保证作业计划和进度控制目标的实现。

调度工作的内容：

（1）检查计划执行中的问题，找出原因，提出解决措施。

（2）督促供应商按进度计划要求供应资源。

（3）控制施工现场临时设施正常使用，搞好平面管理，发布调度令，检查决议执行情况。

（4）调度工作应以作业计划和现场实际需要为依据，加强预测，信息灵通，及时、准确、灵活、果断，确保工作效率。

（5）在接受监理的工程中，调度工作应与监理单位的协调工作密切结合，调度会应请监理人员参与，监理协调会应视为调度会的一种形式。

4. 进度计划的检查与调整

1）进度计划的检查

（1）检查时间分类：日常检查、定期检查。

（2）检查内容：进度计划中的开始时间、完成时间、持续时间、逻辑关系、实物工程量和工作量、关键线路、总工期，时差利用等。

（3）检查方法：对比法，即计划内容和记录的实际状况进行对比。

（4）检查的结果应写入进度报告，承建单位的进度报告应提交给监理工作师，作为其进度控制、核发进度款的依据。

2）进度计划的调整

（1）通过检查分析，若进度偏离计划不严重，可以通过协调矛盾、解决障碍来继续执行原进度计划。

（2）当项目确实不能按原计划实现时，则应对计划进行必要的调整，适当延长工期或改进实施速度。

（3）新的调整计划应作为进度控制的新依据。

5. 进度计划的分析与总结

1）进度计划的分析与总结

其目的是为了发现问题、总结经验、寻找更好的控制措施，进一步提高控制水平；通过定量分析和定性分析，归纳出卓有成效的控制及原因，为以后的进度控制提供借鉴。

2）项目进度控制的数据收集

（1）实际数据：采集内容包括活动的开始和结束的实际时间、实际投入的人力、使用或投入的实际成本、影响进度的重要原因及分析、进度管理情况。

（2）有关项目范围、进度计划和预算变更的信息：变更可能由建设单位或承建单位引起，也可能是某种不可预见事情的发生引起；一旦变更被列入计划并取得建设单位同意，就必须建立一个新的基准计划，整个计划的范围、进度和预算可能比最初的基准计划不同。

3.2.3 如何实施进度控制

1. 进度控制的目标与范围

1）进度控制的意义

（1）有利于尽快发挥投资效益。

（2）有利于维护良好的管理秩序。

（3）有利于提高企业经济效益。

（4）有利于降低信息系统工程的投资风险。

2）进度控制的目标

（1）总目标：通过各种有效措施保障工程项目在规定的时间内完成，即信息系统达到竣工验收、试运行及投入使用的计划时间。

（2）总目标分解：按单项工程分解；按专业分解；按工程阶段分解；按年、季、月分解。

3）进度控制的范围

（1）纵向范围：在工程建设的各个阶段，对项目建设的全过程控制。

（2）横向范围：在工程建设的各个组成部分，对分项目、子系统的控制。

4）影响进度控制的因素

影响进度控制的因素主要包括：

（1）工程质量的影响。

（2）设计变更的影响。

（3）资源投入的影响。

（4）资金的影响。

(5) 相关单位的影响。

(6) 可见或不可见的风险因素的影响。

(7) 承建单位管理水平的影响。

2. 进度控制的任务、程序与措施

(1) 在准备阶段,项目经理应该参与招标前的准备工作,编制本项目的工作计划,内容包括项目主要内容、组织管理、实施阶段计划、实施进程等;分析项目的内容及项目周期,提出安排工程进度的合理建议;对建设合同中所涉及的产品和服务的供应周期做出详细说明,并建议建设单位做出合理安排;对工程实施计划及其保障措施提出建议,并在招标书中明确;在评标时,应对项目进度安排及进度控制措施进行审查,提出审核意见。

(2) 在设计阶段,根据工程总工期要求,确定合理的设计时限要求;根据设计阶段性输出,由粗而细地制定项目进度计划;协调各方进行整体性设计;提供设计所需的基础资料和数据;协调有关部门保证设计工作顺利进行。

(3) 在实施阶段,根据工程招标和施工准备阶段的工程信息,进一步完善项目进度计划,并据此进行实施阶段进度控制;审查施工进度计划,确认其可行性并满足项目控制进度计划要求;审查进度控制报告,对施工进度进行跟踪,掌握施工动态;在施工过程中,做好对人力、物力、资金的投入控制工作及转换工作,做好信息反馈、对比和纠正工作,使进度控制定期、连续地进行;开好进度协调会,及时协调各方关系,使工程施工顺利进行;及时处理工程延期问题。

(4) 在验收阶段,验收项目并提交验收报告。

3. 进度控制方法

1) 甘特图

甘特图(Gantt chart)又叫横道图、条状图(Bar chart)。甘特图思想比较简单,即以图示的方式通过活动列表和时间刻度形象地表示出任何特定项目的活动顺序与持续时间。甘特图基本上是一条线条图,横轴表示时间,纵轴表示活动(项目),线条表示在整个期间上计划和实际的活动完成情况。它直观地表明任务计划在什么时候进行,及实际进展与计划要求的对比。管理者由此可便利地弄清一项任务(项目)还剩下哪些工作要做,并可评估工作进度,如图 3-5 所示。

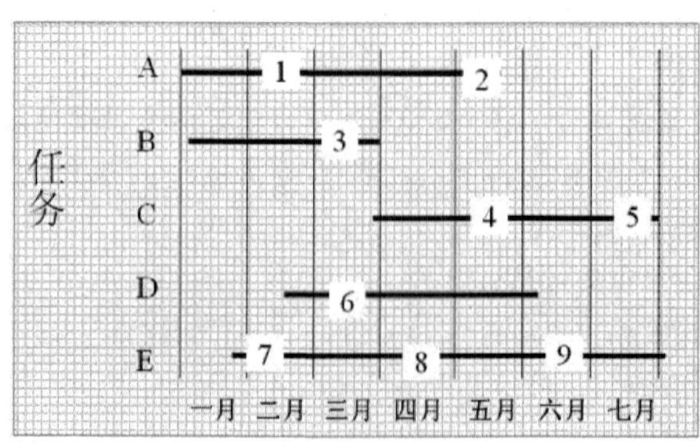

图 3-5 甘特图

2）工程进度曲线("香蕉"型曲线图)

"香蕉"型曲线是两条S型曲线组合成的闭合曲线。从S型曲线比较法中得知，按某一时间开始的施工项目的进度计划，其计划实施过程中进行时间与累计完成任务量的关系都可以用一条S型曲线表示。对于一个施工项目的网络计划，在理论上总是分为最早和最迟两种开始与完成时间的。因此，一般情况下，任何一个施工项目的网络计划都可以绘制出两条曲线：一条是计划以各项工作的最早开始时间安排进度而绘制的S型曲线，称为ES曲线；另一条是计划以各项工作的最迟开始时间安排进度而绘制的S型曲线，称为LS曲线。两条S型曲线都是从计划的开始时刻开始和完成时刻结束，因此两条曲线是闭合的。一般情况下，其余时刻ES曲线上的各点均落在LS曲线相应点的左侧，形成一个形如香蕉的曲线，故此称为"香蕉"型曲线，如图3-5所示。在项目的实施中，进度控制的理想状况是任一时刻按实际进度描绘的点应落在该"香蕉"型曲线的区域内，如图3-6中所示的R曲线。

"香蕉"型曲线比较法的作用：利用"香蕉"型曲线进行进度的合理安排；进行施工实际进度与计划进度比较；确定在检查状态下，后期工程的ES曲线和LS曲线的发展趋势。

3）网络图计划法

（1）单代号网络图。

用一个圆圈代表一项活动，并将活动名称写在圆圈中。箭线符号仅用来表示相关活动之间的顺序，因其活动只用一个符号就可代表，故称为单代号网络图，如图3-7所示。

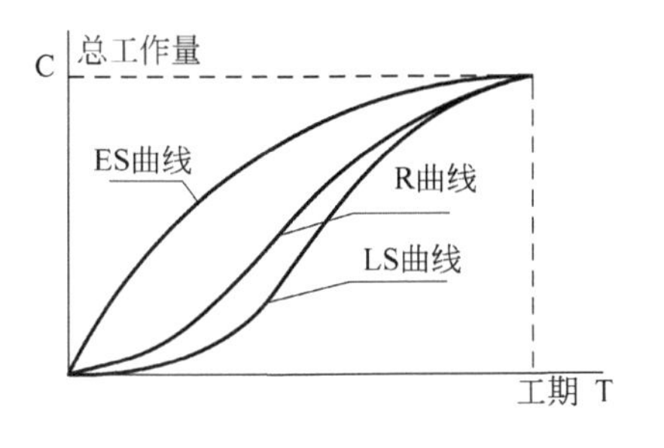

图3-6　"香蕉"曲线图

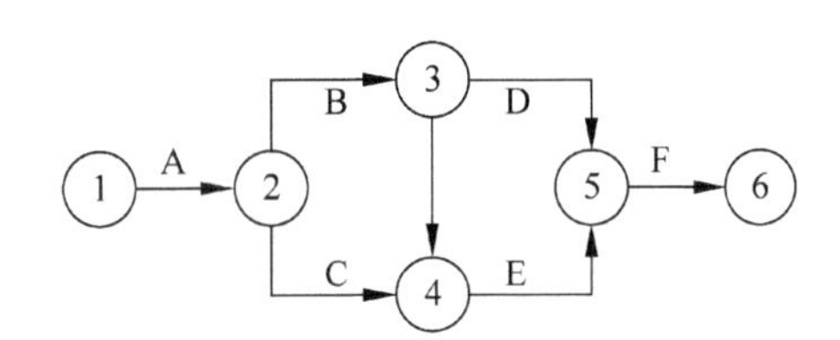

图3-7　单代号网络图

（2）双代号网络图。

双代号网络图是应用较为普遍的一种网络计划形式。它是以箭线及其两端节点的编号表示工作的网络图。双代号网络图中，每一条箭线应表示一项工作。箭线的箭尾节点表示该工作的开始，箭线的箭头节点表示该工作的结束，如图3-8所示。

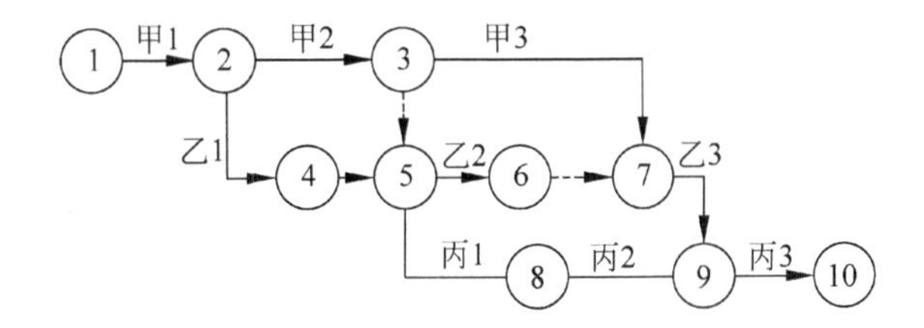

图3-8　双代号网络图

箭线：在双代号网络图中，工作一般使用箭线表示，任意一条箭线都需要占用时间、消耗资源，工作名称写在箭线的上方，而消耗的时间则写在箭线的下方。

虚箭线：是实际工作中不存在的一项虚设工作，因此一般不占用资源、不消耗时间。虚箭线一般用于正确表达工作之间的逻辑关系。

节点：反映的是前后工作的交接点，节点中的编号可以任意编写，但应保证后续工作的节点比前面节点的编号大，且不得有重复。

起始节点：即第一个节点，它只有外向箭线(即箭头离向节点)。

终点节点：即最后一个节点，它只有内向箭线(即箭头指向节点)。

中间节点：既有内向箭线又有外向箭线的节点。

线路：网络图中从起始节点开始，沿箭头方向通过一系列箭线与节点最后达到终点节点的通路，称为线路。一个网络图中一般有多条线路，线路可以用节点的代号来表示。

3.3 项目成本估算与控制

本节重点介绍成本估算、工作量估算和成本控制。

3.3.1 成本估算

1. 成本估算的基本概念

成本估算是项目成本管理的核心，通过成本估算，分析并确定项目的估算成本，并以此为基础进行项目成本预算、开展项目成本控制等管理活动。

软件项目的成本估算是成本管理的核心，是预测开发一个软件系统所需要的总工作量的过程。成本估算贯穿于软件的生命周期。

2. 软件项目成本估算的编制方法

软件开发项目中常用的成本估算方法有自上向下估算法、自下而上估算法、混合估算法、参数估算法和组合估算法。

1) 自上向下估算法

自上向下估算法又称为类比估算法，是一种自上而下的估算形式。它使用以前的、相似项目的实际成本作为目前项目成本估算的根据，这是一种专家判断法。项目经理利用以前类似的项目实际成本作为基本依据，通过经验做出判断项目整体成本和各个子任务的成本预算，此方法通常在项目的初期或信息不足时进行。方法较其他方法更节省，但不是很精确，需要项目经理具有较高的水平和经验。

2) 自下而上估算法

它包括估算个人工作项和汇总单个工作项成整体项目，单个工作项的大小和估算人员的经验决定估算的精度。如果一个项目有详细工作分解结构，项目经理能够让每个人负责一个工作包，并让他们为那个工作包建立自己的成本估算；然后将所有的估算加起来，产生更高一级的估算，并且最终完成整个项目的估算。

3) 混合估算法

混合估算法就是将上述两种估算方法综合使用。在科学计算的基础上，结合项目管理者的经验，做出既科学又符合实际情况的预算。并且可以在科学计算过程中加进参数模型，通过数据的积累，根据同类项目的管理状况和成本数据建立模型，在遇到同类项目时可直接套用。

4）参数估算法

参数估算法是一种使用项目特性参数建立数据模型来估算成本的方法，是一种统计技术，如回归分析和学习曲线。数学模型可以简单也可以复杂，有的是简单的线性关系模型，有的模型就比较复杂。一般参考历史信息，重要参数必须量化处理，根据实际情况对参数模型按适当比例调整。每个任务必须至少有一个统一的规模单位。

5）组合估算法

这是目前企业软件开发过程中常用的软件成本估算方式，它是一种自下而上估算法和参数估算法的结合模型。其步骤如下：

（1）对任务进行分解。

（2）计算每个任务的估算值 E_i。

（3）计算直接成本：直接成本$=E_1+E_2\cdots+E_i+\cdots E_n$。

（4）计算估算成本：估算成本＝直接成本＋间接成本。间接成本是指直接成本以外的成本，如安装、培训、预防性维护、备份与恢复的费用，以及运行系统相关的劳务和材料费、管理费、相关补助费用等。资源外包的项目，这些资源包括人员和设备的外包等。

（5）计算总成本：总成本＝估算成本＋风险基金＋税收。其中，风险基金＝估算成本$\times a\%$（一般情况 a 为 10～20 左右），税收＝估算成本$\times b\%$（一般情况 b 为 5 左右）。

3.3.2 工作量估算

1. 代码行分析法

1）概念和计算方法

代码行（Line Of Code，LOC）分析法是对软件产品的源代码的行数进行测量。但是也有一些问题需要思考：是计算物理行数，还是程序的命令数量？空行是否计算？注释是否计算？预定义文件是否计算？不同版本如何计算？开发过程中的配置脚本、编译脚本是否计算？共享文件（例如共享的开发库文件中的头部文件）如何计算？

一般来说是计算物理行数，不计算空行，不计算注释。对于其他选项，一般计算源文件根目录下的所有文件。所以代码行指的是所有的可执行的源代码行数，包括可交付的工作控制语言（Job Control Language）语句、数据定义、数据类型声明、等价声明、输入/输出格式声明等。常使用的单位有 SLOC（Single Line Of Code）、KLOC（Thousand Lines Of Code）、LLOC（Logical Line Of Code）、PLOC（Physical Line Of Code）、NCLOC（Non-Commented Line Of Code）、DSI（Delivered Source Instruction），其中 SLOC 和 KLOC 比较常用。

2）其他注意点

代码行分析法在某些程序上反映了软件的规模，并且是物理上可测量的。但是在需求、计划、设计阶段因为本身没有代码行，需要其他方法解决。

近来可视化编程工具的大量采用，以及模板库、类库的广泛采用，在程序的结果中有大量自动生成的代码或者复杂的自动配置脚本或资源文件设置，在采用这些工具的项目中，用代码行分析法得到数值的意义已经大大降低。

尽管代码行分析法有很多缺点，但由于其容易使用、操作成本低，还是值得推荐的一种参考和补充手段。

2. 功能点分析法

1）概述

功能点分析法（Function Point Analysis，FPA）是一种相对抽象的方法，是一种人为设计出的度量方式，主要解决如何客观、公正、可重复地对软件规模进行度量。FPA 在 20 世纪 70 年代由 IBM 的工程师 Allan Albrech 提出，随后被国际功能点用户协会（the International Function Point Users' Group，IFPUG）提出的 IFPUG 方法采用，从系统的复杂性和系统的特性这两个角度来度量系统的规模。功能点可以用于需求文档、设计文档、源代码和测试用例度量，根据具体方法和编程语言的不同，功能点可以转换为代码行。ISO 组织已经把多种功能点估算方法成为国际标准，如加拿大人 Alain Abran 等人提出的全面功能点法（Full Function Points）、英国软件度量协会（United Kingdom Software Metrics Association，UKSMA）提出的 IFPUG 功能点法（IFPUG Function Points）、英国软件度量协会提出的 Mark Ⅱ FPA 功能点法（Mark Ⅱ Function Points）、荷兰功能点用户协会（Netherlands Function Point Users Group，NEFPUG）提出的 NESMA 功能点法以及软件度量共同协会（the Common Software Metrics Consortium，COSMIC）提出的 COSMIC-FFP 方法，这些方法都属于 Albrech 功能点方法的发展和细化。

功能点分析法有一些相对完整的、自成体系的概念，主要包括基础功能部件（Base Function Component，BFC）、BFC 类型、边界、用户、本地化、功能领域、功能规模、功能点规模测量的范围、功能点规模测量过程、功能点规模测量方法、功能性需求、质量需求、技术性需求、数值调整以及调整因子等 15 个关键概念。

2）功能点计算

项目的功能点数是几个测量参数（用户输入数、用户输出数、用户查询数、文件数、外部接口数）的功能点之和。

（1）用户输入数：计算每个用户输入，它们向软件提供面向应用的数据。输入应该与查询区分开来，分别计算。

（2）用户输出数：计算每个用户输出，它们向软件提供面向应用的信息。这里的输出是指报表、屏幕、出错信息等。一个报表中的单个数据项不单独计算。

（3）用户查询数：一个查询被定义为一次联机输入，它导致软件以联机输出的方式产生实时的响应。每一个不同的查询都要计算。

（4）文件数：计算每个逻辑的主文件（如数据的一个逻辑组合，它可能是某个大型数据库的一部分或是一个独立的文件）。

（5）外部接口数：计算所有机器可读的接口（如磁带或磁盘上的数据文件），利用这些接口可以将信息从一个系统传送到另一个系统。

3）成本估算公式

（1）每个测量参数的估算 FP 计数＝估算值×加权因子。

（2）项目估算 FP＝各参数 FP 计数之和×复杂度调整因子。

（3）估算工作量＝项目估算 FP÷估算的生产率。

(4) 估算总成本=日薪×估算工作量。

(5) 单个 FP 估算成本=估算总成本÷估算 FP。

其中,估算的生产率可以由经验获得。

3. 任务分解法(WBS)

1) 任务分解的目的

(1) 防止遗漏项目的可交付成果。

(2) 帮助项目经理关注项目目标和澄清职责。

(3) 建立可视化的项目可交付成果,以便估算工作量和分配工作。

(4) 帮助改进时间、成本和资源估计的准确度。

(5) 帮助项目团队的建立和获得项目人员的承诺。

(6) 为绩效测量和项目控制定义一个基准。

(7) 辅助沟通清晰的工作责任。

(8) 为其他项目计划的制定建立框架。

(9) 帮助分析项目的最初风险。

2) 分解的原则

(1) 横向分解:指任务分解不能出现漏项,也不能包含不在项目范围之内的任何产品或活动。也就是既覆盖所有的需要,又不做多余的工作。

(2) 纵向分解:指任务分解要足够细,以满足任务分配、检测及控制的目的,也就是细化到不能再细的程度。

3) 分解的方法

(1) 自上而下与自下而上的充分沟通。

(2) 一对一个别交流。

(3) 小组讨论。

4) 分解的标准

(1) 分解后的活动结构清晰。

(2) 逻辑上形成一个大的活动。

(3) 集成所有的关键因素。

(4) 包含临时的里程碑和监控点。

(5) 所有活动全部定义清楚。

(6) 学会分解任务。只有将任务分解得足够细,才能心里有数,才能有条不紊地工作,才能统筹安排时间表。

5) 工作分解结构

以可交付成果为导向对项目要素进行的分解归纳和定义了项目的整个工作范围每下降一层代表对项目工作的更详细定义。在项目管理实践中,工作分解是最重要的内容,是计划过程的中心,也是制定进度计划、资源需求、成本预算、风险管理计划和采购计划等的重要基础,同时也是控制项目变更的重要基础。

6) WBS 的功能

(1) WBS 是一个描述思路的规划和设计工具,它帮助项目经理和项目团队确定和有效地管理项目的工作。

(2) WBS是一个清晰地表示各项目工作之间的相互联系的结构设计工具。

(3) WBS是一个展现项目全貌、详细说明为完成项目所必须完成的各项工作的计划工具。

(4) WBS定义了里程碑事件,可以向高级管理层和客户报告项目完成情况,作为项目状况的报告工具。

4. 类比估算法

类比估算法(Analogous Estimates)是最简单的成本估算技术,实质上是一种专家判断法。类比估算,顾名思义是通过同以往类似项目相类比得出估算,为了使这种方法更为可靠和实用,进行类比的以往项目不仅在形式上要和新项目相似,而且在实质上也要非常相同。

这种方法简单易行,花费较少,尤其当项目的资料难以取得时,此方法是估算项目总成本的一种行之有效的方法。当然,它也有一定的局限性,进行成本估算的上层管理者根据他们对以往类似项目的经验对当前项目总成本进行估算,但是又有项目的一次性、独特性等特点,在实际生产中,根本不可能存在完全相同的两个项目,因此这种估算的准确性较差。

用这种方法进行整体估算时比较准确,可以避免过分重视一些任务而忽视另外一些任务。但是可能出现下层人员认为分到的估算不足以完成任务却保持沉默的情况。

类比估算法的操作步骤:首先项目的上层管理人员收集以往类似项目的有关历史资料,依据自己的经验和判断估算当前项目的总成本和各分项目的成本;然后将估算结果传递给下一层管理人员,并责成他们对组成项目和子项目的任务和子任务的成本进行估算,并继续向下传送其结果,直到项目组的最基层人员。

5. PERT时间估计法

PERT网络图起源于其活动时间不确定的项目。解决这一问题要求对每个活动做出3种时间估计。

(1) 最可能的活动时间:正常情况下,完成某项工作的时间(T_m)。

(2) 乐观的活动时间:也就是要进行这个活动所需的最短时间(T_o)。

(3) 悲观的活动时间:也就是要进行这个活动所需的最长时间(T_p)。

活动期望时间(T_e)的计算公式:

$$T_e=\frac{T_o+4\times T_m+T_p}{6}$$

例3-1 完成某项工作最可能的活动时间 $T_m=16$ 天,乐观的活动时间 $T_o=10$ 天,悲观的活动时间 $T_p=40$ 天,那么活动的期望时间为 $T_e=\frac{10+4\times 16+40}{6}=19$(天)。

例3-2 一个包含3个活动的某种路径的3种时间估计,如表3-1所示。

表3-1 3个活动的3种时间估计

	第一段	第二段	第三段
T_o	4	1	2
T_m	7	7	11
T_p	16	25	26

期望时间为：

$$T_e = \frac{4+4\times7+16}{6} + \frac{1+4\times7+25}{6} + \frac{2+4\times11+26}{6} = 8+9+12 = 29(\text{天})$$

标准差为：

$$\delta = \left[\left(\frac{16-4}{6}\right)^2 + \left(\frac{25-1}{6}\right)^2 + \left(\frac{26-2}{6}\right)^2\right]^{\frac{1}{2}} = (36)^{\frac{1}{2}} = 6(\text{天})$$

这个案例计算结果显示的期望时间为29天，标准差为6天，因此项目将在第23天和第35天之间完成。

任务的领导者、项目经理以及另外1～3名团队成员应该对任务时间估计进行讨论。请任务领导者参加讨论的原因是其决定权；项目经理的参与是为了在其他项目时间估计之间进行权衡；其他人则能够带来专业经验与知识。

6. Putnam 模型

1978年提出的Putnam模型是一种动态多变量模型。它假定在软件开发的整个生命期中工作量有特定的分布。这种模型是依据在一些大型项目(总工作量达到或超过30个人年)中收集到的工作量分布情况而推导出来的，但也可以应用在一些较小的软件项目中。如下面的公式(3-1)所示：

$$L = C_k \times K^{\frac{1}{3}} \times {t_d}^{\frac{4}{3}} \tag{3-1}$$

其中：L为源代码行数(以LOC计)；K为整个开发过程所花费的工作量(以人年计)；t_d为开发持续时间(以年计)；C_k为技术状态常数，反映“妨碍开发进展的限制”，其取值因开发环境而异，如表3-2所示。

表3-2　C_k的典型值开发环境举例

C_k	评价	开发环境
2000	差	没有系统的开发方法，缺乏文档和复审
8000	好	有合适的系统的开发方法，有充分的文档和复审
11000	优	有自动的开发工具和技术

7. COCOMO 模型

1）概述

COCOMO模型是一种精确的、易于使用的成本估算方法。1981年由Boehm提出，是一种参数化的项目估算方法，参数建模是把项目的某些特征作为参数，通过建立一个数字模型预测项目成本。

在COCOMO模型中，工作量调整因子(Effort Adjustment Factor，EAF)代表多个参数的综合效果，这些参数使得项目可以特征化和根据COCOMO数据库中的项目规格化。每个参数可以定位很低、低、正常、高、很高。每个参数都作为乘数，其值通常在0.5～1.5之间，这些参数的乘积作为成本方程中的系数。

COCOMO模型具有估算精确、易于使用的特点。在该模型中使用的基本量有以下几个：

(1) DSI：源指令条数，定义为代码行数，包括除注释行以外的全部代码。若一行有两个语句，则算做一条指令。

(2) MM：表示开发工作量，度量单位为人月。

(3) TDEV：表示开发进度，由工作量决定，度量单位为月。

(4) COCOMO模型重点考虑15种影响软件工作量的因素，并通过定义乘法因子，从而准确、合理地估算软件的工作量。

2) 3种模型

COCOMO模型用3个不同层次的模型来反映不同程度的复杂性。

(1) 基本模型(Basic Model)：是一个静态单变量模型，它用一个以已估算出来的源代码行数(LOC)为自变量的函数来计算软件开发工作量。

(2) 中间模型(Intermediate Model)：在用LOC为自变量的函数计算软件开发工作量的基础上，再用涉及产品、硬件、人员、项目等方面属性的影响因素来调整工作量的估算。

(3) 详细模型(Detailed Model)：包括中间COCOMO模型的所有特性，但用上述各种影响因素调整工作量估算时，还要考虑对软件工程过程中分析、设计等各步骤的影响。

3) 3种模式

同时根据不同应用软件的不同应用领域，COCOMO模型划分为如下3种软件应用开发模式。

(1) 组织模式(Organic Mode)：这种应用开发模式的主要特点是在一个熟悉稳定的环境中进行项目开发，该项目与最近开发的其他项目有很多相似点，项目相对较小，而且并不需要许多创新。

(2) 嵌入式应用开发模式(Embedded Mode)：在这种应用开发模式中，项目受到接口要求的限制，接口对整个应用的开发要求非常高，而且要求项目有很大的创新，例如开发一种全新的游戏。

(3) 中间应用开发模式(Semidetached Mode)：这是介于组织模式和嵌入式应用开发模式之间的类型。

但是COCOMO模型也存在一些很严重的缺陷，例如：分析时的输入是优先的；不能处理意外的环境变换；得到的数据往往不能直接使用，需要校准；只能得到过去的情况总结，对于将来的情况无法进行校准；等等。

3.3.3 成本控制

1. 成本管理

1) 成本管理概述

成本管理是在项目具体实施过程中，为了确保完成项目所花费的实际成本不超过预算成本而展开的项目成本估算、项目预算、项目成本控制等方面的管理活动。

成本管理主要包括资源计划编制、成本估算、成本预算和成本控制等过程。其中，资源计划编制是确定项目需要的物资资源的种类和数量；成本估算是编制一个为完成项目各活动所需要的资源成本的近似估算；成本预算是将总成本估算分配到各单项工作活动上；成本控制是控制项目预算的变更。

资源计划是成本估算的基础和前提；有了成本估算才可以进行成本预算，并将成本分配到各个单项任务中；然后在项目实施过程中通过成本控制保证项目的成本不超过预算。所以，软件的成本估算是成本管理的中心环节。

2）成本管理的基本原则

（1）合理化原则。成本管理的根本目的在于通过成本管理的各种手段，促进不断降低项目成本，以达到可能实现最低目标成本的要求。但是，项目的成本并非越低越好，应研究成本降低的可能性和合理的成本最低化。一方面应挖掘各种成本降低的潜力，使可能性变为现实；另一方面应从实际出发，制定通过主观努力可能达到的合理的费用水平。

（2）全面管理的原则。成本管理应是全面、全过程、全员参加的管理，而不仅仅是局部的、某些阶段、某些人员参加的管理。

（3）责任制原则。为实行全面成本管理应对成本费用进行层层分解、层层落实，明确各相关者的责任。

（4）管理有效原则。成本管理的有效化就是促使项目以最小的投入，获取最大的产出；以最少的人力和财力，完成较多的管理工作，提高管理效率。

（5）管理科学化原则。成本管理是一种科学管理，应按信息化项目的客观规律，采用科学的方法合理确定项目的成本目标、动态管理费用发生的过程，有效降低成本的支出，最优实现项目的成本目标。

（6）管理动态性原则。信息化项目成本管理具有动态特性，所以项目的成本管理应考虑动态性原则。即项目在进行过程中，成本可能会发生变更，无论是项目供方还是项目需方都应充分考虑项目成本的可变性。

2. 成本控制

项目成本控制是指项目组织为保证在变化的条件下实现其预算成本，按照事先拟订的计划和标准，通过采用各种方法，对项目实施过程中发生的各种实际成本与计划成本进行对比、检查、监督、引导和纠正，尽量使项目的实际成本控制在计划和预算范围内的管理过程。随着项目的进展，根据项目实际发生的成本项不断修正原先的成本估算和预算安排，并对项目的最终成本进行预测的工作也属于项目成本控制的范畴。项目成本控制工作的主要内容包括以下几个方面。

（1）识别可能引起项目成本基准计划发生变动的因素，并对这些因素施加影响，以保证该变化朝着有利的方向发展。

（2）以工作包为单位，监督成本的实施情况，发现实际成本与预算成本之间的偏差，查找出产生偏差的原因，做好实际成本的分析评估工作。

（3）对发生成本偏差的工作包实施管理，有针对性地采取纠正措施，必要时可以根据实际情况对项目成本基准计划进行适当的调整和修改，同时要确保所有的相关变更都准确地记录在成本基准计划中。

（4）将核准的成本变更和调整后的成本基准计划通知项目的相关人员。

（5）防止不正确的、不合适的或未授权的项目变动所发生的费用被列入项目成本预算。

（6）在进行成本控制的同时，应该与项目范围变更、进度计划变更、质量控制等紧密结合，防止因单纯控制成本而引起项目范围、进度和质量方面的问题，甚至出现无法接受的风险。

有效成本控制的关键是经常、及时地分析成本绩效，尽早发现成本差异和成本执行的无效率，以便在情况变坏之前能够及时采取纠正措施。一旦项目成本失控，在预算内完成项目是非常困难的，如果项目没有额外的资金支持，那么成本超支的后果就是要么推迟项目工期，要么降低项目的质量标准，要么缩小项目的工作范围，这3种情况是各方都不愿意看到的。

3. 项目成本控制的依据

1）项目各项工作或活动的成本预算

项目各项工作或活动的成本预算是根据项目的工作分解结构图为每个工作包进行的预算成本分配，在项目的实施过程中，通常以此为标准对各项工作的实际成本发生额进行监控，是进行成本控制的基础性文件。

2）成本基准计划

成本基准计划是按时间分段的费用预算计划，可用来测量和监督项目成本的实际发生情况，并能够将支出与工期进度联系起来，时间是对项目支出进行控制的重要依据。

3）成本绩效报告

成本绩效报告是记载项目预算的实际执行情况的资料，其主要内容包括项目各个阶段或各项工作的成本完成情况、是否超出了预先分配的预算、存在哪问题等。通常用以下6个基本指标来分析项目的成本绩效。

（1）项目计划作业的预算成本：是按预算价格和预算工作量分配给每项作业活动的预算成本。

（2）累积预算成本：将每一个工作包的总预算成本分摊到项目工期的各个区间，这样计算出截止到某期的每期预算成本汇总的合计数，成为该时点的累积预算成本。

（3）累积实际成本：已完成工作的实际成本，截止到某一时点的每期发生的实际成本额的合计数。

（4）累积盈余量：已完成工作的预算成本，由每一个工作包的总预算成本乘以该工作包的完工比率得到。

（5）成本绩效指数：衡量成本效率的指标，是累积盈余量同累积实际成本的比值，反映了用多少实际成本才完成了一单位预算成本的工作量。

（6）成本差异：累积盈余量同累积实际成本之间的差异。

4）变更申请

变更申请是项目的相关利益者以口头或者书面的方式提出的有关更改项目工作内容和成本的请求，其结果是增加或减少项目成本，有关项目的任何变动都必须经过项目投资者、客户的同意，以获得他们的资金支持。项目管理者要根据变更后的项目工作范围或成本预算来对项目成本实施控制。

5）项目成本管理计划

项目成本管理计划对在项目的实施过程中可能会引起项目成本变化的各种潜在因素进行识别和分析，提出解决和控制方案，为确保在预算范围内完成项目提供一个指导性的文件。

4. 项目成本控制的方法

有效的成本控制的关键是经常、及时地分析费用绩效，以便在情况变坏之前能够采取纠正措施积极解决它，从而减缓对项目范围和进度的冲击。以下是成本控制的常用工具和技术。

1）成本变更控制系统

这是一种项目成本控制的程序性方法，主要通过建立项目成本变更控制体对项目成本进行控制。该系统主要包括3个部分：成本变更申请、核准成本变更申请和变更项目成本预算。

提出成本变更申请的人可以是项目投资者、客户、项目管理者、项目经理等项目的一切利益相关者。所提出的项目成本变更申请呈交到项目经理或项目其他成本管理人员，然后这些成本管理者根据严格的项目成本变更控制流程，对这些变更申请进行一系列的评估，以确定该项变更所导致的成本代价和时间代价，再将变更申请的分析结果报告给项目投资者、客户，由他们最终判断是否接受这些代价，核准变更申请。变更申请被批准后，需要对相关工作的成本预算进行调整，同时对成本基准计划进行相应的修改。最后，注意成本变更控制系统应该与其他变更控制系统相协调，成本变更的结果应该与其他变更结果相协调。

2）绩效测量

绩效测量是指主要用于估算实际发生的变化的方法，如挣值法等。在费用控制过程中，要把精力放在那些费用绩效指数小于1或费用差异小的工作包上，而且费用绩效指数和费用差异越小越要优先考虑，以减少费用或提高项目进行的效率。在采取措施时主要应针对近期的工程活动和具有较大估计费用的活动上，因为越晚采取行动则造成的损失就可能越大，纠正的可能性也就越小，而费用估算较大的活动，减少其成本的机会也就越多。

具体而言，降低项目费用的方法有很多种，如改用满足要求但成本较低的资源，提高项目团队的水平以促使他们更加有效地工作，或者减少工作包和特定活动的作业范围和要求。

另外，即使费用差异为正值，也不可掉以轻心，而要想办法控制项目费用，让其保持下去，因为一旦费用绩效出现了麻烦，再要使它回到正轨上来往往是很不容易的。

3）挣值法

挣值法是用以分析目标实施与目标期望之间差异的一种方法。挣值法又称为赢得值法或偏差分析法。

挣值法通过测量和计算已完成工作的预算费用与已完成工作的实际费用，将其与计划工作的预算费用相比较得到项目的费用偏差和进度偏差，从而达到判断项目费用和进度计划执行状况的目的。

3.4 软件质量管理

本节重点介绍质量概述、软件质量的概念、软件质量的相关概念、软件质量度量、软件过程和质量保证。

3.4.1 质量概述

1. 质量定义

在不同的时期，国际标准化组织ISO对质量的定义也不相同。

ISO 8402—1986中将质量定义为“反映产品和服务满足明确和隐含需要的能力的特性和特征综合”。

ISO 840—1994对质量的定义是“反映实体满足明确和隐含需要的能力的特性的总和。”而这里的“实体”是指“可单独描述和研究的事物”。

ISO 8402—2000对质量的定义为“一组固有特性满足要求的程度”。其中，“要求”是指“明示的、通常隐含的或必须履行的需求或期望”。“通常隐含”是指组织、顾客和其他相关方的惯例或一般习惯，所考虑的要求或期望是不言而喻的。

显然ISO 8402—2000的质量不仅包含产品和服务都要满足客户的需求，还应该包括不断增加其竞争力以及有别于竞争对手的特性。现在消费者的质量观有了新的发展，要求得到的不仅仅是产品的功能质量，更多的包括与产品有关的系统服务。“满足顾客的需要”不仅包含产品和服务都要满足顾客的需要，而且还应包括增加其竞争力和有别于竞争性产品和服务的特性。除了基本功能之外，产品质量还应包括品牌、款式、包装、服务、付款方式、超值等内容。

2. 质量的历史

质量管理理论始于20世纪初期，质量管理从出现到现在大体经历了5个阶段。

(1) 产品质量检验阶段：其特征是对产品的质量进行检验。产品质量的检验只能是一种事后的检查，因此不能预防不合格品的产生。

(2) 以产品为中心的统计质量管理阶段：1924年，美国Bell实验室的Walter Shewhart，运用概率论和数理统计的原理，首先提出了控制生产过程，预防不合格品产生的思想和方法。即通过小部分样品测试，推测和控制全体产品或工艺过程的质量状况。二次大战以后，逐步形成了统计质量控制(SQC)的方法，用控制图表对生产过程中取得的数据进行统计分析，分析不合格品产生的原因，采取措施，使生产过程保持在不出废品的稳定状态。

(3) 以顾客为中心的质量保证阶段：企业为了保护原有市场并开拓新市场，必然会特别重视顾客的各种需求。为此，企业将花费很大的精力用于调查与搜集顾客对质量的各项要求，进一步将单独顾客的各项需求汇总形成若干个指标组，每项指标都规定了应达到的质量标准，它是企业进行生产需达到的最低要求。

(4) 强调持续改进的质量管理阶段：为了适应企业连续生产与经营的要求，针对软件产品持久改进的特点，质量管理工作在上述关注顾客需求的基础上需要有新的突破。企业在重视以往用户当前需求的同时，需要考虑用户的未来需求以及生产者的长远利益和企业长期维护成本之和。

(5) 全面质量管理阶段：20世纪50年代末，质量管理专家Edwards Deming，Joseph Juran等人提出了全面质量管理的(Total Quality Control，TQC)概念。Edwards Deming

被誉为现代质量思想之父。

3. 历史人物与思想

Walter Shewhart 在 20 世纪 20 年代曾是美国 Bell 实验室的一名统计员，后来他成为了统计质量改进的奠基人。Shewhart 模型是解决问题和过程控制的系统方法，它由 4 个步骤组成，用于持续过程的改进。这 4 个步骤分别是计划(Plan)、实施(Do)、检查(Check)和处理(Act)，被称作 PDCA 模型或 Shewhart 环。

Edwards Deming 是质量运动中的一个主要人物。他认为，仅仅组织中的每一个人都竭尽全力是不够的，还需要组织中有一致的目标和方向。也就是说，首要的是人们要知道去做什么，组织中所有个体都要有同一个坚定不移的目标，以确保最终获得成功。Deming 关于质量管理的 14 点原理的应用转变了传统的西方管理模式。

Joseph Juran 是质量运动的另一位巨人，他赞同质量的自顶向下方法。Juran 把质量定义为“适用性”，认为质量问题是管理人员的直接职责，管理人员必须经过计划、控制和改进来保证质量。质量三部曲(计划、控制和改进)被称为 “Juran 三部曲”。

Philip Crosby 是质量运动的巨人之一，他的观点影响了能力成熟度模型 CMM。他在 *Quality is Free* 一书中描述了一次性成功原理，即零缺陷(Zero Defect，ZD)程序，他把质量定义为“符合需求”，并且认为人们受到“错误是不可避免”的观点的限制。

Shingo 是零缺陷理论的重要人物。他的理论包括确定过程中的潜在错误源，对这些错误源进行监控。对所有已发现的错误进行因果分析，然后排除其根本原因。这种方法能消除所有可能出现的错误，因此只有一些异常的错误可能会出现，然后将这些异常错误及其起因排除掉。失效模式和影响分析(Failure Mode and Effects Analysis，FMEA)方法就是这种方法的演变。确定系统或子系统可能出现的失效并对其进行分析，把失效的原因、产生的影响以及概率记录下来。

Genichi Taguchi 对质量的定义完全不同，他把质量定义为“一个产品在装运后对社会造成的损失，而不是产品的内在功能造成的损失”。Taguchi 定义了一个损耗函数来作为质量成本的度量：$L(X)=C(X-T)^2+k$。Taguchi 也找到了一种确定过程变量的最佳值的方法，这个最佳值能在保持过程均值正确的同时使得过程中的变动最小。

Kaoru Ishikawa 因为他在质量控制圈(Quality Control Circles，QCC)中所做的工作而闻名。质量控制圈是一个小的雇员组，他们做相似的工作，约定进行定期碰头以确定并分析与工作相关的问题，集体讨论并推举和实施解决方案。问题解答则用于 Pareto 分析、鱼骨图、柱状图、散点图和控制图表这类工具。

Armand Feigenbaum 由于在全面质量控制(TQC)方面所做的工作而闻名。(TQC)涉及应用于组织内所有功能的质量保证，它与全面质量管理(TQM)有所区别：TQC 是要全面控制质量，而 TQM 则体现了涉及整个组织内的全体员工和功能的质量管理和改进原理。

4. 顾客满意度

1) 顾客满意的定义

在 2000 年新版的 ISO 9000 族标准中，进一步强调了顾客满意，顾客满意成为评价质量的标准。有些组织简单地认为"顾客满意"只是在售后服务阶段,通过优质服务就可以做到顾客满意。而实际上,让顾客满意的第一步是从市场调查了解顾客的需求开始,然后在设计、加工、销售、服务的全过程中,努力去满足顾客的需求,以顾客为中心的思想贯穿于产品和/或服务质量形成的全过程。组织要努力实现顾客满意,而且不能停留在顾客满意的水平上,还要继续努力,从顾客满意提高到顾客忠诚。顾客忠诚是指在顾客满意的基础上,对某品牌或组织做出长期购买的承诺,是顾客一种意识与行为的结合。顾客满意一般是指一次性的;顾客对某品牌或组织由满意发展到忠诚后,他会再次购买同一品牌的产品和/或服务。

2) 顾客满意度指数模型

顾客满意度指数模型中的六大要素分别是顾客期望、顾客对质量的感知、顾客对价值的感知、顾客满意度、顾客抱怨、顾客忠诚,如图 3-9 所示。

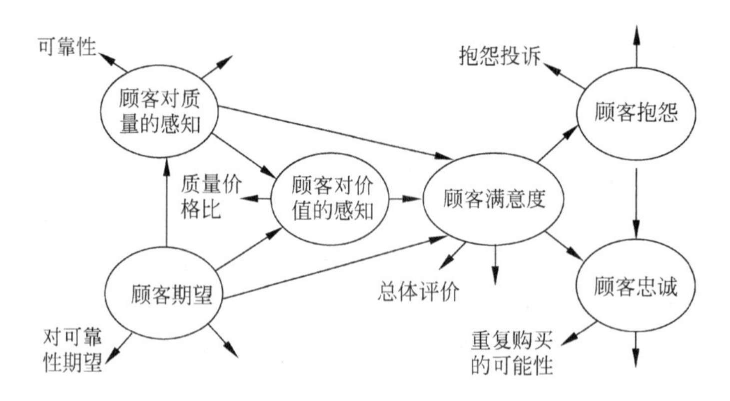

图 3-9　顾客满意度指数模型

其中,顾客期望、顾客对质量的感知、顾客对价值的感知决定着顾客满意程度,是系统的输入变量;顾客满意度、顾客抱怨、顾客忠诚是结果变量。

顾客满意是软件开发项目的主要目的之一,而顾客满意目标要得以实现,需要建立顾客满意度度量体系和指标对顾客满意度进行度量。顾客满意度指标(Customer Satisfaction Index,CSI)以顾客满意研究为基础,对顾客满意度加以界定和描述。项目顾客满意度量的要点在于确定各类信息、数据、资料来源的准确性、客观性、合理性、有效性,并以此建立产品、服务质量的衡量指标和标准。企业顾客满意度度量的标准会因为各企业的经营理念、经营战略、经营重点、价值取向、顾客满意度调查结果等因素而有所不同。比如,NEC 于 2002 年 12 月开始实施的 CSMP 活动的度量尺度包括共感性、诚实性、革新性、确实性和迅速性,其中,将共感性和诚实性作为 CS 活动的核心姿态,而将革新性、确实性和迅速性作为提供商品和服务中不可或缺的尺度。每个尺度包括两个要素,各要素包括两个项目,共计 5 个尺度、10 个要素和 20 个项目。例如,共感性这一尺度包括"了解顾客的期待"、"从顾客的立场考虑问题"这两个要素;"了解顾客的期待"这一要素又包括"不仅仅能胜任目前的工作还能意识到为顾客提供价值而专心投入"、"对顾客的期望不是囫囵吞枣而是根据顾客的立场和状况来思考'顾客到底需要什么'并加以应对"这两个项目。

3.4.2 软件质量概述

1. 软件质量定义

在我国国家标准GB/T 11457—89，软件质量Software Quality的条目为2.434，它的定义是：

a. 软件产品中能满足给定需求的性质和特性的总和。例如，符合规格说明。

b. 软件具有所期望的各种属性的组合程度。

c. 顾客和用户觉得软件满足其综合期望的程度。

d. 软件的合成特性。它确定软件在使用中将满足顾客预期要求的程度。

在我国国家标准GB/T 11457—1995，软件质量(Software Quality)的条目为2.454，它的定义是：

a. 软件产品中能满足给定需求的性质和特性的总和。例如，符合规格说明。

b. 软件具有所期望的各种属性的组合程度。

c. 顾客和用户觉得软件满足其综合期望的程度。

d. 确定软件在使用中将满足顾客预期要求的程度。

2. 软件质量特性

1）软件质量要素

1977年McCall率先提出了软件质量要素包含的内容。后来，ISO将其转为ISO/IEC 9126—91标准，软件质量有6个特性，即功能性、可靠性、易使用性、效率、可维护性和可移植性。

2）软件质量的二级特性指标

McCall认为，软件的质量由以下11个要素构成，包括正确性、可靠性、效率、完整性、可使用性、可维护性、可测试性、灵活性、可移植性、重复使用性和连接性。

而ISO/IEC 9126—91则将软件质量做了进一步刻画细分，并且有助于描述各个软件特性之间的关系。软件质量特性由下列21个二级质量特性所决定，即合适性、精确性、互操作性、依从性、安全性、成熟性、容错性、易恢复性、易理解性、易学性、易操作性、时间特性、资源特性、易分析性、易改变性、稳定性、易测试性、适应性、易安装性、遵循性和易替换性。

3）McCall三层次质量度量模型

McCall认为，软件质量要素是软件的质量特征，软件质量属性是软件质量的评价准则，评价准则还需要定量的度量。质量要素、评价准则和度量构成了McCall的三层次质量度量模型。在这个层次模型中，度量处于模型的最低层，它是由质量保证人员根据开发过程的特征用评分的方式对质量准则做出的定量评价。

3. 软件用户满意度

美国专家Stephen H. Kan在《软件质量工程的度量与模型》(*Metrics and Models in Software Quality Engineering*)中认为，企业的顾客满意度要素如表3-3所示。

表 3-3　顾客满意度要素

顾客满意度要素	顾客满意度要素的内容
技术解决方案	质量、可靠性、有效性、易用性、价格、安装、新技术
支持与维护	灵活性、易达性、产品知识
市场营销	解决方案、接触点、信息
管理	购买流程、请求手续、保证期限、注意事项
交付	准时、准确、交付后过程
企业形象	技术领导、财务稳定性、执行印象

作为企业的顾客满意度的基本构成单位，项目的顾客满意度会受到项目要素的影响，主要包括开发的软件产品、开发文档、项目进度以及交期、技术水平、沟通能力、运用维护等。具体而言，可以细分为如表 3-4 所示的度量要素，并根据这些要素进行度量。

表 3-4　顾客满意度要素细分

顾客满意度项目	顾客满意度度量要素
软件产品	功能性、可靠性、易用性、效率性、可维护性、可移植性
开发文档	文档的构成、质量、外观、图表以及索引、用语
项目进度以及交期	交期的根据、进度迟延情况下的应对、进展报告
技术水平	项目组的技术水平、项目组的提案能力、项目组的问题解决能力
沟通能力	事件记录、式样确认、Q&A
运用维护	支持、问题发生时的应对速度、问题解决能力

3.4.3　软件质量的相关概念

1. 基本概念

要讨论软件质量问题，有些概念是不能回避的。隐错（bug）、缺陷（defect）、错误（error）、失效（failure）、故障（fault）、可靠性（reliability）等词汇是与质量密切相关的概念，有些概念的含义非常接近，在使用这些词汇时很容易混淆，因此有必要进行讨论。下面就从这几个基本术语的定义着手，介绍这些词汇的含义，同时对这些术语之间的关系和差别等进行讨论。

国家标准 GB/T 11457—89“软件工程术语”是等同采用 IEEE STD 729—1983 [38] 制定的，其权威性是一般刊物或文章上的见解所无法比拟的。随后，国家标准 GB/T 11457—1995“软件工程术语”代替了 GB/T 11457—89。在新的 GB/T 11457—1995 标准中，错误、故障、失效等概念都有相应的定义，下面给出其标准的条目、条目号和内容。

1）隐错（bug）

在 GB/T 11457—89 旧的标准中它的条目为 2.53，它引导读者去参见 2.196 条。2.196 条是故障、缺陷（fault）的定义。

a. 功能部件不能执行所要求的功能的意外。

b. 在软件中表示 2.175（b.）关于错误的解释。如果遇到，它可能引起失效。

在 GB/T 11457—1995 新的标准中它的条目为 2.54，它引导读者去参见 2.198 条。2.198 条是故障、缺陷(fault)的定义：

a. 功能部件不能执行所要求的功能。

b. 在软件中表示 2.176b 关于错误的解释。如果遇到，它可能引起失效。

2）缺陷(defect)

在 GB/T 11457—89 旧的标准中它的条目为 2.131，它引导读者去参见 2.196 条。2.196 条是故障、缺陷(fault)的定义，其内容同上。

在 GB/T 11457—1995 新的标准中它的条目为 2.131，它同样引导读者去参见 2.198 条。2.198 条是故障、缺陷(fault)的定义，其内容同上。

Humphrey 在《个体软件过程》(2001)书中对软件缺陷的阐述是"软件缺陷是指程序中存在的错误，例如语法错误、拼写错误、标点符号错误或者是一个错误的程序语句，是任何影响到程序完整而有效地满足用户要求的东西。缺陷可能出现在程序中和设计中，甚至在需求、规格说明或其他文档中；缺陷可能是冗余的语句、不正确的程序语句或是被忽略的程序部分。事实上，缺陷是任何影响到程序完整而有效地满足用户要求的东西。因此，一个缺陷是客观的事物，是可以标识、描述和统计的。软件缺陷与软件错误又不同。软件错误是指人们的期望和系统实际具有的状态或行为之间的偏差。缺陷是静态的，而错误则包括静态和动态的，但并不是所有的缺陷都能产生错误。软件缺陷基本上来源于程序员的疏忽大意"。

3）错误、出错、误差(error)

在 GB/T 11457—89 旧的标准中它的条目为 2.175，它的定义是：

a. 计算、观察、测量的值或条件和实际的、规定的或理论上的值或条件不符合。

b. 导致产生会有故障软件的人的行动。例如遗漏或误解软件说明书中用户的需求，不正确的翻译或遗漏设计规格说明书中的需求。这不是本词的优先选用的用法。

在 GB/T 11457—1995 新的标准中它的条目为 2.176，它的定义是：

a. 计算、观察、测量的值或条件和实际的、规定的或理论上的值或条件不符合。

b. 导致产生含有缺陷的软件的人的行动。例如遗漏或误解软件说明书中用户的需求，不正确的翻译或遗漏设计规格说明书中的需求。

4）失效(failure)

在 GB/T 11457—89 旧的标准中它的条目为 2.190，它的定义是：

a. 功能部件执行其功能的能力的终结。

b. 系统或系统组成部分丧失了在规定的限度内执行所要求的功能的能力。当遇到故障情况时就可能出现失效。

c. 程序操作背离了程序需求。

在 GB/T 11457—1995 新的标准中它的条目为 2.192，它的定义是：

a. 功能部件执行其功能的能力的丧失。

b. 系统或系统组成部分丧失了在规定的限度内执行所要求的功能的能力。当遇到故障情况时系统就可能失效。

c. 程序操作背离了程序需求。

比较：两个定义只在第一点上有区别。一个是“终结”能力，一个是“丧失”能力，显然，后者用词更准确。

5) 故障、缺陷(fault)

在GB/T 11457—89旧的标准中它的条目为2.196，它的定义在前文的1)中已介绍。

在GB/T 11457—1995新的标准中它的条目为2.198，它的定义在前文的1)中已介绍。

比较：两个定义只在第一点上有区别。显然，后者用语更准确。

6) 可靠性(reliability)

在GB/T 11457—89旧的标准中它的条目为2.378，它的定义是：

在规定的时间间隔内和条件下，一项目实现所要求的功能的能力。

在GB/T 11457—1995新的标准中它的条目为2.392，它的定义是：

在规定的时间间隔内和条件下，一项目配置所要求的功能的能力。

比较：尽管它们只有两个字的差别，但是，“实现”与“配置”的含义完全不同，前者指软件的功能，后者指用户需求的要求。

7) 软件可靠性(software reliability)

在GB/T 11457—89旧的标准中它的条目为2.436，它的定义是：

a. 在规定的条件下，在规定的时间内，软件不引起系统失效的概率，该概率是系统输入和系统使用的函数，也是软件中存在的错误的函数。系统输入将确定是否会遇到已存在的错误(如果错误存在的话)；

b. 在规定的时间周期内所述条件下程序执行所要求的功能的能力。

在GB/T 11457—1995新的标准中它的条目为2.454，它的定义是：

a. 在规定的条件下，在规定的时间内，软件不引起系统失效的概率，该概率是系统输入和系统使用的函数，也是软件中存在的缺陷的函数。系统输入将确定是否会遇到已存在的缺陷(如果缺陷存在的话)；

b. 在规定的时间周期内所述条件下程序执行所要求的功能的能力。

比较：前后仅有“错误”与“缺陷”两个词的不同，这说明，新标准的定义更严格，因为缺陷一词具有法律意义。

8) 比较

从以上定义可以看出，无论是新版本还是旧版本，“故障、缺陷、隐错(通俗翻译为‘臭虫’)是同义词，软件的故障是由人的行动产生的，也就是说，是在开发过程中由于人的某些疏忽造成了软件中的错误或者说导致软件中存在故障、缺陷、臭虫。它们隐蔽在软件中，如果在软件运行中被意外触发将导致软件失效。所以软件错误和软件故障具有相同或十分近似的含义，在GB/T—11457中的其他条目中也没有刻意对这两个词汇加以区别。”

为了真正理解以上几个概念的差别和联系，应该从英语单词的含义上着手。实际上，有几个概念是非常相近的。这一点从两个“软件工程术语”国家标准中可以看出。比如，隐错(bug)、缺陷(defect)和故障(fault)，都是指“毛病”或“缺点”，但是它们还是有区别的。bug

在《新英汉词典》(上海译文出版社,1979)中第一个解释是“臭虫”,第四个解释是机器等上的缺陷、瑕疵;defect 着重某种欠缺而影响到质量;而 fault 多指性格上的“弱点”或行为上的“过失”以及过失的责任(《英语常用词用法词典》,北京大学西语系英语专业编,商务印书馆,1983)。《新实际英语用法大词典》(王文昌,上海外语教育出版社,1997)对 error 和 mistake 作了解释:它们都是普通用语,可通用。但 error 较正式,更多指偏离规范或标准的错误,如逻辑或计算错误,而 mistake 指生活中的任何错误。由此可以看出,这就是“软件工程术语”国家标准中有对 error 解释而没有对 mistake 解释的原因。换句话说,mistake 一词一般不在“软件工程术语”中使用。失效(failure)与以上的几个词差别比较大,《新英汉词典》的解释是失败、缺乏、不足、(机器)失灵、衰退等。

2. 不合格与缺陷

在 2000 年版 ISO 9000 族标准中,不合格的定义为“未满足要求”。“要求”涵盖了明示的需求与期望、通常隐含的需求与期望和必须履行的需求与期望。

新版的 ISO 9000 族标准对不合格的定义做了较大的更改,删去了旧定义中的以“规定”为判罚依据的办法,明确要求以满足顾客需要为宗旨,反映出新版标准对质量提出了更高的需要,包括引导消费的超前需求,才是合格产品的质量要求,否则就是不合格。从这个发展趋势看,产品质量已从“满足标准规定”,发展到“让顾客满意”,到“超越顾客的期望”的新阶段。另外,新定义的通用性更强,它不仅适用于硬件产品,也适用于服务业,同时又适用于过程质量和体系质量的评定。例如服务业如饭店,虽然有饭菜的制作规范,但仍应满足不同顾客的口味爱好、风俗习惯的要求,以此作为合格与否的评定依据,不能按旧标准那样只要符合某种具体的规范,不管是否符合顾客的要求都是合格的。今后,凡是没有满足顾客要求的体系,都属于“未满足要求”的不合格之类。

在 2000 年版 ISO 9000 族标准中,缺陷是“未满足与预期或规定用途有关的要求”,缺陷有法律内涵,与产品责任有关,要慎用。

3. 接近零不合格

1) 零缺陷

20 世纪 60 年代初,在马丁公司(一家为美国军方提供武器的公司)担任过质量部主任的 Philip B. Crosby,为降低导弹的次品率,首先提出零缺陷(zero defect)的概念,在 1979 年写了一本著名的畅销书《质量不花钱》(Quality is free),该书将“第一次就完全做对”这一口号传播到世界各地,Crosby 本人也在世界质量界一举成名。在零缺陷的质量管理理论中,缺陷概念与 ISO 9000 中的缺陷概念是不同的。零缺陷质量管理中的缺陷是传统的缺陷概念,简单地说,就是有毛病、不符合标准与规范。

2) 零不合格过程

产品与服务要完全满足要求。为实现这一目标,要对过程进行严格控制,从而使过程的输出为零不合格。

3）接近零不合格

零不合格过程是一种理想的质量保证状态，从统计的角度看，不存在完全绝对的零不合格过程，只能通过过程的持续改进，向零不合格过程不断逼近。这就是接近零不合格过程概念的由来。即：

不合格⇒零不合格⇒零不合格过程⇒接近零不合格过程

接近零不合格过程的质量控制理论所研究的就是如何对过程进行科学严格的控制，以保证过程不断向零不合格过程逼近。接近零不合格过程的质量控制理论是质量科学的最新分支，是21世纪必须面对、也必将得到解决的课题。"接近零不合格过程"首先由清华大学经济管理学院孙静博士提出。

3.4.4 软件质量度量

1. 历史发展

软件度量的历史几乎与软件工程的历史一样长。软件度量理论始于20世纪60年代末期，20世纪70年代得到逐渐发展，随着20世纪80年代、90年代这一工作的全面开展，其主要框架和一些重要结论基本形成。

软件度量学的概念最初由Rubey和Hurtwick于1968年首次提出。最早的软件度量方法是度量代码行数LOC(Line of Codes)，这是一种应用时间最长、最普遍的度量方法，同时也是受到许多批评的方法，直到今天还在许多企业中应用。

软件质量度量方法和技术经历了几个重要的时期和阶段。1976年，Boehm第一次提出了软件质量度量的层次模型。1978年，Walters和McCall等人提出了从软件质量要素、准则到度量的3个层次式的模型。1985年，ISO建议软件质量模型由三层组成：高层为软件质量需求评价准则，中层为软件质量设计评价准则，低层为软件质量度量评价准则。1990年上海软件中心在ISO/TC97/SC7基础上进一步提出了SSC软件质量评价体系。

1978年，Boehm等人出版了《软件质量特性》一书，提出了定量地评价软件质量的概念，给出了60个质量度量公式，以及用于评价软件质量的方法，并且首次提出了软件质量度量的层次模型。Boehm等人认为，软件产品的质量基本上可从软件的可使用性、可维护性和可移植性三方面考虑。可使用性分为可靠性、效率和人工工程3个方面，反映用户的满意程度；可维护性可以从可测试性、可理解性、可修改性3个侧面进行度量，反映公司本身的满意程度；可移植性被划分为第三层。在20世纪70年代，软件业很重视软件移植，因为当时的硬件系统尚不成熟，主流系统还不明显，而到了20世纪80年代之后，由于主流硬件系统已经基本形成，软件移植已不再如以前那样重要了，取而代之的是软件的重用性，因为它是软件价值的反映，是未来的开发者对该软件的满意程度。

不久McCall等人提出了从软件质量要素(factor)、准则(criteria)到度量(metric)的三层次软件质量度量模型，并且定义了11个软件质量要素，给出了各要素的关系，在要素下面定义了几个评价准则。McCall等人认为，要素是软件质量的反映，而软件属性可用做评价准则，定量化地度量软件属性，从而反映软件质量的优劣。McCall定义的11个质量要素分别为正确性、可靠性、效率、完整性、可使用性、可维护性、可测试性、灵活性、可移植性、重复使用性及连接性。自从 McCall 等在 1978 年完成他们最初的工作后，几乎关于计算的每一个方面都发生了根本的改变，但提供软件质量指标的属性仍然没有改变。

ISO 的三层次模型与 McCall 等人的模型相似，ISO 的高层、中层和低层分别与 McCall 等人模型中的要素、评价准则和度量相对应。根据 ISO 的观点，高层和中层应建立国际标准以便在国际范围内推广应用 SQM 技术，而低层可由各公司、单位视实际情况制定。

ISO/IEC 9126 将软件质量特性减少到 6 个，并将 21 个子特性定义在附录中，为标准的实施留有充分的余地，其质量特性为功能性、可靠性、易使用性、效率、可维护性和可移植性。

IEEE Std 1061—1992 指定了软件质量度量方法学标准。它建立一个框架，类似于 McCall 的三层模型，但是框架中的要素和子要素允许增加、删除和修改。第一层是建立质量需求，定义质量属性，然后质量要素被分配给质量属性。如果需要，还要分配子要素给每一个要素。要素是面向管理者和用户的。第二层是描述面向软件的标定质量的子要素，它们通过将每个要素分解为可测量的软件属性而得到。子要素是独立的软件属性，因此可以对应于多个要素。在第三层中，子要素被分解为能测量系统产品和过程的度量。它的 6 个要素与 ISO/IEC 9126 的 6 个质量特性的定义几乎一字不差，子要素则与 ISO/IEC 9126 中的定义有一些区别。

我国软件行业协会上海分会于 1989 年制定的 SSC 模型将要素减少到 6 个，去除了安全性、灵活性和连接性，增加了可移植性，将正确性改为功能性，可使用性改为易用性，即包括功能性、可靠性、易用性、效率、维护性和可移植性 6 个质量特性作为质量模型的顶层，同时设置了二十几个质量子特性和一百多个质量度量，每个度量又由若干个用于收集的数据项组成(度量元)，该模型可针对八类软件产品的不同开发阶段实施质量度量。

2. ISO/IEC 9126 标准

ISO/IEC 9126(1991)：软件产品评估—质量特性及其使用指南纲要。该标准就是为支援此种需求而发展出来的，在标准中定义了 6 种质量特性，并且描述了软件产品评估过程的模型。ISO/IEC 9126 所定义的软件质量特性可用来指定客户及使用者在功能性与非功能性方面的需要。ISO/IEC 9126 软件质量模型是一种评价软件质量的通用模型，包括 3 个层次。

第一层质量要素：描述和评价软件质量的一组属性，包括功能性、可靠性、易用性、效率性、可维护性和可移植性等质量特性。

第二层衡量标准：衡量标准的组合反映某一软件质量要素，包括精确性、稳健性、安全性、通信有效性、处理有效性、设备有效性、可操作性、培训性、完备性、一致性、可追踪性、可见性、硬件系统无关性、软件系统无关性、可扩充性、公用性、模块性、清晰性、自描述性、简单性、结构性和文件完备性等。

第三层量度标准：可由各使用单位自定义。根据软件的需求分析、概要设计、详细设计、编码、测试、确认、维护与使用等阶段，针对每一个阶段制定问卷表，以此实现软件开发过程的质量度量。

3. 应用举例

例 3-3 下面是作者对《现浇钢筋混凝土矩形清水池结构 CAD》大型软件的评价过程。

1) 软件质量准则

根据国际标准化协会颁布的"软件质量特性"国际标准(ISO/IEC 9126—91)和国家标准(GB/T 12260—96),将软件质量准则归纳为以下 7 个最基本的因素和 3 个选用的质量特性,分别为功能度准则、可靠性准则、可维护性准则、易使用性准则、可移植性准则、时间经济性准则、资源经济性准则、保密性、可再用性和可连接性,如表 3-5 所示。

表 3-5 软件质量评价表

质量设计标准	质量评价标准	工程质量评价标准的定义	评价	
			一 次	两 次
功能度	正确性	程序功能与需求说明书一致	4 3 2 1	4 3 2 1
	完整性	完成说明书中的全部功能要求	4 3 2 1	4 3 2 1
可靠性	可靠性	无故障、正常、连续地运行	4 3 2 1	4 3 2 1
	健壮性	输入出错时,程序正常运行	4 3 2 1	4 3 2 1
可维护性	可测试性	测试的难易性	4 3 2 1	4 3 2 1
	理解性	程序清晰,易读,易懂	4 3 2 1	4 3 2 1
	可修改性	交付使用后,对程序修改的难易	4 3 2 1	4 3 2 1
易使用性	简单性	操作和输入简单	4 3 2 1	4 3 2 1
	一致性	整个程序与用户界面的风格一致	4 3 2 1	4 3 2 1
	灵活性	用户界面形式多样	4 3 2 1	4 3 2 1
	反馈性	程序对用户的响应	4 3 2 1	4 3 2 1
	易学性	功能提出,输入和操作提示,运行提示,出错提示	4 3 2 1	4 3 2 1
可移植性	硬件独立性	输入输出接口为逻辑接口	4 3 2 1	4 3 2 1
	软件独立性	独立于其他软件系统	4 3 2 1	4 3 2 1
	规范性	国家标准	4 3 2 1	4 3 2 1
	可追踪性	确定程序的功能与内部模块及模块内的逻辑对应关系的难易程度,以及确定源程序的某个部分在本模块中和在整个程序中涉及范围的难易程度	4 3 2 1	4 3 2 1
	模块化	模块结构,功能单一	4 3 2 1	4 3 2 1
	结构化	符合软件工程结构化编程规定	4 3 2 1	4 3 2 1
时间经济性		只测试系统运行的速度(秒)	4 3 2 1	4 3 2 1
资源经济性		测试系统的磁盘容量、运行空间	4 3 2 1	4 3 2 1
保密性			4 3 2 1	4 3 2 1
可再用性		软件重用	4 3 2 1	4 3 2 1
可连接性		与其他软件接口的难易性	4 3 2 1	4 3 2 1

2）评价等级

如果采用比较简单的平均值评价，将软件的质量好坏分4个级别：4—优，3—良，2—中，1—差。

质量得分之和平均值：

$$M=(4\times A_4+3\times A_3+2\times A_2+A_1)/E$$

其中M为该准则项质量得分的平均值，A_i是得分为i的评价项目个数($1\leqslant i\leqslant 4$)，评价项目数总和$E=A_4+A_3+A_2+A_1$。具体用法和含义在下文介绍。

3）评价打分

软件质量分析如下：

(1) 功能度准则：正确性4分，完整性4分。

(2) 可靠性准则：可靠性3分，健壮性4分。

(3) 可维护性准则：可测试性4分，可理解性4分。

(4) 易使用性准则：简单性4分，一致性3分，灵活性4分，反馈性4分，易学性3分。

(5) 可移植性准则：硬件独立性4分，软件独立性2分，规范性4分，可追踪性4分，模块化4分，结构化4分。

(6) 时间经济性准则4分。

(7) 资源经济性准则4分。

(8) 保密性3分。

(9) 可再用性2分。

(10) 可连接性3分。

4）计算结果

软件评价前3条最重要，中间的4条比较重要，最后3条可选。

前3条的综合评价：$M_1=(4\times 9+3\times 2)/11=41/11=3.7272$

前7条的综合评价：$M_2=(4\times 24+3\times 2+2)/27=103/27=3.8148$

前10条的综合评价：$M_3=(4\times 24+3\times 4+2)/30=111/30=3.7$

3.4.5 软件过程

20世纪50年代，关于软件质量，人们考虑更多的是机器码的对错和汇编语言正确与否；20世纪60年代，软件危机出现，软件失败率高，错误率高，程序员最关心的是如何减少失败，减少错误，降低成本；20世纪70年代，软件工程中的生命周期方法被广泛应用，人们更注意时间、费用和质量协调问题；20世纪80年代，软件的复杂性增加，CMM方法出现，人们的注意力转向软件过程控制；20世纪90年代后，工业化的软件过程技术和质量保障技术已经成为发展软件产业的重要支柱。软件过程随着软件组织的特点不同和商业目标不同，特别是在网络环境下，经常处于动态的调整和定义与重定义状态。所以过程技术必须支持过程的动态定义和过程流的动态重组。软件过程流本质上由工作流组成。过程改善的关键是可以明确标识当前状态，并明确改进的方向。

国际上软件过程方面代表性技术有CMU-SEI提出的CMM、PSP、TSP、CMMI、ISO 9000、ISO 12207、ISO 15504、BOOTSTRAP、SPICE、TickIT等。21世纪初，软件过程技术得到了进一步的重视和发展。软件度量学的最终目的是服务于软件质量控制与评价。首先,它必须确定度量评价标准,为软件质量保证和管理奠定定量的基础。

1. CMM(软件生产能力成熟度模型)

CMM是SW-CMM(软件生产能力成熟度模型)的简称,1987年由SEI提出。它是目前国际上最流行也是最实用的软件生产过程标准,它为软件企业的过程能力提供了一个阶梯式的进化框架,共有五级,即初始级、可重级、定义级、管理级和优化级。关键过程域(KPA)包含五类目标,即实施保证、实施能力、执行活动、度量分析和实施验证。

2. PSP(个人软件过程)

个人软件过程是由美国Carnegie Mellon大学软件工程研究所(CMU/SEI)的Watts S. Humphrey领导开发的,于1995年它的推出,可以说是由定向软件工程走向定量软件工程的一个标志。关于PSP,前文已详述,这里不再重复。

3. TSP(团队软件过程)

TSP对团队软件过程的定义、度量和改革提出了一整套原则、策略和方法,把CMM要求实施的管理与PSP要求开发人员具有的技巧结合起来,以按时交付高质量的软件,并把成本控制在预算的范围之内。在TSP中讲述了如何创建高效且具有自我管理能力的工程小组、工程人员如何才能成为合格的项目组成员、管理人员如何对群组提供指导和支持、如何保持良好的工程环境使项目组能充分发挥自己的水平等软件工程管理问题。

4. CMMI(能力成熟度集成模型)

CMMI是能力成熟度集成模型,它是CMM模型的最新版本。早期的能力成熟度模型是一种单一的模型,较多地用于软件工程。随着应用的推广与模型本身的发展,该方法演绎成为一种被广泛应用的综合性模型,因此改名为CMMI模型。早期的CMM是美国国防部出资,委托美国Carnegie Mellon大学软件工程研究院开发出来的工程实施与管理方法。CMMI在世界各地得到了广泛的推广与接受。

5. 软件企业ISO 9000质量管理体系标准

ISO 9001是ISO 9000标准族中的一个很重要的质量保证标准,也是软件机构推行质量认证工作的一个基础标准。该标准于1994年由国际标准化组织公布,我国已及时地将其转化为国家推荐标准,并给予编号:GB/T 19001—1994。

这一标准明确规定了质量体系的要求,如果产品开发、生产者或称供方达到了这些要求,表明其具备了质量保证能力。制订这一标准的主要目的在于,通过防止从产品设计到售后服务的所有阶段中出现不合格,使得用户满意。

ISO 9001标准在20个方面规定了质量体系要素。这20个方面分别是管理职责,质量体系,合同评审,设计控制,文件和资料的控制,采购,顾客提供产品的控制,产品标识和可追溯性,过程控制,检验和试验,检验、测量和试验设备的控制,检验和试验状态,不合格品的控制,纠正和预防措施,搬动、储存、包装、防护和交付,质量记录控制,内部质量审核,培训,服务,统计技术。

6. ISO/IEC 12207

ISO生存周期分为5个阶段，即需求、设计、实现、测试和维护。1991年9月IEEE标准化委员会制定的《软件生存周期过程开展标准》就这一点做了说明。接着ISO/IEC于1994年制定出《软件生存周期过程》标准草案，我国根据该草案制定了GB/T8566—1995《信息技术、软件生存周期过程》国家标准。ISO/IEC组织于1995年8月1日又发布了ISO/IEC 12207第一版"信息技术—软件生存周期过程"国际标准。该标准正文对MIS生存周期过程进行了全面的描述。

标准中的过程被分成三大类，即主要过程、支持过程和组织过程。主要过程是生命周期中的原动力，它们是获取、供应、开发、运行和维护。支持过程包括文档、配置管理、质量保证、验证、确认、联合评审、审计和问题解决。在其他过程中可以使用支持过程。组织过程有管理、基础设施、改进和培训。一个组织可以使用组织过程来建立、控制和改进生命周期过程。

7. ISO/IEC TR 15504

1991年6月，国际标准化组织ISO/IEC JTC1的SC7分技术委员会通过一项研究计划，旨在调查制定软件过程评估的国际标准的需求。1993年7月该国际评估标准的制定工作正式开始，国际标准项目代号为ISO/IEC 15504并由SC7的一个工作组具体负责。随后在1995年6月经过投票表决后，该标准的工作草案发布。世界各地的用户相继进行试用并提供了试用反馈报告。在1996年9月又颁布了工作草案最终版。

ISO/IEC TR 15504过程评估标准，鼓励软件组织使用一致的、可靠的、可证明的方法评估他们的过程状态，并用评估结果来持续地改进软件过程，以提高产品质量。

ISO/IEC TR l5504为软件过程评估提供了一个框架，并为实施评估以确保各种级别的一致性和可重复性提出了一个最小需求。该需求有助于保持评估结果前后一致，并提供证据证明其级别、验证与需求相符。

ISO/IEC TR 15504标准是一个二维的结构：一个是过程维，包括客户—供应者过程、工程过程、支持过程、管理过程和组织过程；另一个是能力维，从低到高有6个级别，第0级是不完全级，第1级是可实施级，第2级是有管理级，第3级是可创建级，第4级是可预测级，第5级是优化级。

8. BOOTSTRAP

软件过程评估和改进方法BOOTSTRAP是由欧共体的Esprit项目下的多国工业和研究联合团体的Bootstrap Institute开发的，是建立在CMU/SEI的工作以及ISO 9000和欧洲空间署的软件工程标准的基础上发展的。1992年底发表第一版的评估指导(问卷、支持材料、获取数据和评分工具)。欧洲质量管理基金会的整体质量模型(Total Quality Model)的一些思想也纳入到1995年公布的BOOTSTRAP V2.3。目前已经积累了大量的经验。

BOOTSTRAP评估的主要目标是生成一个改进行动计划。BOOTSTRAP问卷中把软件生产单位/项目的过程质量属性分成三大组：组织、方法和技术。BOOTSTRAP对每个级别和每个质量属性评分(0-无，1-及格，2-中，3-良，4-优)，试图真实地标志一个组织或一个项目的行为。

9. SPICE

SPICE 的全名是软件过程改进和能力确定(Software Process Improvement Capability dEtermination),它和软件过程评估 SPA 一同起着类似于 CMM 的作用。由于存在众多的软件过程改进方法和标准,1991 年英国建议 ISO/IEC 为软件过程管理建立了一套国际标准,建立软件过程评估标准,以调和现存各种标准。1992 年 ISO/IEC 批准成立工作组 WG10 开发软件过程评估的国际标准,并创建 SPICE 项目。SPICE 的目标是建立一种过程能力的度量方法。选用的方法是为度量特定过程的实现和使之制度化,作为一种过程度量,而不是组织度量。1994 年第一次完成实践指南基线(Baseli Practices Guide,BPG),1995 年批准多部分标准 ISO/IEC 15504 第一版。

10. TickIT

TickIT 方案是在 1991 年为实现以客观、独立的控制证据保证软件质量的目的而展开的,该方案专为涉及软件开发的组织提供普遍认可的 ISO 9000 认证。它的目标是专门针对软件开发提供 ISO 9000 质量保证。

3.4.6 软件质量保证

1. 软件质量保证概述

软件质量保证(SQA)是指建立一套有计划、有系统的方法来向管理层保证拟定出的标准、步骤、实践和方法能够正确地被所有项目所采用。软件质量保证的目的是使软件过程对于管理人员来说是可见的。它通过对软件产品和活动进行评审和审计来验证软件是合乎标准的。软件质量保证组在项目开始时就一起参与建立计划、标准和过程。这些将使软件项目满足机构方针的要求。

软件质量保证的目标:使工作有计划进行;客观地验证软件项目产品和工作是否遵循恰当的标准、步骤和需求;将软件质量保证工作及结果通知给相关组织和个人;高级管理层接触到在项目内部不能解决的不符合类问题。

2. SQA 的工作内容和工作方法

1) 计划

针对具体项目制定 SQA 计划,确保项目组正确执行过程。制定 SQA 计划应当注意如下几点:

(1) 有重点:依据企业目标以及项目情况确定审计的重点。

(2) 明确审计内容:明确审计哪些活动、哪些产品。

(3) 明确审计方式:确定怎样进行审计。

(4) 明确审计结果报告的规则:审计的结果报告给谁。

2) 审计/证实

依据 SQA 计划进行 SQA 审计工作,按照规则发布审计结果报告。

注意审计一定要有项目组人员陪同，不能搞突然袭击；双方要开诚布公，坦诚相对；审计的内容是否按照过程要求执行了相应活动，是否按照过程要求产生了相应产品。

3）问题跟踪

对审计中发现的问题，要求项目组改进，并跟进直到解决。

3. SQA 的素质

（1）过程为中心：应当站在过程的角度来考虑问题，只要保证了过程，SQA 就尽到了责任。

（2）服务精神：为项目组服务，帮助项目组确保正确执行过程。

（3）了解过程：深刻了解企业的工程，并具有一定的过程管理理论知识。

（4）了解开发：对开发工作的基本情况了解，能够理解项目的活动。

（5）沟通技巧：善于沟通，能够营造良好的气氛，避免审计活动成为一种找茬活动。

4. SQA 活动

SQA 是一种应用于整个软件过程的活动，它包含：一种质量管理方法；有效的软件工程技术（方法和工具）；在整个软件过程中采用的正式技术评审；一种多层次的测试策略；对软件文档及其修改的控制；保证软件遵从软件开发标准；度量和报告机制。

SQA 与两种不同的参与者相关，这两种参与者是做技术工作的软件工程师和负责质量保证的计划、监督、记录、分析及报告工作的 SQA 小组。

软件工程师通过采用可靠的技术方法和措施，进行正式的技术评审，执行计划周密的软件测试来考虑质量问题，并完成软件质量保证和质量控制活动。

SQA 小组的职责是辅助软件工程小组得到高质量的最终产品。SQA 小组完成的工作如下：

（1）为项目准备 SQA 计划。该计划在制定项目规定、项目计划时确定，由所有感兴趣的相关部门评审，包括：需要进行的审计和评审；项目可采用的标准；错误报告和跟踪的规程；由 SQA 小组产生的文档；向软件项目组提供的反馈数量；等等。

（2）参与开发项目的软件过程描述。评审过程描述以保证该过程与组织政策、内部软件标准、外界标准以及项目计划的其他部分相符。

（3）评审各项软件工程活动，对其是否符合定义好的软件过程进行核实。记录、跟踪与过程的偏差。

（4）审计指定的软件工作产品，对其是否符合事先定义好的需求进行核实。对产品进行评审，识别、记录和跟踪出现的偏差；对是否已经改正进行核实；定期将工作结果向项目管理者报告。

（5）确保软件工作及产品中的偏差已记录在案，并根据预定的规程进行处理。

（6）记录所有不符合的部分并报告给高级领导者。

5. 正式技术评审（FTR）

正式技术评审（FTR）是一种由软件工程师和其他人进行的软件质量保障活动。

1）目标

（1）发现功能、逻辑或实现的错误。

（2）证实经过评审的软件的确满足需求。

（3）保证软件的表示符合预定义的标准。

（4）得到一种一致的方式开发的软件。

（5）使项目更易管理。

2）评审会议

3～5 人参加，不超过 2 小时，由评审主席、评审者和生产者参加，必须做出下列决定中的一个：工作产品可不可以不经修改而被接受；由于严重错误而否决工作产品；暂时接受工作产品。

3）评审总结报告、回答

评审什么？由谁评审？结论是什么？

评审总结报告是项目历史记录的一部分，标识产品中存在问题的区域，作为行政条目检查表以指导生产者进行改正。

4）评审指导原则

（1）评审产品，而不是评审生产者。注意客气地指出错误，气氛轻松。

（2）不要离题，限制争论。有异议的问题不要争论但要记录在案。

（3）对各个问题都发表见解。问题解决应该放到评审会议之后进行。

（4）为每个要评审的工作产品建立一个检查表。应为分析、设计、编码、测试文档都建立检查表。

（5）分配资源和时间。应该将评审作为软件工程任务加以调度。

（6）评审以前所做的评审。

6. 检验项目内容

1）需求分析

需求分析→功能设计→实施计划。

检查：开发目的；目标值；开发量；所需资源；各阶段的产品作业内容及开发体制的合理性。

2）设计

结构设计→数据设计→过程设计。

检查：产品的计划量与实际量；评审量；差错数；评审方法；出错导因及处理情况；阶段结束的判断标准。

3）实现

程序编制→单元测试→集成测试→确认测试。检查内容除上述外，加测试环境及测试用例设计方法。

4）验收

说明书检查；程序检查。

习题 3

1. 名词解释

(1) PSP。

(2) 甘特图。

(3) 成本管理。

(4) TSP。

(5) SQA。

(6) FPA。

2. 判断题

(1) 代码复查就是从头到尾阅读源代码，并从中发现错误。 (　　)

(2) 项目组织机构是项目型组织，是指那些一切工作都围绕项目进行、通过项目创造价值并达成自身战略目标的组织。 (　　)

(3) 进度计划是表示各项工程的实施方式、成本核算以及调度安排的计划。 (　　)

(4) 甘特图是由两条 S 型曲线组合成的闭合曲线，其计划实施过程中进行时间与累计完成任务量的关系都可以用一条 S 型曲线表示。 (　　)

(5) 成本估算是项目成本管理的核心，通过成本估算，分析并确定项目的估算成本，并以此为基础进行项目成本预算，开展项目成本控制等管理活动。 (　　)

(6) ISO 生命周期分为 4 个阶段，即需求、设计、实现和测试。 (　　)

3. 填空题

(1) 进度控制的 4 个步骤包括________、________、________、________。

(2) 软件项目工作量估算的方法包括________、________、________、________。(填 4 个即可)

4. 选择题(多选)

(1) 软件过程质量的基本度量元有哪些？(　　)

A. 设计工作量应大于编码工作量

B. 设计评审工作量在设计工作量当中要少于四分之一

C. 代码评审工作量应占一半以上的代码编制的工作量

D. 每万行源程序在编译阶段发现的差错不应超过 10 个

(2) 项目组织机构的类型包括以下几种？(　　)

A. 集成团队组织　　B. 垂直团队组织

C. 水平团队组织　　D. 混合团队组织

(3) 成本管理的基本原则有哪些？(　　)

A. 合理化原则　　B. 全面管理的原则

C. 责任制原则　　　　　　　　D. 管理有效原则

(4) 工程项目进度计划的实施中,控制循环过程包括几项?(　　)

A. 事前进度控制　　　　　　　B. 项目进度控制

C. 过程进度控制　　　　　　　D. 事后进度控制

5. 简答题

(1) 进度控制的目标和范围是什么?

(2) 简单介绍 COCOMO 模型。

6. 论述题

(1) 进度控制的图形方法有哪几种? 请简单介绍一下。

(2) 请介绍一下软件开发项目中常用的几种成本估算方法。

第4章 需求分析

本章重点介绍需求获取与分析、结构化分析建模和面向对象建模方法，要求学生了解物联网软件开发需求分析的内容和特点，掌握结构化分析建模与面向对象建模的方法。

4.1 需求获取与分析

本节重点介绍需求分析概述、需求分析的原则、业务需求、用户需求、功能需求和需求说明书编写。

4.1.1 需求分析概述

1. 需求分析定义

所谓需求分析是指对要解决的问题进行详细的分析，弄清楚问题的要求，包括需要输入什么数据，要得到什么结果，最后应输出什么。在软件工程当中的需求分析就是确定要计算机“做什么”。需求分析是软件定义阶段中的最后一步，是确定系统必须完成哪些工作，也就是对目标系统提出完整、准确、清晰、具体的要求。软件规格说明也要为评价软件质量提供依据。

在软件工程中，需求分析是指在建立一个新的或改变一个现存的计算机系统时描写新系统的目的、范围、定义和功能时所要做的所有工作。需求分析是软件工程中的一个关键过程，在这个过程中，系统分析员和软件工程师确定顾客的需要。只有在确定了这些需要后他们才能够分析和寻求新系统的解决方法。需求分析阶段的任务是确定软件系统功能。如果需求分析未能正确地认识到顾客的需要的话，那么最后的软件就不可能达到顾客的需要，或者由此开发出的软件对用户是没有用的。

软件需求分析所要做的工作是深入描述软件的功能和性能，确定软件设计的限制和软件同其他系统元素的接口细节，定义软件的其他有效性需求。进行需求分析时，应站在用户的角度上，尽量避免分析员的主观想象，并尽量将分析进度提交给用户，在不进行直接指导的前提下，让用户进行检查与评价，从而达到需求分析的准确性。分析员通过需求分析，逐步细化对软件的要求，描述软件要处理的数据域，并给软件开发提供一种可转化为数据设计、结构设计和过程设计的数据和功能表示。

2. 需求分析的任务

需求分析的任务是深入描述软件的功能和性能，确定软件设计的约束和软件同其他系统元素的接口细节，定义软件的其他有效性需求，借助于当前系统的逻辑模型导出目标系统逻辑模型，解决目标系统"做什么"的问题。需求分析可分为需求提出、需求描述及需求评审3个阶段。

1）需求提出

在需求提出阶段主要集中于描述系统目的。需求提出和分析仅仅集中在使用者对系统的观点上。分析人员、开发人员和用户确定一个问题领域，并定义一个描述该问题的系统。这样的定义称为系统规格说明，并且它在用户和开发人员之间充当合同。

2）需求描述

在需求描述阶段对用户的需求进行鉴别、综合和建模，清除用户需求的模糊性、歧义性和不一致性，分析系统的数据要求，为原始问题及目标软件建立逻辑模型。分析人员要将对原始问题的理解与软件开发经验结合起来，以便发现哪些要求是由于用户的片面性或短期行为所导致的不合理要求，哪些是用户尚未提出但具有真正价值的潜在需求。

3）需求评审

在需求评审阶段，分析人员要在用户和软件设计人员的配合下对自己生成的需求规格说明和初步的用户手册进行复核，以确保软件需求的完整、准确、清晰、具体，并使用户和软件设计人员对需求规格说明和初步的用户手册的理解达成一致。一旦发现遗漏或模糊点，必须尽快更正，再行检查。

3. 需求的层次

软件需求包括3个不同的层次，即业务需求、用户需求和功能需求。除此之外，需求说明书中还包括了其他内容，如图4-1所示。

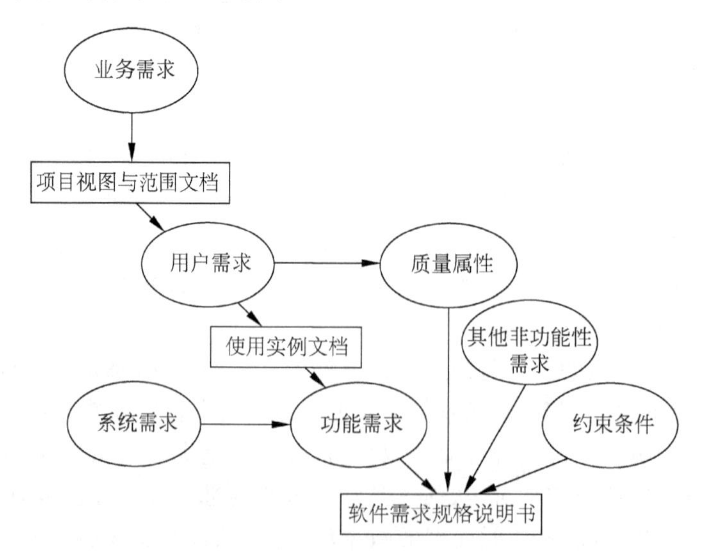

图4-1 需求层次示意图

(1) 业务需求反映了组织机构或客户对系统、产品高层次的目标要求，它们在项目视图与范围文档中予以说明。

(2) 用户需求描述了用户使用产品必须要完成的任务，这在使用实例(use case)文档或方案脚本说明中予以说明。

(3) 功能需求定义了开发人员必须实现的软件功能，使得用户能完成他们的任务，从而满足了业务需求。

(4) 系统需求用于描述包含有多个子系统的产品(即系统)的顶级需求。系统可以只包含软件系统，也可以既包含软件又包含硬件子系统。人也可以是系统的一部分，因此某些系统功能可能要由人来承担。

(5) 质量属性对产品的功能描述做了补充，它从不同方面描述了产品的各种特性。这些特性包括可用性、可移植性、完整性、效率和健壮性。

(6) 非功能性需求是指软件产品为满足用户业务需求而必须具有除了功能需求以外的特性。软件产品的非功能性需求包括系统的性能、可靠性、可维护性、可扩充性和对技术和对业务的适应性等。

(7) 约束条件限制了开发人员设计和构建系统时的选择范围。约束，在产品的架构设计中是需要被首先考虑的问题。

4. 需求分析的过程

需求分析的全过程主要包括目标确认、需求调查、需求分析、效果分析等几个循环往复的过程，如图4-2所示。

1) 目标确认

必须清楚地定义建设一个系统或做一个业务的目标，如它包含的主要功能，它不包含的功能系统之间或业务之间的界面。在进行目标确认时，必须用清晰的语言描述目标。

2) 需求调查

首先在不考虑目标的情况下做需求调查，尽可能详尽地掌握整个系统或业务的需求；然后对每个需求进行一致性的分析，确定其是否与已经确认的目标一致，或是修正目标，或是修正需求；最后确认该需求的合理性，并用清晰的语言描述该需求。

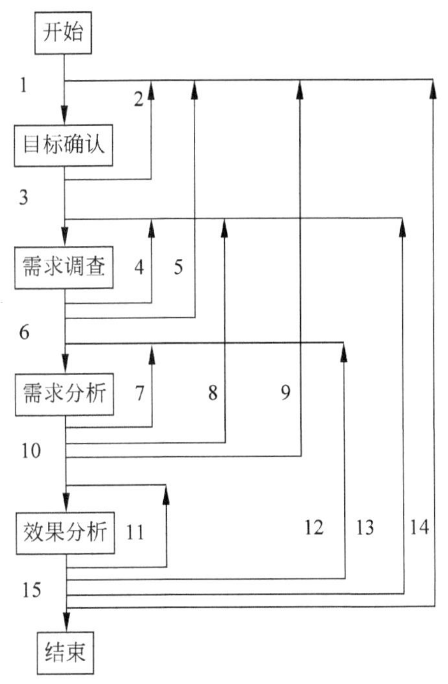

图4-2　需求分析的过程示意图

3) 需求分析

首先分析需求的内涵和相关的名词术语，必要时进行名词术语的重新定义；然后进行数据及流程、业务及流程等的定义与分析，以细化相应的需求；再次进行相关性分析，包括业务之间的相关性、数据之间的相关性、业务上和技术上的可行性等，并提出解决问题的方法，如果问题严重，还要考虑是否需要修改需求或修改目标；最后也是要用清晰的语言描述该需求及其相关关系。

4）效果分析

综合评估经过需求分析后的需求的效果，是否满足预定目标，是否需要重新定义需求或目标等。

5. 需求调查方法

需求调查有下面几个方法，系统分析员可以有选择地使用，也可以结合起来使用。

(1) 跟班作业：通过亲身参加业务工作来了解业务活动的情况。这种方法可以比较准确地理解用户的需求，但比较耗费时间。

(2) 开调查会：通过与用户座谈来了解业务活动情况及用户需求。座谈时，参加者可以是不同部门的人。

(3) 专人介绍：可以与关键人物、业务骨干、相关部门领导等人员约谈，请他们介绍单位业务和功能需求。

(4) 个别询问：当进行需求整理时可能会遇到一些疑问，这时可以就这些疑问找专人进行询问。

(5) 填报调查：可以设计调查表，请用户填写。好的调查表可以了解很多客户需求，这种方法很有效，也很易被用户接受。

(6) 查阅记录：即查阅与原系统有关的数据记录，包括原始单据、账簿、报表等。

(7) 收集资料：分析人员可以尽可能地向客户索取与项目有关的资料，以便需求分析时备用。

4.1.2 需求分析的原则

1. 需求分析原则

1）表达问题的信息域

信息域反映的是用户业务系统中数据的流向和对数据进行加工的处理过程，因此信息域是解决“做什么”的关键因素。根据信息域描述的信息流、信息内容和信息结构可以较全面地了解系统的功能。

2）建立描述系统信息、功能和行为的模型

建立模型的过程是由粗到精的综合分析的过程。通过对模型的不断深化认识来达到对实际问题的深刻认识。

3）分解所建模型

分解是为了降低问题的复杂性，增加问题的可解性和可描述性。分解可以在同一个层次上进行(横向分解)，也可以在多层次上进行(纵向分解)。

4）分清系统的逻辑视图和物理视图

软件需求的逻辑视图描述的是系统要达到的功能和要处理的信息之间的关系，这与实现细节无关，而物理视图描述的是处理功能和信息结构的实际表现形式，这与实现细节是有关的。需求分析只研究软件系统“做什么”，而不考虑“怎样做”。

2. 做好需求分析的建议

软件工程专家网有一篇文章，就如何做好需求分析提出了 20 条具体建议。

(1) 要使用符合客户语言习惯的表达。

(2) 了解客户的业务及目标。

(3) 编写软件需求报告。

(4) 用图表解释说明需求。

(5) 要尊重客户的意见。

(6) 对需求及产品实施提出建议和解决方案。

(7) 描述产品使用特性。

(8) 允许软件需求重用。

(9) 对变更代价的评估。

(10) 获得满足客户功能和质量要求的系统。

(11) 分析人员应该了解客户。

(12) 要求客户抽出时间说明并完善需求。

(13) 准确而详细地说明需求。

(14) 及时做出决定。

(15) 尊重开发人员的需求可行性及成本评估。

(16) 划分需求的优先级。

(17) 评审需求文档和原型。

(18) 需求变更要立即通报。

(19) 遵照开发小组处理需求变更的过程。

(20) 尊重开发人员采用的需求分析过程。

4.1.3 业务需求

业务需求表示组织或客户高层次的目标。业务需求通常来自项目投资人、购买产品的客户、实际用户的管理者、市场营销部门或产品策划部门。业务需求描述了组织为什么要开发一个系统，即组织希望达到的目标。使用前景和范围文档来记录业务需求，这份文档有时也被称为项目轮廓图或市场需求文档。业务规则包括企业方针、政府条例、工业标准、会计准则和计算方法等。业务规划本身并非软件需求，因为它们不属于任何特定软件系统的范围。然而，业务规则常常会限制谁能够执行某些特定用例，或者规定系统为符合相关规则必须实现某些特定功能。有时，功能中特定的质量属性（通过功能实现）也源于业务规则。所以，对某些功能需求进行追溯时，会发现其来源正是一条特定的业务规则。业务需求是要完成组织的使命、达成组织愿景的各个业务流程和业务单元具有的需求。业务需求服从于组织需求。

1. 业务定义

在现实中时常可以发现，一方面，随着业务支撑系统性能的不断提高，系统的使用人员对系统的抱怨反而越来越大，使用不方便、使用效率低、系统缺陷严重等；另一方面，系统的造价也呈指数增长，从最初的几十万元、几百万元到现在的上千万元。开发方说需求方的业务太复杂、变动太频繁、业务与流程不规范；用户方说开发方的开发能力差，开发代价高，系统缺陷和错误多等。在对现行系统及应用情况的分析得出的结论是：需求方与开发商之间对业务的理解和定义的混乱是造成这种状况的根本原因。由于在业务管理的过程中同时也在业务系统的建设过程中，都没有对业务进行定义或定义不够清晰准确，业务本身在执行过程中就出现概念不清和流程不畅等情况，那么作为以机器支撑的业务系统当然就天生具有很大的缺陷。因此必须给出一个清晰的、合理的业务定义。

所谓需求分析就是以市场运作中的业务定义为基础，重新定义一个业务在业务系统中的概念、业务流程、数据流程、业务间关系、数据间关系等，以便于计算机高效地实现这个业务。需求分析既可以用于一个业务的具体分析，也可以用于一类业务的分析和整个业务支撑系统的分析。用图4-3示意需求分析方法的应用层次。

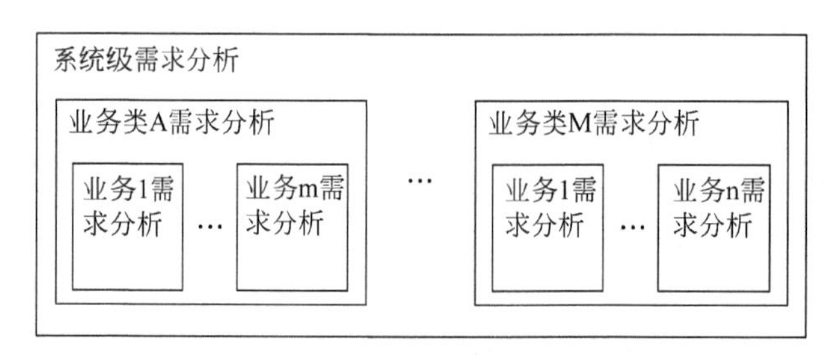

图4-3 需求分析方法的应用层次示意图

2. 业务需求案例

例4-1 下面的实例是某电视台公布在Internet上的业务需求，具体内容如下。

1）业务概述

本系统建设目标是构建××电视台门户网站的整体框架，为今后发展提供系统管理、升级、扩充平台，重点突出音频直播、点播设备和手机WAP网站、博客、播客等互动平台的建设。本期系统建设首要完成并实现：

(1) 进行网站整体策划、设计、包装和推广宣传。

(2) 构建集团门户网站的基本框架，建立网站基础软、硬件系统，并为今后发展提供系统升级平台。

(3) 服务器、存储器等软、硬件配置和租用的网络出口带宽能够满足：Web服务器，设计同时访问人数10 000人；流媒体服务器，设计并发数2000；社区服务器，在线人数1000人；流媒体存储库20TB，设计按500Kbps存储2万小时；出口带宽200MHz。

(4) 可以在WAP网站上发布视频内容，吸引日益壮大的贴身受众人群。

(5) 以集团现有电视频道为主题，提供郑州本地及各频道栏目特色的图、文、视频、音频等方面的信息资讯，且内容每日实时更新。

(6) 提供全面的视听服务。实现6个电视频道的在线直播；实现各频道自办栏目的点播；实现所有频道各条节目的点播；实现晚会、活动、会议的直播。

(7) 建立网上调查、论坛、博客、播客等互动平台。

(8) 建设IPTV系统，通过IP网络传输视频内容到电视界面播放。

2）业务分类

该网站内容承载形式以视频为主辅以图文的富媒体表现形式，业务形态上围绕视频内容及播出形式进行不断的创新和开拓，下面简单对目前及未来可能开展的几项业务进行描述，以期更清晰地阐述对统一媒资管理的业务需求。业务总体分类：多媒体新闻网站，互动发布，网络电视，IPTV，手机电视。

3）业务整合需求

信息形态的多样化与关联性是新媒体的重要特征，××电视台网站要发布的各类视音频、文字、图片内容应该是相互关联的，因此在内容的制作流程上应该是一体化的系统平台。业务整合需求包括内容采集、内容制作和内容发布。

需要对产品/业务的内容管理进行统一，以实现整个媒资管理的统一性，以实现快速地满足业务需求的系统部署。内容生产加工管理以图文编辑为主和视频编辑为主的两种不同方式；对于网络电视应以视频为主导，编辑需要首先完成对视频内容的编辑和EPG的维护，然后调用显示模版便可完成内容的发布；对于图文内容，以编辑稿件为主，在编辑过程中选择稿件所需的图片等多媒体素材。为了完成媒资管理的统一性，首先应实现对素材管理的统一性。统一管理素材，有不同业务的子模块对素材进行调用（重新编码、加密等）。系统结构示意图如图4-4所示。

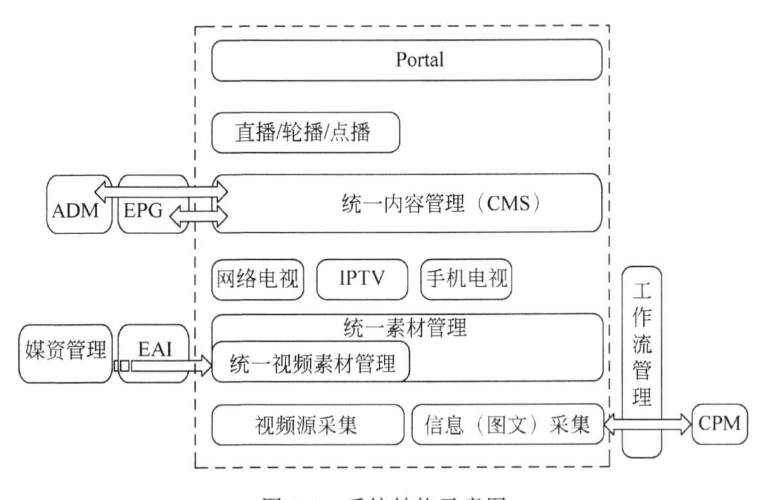

图4-4　系统结构示意图

4）业务互通性及开放性需求

业务的互通、开放性主要包括以下方面：

(1) 所见即所得：在线的可视化编辑界面，以提供对文字、图片、视频的所见即所得编辑能力；可视化的模板定义过程，编辑可灵活地进行模版组件设计。

(2) 智能化：分布式多站点管理，智能化建站（通过模版和向导可快速完成新站点建设需要）；多级栏目建设，对于不同站点、不同栏目可有多类型模版支持；强有力的安全管理保障，内外数据安全，对内可做到不同人员不同操作权限和数据权限的管理，对外有优秀的安全保障策略。

(3) 协同性：工作流引擎和协作管理，以满足不同时期业务流程需要，并有良好的协同工作沟通工具支撑，如邮件、短信等。

(4) 兼容性：国际化支持，对相同内容提供多语言编辑和发布环境；多浏览器支持，页面规格应符合 W3C 标准，支持 IE、Firefox、Netscape、Opera 等；良好的平台可移植性。

(5) 接口标准化：支持国内外标准协议，采用标准的通信协议、音视频编解码方式以及管理控制方式等，并能与现行主流业界标准对接；组件化，面向对象的组件化标准化 API 开放接口，可很好地支持二次开发；企业应用集成(EAI)，良好的第三方产品集成支撑。

(6) 平台标准化：遵循相关的国内外技术标准和规范，并遵守 CCSA 制定的网络视音频相关规范；支持不同厂家设备的互操作性，支持不同厂家的业务可互通、互控；平台提供开放的技术规范和接口，便于不同设备厂家生产设备；提供开放的内容制作规范，便于内容提供商制作符合网络视音频平台要求的内容；提供开放的数字版权管理技术规范和接口，便于设备厂家和内容提供商集成数字版权管理。

4.1.4 用户需求

用户需求描述的是用户的目标，或用户要求系统必须能完成的任务。响应表都是表达用户需求的有效途径。也就是说用户需求描述了用户能使用系统来做些什么。用户级的需求是指在业务级的需求下各个岗位协作完成业务而具有的需求。在软件需求规格说明书中表述的需求其实主要是这一部分需求。用户需要在应用系统中实现什么东西，为实现这个目标需要用户提供的全部的详细的业务说明、业务流程和表格样式等。

1. 需求调查

需求来自于用户，不论是用什么方法，首先应该找到需要访问的对象，然后对对象进行分类，再逐步对对象进行访问。具体访问过程中可以针对不同的访问对象采用不同的方法，根据访问的内容进行确定。对开发项目有两种情况，一种是可能对这个系统有一定的背景，有一定的开发经验，有不少相关的成功案例，但面对的用户实际上却是一个全新的用户，该用户的要求可能是全新的，虽然从管理上讲，该系统的管理实质是一致的，但却存在许多细微的区别，因此不能照搬以前的需求与设计，这就要重新访问用户；第二种情况是根本对所需开发的系统的行业知识一点也不了解，需要从头认识与理解。无论是哪种情况，都要按照以下步骤来慢慢地完成用户需求分析工作。

(1) 找出真正的用户。通过与用户开发任务的提出者进行初步确认，由用户任务提出者指出所要开发的系统的最直接用户，或者说是系统的职能管理者，该用户也是未来的系统推进者。只有得到该用户的认可，才能得到他们的积极支持。

(2) 把握系统的整体流程。通过对系统用户的访问，了解系统的总体，整个系统经过了多少步骤，每个步骤都由谁来完成，应做哪些操作，形成哪些报表，通过整理，形成初步的系统模型。

(3) 掌握一手资料。在通过与管理者的交流建立初步印象以后，再与各个用户进行交流，记录与整理用户所说的内容或意思，以及他们对系统的期望。要尽可能地访问到每一个用户。

(4) 正确理解需求列表。通过需求分析，形成需求文档，给出需求列表，即系统应该实现的功能列表。

2. 需求的层次

一般而言，用户的需求分成 3 个层次：核心需求、附属需求和潜在需求。比如，在古代马车时代，用户的需要只会是要一辆跑得更快的马车，而不会是要一辆汽车，这时快跑的马车是核心需求，至于某个人喜欢什么颜色则是附属需求，而汽车则是潜在需求，用户无法说出这个需求，如果提供一辆汽车，则超出了其预期。

核心需求是第一位的，应该首先满足用户，甚至比竞争对手满足得更好。如果满足不了客户的核心需求，客户就会转向其他竞争对手。而附属需求则是为用户提供一种个性满足的服务。至于潜在需求，则是预测和引领用户的超前服务。

4.1.5 功能需求

1. 功能需求概述

功能需求规定开发人员必须在产品中实现的软件功能，用户利用这些功能来完成任务，满足业务需求。功能需求有时也被称为行为需求。功能需求描述的是开发人员需要实现什么。产品特性是指一组逻辑上相关的功能需求，它们为用户提供某项功能，使业务目标得以满足。对商业软件而言，特性则是一组能被客户识别，并帮助其决定是否购买的需求，也就是产品说明书中用着重号标明的部分。客户希望得到的产品特性和用户的任务相关的需求不完全是一回事。一项特性可以包括多个用例，每个用例又要求实现多项功能需求，以便用户能够执行某项任务。

功能需求代表着产品或者软件需求具备的能力。一般是管理人员或者产品的市场部门人员负责定义软件的业务需求，以提高公司的运营效率（对信息系统而言）或产品的市场竞争力（对商业软件而言）。所有的用户需求都必须符合业务需求。需求分析员从用户需求中推导出产品应具备哪些对用户有帮助的功能。开发人员则根据功能需求和非功能需求设计解决方案，在约束条件的限制范围内实现必须的功能，并达到规定的质量和性能指标。当一项新的特性、用例或功能需求被提出时，需求分析员必须思考的一个问题是“它在范围内吗?”。如果答案是肯定的，则该需求属于需求规格说明，反之则不属于。但答案也许是“不在，但应该在”，这时必须由业务需求的负责人或投资管理人来决定是否扩大项目范围以容纳新的需求。这是一个可能影响项目进度和预算的商业决策。功能需求要将用户需求归类分解为计算机可以实现的子系统和功能模块，用设计语言描述和解释用户的需求，以达到可以指导程序设计的目的。

2. 非功能需求

软件产品的需求可以分为功能性需求和非功能性需求，其中非功能性需求是常常被轻视，甚至被忽视的一个重要方面。其实，软件产品非功能性需求定义不仅决定产品的质量，还在很大程度上影响产品的功能需求定义。如果事先缺乏很好的非功能性需求定义，结果往往是使产品在非功能性需求面前捉襟见肘，甚至淹没功能性需求给用户带来的价值。

下面对软件产品的非功能性需求的某些指标加以说明。

1）系统的完整性

系统的完整性是指为完成业务需求和系统正常运行本身要求而必须具有的功能，这些功能往往是用户不能提出的，典型的功能包括联机帮助、数据管理、用户管理、软件发布管理和在线升级等。

2）系统的可扩充性与可维护性

系统的可扩充性与可维护性是指系统对技术和业务需求变化的支持能力。当技术变化或业务变化时，不可避免地将带来系统的改变这不仅要进行设计实现的修改，甚至要进行产品定义的修改。好的软件设计应在系统架构上考虑能以尽量少的代价适应这种变化，常用的技术有面向对象的分析与设计及设计模式。

3）技术适应性与应用适应性

系统的适应性与系统的可扩充性和可维护性的概念相似，也表现产品的一种应变能力，但适应性强调的是在不进行系统设计修改的前提下对技术与应用需求的适应能力，软件产品的适应性通常表现为产品的可配置能力。好的产品设计可能要考虑到运行条件的变化，包括技术条件（网络条件、硬件条件和软件系统平台条件等）的变化和应用方式的变化，如在具体应用中界面的变化、功能的剪裁、不同用户的职责分配和组合等。

对以上重要的非功能性需求进行逐一分析后，即可开始进行产品功能设计。实际上，非功能性需求定义将反映到系统的功能设计中，表现为系统的架构。

4.1.6 需求说明书编写

1. 软件需求说明书的编写

软件需求说明书是软件开发中的重要文档资料，是软件设计的依据，是工程的起点，应是用户需求的真实反映，必须得到用户的赞同。掌握了高质量的需求说明书的叙述和说明特征，就会编写出高质量的需求说明，生产出更好的软件产品。

在软件需求规格说明书（SRS）中说明的功能需求充分描述了软件系统所应具有的外部行为。软件需求规格说明在开发、测试、质量保证、项目管理以及相关项目功能中都起到了重要的作用。对于一个大型系统来说，软件功能需求也许只是系统需求的一个子集，因为另外一些可能属于子系统（或软件部件）。

作为功能需求的补充，软件需求规格说明还应包括非功能性需求，它描述了系统展现给用户的行为和执行的操作等。它包括产品必须遵从的标准、规范和合约，外部界面的具体细节，性能要求，设计或实现的约束条件及质量属性。所谓约束是指对开发人员在软件产品设计和构造上的限制。质量属性是通过多种角度对产品的特点进行描述，从而反映产品功能。多角度描述产品对用户和开发人员都极为重要。

2. 编写高质量需求说明书的原则

编写优秀的需求说明书没有公式化的方法，需要大量的经验，要从过去的文档中发现的问题吸取经验。在组织软件需求文档时，应遵从下列原则。

(1) 句子和段落要短，采用主动语气。要使用正确的语法、拼写、标点，使用术语要保持一致，并在术语表或数据字典中定义它们。

(2) 有效定义需求。可以站在开发人员的立场阅读审查 SRS，看看是否需要 SRS 编写者的额外解释来理解需求，以便于设计和实现。如果是的话，在继续工作前需求还需要细化。

(3) 正确地把握细化程度。要避免包含多个需求的长叙述段落。如果认为一小部分测试可以验证一个需求的正确，说明它已经正确地细化了。如果预想到要经过多种不同的测试，几个需求可能已挤到了一起，需要拆分开。

(4) 多个需求合成单个需求。如果一个需求中有连接词“和”、“或”，建议几个需求合并。不要在一个需求中使用“和”、“或”。

(5) 细节上要保持一致。说明书不能出现需求前后不一致现象，对于以前定义的概念，在后面所有的需求描述中都不能再定义而应直接引用该定义。

(6) 避免在SRS中多处叙述同一需求。在多处叙述相同的需求可以使文档更易于阅读，但也会给文档的维护增加困难。因为一个需求需要更新时，所有对它的描述都必须更新。文档的多份文本也要在同一时间内全部更新，避免不一致性。

如果在编写软件需求说明书时遵从了这些原则，就能够尽早地通过审查。这些需求对于产品的构造、系统测试以及最后的客户满意，都会成为好的基础。

3. 高质量需求说明书的特征

一个完整的SRS不仅要包括长长的功能性需求列表，还应包括外部接口描述和一些诸如质量属性、期望性等非功能性的需求。

(1) 完整性。完整性的要求是需求信息的收集不应该遗漏的。可以从不同角度检查需求模型，及时发现需求的不完整性。如果已经知道缺少一些信息，可使用标志标识，在构建产品的相关部分时，就可以集中解决所有的缺陷。

(2) 正确性。正确性是需求说明书的最基本要求。如果需求说明书出现了错误，最后的软件就会出错，也自然不会满足用户的要求。

(3) 一致性。一致性指需求说明书的前后没有冲突，与用户的需求一致。需求中的不一致必须在开发开始前得到解决。只有经过调研，才能确定哪些是正确的。修改需求时一定要谨慎，如果只审定修改的部分，没有审定与修改相关的部分，就会导致不一致性。

(4) 可修改性。当每个需求的要求修改了或维护其历史更改时，必须能够审定需求说明书。也就是说每个需求必须相对于其他需求有其单独的标识和公开的说明，以便于清晰查阅。通过良好的组织可以使需求易于修改，例如将相关的需求分组、建立目录表、索引以及前后参考或参照。

(5) 可追踪性。应能将一个软件与其原始材料相对应，如高级系统需求、用户的提议等。也能够将软件需求与设计元素、源代码、用于构造实现和验证需求的测试相对应。可追踪的需求应该具有独立标识，细密和结构化的编写不应过大，不应是叙述性的文字和公告式的列表。

4. 需求说明书国家标准

《计算机软件产品开发文件编制指南(GB8567—88)》国家标准是一份指导性文件，有14种文件，软件需求说明书和数据要求说明书被包括在其中。以下是这两种说明书的内容。

1) 软件需求说明书

1. 引言

  1.1 编写目的

  1.2 背景

1.3 定义
1.4 参考资料
2. 任务概述
2.1 目标
2.2 用户的特点
2.3 假定的约束
3. 需求规定
3.1 对功能的规定
3.2 对性能的规定
3.2.1 精度
3.2.2 时间特性要求
3.2.3 灵活性
3.3 输入输出要求
3.4 数据管理能力要求
3.5 故障处理要求
3.6 其他专门要求
4. 运行环境规定
4.1 设备
4.2 支撑软件
4.3 接口
4.4 控制
5. 需求的审核
2) 数据要求说明书
1. 引言
1.1 编写目的
1.2 背景
1.3 定义
1.4 参考资料
2. 数据的逻辑描述
2.1 静态数据
2.2 动态输入数据
2.3 动态输出数据
2.4 内部生成数据
2.5 数据约定
3. 数据的采集
3.1 要求和范围
3.2 输入的承担者
3.3 处理
3.4 影响

4.2 结构化分析建模

本节重点介绍结构化方法、数据流图、数据字典、加工逻辑工具和E-R图。

4.2.1 结构化方法

1. 结构化方法的概念

结构化方法是一种传统的软件开发方法。结构化方法是软件工程产生后首先提出来的软件开发方法，也是一种较为实用的方法。结构化方法按软件生命周期划分，它由结构化分析(Structured Analysis，SA)、结构化设计(Structured Design，SD)和结构化程序设计(Structured Programming，SP)三部分组成，即从分析、设计到实现都采用结构化思想。它的基本思想是把一个复杂问题的求解过程分阶段进行，而且这种分解是自顶向下，逐层分解，使得每个阶段处理的问题都控制在人们容易理解和处理的范围内。结构化方法的基本要点是自顶向下、逐步求精、模块化设计、结构化编码。

结构化方法具有以下特点：最早的开发方法，发展较为成熟，成功率较高，应用最广；该方法简单、实用、易掌握，适应于瀑布模型，适合数据处理领域中的应用；缺点是重用性不好，不适应需求变化大的项目，也不适应大项目和复杂应用。

2. 描述工具

结构化分析方法利用图形等半形式化的描述方法表达需求，简单易懂，用它们来形成需求说明书中的主要部分。这些描述工具有如下3种。

(1) 数据流图(Data Flow Diagram，DFD)。数据流图用于描述系统的分解，即描述系统由哪些部分组成，各部分间有什么联系等。

(2) 数据字典(Data Dictionary，DD)。数据字典用于定义数据流图中的数据和加工。它是数据流条目、数据存储条目、数据项条目和基本加工条目的集合。

(3) 加工逻辑描述工具。包括结构化语言、判定树、判定表。它们可以描述数据流图中不能被再分解的每一个基本加工的处理逻辑。

3. 分析步骤

结构化分析的具体步骤如下。

(1) 建立当前系统的物理模型。在可行性研究的基础上，进一步研究当前使用的系统(可能是人工系统)，用一个模型来反映自己对当前系统的理解，如通过画系统流程图来反映现行系统的实际情况。

(2) 抽象出当前系统的逻辑模型。物理模型反映了系统"怎么做"的具体实现，去掉物理模型中非本质的因素，抽取出本质的因素。本质的因素是指系统固有的、不依赖运行环境变化而变化的因素，任何实现都这样做。而非本质的因素不是系统固有的，随环境不同而不同，随实现不同而不同。对物理模型进行分析，去掉非本质的因素，就形成了当前系统的逻辑模型，反映当前系统"做什么"的功能。

(3) 建立目标系统的逻辑模型。分析比较目标系统与当前系统逻辑上的差别,在当前系统的基础上找出要改变的部分,将变化的部分抽象为一个加工,这个加工的外部环境及输入、输出就确定了。然后对变化的部分重新进行分解,根据分析人员自己的经验,采用自顶向下逐步求精的分析策略,逐步确定变化部分的内部细节,从而建立目标系统的逻辑模型。

(4) 做进一步补充和优化。为完整地描述目标系统,还要做一些补充,如至今尚未详细考虑的细节、出错处理、输入输出格式、存储容量等性能要求与限制等。

(5) 确定系统的成本和风险等级。首先要计算完成系统所需的工作量,然后制定规避风险的预案,并分析和选择一种优化方案。

(6) 建立完整的需求规约,完成需求说明书。需求获取完成后,是需求分析。通过需求分析,要确定完整的需求规约,在此基础上,根据国家标准撰写需求说明书。接着是小组内部组织的需求说明书审查。小组审查通过后要提交甲方审查。然后组织(包括甲方、乙方专家等)多方参加的审查。最后根据各方提出的意见进行修改。

4.2.2 数据流图

1. 数据流图的概念

数据流图(Data Flow Diagram,DFD)从数据传递和加工的角度,以图形方式来表达系统的逻辑功能、数据在系统内部的逻辑流向和逻辑变换过程,是结构化系统分析方法的主要表达工具及用于表示软件模型的一种图示方法。数据流图描绘信息流和数据从输入移动到输出的过程中所经过的变换。数据流图以图形的方式描绘数据在系统中流动和处理的过程,由于它只反映系统必须完成的逻辑功能,所以它是一种功能模型。

数据流图的基本图形元素有数据流、加工处理、数据存储、数据起点或终点。数据流图包括:指明数据存在的数据符号,这些数据符号也可指明该数据所使用的媒体;指明对数据执行的处理符号,这些符号也可指明该处理所用到的机器功能;指明几个处理和(或)数据媒体之间的数据流的流线符号;便于读、写数据流图的特殊符号。在处理符号的前后都应是数据符号。数据流图以数据符号开始和结束。

数据流图有两种典型结构:一种是变换型结构,它所描述的工作可表示为输入、处理和输出,呈线性状态,如图4-5(a)所示;另一种是事务型结构,这种数据流图呈束状,即一束数据流平行流入或流出,可能同时有几个事务要求处理,如图4-5(b)所示。

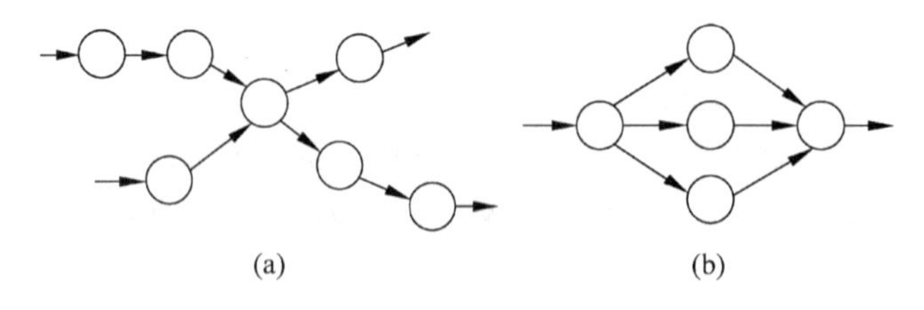

图4-5 数据流图

2. 组成元素

数据流图中有以下4种主要元素,元素的符号表示如图4-6所示。

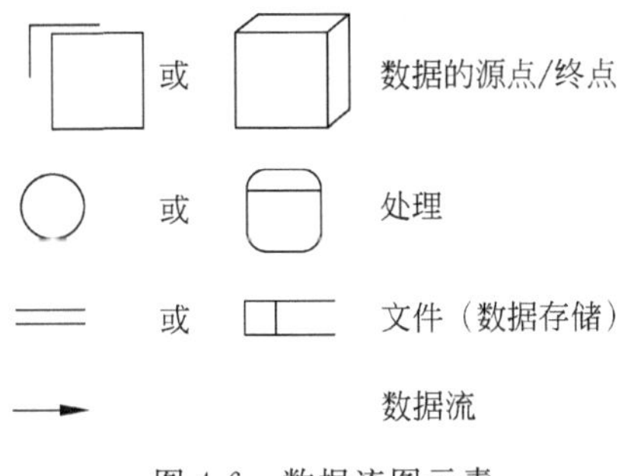

图 4-6 数据流图元素

→：表示数据流。数据流是一组数据。在数据流图中数据流用带箭头的线表示，在其线旁标注数据流名。在数据流图中应该描绘所有可能的数据流向，而不应该描绘出现某个数据流的条件。数据流是数据在系统内传播的路径，因此由一组成分固定的数据组成。如订票单由旅客姓名、年龄、单位、身份证号、日期、目的地等数据项组成。由于数据流是流动中的数据，所以必须有流向，除了与数据存储之间的数据流不用命名外，数据流应该用名词或名词短语命名。

□：表示数据源点或终点。代表系统之外的实体，可以是人、物或其他软件系统。在数据流图中数据起点或终点用矩形表示，在矩形内要写它的名称。

○：表示加工处理。是对数据进行处理的单元，它接收一定的数据输入，对其进行处理，并产生输出。在数据流图中加工用圆圈表示，在圆圈内写上加工名。一个处理框可以代表一系列程序、单个程序或者程序的一个模块。

＝：表示数据存储。表示信息的静态存储，可以代表文件、文件的一部分、数据库的元素等。

3. 分层数据流图

根据层级数据流图分为顶层数据流图、中层数据流图和底层数据流图。除顶层数据流图外，其他数据流图从零开始编号。

(1) 顶层数据流图只含有一个加工表示整个系统；输出数据流和输入数据流为系统的输入数据和输出数据，表明系统的范围，以及与外部环境的数据交换关系。

(2) 中层数据流图是对父层数据流图中某个加工进行细化，而它的某个加工也可以再次细化，形成子图；中间层次的多少，一般视系统的复杂程度而定。

(3) 底层数据流图是指其加工不能再分解的数据流图，其加工称为底层加工。

4. 绘制数据流图的原则

在绘制数据流图时，必须注意以下原则：

(1) 一个加工的输出数据流不应与输入数据流同名，即使它们的组成成分相同。

(2) 保持数据守恒。也就是说，一个加工所有输出数据流中的数据必须能从该加工的输入数据流中直接获得，或者说是通过该加工能产生的数据。

(3) 每个加工必须既有输入数据流，又有输出数据流。

(4) 所有的数据流必须以一个外部实体开始，并以一个外部实体结束。

(5) 外部实体之间不应该存在数据流。

5. 数据流图的画法

(1) 确定系统的输入输出。开始时,系统包括哪些功能可能一时难于弄清楚,可以将范围尽量扩大一些,把可能有的内容全部包括进去。此时应该向用户了解“系统从外界接受什么数据”、“系统向外界送出什么数据”等信息,然后,根据用户的答复画出数据流图的外围。

(2) 由外向里画系统的顶层数据流图。首先,将系统的输入数据和输出数据用一连串的加工连接起来。在数据流的值发生变化的地方就是一个加工。接着,给各个加工命名。然后,给加工之间的数据命名。最后,给文件命名。

(3) 自顶向下逐层分解,绘出分层数据流图。对于大型的系统,为了控制其复杂性,便于理解,可以采用自顶向下逐层分解的方法进行,即用分层的方法将一个数据流图分解成几个数据流图来分别表示。

6. 分层数据流图的步骤

(1) 第一步,画子系统的输入输出。把整个系统视为一个大的加工,然后根据数据系统从哪些外部实体接收数据流,以及系统发送数据流到哪些外部实体,就可以画出输入输出图。这张图称为顶层图。

(2) 第二步,画子系统的内部。把顶层图的加工分解成若干个加工,并用数据流将这些加工连接起来,使得顶层图的输入数据经过若干加工处理后,变成顶层图的输出数据流。从一个加工画出一张数据流图的过程就是对加工的分解。具体画法是:

① 可以用下述方法来确定加工:在数据流的组成或值发生变化的地方应该画出一个加工,这个加工的功能就是实现这一变化,也可以根据系统的功能决定加工。

② 确定数据流的方法:用户把若干数据当作一个单位来处理(这些数据一起到达、一起处理)时,可以把这些数据看成一个数据流。

③ 关于数据存储:对于一些以后某个时间要使用的数据,可以组织成为一个数据存储来表示。

(3) 第三步,画加工的内部。把每个加工看作一个小系统,把加工的输入输出数据流看成小系统的输入输出流。于是可以像画 0 层图一样画出每个小系统的加工的数据流图。

(4) 第四步,画子加工的分解图。对第三步分解出来的数据流图中的每个加工,重复第三步的分解过程,直到图中尚未分解的加工都是足够简单的(即不可再分解)。至此,得到了一套分层数据流图。

(5) 第五步,对数据流图和加工编号。对于一个软件系统,其数据流图可能有许多层,每一层又有许多张图。为了区分不同的加工和不同的数据流图子图,应该对每张图进行编号,以便于管理。

① 顶层图只有一张,图中的加工也只有一个,所以不必为其编号。

② 0 层图只有一张,图中的加工号分别是 0.1、0.2 或者 1、2 等。

③ 子图就是父图中被分解的加工号。

④ 子图中的加工号是由图号、圆点和序号组成,如 1.1、1.2 等。

7. 系统分解

(1) 顶层的X为要开发的系统。可把它规定为第0层。如果很复杂,可以把它进行分解。比如分解为1、2、3这3个子系统,这就是第1层。若第1层的子系统仍很复杂,可再进一步分解。如果再分的孙系统,如1.1、1.2、1.3和3.1等,这就有了第2层,如图4-7所示。一直可以这样分解下去,直到子系统都能被清楚地理解为止。顶层是一个系统抽象或整体,而底层则具体画出了系统的每一个细节,中间层是从抽象到具体的逐步过渡。这种层次分解方法使分析员在分析实际问题时,可以由抽象到具体,由整体到细节,逐步了解更多细节。依照这个策略,对于任何复杂的系统,分析工作都可以有计划、有步骤地进行。

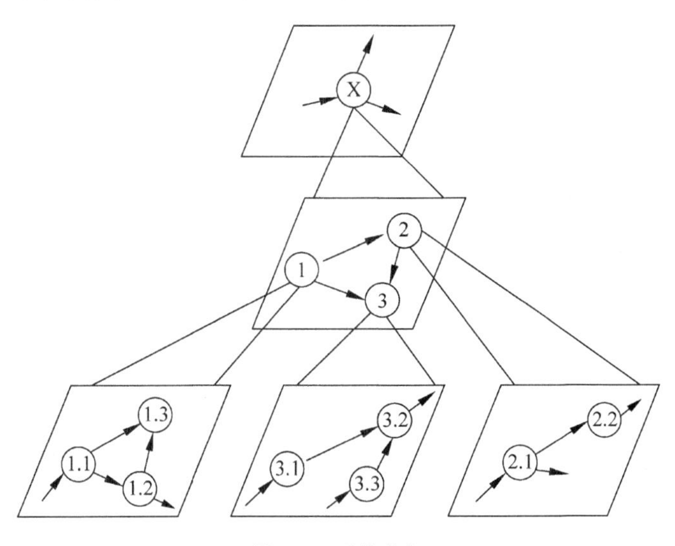

图4-7 系统分解

(2) 绘制系统的顶层数据流图。顶层数据流图只包含一个加工,用以表示被开发的系统,然后考虑该系统有哪些输入数据流、输出数据流。顶层数据流图的作用在于表明被开发系统的范围以及它和周围环境的数据交换关系。图4-8所示为某一个销售系统的顶层数据流图。

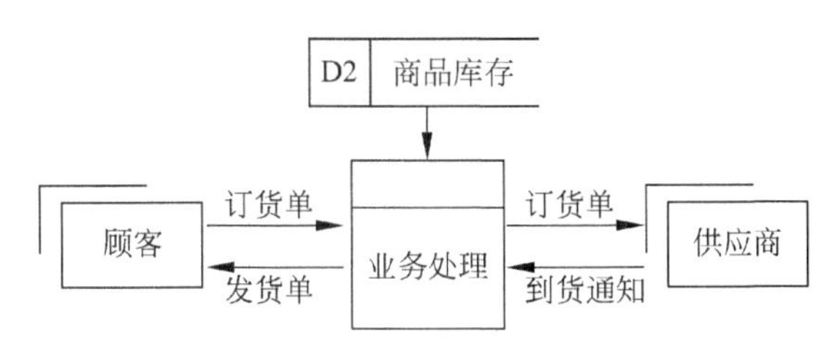

图4-8 某销售系统的顶层数据流图

(3) 画系统内部,即画下层数据流图。不能再进行分解的加工称为基本加工。一般将层号从0开始编号,采用自顶向下,由外向内的原则。画0层数据流图时,分解顶层流图的系统为若干子系统,决定每个子系统间的数据接口和活动关系。例如,上面的销售系统按功能可分成三部分,一部分为销售,第二部分为采购,第三部分为会计。数据分两个部分存储起来。其第0层数据流图如图4-9所示。

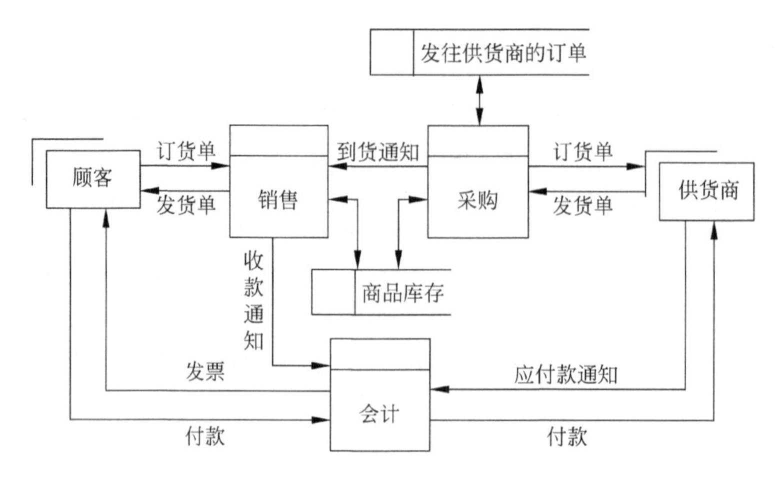

图 4-9 某销售系统的第 0 层数据流图

8. 数据流图的布局

为了便于制图和读图，习惯以加工处理为中心，输入来自左侧，输出流向右侧。输入的数据流及其来源一般画在左侧。输出的数据流及其去处一般画在数据流图的右侧。从全局看数据流也是由左侧流向右侧，如图 4-9 所示。

9. 符号的应用

绘制数据流图用到的基本符号虽然只有 4 种，但足以表达用户业务系统的情况。完整的加工符号应包括 3 个部分：编号、加工逻辑和执行者。

(1) 数据流：数据流的名称标在数据流线的一侧，箭头表示数据流的流向。

(2) 数据的读出、写入：如图 4-10 所示，左侧表示从存储中读出缺货数据。右侧表示写入修改后的新的库存数据。

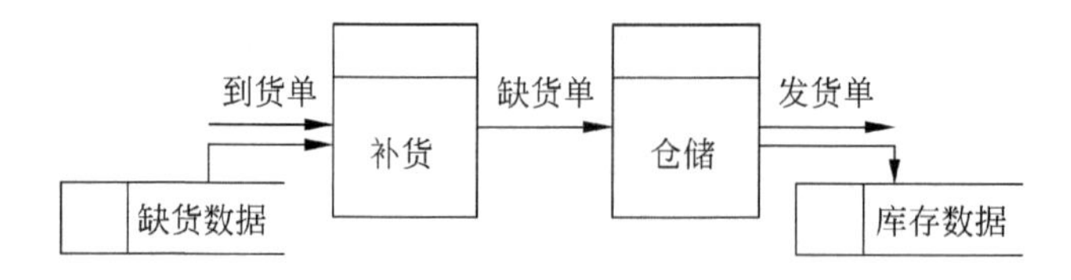

图 4-10 数据流图中的符号运用

10. 重复项表示

在画数据流图时，有的数据流线到源点或去处的距离很远，会造成线条很长或线条交叉。解决的办法是可以让一些要素重复出现，这时就需要在图中表示出重复出现的符号。如图 4-11 所示，"顾客"重复出现时，可在符号右下角打上斜线标记，表示多个"顾客"是同一个内容。

11. 数据流抽象

为了把图画得简单明了,对于过于复杂的多个输入的数据流可以设法概括为一个抽象的数据流,如图 4-12 所示。

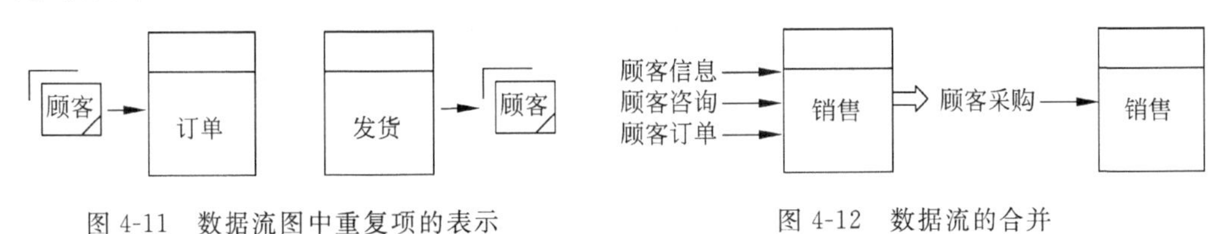

图 4-11 数据流图中重复项的表示

图 4-12 数据流的合并

12. 数据流分解

对于过于复杂的多个输出数据流,应考查一下加工功能是否分解得不合理。如果可能,可进一步进行分解,使多个输出的数据流分别直接进入不同的加工逻辑,以使图的布局合理,如图 4-13 所示。

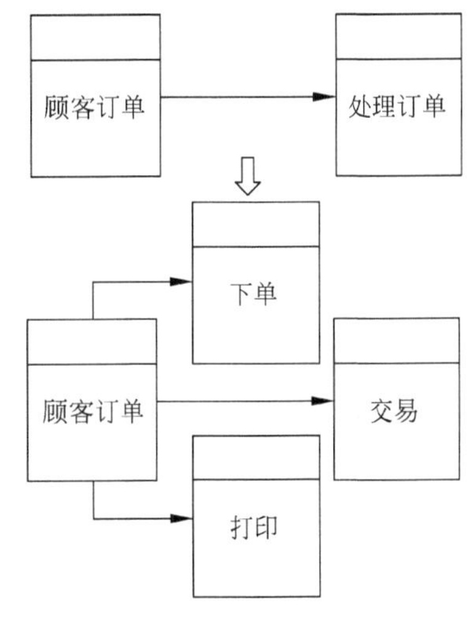

图 4-13 数据流的分解处理

13. 命名规则

对数据流、处理(逻辑)功能、数据存储及外部项的命名是否恰当直接影响数据流图的可理解性。以下是在命名时应该注意的地方:

(1) 对数据流(或数据存储)的命名:一般使用名词,当单个名词尚不能说明特指数据流或数据存储时,前面可以加定语限定。

(2) 命名要代表整个数据流或数据存储。因为一个数据流或数据存储往往是由一组数据元素组成的数据结构,不要仅使用反映其中某些元素的名字。

(3) 不要使用泛指的名字,如"数据"、"信息"、"单据"等。要具体一点,比如"出库单统计"。

(4) 如果在为某个数据流或数据存储命名时感到相对困难,有可能是因为对数据流或数据存储分解得不恰当造成的,试着重新分解,也许问题就解决了。

(5) 对处理逻辑的命名:除了子系统级的逻辑功能可以使用名词以外,原则上其他功能逻辑习惯使用动宾结构的短语命名,如记销售账、处理订货业务等。

(6) 通常是先为数据流命名,然后再为与之相关联的处理功能命名。这样命名比较容易,因为大多数功能都是针对输入的数据流的。

(7) 如果某处命名有困难,可能是对处理功能分解不当造成的,试着重新分解,也许问题就解决了。

14. 数据流图编号

在绘制数据流图的过程中,外部项、处理逻辑、数据流和数据存储都应加以命名和编号,以便直观地理解其功能或组成，尤其对于更细节的内容，可以放在数据字典中详细描述，以便查阅。当数据流图分解到足够具体时，对处理逻辑、数据存储、数据流应加以编码，以便在数据字典中对其进行注解。数据流图是按分层分解的形式描述的，所以对于处理逻辑、数据流和数据存储最适用的编号方法是用"层序号"。一般地，处理逻辑编号用P开头，数据流编号用F开头，数据存储用D开头。比如，第0层的处理逻辑有3个，其编号为P1、P2和P3，第1层的处理逻辑的编号可以定义为P1.1、P1.2和P1.3……依此类推。数据存储、数据流编号规则和处理逻辑类似，比如，数据存储的编号D1、D2等，数据流的编号F1、F2等。

15. 注意事项

(1) 命名。不论数据流、数据存储还是加工，合适的命名使人们易于理解其含义。

(2) 画数据流而不是控制流。数据流反映系统"做什么"，不反映"如何做"，因此箭头上的数据流名称只能是名词或名词短语，整个图中不反映加工的执行顺序。

(3) 一般不画物质流。数据流反映能用计算机处理的数据，并不是实物，因此对目标系统的数据流图一般不要画物质流。

(4) 每个加工至少有一个输入数据流和一个输出数据流，反映出此加工数据的来源与加工的结果。

(5) 编号。当一张数据流图中的某个加工分解成另一张数据流图时，则上层图为父图，直接下层图为子图。子图及其所有的加工都应编号。

(6) 父图与子图的平衡。子图的输入输出数据流同父图相应加工的输入输出数据流必须一致，此即父图与子图的平衡。对数据流图的扩充应注意父图与子图边界的吻合，即所有子图边界的叠加应该与父图描述的系统范围一样大。按经验数据，每张子图分解出来的加工逻辑一般不要超过7～8个，这样可以保持整个数据流图清晰，容易理解。如果过多，应考虑是否应该再分解一层。

(7) 局部数据存储。若某层数据流图中的数据存储不是父图中相应加工的外部接口，而只是本图中某些加工之间的数据接口，则称这些数据存储为局部数据存储。

(8) 提高数据流图的易懂性。注意合理分解，要把一个加工分解成几个功能相对独立的子加工，这样可以减少加工之间输入、输出数据流的数目，增加数据流图的可理解性。

16. 数据流图的实例

例 4-2 以下是某销售管理信息系统的数据流图。

(1) 图 4-14 所示为顶层数据流图。

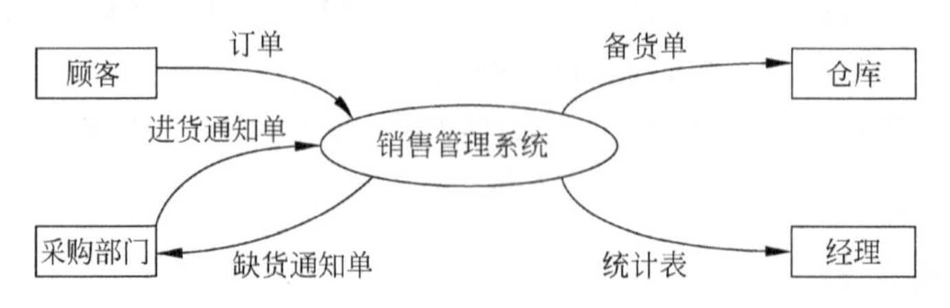

图 4-14 顶层数据流图

(2) 将该销售管理信息系统需求分析后得到第0层数据流图,如图4-15所示。功能需求分解后得到5个处理单元。它们是"处理订单"、"供货处理"、"处理进货单"、"缺货统计"和"销售统计"。存储分解后得到3个存储单元,它们是"缺货记录"、"库存记录"和"订单记录"。"订单"数据流来自顾客外部实体,"进货通知单"数据流来自采购部门外部实体,"缺货通知单"数据流流向采购部门外部实体,"统计表"数据流流向经理外部实体,"备货单"数据流流向仓库外部实体。

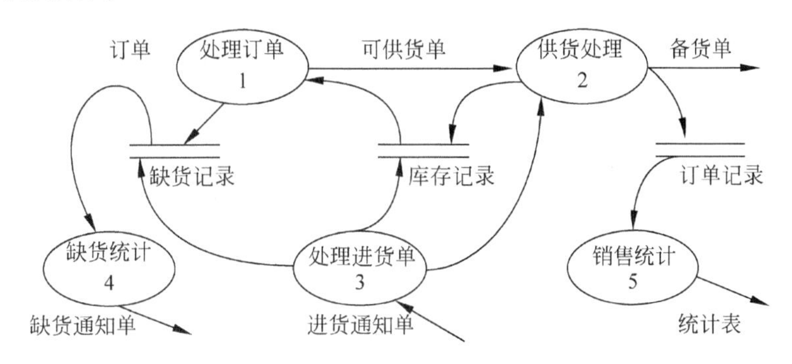

图4-15 第0层数据流图

(3) 将图4-15所示的第一个部分"处理订单"分解后得到3个处理子单元。它们是"检验订单","查阅库存"和"确定能否供货"。第1层(订货)数据流图如图4-16所示。存储单元"缺货记录"与"查阅库存"处理子单元交换数据,存储单元"库存记录"与"确定能否供货"处理子单元交换数据。"订单"数据流来自顾客外部实体,"可供货订单"数据流流向"供货处理"处理子单元。

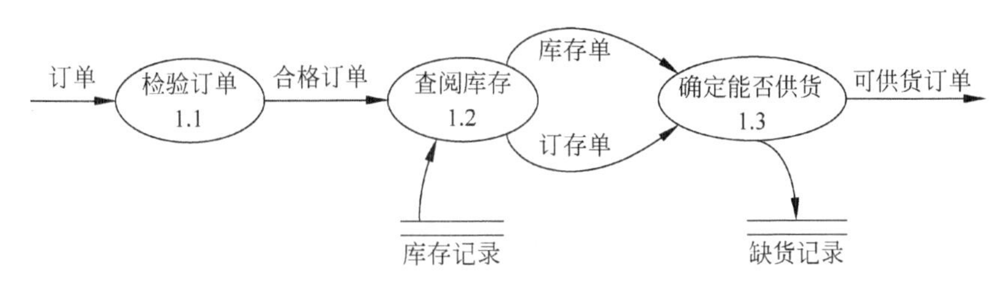

图4-16 第1层(订货)数据流图

(4) 将图4-15所示的第二个部分"供货处理"分解后得到两个处理子单元。它们是"根据供货单修改库存"和"开备货单"。第1层(供货)数据流图如图4-17所示。存储单元"缺货记录"和"库存记录"与"根据供货单修改库存"处理子单元交换数据,"备货单"数据流流向仓库外部实体。

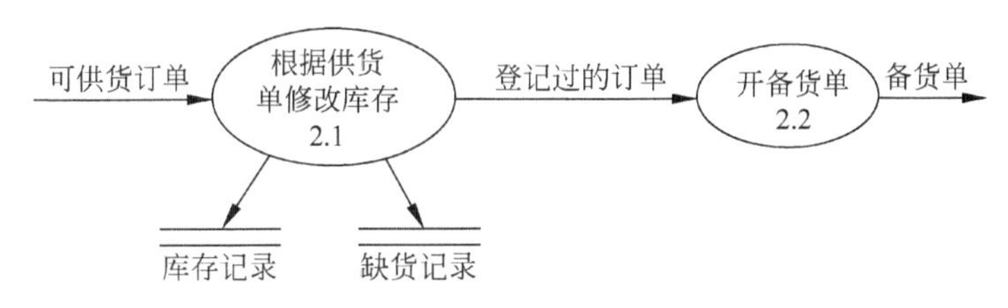

图4-17 第1层(供货)数据流图

(5) 将图 4-15 所示的第三部分“处理进货单”分解后得到 3 个子处理单元。它们是“根据进货单修改库存”、“处理缺货订单”和“修改缺货记录”。第 1 层(进货)数据流图如图 4-18 所示。存储单元“库存记录”与“根据进货单修改库存”处理子单元交换数据。存储单元“缺货记录”与“处理缺货订单”和“修改缺货记录”两个处理子单元交换数据。“进货通知单”数据流来自采购部门外部实体。“可供货订单”数据流流向供货子处理。

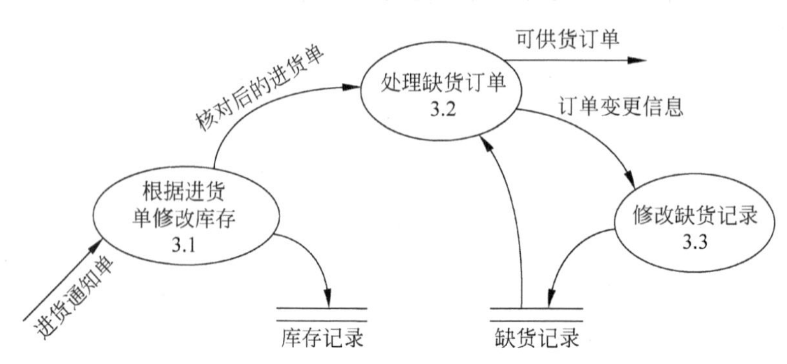

图 4-18 第 1 层(进货)数据流图

(6) 将图 4-15 所示的第四部分“缺货统计”分解后得到两个处理子单元。它们是“汇总各项缺货量”和“打印缺货通知单”。第 1 层(缺货)数据流图如图 4-19 所示。存储单元“缺货记录”与“汇总各项缺货量”处理子单元交换数据,“缺货通知单”数据流流向采购部门外部实体。

(7) 将图 4-15 所示的第五部分“销售统计”分解后得到 5 个处理子单元。它们是“统计选择”、“按顾客所在地区统计”、“按销售日期统计”、“按销售货物名统计”和“按顾客名统计”。第 1 层(统计)数据流图如图 4-20 所示。存储单元“订单记录”与“统计选择”处理子单元交换数据,“统计表”数据流流向经理外部实体。

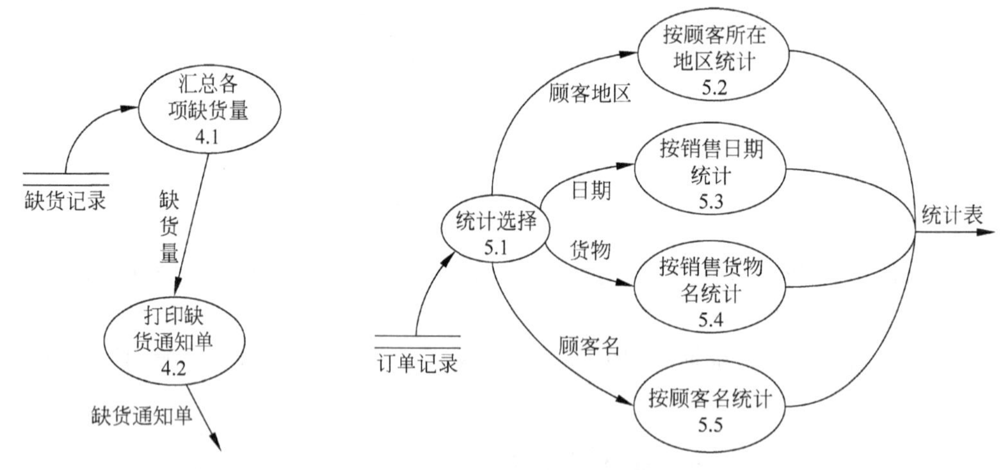

图 4-19 第 1 层(缺货)数据流图

图 4-20 第 1 层(统计)数据流图

4.2.3 数据字典

1. 数据字典概述

数据字典(Data Dictionary,DD)是数据流图中包含所有元素定义的集合,是对数据的数据项、数据结构、数据流、数据存储、处理逻辑、外部实体等进行的定义和描述,其目的是对数据流图中的各个元素做出详细说明。其中数据项是数据的最小组成单位,若干个数据项可以组成一个数据结构。数据字典通过对数据项和数据结构的定义来描述数据流、数据存储的逻辑内容。数据字典则是系统中各类数据描述的集合,是进行详细的数据收集和数据分析所获得的主要成果。它是需求分析阶段的工具。任何字典最重要的用途是供人查询对不了解的条目的解释。在结构化分析中,数据字典的作用是给数据流图上每个成分加以定义和说明。换句话说,数据流图上所有的成分的定义和解释的文字集合就是数据字典,而且在数据字典中建立的一组严密一致的定义很有助于改进分析员和用户的通信。

数据字典也是数据库设计时要用到的一种工具,用来描述数据库中基本表的设计,主要包括字段名、数据类型、主键、外键等描述表的属性的内容。它是一种用户可以访问的记录数据库和应用程序源数据的目录。数据字典是一个预留空间、一个数据库,用来储存信息数据库本身。数据字典可能包含的信息如数据库设计资料、储存的 SQL 程序、用户权限、用户统计、数据库的过程中的信息、数据库增长统计以及数据库性能统计等。主动数据字典是指在对数据库或应用程序结构进行修改时,其内容可以由 DBMS 自动更新的数据字典。被动数据字典是指修改时必须手工更新其内容的数据字典。

2. 数据字典组成

(1) 数据项:是最基本的数据元素,是有意义的最小数据单元。在数据字典中,定义数据项特性包括:数据项的名称、编号、别名和简述;数据项的长度;数据项的取值范围。

(2) 数据结构:数据项是不能分解的数据,而数据结构是可以进一步分解的数据包。数据结构由两个或两个以上相互关联的数据元素或者其他数据结构组成。一个数据结构可以由若干个数据元素组成,也可以由若干个数据结构组成,还可以由若干个数据元素和数据结构组成。

(3) 数据流:数据流由一个或一组固定的数据项组成。定义数据流时,不仅要说明数据流的名称、组成等,还应指明它的来源、去向和数据流量等。

(4) 数据存储:数据存储在数据字典中只描述数据的逻辑存储结构,而不涉及它的物理组织。

(5) 处理过程:处理逻辑的定义仅对数据流图中最底层逻辑加以说明。

3. 数据字典中的基本符号及其含义

数据字典中可以使用的基本符号及其含义如表 4-1 所示。

表 4-1 数据字典中的符号及其含义

数据构造	记　　号	含　　义
顺序选择重复	=	由……构成
	+	和
	[|]	或
	$\{\}^n$	n 次重复
	()	可选的数据
	* … *	限定的注释

4. 数据条目

通常，数据字典中的每一数据条目包含以下内容：

(1) 数据流图中标识数据流、数据源或外部实体的名称与别名。

(2) 数据类型。

(3) 所有以它作为输入流或输出流的转换的列表。

(4) 如何使用该数据条目的简要说明。

(5) 数据条目的解释性说明。

(6) 其他补充说明，例如取值范围与默认值、有关的设计约束等。

数据条目的定义必须遵循以下原则：精确、简洁，并且能为用户方和软件开发方共同理解。例如，可以使用形式语言中的语法定义机制描述数据条目的内容，原子语法成分则用简单明了的自然语言予以描述。比如某个单位的“电话号码”数据条目可以定义如下：

```
<电话号码> = <分机号>|<外线号码>
<分机号> = 1001|1002|...|1999
<外线号码> = 9 + (<市话号码>|<长话号码>)
<长话号码> = 0 + (<区号> + <代市话号码>)
<区号> = * 任何长度为 3 的数字串 *
<市话号码> = <局号> + <分局号>
<局号> = 828|827|826|838|848|878
<分局号> = * 任何长度为 4 的数字串 *
```

综上所述，利用数据字典可以对数据流图中的数据流、数据源以及外部实体进行描述、组织和管理。同时，对于转换，也需要一种比图形记号更为详尽的表示机制，这就是结构化的文字描述。分析人员可以在数据流图的任一转换上附加一段文字，用以说明转换的功能、性能要求及设计约束等，这种说明应尽可能简洁、清晰、易于理解。

5. 数据字典工具

对于软件项目来说，数据字典的条目非常多，人工管理非常困难。因此，需要数据流分析的 CASE(Computer Aided Software Engineering，计算机辅助软件工程)工具来管理。这样的工具应该具有以下功能：

(1) 一般性检查。当分析人员要求创建新的数据条目并输入名称或别名时，能自动进行重名检查，这就避免了数据流图中不一致的数据定义。

(2) CASE 工具可根据已有的数据流图生成相关转换的列表。并且，随着数据流图的进化，CASE 工具可自动修改该列表，以便数据字典和数据流图在任何时刻都保持一致。

(3) CASE 工具将自动完成有关数据条目的各种查询，例如：该数据条目在何处？使用修改某一部分数据流图将会影响哪些数据条目？修改某数据条目又会造成哪些影响。显然，对这些问题的正确回答将有助于分析人员在需求模型的进化过程中维持模型的一致性。

6. 举例

1）数据项条目

数据项条目是不可再分解的数据单位。

例 4-3

名称：配件编号

别名：配件号

简述：本公司的所有配件编号

类型：字符型

长度：10 位

取值范围及含义：第 1 位：进口/国产；第 2～4 位：类别；第 5～7 位：规格；第 8～10 位：编号。

2）数据流条目

数据流条目给出数据流图的数据流的定义，通常列出组成该数据流的数据项。

例 4-4

名称：订单

别名：无

简述：顾客订货时填写的项目

来源：顾客

去向：加工“编辑检查订单”

数据流量：1000 份/每周

组成：编号＋订货日期＋顾客编号＋地址＋电话＋银行账号＋配件名称＋数量

其中，数据流量是指单位时间内(每小时或每天)传输的次数。

3）数据存储条目

数据存储条目是对数据存储的定义。

例 4-5

名称：库存记录

别名：无

简述：存放配件库存信息

组成：配件编号＋配件名称＋供应商编号＋单价＋库存

组织方式：索引文件，以配件编号为关键字

查询要求：要求能立即查询

4）加工条目

加工条目用来说明数据流图中基本加工的处理逻辑。由于下层的加工是由上层的基本加工分解而来的，只要有了基本加工的说明，就可理解上层的加工。因此，只有把加工分解到足够具体以后，才对基本加工进行描述。

例 4-6

名称：确定能否供货

编号：1.3

激发条件：收到合格订单

优先级：普通

输入：合格订单

输出：可供货订单、缺货订单

加工逻辑：根据库存记录

IF 订单项目的数量＜该配件库存量的临界值

  THEN 可供货处理

ELSE 此订单缺货，登记缺货情况，待进货后再办理补充订货

EDN IF

4.2.4 加工逻辑工具

加工逻辑也称为“小说明”，描述加工逻辑一般用结构化语言、判定表和判定树这三种工具。

1. 结构化语言

结构化语言是介于自然语言和形式语言之间的一种半形式语言。结构化语言是在自然语言基础上加了一些限定，使用有限的词汇和有限的语句来描述加工逻辑，它的结构可分成外层和内层两层外层用来描述控制结构，采用顺序、选择、循环三种基本结构。内层一般是采用祈使语句的自然语言短语，使用数据字典中的名词和有限的自定义词，其动词含义要具体，尽量不用形容词和副词来修饰。

1) 顺序结构

顺序结构表示程序中的各操作是按照它们出现的先后顺序执行的。如图 4-21(a)所示，先执行 A 模块，再执行 B 模块。

2) 选择结构

选择结构表示程序的处理步骤出现了分支，它需要根据某一特定的条件选择其中的一个分支执行。选择结构有单选择、双选择和多选择三种形式。如图 4-21(b)所示，当条件 P 的值为真时执行 A 模块，否则执行 B 模块。

3) 循环结构

循环结构表示程序反复执行某个或某些操作，直到某条件为假(或为真)时才可终止循环。在循环结构中最主要的是什么情况下执行循环？哪些操作需要循环执行？

(1) 当型循环结构：当条件 P 的值为真时，就执行 A 模块，然后再次判断条件 P 的值是否为真，直到条件 P 的值为假时才向下执行，如图 4-21(c)所示。

(2) 直到型循环结构：先执行 A 模块，然后判断条件 P 的值是否为真，若 P 为真，再次执行 A 模块，直到条件 P 的值为假时才向下执行，如图 4-21(d)所示。

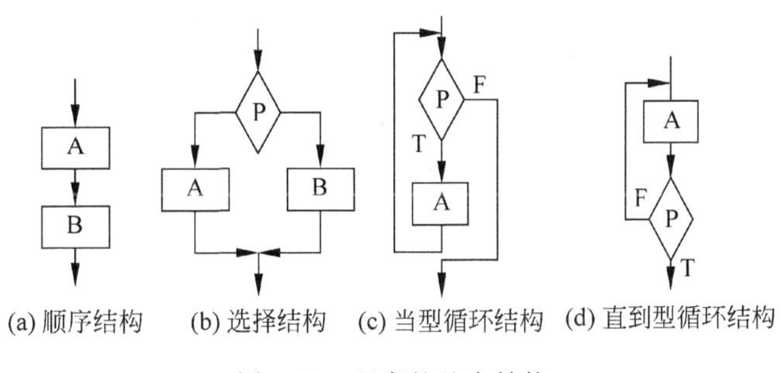

图 4-21 程序的基本结构

2. 判定表

在有些情况下,数据流图中的某些加工的一组动作依赖多个逻辑条件的取值。用自然语言或结构化语言都不易清楚地描述出来,而用判定表就能够清楚地表示复杂的条件组合与应做的动作之间的对应关系。判定表是分析和表达多逻辑条件下执行不同操作的情况的工具。

判定表分为 4 个部分,其左部是条件或数组元素的名称,右上部是所有条件的组合,左下部是处理中活动的名称,右下部标明条件组合和相应的活动的对应关系。

(1) 条件桩:判定标的左上部称为基本条件项,列出各种可能的条件。列出了问题的所有条件,通常认为列出的条件的次序无关紧要。

(2) 动作桩:判定标的左下部称为基本动作项,它列出了所有的操作。列出了问题规定可能采取的操作,这些操作的排列顺序没有约束。

(3) 条件项:判定标的右上部称为条件项,它列出了各种可能的条件组合。列出针对其左列条件的取值,即在所有可能情况下的真假值。

(4) 动作项:判定标的右下部称为动作项,它列出在对条件组合下所选的操作。列出在条件项的各种取值情况下应该采取的动作。

例 4-7 检查订购单的加工逻辑是:如果金额超过 500 元,又未过期,则发出批准单和提货单;如果金额超过 500 元,但过期了,则不发批准单;如果金额低于 500 元,则不论是否过期都发出批准单和提货单,在过期的情况下还需发出通知单。判定表如表 4-2 所示。

表 4-2 判定表

金　额	>500	>500	≤500	≤500	条件桩	条件项
状　态	未过期	已过期	未过期	已过期		
发出批准单	×		×	×	动作桩	动作项
发出提货单	×		×	×		
发出通知单				×		

由表 4-2 可见,判定表将比较复杂的决策问题简洁、明确、一目了然地描述出来,它是描述条件比较多的决策问题的有效工具。判定表或判定树都是以图形形式描述数据流的加工逻辑,它结构简单,易懂易读。尤其遇到组合条件的判定,利用判定表或判定树可以使问题

的描述清晰，而且便于直接映射到程序代码。在表达一个加工逻辑时，判定数、判定表都是好的描述工具，根据需要可以交叉使用。

在一些数据处理问题当中，某些操作的实施依赖于多个逻辑条件的组合，即针对不同逻辑条件的组合值分别执行不同的操作。判定表很适合处理这类问题，能够将复杂的问题按照各种可能的情况全部列举出来，简明并避免遗漏。

构造一张判定表可采用以下步骤：

(1) 提取问题中的条件。

(2) 标出条件的取值。

(3) 计算所有条件的组合数 N。

(4) 提取可能采用的动作或措施。

(5) 制作判定表。

(6) 完善判定表。

3. 判定树

判定树是判定表的变形，一般情况下它比判定表更直观，且易于理解和使用。

例 4-8 某工厂生产两种产品 A 和 B，凡工人每月的实际生产量超过计划指标者均有奖励。奖励政策为：

(1) 对于产品 A 的生产者，超产数 N 小于或等于 100 件时，每超产 1 件奖励 2 元；N 大于 100 件小于等于 150 件时，大于 100 件的部分每件奖励 2.5 元，其余的每件奖励金额不变；N 大于 150 件时，超过 150 件的部分每件奖励 3 元，其余按超产 150 件以内的方案处理。

(2) 对于产品 B 的生产者，超产数 N 小于或等于 50 件时，每超产 1 件奖励 3 元；N 大于 50 件小于等于 100 件时，大于 50 件的部分每件奖励 4 元，其余的每件奖励金额不变；N 大于 100 件时，超过 100 件的部分每件奖励 5 元，其余按超产 100 件以内的方案处理。

上述处理功能用判定树描述，如图 4-22 所示。

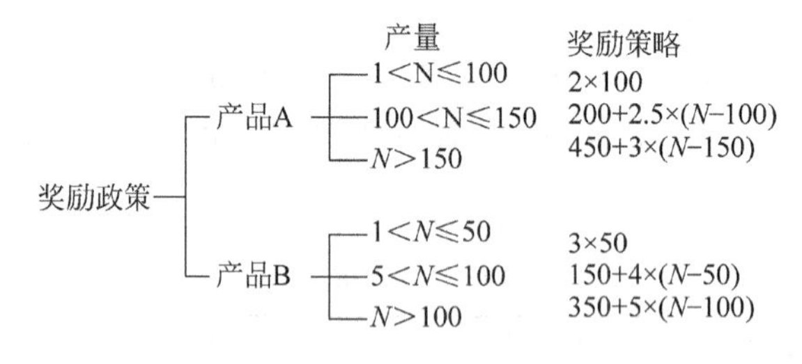

图 4-22 例 4-8 题的判定树

比较文字叙述，判定树能使人一目了然，清晰地表达了在什么情况下采取什么策略，不易产生逻辑上的混乱。因而判定树是描述基本处理逻辑功能的有效工具。

4. 三者比较

这 3 种描述加工逻辑的工具各有优缺点，对于顺序执行和循环执行的动作，用结构语言描述。对于存在多个条件复杂组合的判断问题，用判定表和判定树。判定树比判定表直观易读，而判定表进行逻辑验证较严格，能把所有的可能性全部都考虑到，因此可将两种工具结合起来，先用判定表做底稿，在此基础上产生判定树。判定树是判定表的变形，也是用来表达加工逻辑的一种工具，用它来描述加工，很容易被用户接受。没有一种统一的方法来构造判定树，也不可能有统一的方法。因为客观存在是用结构语言，甚至是自然语言写成的叙述文作为构造树的原始依据的，但可以从中找些规律。首先，应从文字资料中分清哪些是判定条件，哪些是判定做出的结论。在表达一个基本加工逻辑时，结构语言、判定表和判定树常常交叉使用，互相补充。因为这3种手段各有优缺点。总之，加工逻辑说明是结构化分析方法的一个组成部分，对每个加工都要加以说明，使用的手段应当以结构语言为主，对存在判断问题的加工逻辑，可辅之以判定表和判定树。

4.2.5 E-R图

在数据密集型应用问题中，对复杂数据及数据之间复杂关系的分析和建模将成为需求分析的重要任务。很显然，这项任务是简单的数据字典机制无法胜任的。所以，有必要在数据流分析方法中引进适合于复杂数据建模的工具：E-R图(实体-关系图)。

1. E-R图概念

E-R图即实体-关系图(Entity-Relation Diagram)，用来建立数据模型，在数据库系统概论中属于概念设计阶段，形成一个独立于机器、独立于DBMS的E-R模型(用E-R图描绘的数据模型)。E-R图提供了表示实体(即数据对象)、属性和联系的方法，用来描述现实世界的概念模型。

1) 要素

构成E-R图的基本要素是实体、属性和关系(联系)。

(1) 实体：具有相同属性的实体具有相同的特征和性质，用实体名及其属性名集合来抽象和刻画同类实体；在E-R图中用矩形表示，矩形框内写明实体名；比如学生张三、学生李四都是实体。如果是弱实体的话，在矩形外面再套实线矩形。客观存在并且可以相互区分的事物称为实体。实体既可以是具体的对象，也可以是抽象的对象。

(2) 属性：实体的特性称为属性。一个实体所具有的某一特性可由若干个属性来刻画。在E-R图中用椭圆形表示，并用无向边将其与相应的实体连接起来。比如学生的姓名、学号、性别、都是属性。如果是多值属性的话，在椭圆形外面再套实线椭圆。如果是派生属性则用虚线椭圆表示。主属性则是能唯一标识实体的属性。

(3) 关系(联系)：实体之间的相互关系称为联系。联系可分为一对一联系、一对多联系、多对多联系3种类型。联系也称关系，信息世界中反映实体内部或实体之间的联系。实体内部的联系通常是指组成实体的各属性之间的联系；实体之间的联系通常是指不同实体集之间的联系。在E-R图中用菱形表示，菱形框内写明联系名，并用无向边分别与有关实体连接起来，同时在无向边旁标上联系的类型($1:1$、$1:n$或$m:n$)。比如老师给学生授课存在授课关系，学生选课存在选课关系。如果是弱实体的联系则在菱形外面再套菱形。

2) 成分

在E-R图中有如下4种成分：

□：矩形框，表示实体，在框中记入实体名

◇：菱形框，表示联系，在框中记入联系名。

⬭：椭圆形框，表示实体或联系的属性，将属性名记入框中。对于主属性名，则在其名称下划一下划线。

一：连线，实体与属性之间、实体与联系之间、联系与属性之间用直线相连，并在直线上标注联系的类型。

2. 数据对象、属性与关系

1）数据对象

数据对象是现实世界中实体的数据表现，或者说数据对象是现实世界中省略了功能和行为的实体。在数据流分析方法中，数据对象包括数据源、外部实体的数据部分以及数据流的内容。数据对象由其属性刻画。通常属性包括：

（1）命名性属性：对数据对象的实例命名，其中必含有一个或一组关键属性，以便唯一地标识数据对象的实例。

（2）描述性属性：对数据对象实例的性质进行刻画。

（3）引用性属性：将自身与其他数据对象的实例关联起来。

2）属性

一般而言，现实世界中任何给定实体都具有许多属性，分析人员应当并且只能考虑与应用问题有关的属性。例如，在汽车销售管理问题中，汽车的属性可能有制造商、型号、标识码、车体类型、颜色和买主等。

3）关系

应用问题中的任何数据对象都不是孤立的，它们与其他数据对象一定存在各种形式的关联。例如，在汽车销售管理问题中，“制造商”与“汽车”之间存在“生产”关系，“购车者”与“汽车”之间存在“购买”关系。当然，关系的命名及内涵因具体问题而异。分析人员必须善于剔除与应用问题无关的关系。

基于数据对象、属性与关系，分析人员可以为应用问题建立数据模型。一致性并消除数据冗余，分析人员要掌握以下规范化规则：

（1）数据对象的任何实例对每个属性必须有且仅有一个属性值。

（2）属性是原子数据项，不能包含内部数据结构。

（3）如果数据对象的关键属性多于一个，那么其他非关键属性必须表示整个数据对象而不是部分关键属性的特征。例如，如果在“汽车”数据对象中增加“经销商”属性并将其与标识码一起作为关键属性，那么再添加“经销商地址”属性就违背了上述规则，因“经销商地址”仅仅是“经销商”的特征，它与“汽车”的标识码无关。

（4）所有的非关键属性必须表示整个对象而不是部分属性的特征。例如，在“汽车”数据对象中增加“油漆名称”属性就违背了上述原则，因“油漆名称”仅与“颜色”有关，而不是整个“汽车”的特征。

3. E-R 图

E-R(Entity-Relation)图是表示数据对象及其之间关系的图形语言机制。数据对象（实体)用长方形表示,关系用菱形表示,属性用椭圆表示。数据对象之间数量上的对应关系用标识在属性与实体的连线上的数字来表示,如图 4-23 所示。

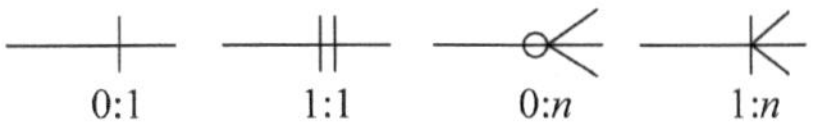

0:1　1:1　0:n　1:n

图 4-23　E-R 图中数量对应关系的表示

为了便于区分,E-R 模型中的实体、关系和属性都应在对应的框中写上各自的名字。例如,在图 4-24 中,一个制造商生产一辆或多辆汽车,它可以与多个经销商签订经销合同,车辆可以通过一个或多个经销商和厂家销售。图 4-24 中省略了部分实体或关系的属性。

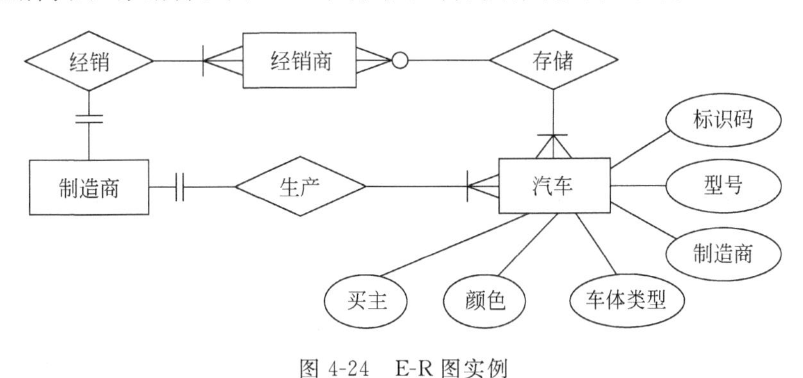

图 4-24　E-R 图实例

4.3 面向对象建模方法

本节重点介绍面向对象方法、面向对象分析方法、面向对象的分析应用,UML 建模和 UML 面向对象分析应用。

4.3.1 面向对象方法

1. 人的思维方式

1) 传统开发方法存在的问题

结构化设计方法采用的设计思路不是将客体作为一个整体,而是将依附于客体之上的行为抽取出来,以功能为目标来设计构造应用系统。这种方法导致在进行程序设计的时候,会将客体所构成的现实世界映射到由功能模块组成的解空间中,这种变换过程不仅增加了程序设计的复杂程度,也背离了人们观察和解决问题的基本思路。结构化设计方法将看问题的视角定位于操作上,将描述客体的属性和行为分开,使程序日后的维护和扩展相当困难,即使一个微小的变动,都会波及整个系统。面对日趋复杂的应用系统,这种开发思路存在以下弱点。

(1) 重用性差。结构化方法是围绕实现处理功能的过程来构造系统的。而用户需求的变化大部分是针对功能的。用户需求的变化往往造成系统结构的较大变化,从而需要花费很大代价才能实现这种变化。因此,这种变化对于基于过程的设计来说是灾难性的,因为开始设计的结果后面重复使用很难。

(2) 维护性差。软件工程强调软件的可维护性,强调文档资料的重要性,规定最终的软件产品应该由完整、一致的配置成分组成。在软件开发过程中，始终强调软件的可读性、可修改性和可测试性是软件的重要的质量指标。实践证明，用传统方法开发出来的软件，维护时其费用和成本仍然很高，其原因是可修改性差，维护困难，导致可维护性差。

(3) 复杂应用差。大型软件系统结构复杂，涉及各种不同领域的知识，结构化方法在需求建模时采用的是机械功能分解，这样的分解显然不适合复杂系统的分析，因此，结构化方法对大型复杂系统分析设计显得力不从心。

2) 对象的视角

现实世界中的客体是问题域中的主角。所谓客体是指客观存在的对象实体和主观抽象的概念，是人类观察问题和解决问题的主要目标。通常人类观察问题的视角是这些客体，客体的属性反应客体在某一时刻的状态，客体的行为反映客体所能从事的操作。这些操作附在客体之上并能用来设置、改变和获取客体的状态。任何问题域都有一系列的客体，因此解决问题的基本方式是让这些客体之间相互驱动、相互作用，最终使每个客体按照设计者的意愿改变其属性状态。面对问题规模的日趋扩大、环境的日趋复杂、需求变化的日趋加快，利用计算机解决问题的方法应该尊重人类解决问题的习惯，改变结构化方法与人类解决问题的思维模式的冲突。

(1) 抽象方法。抽象是人类解决问题的基本方法。一个好的抽象策略可以控制问题的复杂程度，增强系统的通用性和可扩展性。抽象主要包括过程抽象和数据抽象。结构化设计方法应用的是过程抽象。所谓过程抽象是将问题域中具有明确功能定义的操作抽取出来，并将其作为一个实体看待。这种抽象不利于软件开发。一旦某个客体属性的表示方式发生了变化，有可能牵扯到系统的其他部分。而数据抽象是较过程抽象更高级别的抽象方式，将描述客体的属性和行为绑定在一起，实现统一的抽象，从而达到对现实世界客体的真正模拟。

(2) 封装体。封装是指将现实世界中存在的某个客体的属性与行为绑定在一起，并放置在一个逻辑单元内。该逻辑单元负责将所描述的属性隐藏起来，外界对客体内部属性的所有访问只能通过提供的用户接口实现。这样做既可以实现对客体属性的保护作用，又可以提高软件系统的可维护性。只要用户接口不改变，任何封装体内部的改变都不会对软件系统的其他部分造成影响。结构化设计方法没有做到客体的整体封装，只是封装了各个功能模块，而每个功能模块可以随意地对没有保护能力的客体属性实施操作，并且由于描述属性的数据与行为被分割开来，所以一旦某个客体属性的表达方式发生了变化，或某个行为效果发生了改变，就有可能对整个系统产生影响。

(3) 可重用性。可重用性标识软件产品的可复用能力，是衡量一个软件产品好坏的重要指标。当今的软件开发行业，人们追求开发更多更通用的可重用构件。将过去的语句编写改为现在的构件组装，提高软件开发效率，推动应用领域迅速发展。然而，结构化程序设计方法的基本单位是模块，每个模块只是实现特定功能的过程描述，因此，它的可重用单位只能是模块。因此，渴望更大力度的可重用构件是如今应用领域对软件开发提出的新需求。

2. 面向对象

面向对象是一种对现实世界理解和抽象的方法，是软件开发的一种方法。随着计算机技术的不断提高，计算机被用于解决越来越复杂的问题。通过面向对象的方式，将现实世界的事物抽象成对象，现实世界中的关系抽象成类、继承，帮助人们实现对现实世界的抽象与数字建模。通过面向对象的方法,更利于用人们理解的方式对于复杂系统进行分析、设计与编程。同时,面向对象能有效提高编程的效率,通过封装技术、消息机制可以像搭积木一样快速开发出一个新的系统。

对于面向对象的概念,各自有各自的理解,目前没有面向对象的明确定义。起初,面向对象是专指在程序设计中采用封装、继承、抽象等设计方法。可是这个定义显然不再适合现在的情况。面向对象的思想已经涉及软件开发的各个方面,如面向对象的分析(Object Oriented Analysis,OOA)、面向对象的设计(Object Oriented Design,OOD)以及面向对象的编程实现(Object Oriented Programming,OOP)。

面向对象(Object Oriented,OO)是当前计算机界的主流,它是 20 世纪 90 年代的软件开发方法。面向对象的概念已经应用于数据库系统、交互式界面、应用结构、应用平台、分布式系统、网络管理结构、CAD 技术和人工智能等领域。

面向对象方法的步骤:首先根据客户需求抽象出业务对象;接着对需求进行合理分层,构建相对独立的业务模块;然后设计业务逻辑,利用多态、继承、封装、抽象的编程思想实现业务需求;最后通过整合各模块,达到高内聚、低耦合的效果,从而满足客户要求。

3. 面向对象的基本概念

1) 对象

对象是人们要进行研究的任何事物,从最简单的整数到复杂的飞机等均可看作对象,它不仅能表示具体的事物,还能表示抽象的规则、计划或事件。

对象具有状态,一个对象用数据值来描述它的状态。对象还有操作,用于改变对象的状态,对象及其操作就是对象的行为。对象实现了数据和操作的结合,使数据和操作封装于对象的统一体中。

2) 类

具有相同或相似性质的对象的抽象就是类。因此,对象的抽象是类,类的具体化就是对象,也可以说类的实例是对象。类具有属性,它是对象的状态的抽象,用数据结构来描述类的属性。类具有操作,它是对象的行为的抽象,用操作名和实现该操作的方法来描述。

在客观世界中有若干类,这些类之间有一定的结构关系。通常有两种主要的结构关系:一般与具体的结构关系、整体与部分的结构关系。一般与具体的结构称为分类结构,也可以说是“或”关系。整体与部分的结构称为组装结构,它们之间的关系是一种“与”关系。

3) 消息和方法

对象之间进行通信的结构叫做消息。在对象的操作中,当一个消息发送给某个对象时,消息包含接收对象去执行某种操作的信息。发送一条消息至少要包括说明接收消息的对象名、发送给该对象的消息名(即对象名、方法名)。一般还要对参数加以说明,参数可以是认识该消息的对象所知道的变量名,或者是所有对象都知道的全局变量名。类中操作的实现过程叫做方法,一个方法有方法名、参数、方法体。

4. 面向对象的特征

1) 抽象性

抽象是指为了某一分析目的而集中精力研究对象的某一性质,它忽略其他与此目的无关的部分。抽象是实体的本质、内在的属性。在使用这一概念时，要承认客观世界的复杂性，也知道事物包括有多个细节，但此时并不打算去完整地考虑它。抽象是科学研究和处理复杂问题的重要方法。在系统开发中，抽象指的是在决定如何实现对象之前的对象的意义和行为。使用抽象可以尽可能避免过早考虑一些细节。类实现了对象的数据(即状态)和行为的抽象。分类性是指将具有一致的数据结构(属性)和行为(操作)的对象抽象成类。一个类就是这样一种抽象，它反映了与应用有关的重要性质，而忽略其他一些无关内容。任何类的划分都是主观的，但必须与具体的应用有关。抽象机制被用在数据分析方面，称之为数据抽象。数据抽象是OOA的核心。数据抽象把一组数据对象以及作用其上的操作组成一个程序实体。在OOA中属性和方法被认为是不可分割的整体。

2) 封装性

也称信息隐藏。封装性是保证软件部件具有优良的模块性的基础。面向对象的类是封装良好的模块，类定义将其说明(用户可见的外部接口)与实现(用户不可见的内部实现)显式地分开，其内部实现按其具体定义的作用域提供保护。对象是封装的最基本单位。封装防止了程序相互依赖性而带来的变动影响。面向对象的封装比传统语言的封装更为清晰、更为有力。每个对象都有自身唯一的标识，通过这种标识，可找到相应的对象。在对象的整个生命期中，它的标识都不改变，不同的对象不能有相同的标识。

封装是一种信息隐蔽技术，它体现于类的说明，是对象的重要特性。封装使数据和加工该数据的方法(函数)封装为一个整体，以实现独立性很强的模块，使得用户只能见到对象的外特性(对象能接收哪些消息，具有哪些处理能力)，而对象的内特性(保存内部状态的私有数据和实现加工能力的算法)对用户是隐蔽的。封装的目的在于把对象的设计者和对象的使用者分开，使用者不必知晓行为实现的细节，只须用设计者提供的消息来访问该对象。

3) 继承性

继承性是子类自动共享父类数据结构和方法的机制，它由类的派生功能体现，这是类之间的一种关系。在定义和实现一个类的时候，可以在一个已经存在的类的基础上进行，把这个已经存在的类所定义的内容作为自己的内容，并加入若干新的内容。继承性是面向对象程序设计语言不同于其他语言的最重要的特点，是其他语言所没有的。一个类直接继承其他类的全部描述，同时可修改和扩充。继承具有传递性。继承分为单重继承和多重继承。在类层次中，一个子类只继承一个父类的数据结构和方法称为单重继承，一个子类继承了多个父类的数据结构和方法则称为多重继承。在软件开发中，类的继承性使所建立的软件具有开放性、可扩充性，这是信息组织与分类的行之有效的方法，它简化了对象、类的创建工作量，增加了代码的可重用性。采用继承性，提供了类的规范的等级结构。通过类的继承关系，使公共的特性能够共享，提高了软件的可重用性。类的对象是各自封闭的，如果没有继承性机制，则类对象中的数据、方法就会出现大量重复。继承不仅支持系统的可重用性，而且还促进系统的可扩充性。

4) 多态性

多态性也叫多形性，是指相同的操作或函数、过程可作用于多种类型的对象上并获得不同的结果。不同的对象，收到同一消息可以产生不同的结果，这种现象称为多态性。多态性允许每个对象以适合自身的方式去响应共同的消息。多态性增强了软件的灵活性和重用性。

对象根据所接收的消息而做出动作。利用多态性用户可发送一个通用的信息，而将所有的实现细节都留给接收消息的对象自行决定，这样，同一消息即可调用不同的方法。多态性的实现受到继承性的支持，利用类继承的层次关系，把具有通用功能的协议存放在类层次中尽可能高的地方，而将实现这一功能的不同方法置于较低层次，这样，在这些低层次上生成的对象就能给通用消息以不同的响应。在OOPL中可通过在派生类中重定义基类函数（定义为重载函数或虚函数）来实现多态性。

5）共享性

面向对象技术在不同级别上促进了共享。

(1) 同一类中的共享。同一类中的对象有着相同数据结构，这些对象之间是结构、行为特征的共享关系。

(2) 在同一应用中共享。在同一应用的类层次结构中，存在继承关系的各相似子类中存在数据结构和行为的继承，使各相似子类共享共同的结构和行为。

(3) 使用继承来实现代码的共享，这也是面向对象的主要优点之一。

(4) 在不同应用中共享。面向对象不仅允许在同一应用中共享信息，而且为未来目标的可重用设计准备了条件。通过类库这种机制和结构来实现不同应用中的信息共享。

4.3.2 面向对象分析方法

1. 面向对象的开发方法

目前，面向对象开发方法的研究已日趋成熟，国际上已有不少面向对象产品出现。面向对象开发方法有Booch方法、Coad方法和OMT方法等。

1）Booch方法

1980年Grady Booch最先描述了面向对象的软件开发方法的基础问题，指出面向对象开发是一种根本不同于传统的功能分解的设计方法。面向对象的软件分解更接近人们对客观事物的理解，而功能分解只通过问题空间的转换来获得。他是统一模型语言（UML）的最初开发者之一。Booch方法所采用的对象模型要素是封装、模块化、层次类型、并发。重要的概念模型是类和对象、类和对象的特征、类和对象之间的关系。使用的图形文档包括6种，即类图、对象图、状态转换图、交互图、模块图和进程图。

2）Coad方法

1989年Coad和Yourdon提出Coad面向对象开发方法。该方法严格区分了面向对象分析（OOA）和面向对象设计（OOD）。

(1) 在面向对象分析阶段有4个层次的活动：

① 发现类及对象。描述如何发现类及对象。从应用领域开始识别类及对象，形成整个应用的基础，然后据此分析系统的责任。

② 识别结构。该阶段分为两个步骤。第一步，识别一般-特殊结构，该结构捕获了识别出的类的层次结构；第二步，识别整体-部分结构，该结构用来表示一个对象如何成为另一个对象的一部分，以及多个对象如何组装成更大的对象。

③ 定义主题。主题由一组类及对象组成，用于将类及对象模型划分为更大的单位，便于理解。

④ 定义属性。其中包括定义类的实例(对象)之间的实例连接。

⑤ 定义服务。其中包括定义对象之间的消息连接。

(2) 面向对象设计模型需要 4 个部分:

① 问题域部分(PDC)。面向对象分析的结果直接放入该部分。

② 人机交互部分(HIC)。这部分的活动包括对用户分类,描述人机交互的脚本,设计命令层次结构,设计详细的交互,生成用户界面的原型,定义 HIC 类。

③ 任务管理部分(TMC)。这部分的活动包括识别任务(进程)、任务所提供的服务、任务的优先级、进程是事件驱动还是时钟驱动、任务与其他进程和外界如何通信。

④ 数据管理部分(DMC)。这一部分依赖于存储技术是文件系统,还是关系数据库管理系统,还是面向对象数据库管理系统。

3) OMT 方法

1991 年 James Rumbaugh 等 5 人在《面向对象的建模与设计》一书中提出 OMT 方法。OMT 是 Object Modeling Technology 的缩写,意为对象建模技术。OMT 法是目前最为成熟和实用的方法之一。OMT 方法的 OOA 模型包括对象模型、动态模型和功能模型。

(1) 对象模型表示静态的、结构化的数据性质,它是对模拟客观世界实体的对象及对象间的关系映射,描述了系统的静态及结构,通常用类图表示。对象模型描述系统中对象的静态结构、对象之间的关系、对象的属性、对象的操作。对象模型表示静态的、结构上的、系统的数据特征。对象模型为动态模型和功能模型提供了基本的框架。对象模型用包含对象和类的对象图来表示。

(2) 动态模型描述与时间和操作顺序有关的系统特征与激发事件、事件序列、确定事件先后关系的状态以及事件和状态的组织。动态模型表示瞬间的、行为上的、系统的控制特征。动态模型用状态图来表示,每张状态图显示了系统中一个类的所有对象所允许的状态和事件的顺序。

(3) 功能模型表示变化的系统的功能性质,它指明了系统应该做什么,因此直接地反映了用户对目标系统的需求,通常用数据流图表示。功能模型描述与值变换有关的系统特征,即功能、映射、约束和函数依赖。

4) OOSE 方法

OOSE(Object Oriented Software Engineering,面向对象软件工程)方法是 1992 年 Jacobson 提出的一种用例驱动的面向对象开发方法。用例模型充当整个分析模型的核心。OOSE 过程可分为分析阶段、构造阶段和测试阶段。

(1) 第一阶段:分析。分析阶段产生两个模型:需求模型和分析模型。需求模型从用户的角度描述所有的功能需求和系统被最终用户使用的方式。需求模型为系统确定了边界,定义了系统的功能。需求模型由三部分构成:用例模型、问题域对象模型、接口描述(包括用户界面的描述和与其他系统的接口描述)。问题分析的主要任务是收集并确认用户的需求信息,对实际问题进行功能分析和过程分析,从中抽象出问题中的基本概念、属性和操作,然后用泛化、组成和关联结构描述概念实体间的静态关系。最后,将概念实体标识为问题域中的对象类,以及定义对象类之间的静态结构关系和信息连接关系。最终建立关于对象的分析模型。

(2) 第二阶段:构造阶段。构造阶段可分为两步:设计和实现。第一步设计由 3 个阶段组成：首先，确定实现环境；其次，建立设计模型，将分析对象转变为实现环境的设计对象；最后，描述每个用例中对象间的交互作用，产生对象接口。设计模型细化分析模型，使模型适合于实现环境。该阶段要定义对象的接口和操作的语义，决定采用何种数据库管理系统和编程语言等。设计模型由时序图、协作图、状态图组成。第二步实现，用编程语言实现每个对象。可以在设计模型部分完成的情况下就开始实现系统。

(3) 第三阶段：测试。主要是验证系统的正确性，测试步骤包括制定测试计划、制定测试规范、测试与报告和失败原因分析。

2. 面向对象的模型

1) 对象模型

对象模型表示了静态的、结构化的系统数据性质，描述了系统的静态结构，它是从客观世界实体的对象关系角度来描述，表现了对象的相互关系。该模型主要关心系统中对象的结构、属性和操作，它是分析阶段 3 个模型的核心，是其他两个模型的框架。

(1) 对象和类。对象建模的目的就是描述对象。通过将对象抽象成类，可以使问题抽象化，抽象增强了模型的归纳能力。属性指的是类中对象所具有的性质(数据值)。操作是类中对象所使用的一种功能或变换。类中的各对象可以共享操作，每个操作都有一个目标对象作为其隐含参数。方法是类的操作的实现步骤。

(2) 关联和链。关联是建立类之间关系的一种手段，而链则是建立对象之间关系的一种手段。链表示对象间的物理与概念连接，关联表示类之间的一种关系，链是关联的实例，关联是链的抽象。角色说明类在关联中的作用，它位于关联的端点。受限关联由两个类及一个限定词组成，限定词是一种特定的属性，用来有效地减少关联的重数，限定词在关联的终端对象集中说明。限定提高了语义的精确性，增强了查询能力，在现实世界中，常常出现限定词。关联的多重性是指类中有多少个对象与关联的类的一个对象相关。重数常描述为“一”或“多”。

(3) 类的层次结构。聚集是一种整体-部分关系。在这种关系中，有整体类和部分类之分。聚集最重要的性质是传递性，也具有逆对称性。聚集可以有不同层次，可以把不同分类聚集起来得到一颗简单的聚集树，聚集树是一种简单表示，比画很多线来将部分类联系起来简单得多，对象模型应该容易地反映各级层次。一般化关系是在保留对象差异的同时共享对象相似性的一种高度抽象方式。它是一般与具体的关系。一般化类称为父类，具体类又能称为子类，各子类继承了父类的性质，而各子类的一些共同性质和操作又归纳到父类中。因此，一般化关系和继承是同时存在的。一般化关系的符号表示是在类关联的连线上加一个小三角形。

(4) 对象模型。模板是类、关联、一般化结构的逻辑组成。对象模型是由一个或若干个模板组成。模板将模型分为若干个便于管理的子块，在整个对象模型和类及关联的构造块之间，模板提供了一种集成的中间单元，模板中的类名及关联名是唯一的。

2) 动态模型

动态模型是与时间和变化有关的系统性质。该模型描述了系统的控制结构，它表示了瞬间的、行为化的系统控制性质，它关心的是系统的控制、操作的执行顺序，它表示从对象的事件和状态的角度出发，表现了对象的相互行为。该模型描述的系统属性是触发事件、事件序列、状态、事件与状态的组织。使用状态图作为描述工具。它涉及事件、状态、操作等重要概念。事件是指定时刻发生的某件事。状态是对象属性值的抽象。对象的属性值按照影响对象显著行为的性质将其归并到一个状态中去。状态指明了对象对输入事件的响应。状态图是一个标准的计算机概念,它是有限自动机的图形表示,这里把状态图作为建立动态模型的图形工具。状态图反映了状态与事件的关系。当接收一事件时,下一状态就取决于当前状态和所接收的该事件,由该事件引起的状态变化称为转换。状态图是一种图,用结点表示状态,结点用圆圈表示;圆圈内有状态名,用箭头连线表示状态的转换,上面标记事件名,箭头方向表示转换的方向。

3）功能模型

功能模型描述了系统的所有计算。功能模型指出发生了什么,动态模型确定什么时候发生,而对象模型确定发生的客体。功能模型表明一个计算如何从输入值得到输出值,它不考虑计算的次序。功能模型由多张数据流图组成。数据流图用来表示从源对象到目标对象的数据值的流向,它不包含控制信息,控制信息在动态模型中表示,同时数据流图也不表示对象中值的组织,值的组织在对象模型中表示。数据流图中包含有处理、数据流、动作对象和数据存储对象。数据流图中的处理用来改变数据值。最低层处理是纯粹的函数,一张完整的数据流图是一个高层处理。数据流图中的数据流将对象的输出与处理、处理与对象的输入、处理与处理联系起来。在一个计算机中,用数据流来表示一中间数据值,数据流不能改变数据值。动作对象是一种主动对象,它通过生成或者使用数据值来驱动数据流图。数据流图中的数据存储是被动对象,它用来存储数据。它与动作对象不一样,数据存储本身不产生任何操作,它只响应存储和访问的要求。

3. 面向对象分析的基本步骤

1）面向对象分析的基本过程

面向对象分析就是抽取和整理用户需求并建立问题域精确模型的过程,如图4-25所示。首先,用户、开发者和管理者通过需求分析提出问题陈述;接着,进行建模活动,利用用户知识、领域知识和现实世界经验将问题陈述转化为对象模型、动态模型和功能模型。图中虚线上侧为需求分析过程,虚线下侧为系统设计过程。

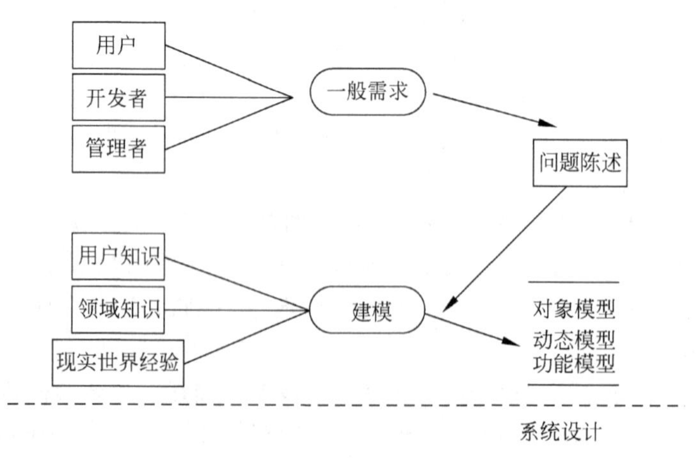

图4-25　面向对象分析过程

用户陈述需求，可以由系统分析员配合用户，共同完成需求分析。需求陈述通常是不完整、不准确的，而且往往是非正式的。通过分析，可以发现和改正原始陈述中的二义性和不一致性，补充遗漏的内容，从而使需求陈述更完整、更准确。因此，不应该认为需求陈述是一成不变的，而应该把它作为细化和完善实际需求的基础。在分析需求陈述的过程中，系统分析员需要反复多次地与用户协商、讨论、交流信息，还应该通过调研了解现有的类似系统。正如以前多次讲过的，快速建立起一个可在计算机上运行的原型系统非常有助于分析员和用户之间的交流和理解，从而能更正确地提炼出用户的需求。

系统分析员应该深入理解用户需求，抽象出目标系统的本质属性，并用模型准确地表示出来。用自然语言书写的需求陈述通常是有二义性的，内容往往不完整、不一致。分析模型应该成为对问题的精确而又简洁的表示。后继的设计阶段将以分析模型为基础。更重要的是，通过建立分析模型能够纠正在开发早期对问题域的误解。

在面向对象建模的过程中，系统分析员必须认真向领域专家学习。尤其是建模过程中的分类工作往往有很大难度。继承关系的建立实质上是知识抽取过程，它必须反映出一定深度的领域知识，这不是系统分析员单方面努力所能做到的，必须有领域专家的密切配合才能完成。在面向对象建模的过程中，还应该仔细研究以前针对相同的或类似的问题域进行面向对象分析所得到的结果。由于面向对象分析结果的稳定性和可重用性，这些结果在当前项目中往往有许多是可以重用的。

面向对象建模得到的模型包含系统的3个要素，即静态结构(对象模型)、交互次序(动态模型)和数据变换(功能模型)。解决的问题不同，这3个子模型的重要程度也不同：几乎解决任何一个问题，都需要从客观世界实体及实体间相互关系抽象出极有价值的对象模型；当问题涉及交互作用和时序时(例如用户界面及过程控制等)，动态模型是重要的；解决运算量很大的问题(例如高级语言编译、科学与工程计算等)则涉及重要的功能模型。动态模型和功能模型中都包含了对象模型中的操作(即服务或方法)。

复杂问题(大型系统)的对象模型通常由下述5个层次组成：主题层、类与对象层、结构层、属性层和服务层。这5项工作完全没有必要顺序完成，也无须彻底完成一项工作以后再开始另外一项工作。虽然这5项活动的抽象层次不同，但是在进行面向对象分析时并不需要严格遵守自顶向下的原则。人们往往喜欢先在一个较高的抽象层次上工作，如果在思考过程中突然想到一个具体事物，就会把注意力转移到深入分析发掘这个具体领域，然后又返回到原先所在的较高的抽象层次。例如，分析员找出一个类与对象，想到在这个类中应该包含的一个服务，于是把这个服务的名字写在服务层，然后又返回到类与对象层，继续寻找问题域中的另一个类与对象。

通常在完整地定义每个类中的服务之前，需要先建立起动态模型和功能模型，通过对这两种模型的研究，能够更正确、更合理地确定每个类应该提供哪些服务。

分析也不是一个机械的过程。大多数需求陈述都缺乏必要的信息，所缺少的信息主要从用户和领域专家那里获取，同时也需要从分析员对问题域的背景知识中提取。在分析过程中，系统分析员必须与领域专家及用户反复交流，以便澄清二义性，改正错误的概念，补足缺少的信息。面向对象建立的系统模型，尽管在最终完成之前还是不准确、不完整的，但对做到准确、无歧义的交流仍然是大有益处的。

综上所述，在概念上可以认为，面向对象分析大体上按照下列顺序进行：寻找类与对象、识别结构、识别主题、定义属性、建立动态模型、建立功能模型、定义服务。但是，正如前面已经多次强调指出过的，分析不可能严格地按照预定顺序进行，大型、复杂系统的模型需要反复构造多遍才能建成。通常先构造出模型的子集，然后再逐渐扩充，直到完全、充分地理解了整个问题才能最终把模型建立起来。

2) OOA 5 个基本步骤

(1) 第一步，确定对象和类。这里所说的对象是对数据及其处理方式的抽象，它反映了系统保存和处理现实世界中某些事物的信息的能力。类是多个对象的共同属性和方法集合的描述，它包括如何在一个类中建立一个新对象的描述。

(2) 第二步，确定结构。结构是指问题域的复杂性和连接关系。类成员结构反映了泛化-特化关系，整体-部分结构反映整体和局部之间的关系。

(3) 第三步，确定主题。主题是指事物的总体概貌和总体分析模型。

(4) 第四步，确定属性。属性就是数据元素，可用来描述对象或分类结构的实例，可在图中给出，并在对象的存储中指定。

(5) 第五步，确定服务。服务是在收到消息后必须进行的一些处理方法。它可以在图中定义。

4.3.3 面向对象的分析应用

1. 问题陈述

例 4-9 这里所举的例子是一个医院门诊管理系统。对该问题域的陈述如下：病人到医院看病，首先是挂号，然后找医生看病，医生开处方后病人缴费、取药。系统所需的信息有：

(1) 医院信息，包括名称、负责人、地址、电话等。还有医生和工作人员信息，包括姓名、科室等。

(2) 病人信息，包括姓名、住址、联系电话等。

(3) 挂号信息，包括流水号、挂号科室等。

(4) 病历信息，包括日期，病情，用药等。

(5) 药品信息，包括药名、出厂日期、供货商、药效、价格等。

2. 系统分析

这一阶段主要是根据已有的问题空间的描述，采用面向对象分析方法，为现实应用领域建立相应模型。分析过程得到的模型能明确地刻画出系统的需求，为参与系统开发的人员提供交流基础，同时也为后续的设计和实现提供基本框架。

1) 标识对象

标识对象就是将现实应用中的实体与目标系统中的技术概念更加紧密地联系在一起，并构造一个稳定的框架作为应用领域模型的基础。开发人员定义对象应首先从已得到的问题陈述入手，在此基础上反复对用户业务流程进行调查，研究用户提供的有关系统需求的形式不一的文字资料，查阅与应用领域紧密相关的专业文献，加强同用户进行及时的面对面的交流，研究所有尽可能得到的图示资料，包括系统组成图、高层数据流图，从而获得对问题空间的深度的较完整的理解,并在此基础上尽量捕捉到与系统潜在对象相关的信息。下面是有关准则：

(1) 寻找准则。挖掘系统潜在对象时,要依次考虑以下几类事物。

① 结构：主要考虑分类和组装两种结构,这不仅能发现对象,还可以明确系统层次关系。

② 其他系统：是指与本系统相互作用的系统或外部边界。这种相互作用包括硬件连接、信息互传或实体相互作用。

③ 设备：指与系统作用的有关设施,有些可能与系统进行数据或控制信息的转换。

④ 需要存储的事件：指问题域中发生的需要保存相关信息的事件,包括时间、地点、人物、原因等因素在内都需系统维护。

⑤ 人员：系统中人员通常分两种,一种是系统直接使用者,即用户；另一种是系统处理信息的源主,在本例中指"病人"。

⑥ 地点：指系统需考虑的物理地点、办公室或场所。

⑦ 组织单元：指与系统有关的人所属的地域、部门或机构。按寻找准则对要开发的系统进行查找,一旦发现候选对象,就参照判别准则来取舍,并利用检验准则做最终的审查。

(2) 判别准则。当决定模型中是否包含某一个对象时,至少要考虑以下 4 点：

① 系统是否有必要保存该对象信息、为该对象提供服务。

② 对象的属性至少有一个。利用这条准则过滤掉低层次上的一些对象。

③ 公共属性及服务的确认。若确实是公共属性和服务,则抽象出来用以产生实例；否则需用分类结构进行说明。

④ 基本要求。即在不考虑具体实现系统的计算机技术时,系统必须有的需求。

(3) 检验准则。在经历了对问题空间的找到对象过程,并对这些对象进行判别后,可得到一些使用自然语言描述的候选对象,究竟这些候选对象是否符合要求,还要经过严格的检验。

① 冗余的属性和服务。若系统在时间、进度、能力三方面的制约下,不必存储某些属性数据或提供此类服务,那么就删除这些属性数据及服务对应的对象。

② 单个实例对象。这条准则主要针对有属性的对象,分 3 种情况考虑：若单个实例对象确实反映问题空间中的实体,那么其存在是合理的；若系统中还存在另一个有相同属性和服务的对象,并且它也正确刻画问题域,则将二者合并；若系统中存在另一个有相似属性和服务的对象,且它也能正确刻画问题域,则考虑使用分类结构。比如本例中"挂号"和"看病"两个事件对象就属于第三种情况,需要构造一个"合法事件"类。

③ 派生结果。模型中不能有派生结果,但模型中需要保存能够得到派生结果的对象。在确定对象后,需要为对象命名,即将非形式化的描述转化为形式化的描述。一个对象名应该能够描述对象的单个实例,它通常是单个名词,或是形容词＋名词,并且是能够反映对象主题的标准词汇,还要具有较强的可读性。对应本例的问题陈述,可以得到本系统的 6 个对象,如图 4-26 所示。

2) 标识结构

结构表示问题空间的复杂度,标识结构的目的是便于管理问题域模型的复杂性。在系统分析中需要考虑的结构有两种：分类结构和组装结构。

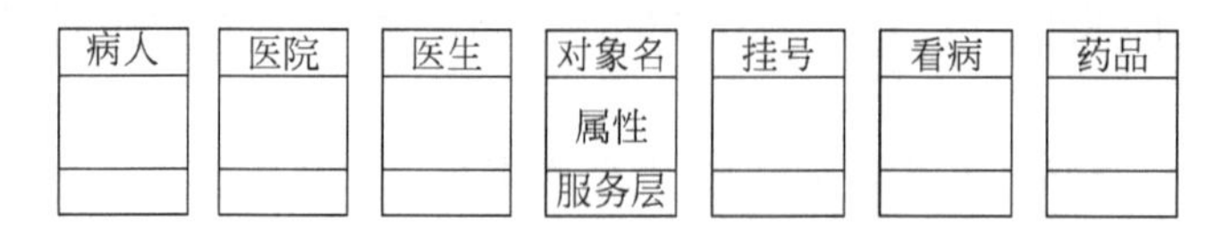

图 4-26　系统对象层模型

(1) 分类结构。它能够帮助得到成员组织层次，通过搜集问题域中的公共特性并把这种特性扩充到特例之中来，显示现实世界实体的通用性及专用性。分类结构还提供了对问题空间的重要划分，一种划分是把属性和服务分成互斥的几组，另一种划分是利用结构抽象出比对象和结构都要高的数据层次，即"主题"。定义分类结构需先将一个对象考虑成通用的，并考察它在应用领域各种可能的专用特性。例如，本例中的对象"药品"可按不同的专用性分为处方药和非处方药，如图 4-27 所示。接下来要考虑各专用性之间是否存在差异，明确某专用性的确存在于现实世界。此外，还要考虑这种专用性是否存在于问题空间，例如，要考虑是否把"药品"分为按照功能与用途分，如划分为抗生素类药品、心脑血管用药、消化系统用药等 19 个类。这时，要把对象作为专用的来考察，考虑系统是否有其他对象通用，这种通用性是否反映现实世界，是否在系统范围内。在本例中，分别看到处方药和非处方药等对象，就可以将它们综合成对象"药品"。图 4-27 所示为本例子的两个分类结构："药品"和"就医事件"。

(2) 组装结构。组装结构展示了一个整体及组成部分结构，也表达了一种基本组织方式，即部分聚合成整体的方式。然后，将每一个对象作为一个整体，考虑该对象是否适用于组装，它与哪些对象在一起形成一个组装，以及该组装是否反映现实世界的实体，是否属于问题空间。本例的组装结构如图 4-28 所示，组装结构的增加是通过从整体到部分、从顶到底的描绘而成的。

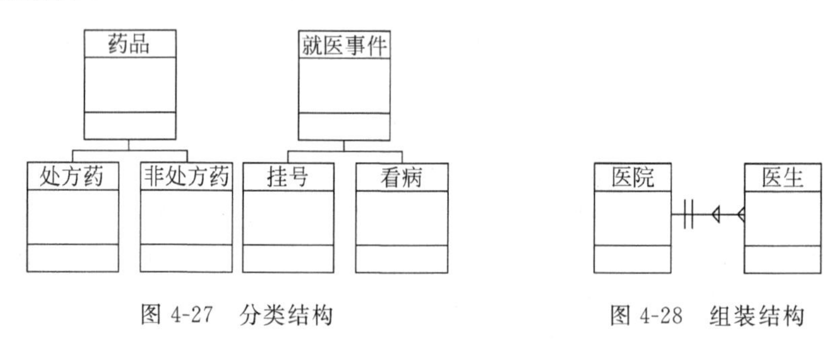

图 4-27　分类结构

图 4-28　组装结构

3) 标识主题

主题(subject)提供给开发人员一种控制机制，以把握在某个时间内所能考虑并理解的模型规模，并便于了解模型的概貌。采用主题机制还可获得方便的通信能力，避免参与开发人员之间的信息过载，弥补对象、结构机制不能反映系统模型整体构成、动态变化以及功能信息的不足。定义主题分为以下两步：

(1) 选择主题。需要先给每个结构标识一个相应主题，给每个对象标识一个相应主题，再考虑主题数目。如果主题的个数超过 7 个，则需进一步提炼主题。

(2) 构造主题层。列出主题及主题层上各主题间的消息连接(用箭头表示)，对主题进行编号，画一个简单的矩形框并配以合适的名字来表示一个主题，如图 4-29 所示。

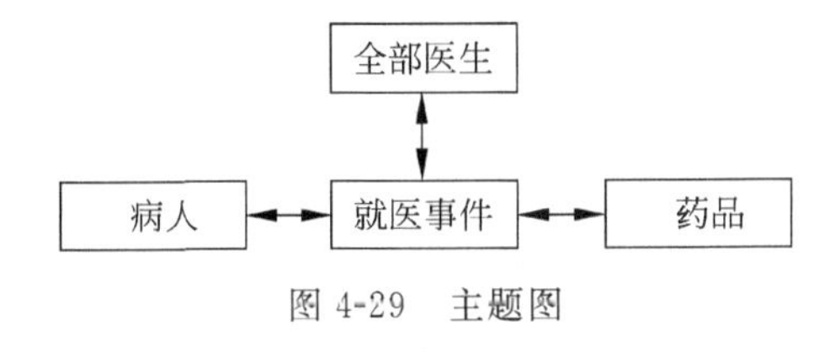

图 4-29　主题图

4）定义属性

定义属性要经过以下 4 个步骤：

（1）标识、定位属性。标识属性首先要明确某个属性究竟在描述哪个对象，要保证最大稳定性和模型一致性；其次要在原子概念的层次上标识属性。至于消除数据冗余的规范化问题，则要到设计阶段再做相应考虑。属性标识完成后，要利用继承机制给属性定位：将通用属性放在结构的高层，将特殊的属性放在结构低层；若一个属性适用于大多数的特殊分类，可将其放在通用的地方，然后在不需要的地方把它覆盖；如果发现某个属性的值有时有意义，有时却不适用，则应考虑分类结构。

（2）标识实例连接。标识实例连接分以下三步完成：

① 添加实例连接线。将系统中必须维持的实例间的对应关系用连线表示，每一条实例连线都意味着有一条相对应的消息连接线。当每个隐含连接标识被修改时，一端实例就需要向另一端的实例发送一条消息。比如，在本例中如果一个"病人"与"药品"之间总有一个"就医事件"的实例发生，那么模型中就隐含了"病人"和"药品"之间的连接。

② 定义多重性和参与性。先对实例连接的每个方向考察其多重性，比如一对一(1∶1)、一对多(1∶n)、多对多(n∶n)。本例中"病人"与"就医事件"是多对多(n∶n)的关系。在定义参与性时，要明确在连接的两个方向上，对象间的实例连接是强制性还是任意性的，即连接是否必须存在。如图 4-30 所示，"病人"、"就医事件"及"药品"之间的连接是必须的，标注"|"；而"医生"与"就医事件"的连接具有任意性，标注"○"，可以理解为对于一个新职员，可能还要经过一段时间才允许处理正式的法定事件。

③ 检查特殊情况。包括 3 个以上对象或分类结构之间的连接、多对多的实例连接、相同对象或分类结构之间的实例连接，及两个对象或分类结构之间的多重实例连接等几种情况。检验多对多的实例连接，实质是检验对象间的连接中是否存在描述对象的属性。图 4-31 所示为本例中的一个多对多的实例连接及相应措施(扩充标识)。

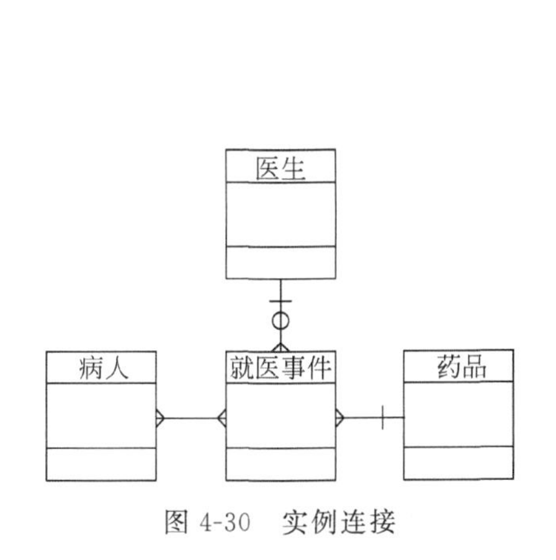

图 4-30　实例连接

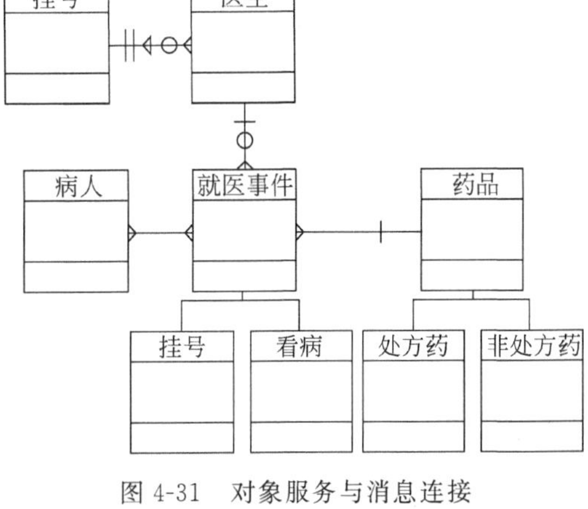

图 4-31　对象服务与消息连接

(3) 修订对象。随着属性的增加,需要重新修订对象或分类结构,主要检验点如下:

① 带有"非法"值的属性。主要指只适合某些特定的实例的属性,可引入附加的分类结构予以解决。

② 单个属性。单个属性作为对象易引发模型膨胀。若某个对象只有一个属性,则修订模型,将单个属性直接放入相关对象,并删除多余的对象。

③ 属性值冗余。若存在重复的属性值,则考虑新增对象。但该新增对象必须符合对象标识准则,而且要检查对象属性个数是否大于1。

④ 适应性参数。属性值由操作决定,在一定范围内选取,处理方法是将每个属性的范围或限制本身作为一个属性。这种方法的局限在于增加模型和对象中的属性个数。

(4) 说明属性和实例连接约束。用名字和描述性语言说明属性,同时还可以增加一定的属性约束(取值范围、限制、计量单位和精度),并且要将属性划分成以下几类:

① 描述性的:其值在实例增加、修改、删除和选择时建立及维护。

② 定义性的:其值可能适用于某个对象或分类结构的多个实例。

③ 可推导的:其值在任何时候都由其他数据推出。

④ 偶尔可推导的:其值偶尔可推导(必须保存)。

接下来要对实例连接约束进行说明,主要通过观察实例间的映射限制得到说明,其中对组装连接的关系约束的说明也包括在内。

5) 定义服务

定义服务就是对象收到消息后执行的操作,也称为对象提供的服务,它描述了系统需要执行的处理和功能。定义服务的目的在于定义对象的行为和对象之间的通信。其具体步骤包括标识对象状态、标识必要的服务、标识消息连接和对服务的描述,如图4-31所示。

4.3.4 UML建模

1. UML简介

UML(Unified Modeling Language,统一建模语言或标准建模语言)是一种支持模型化和软件系统开发的图形化语言。它可以为软件开发的所有阶段提供模型化和可视化支持,包括由需求分析到规格、构造和配置。面向对象建模语言出现于20世纪70年代中期。1989年到1994年期间,其数量从不到十种增加到了五十多种。面向对象的分析与设计方法的发展在20世纪80年代末至20世纪90年代中出现了一次高潮,UML就是这个时期的产物。它不仅统一了Booch、Rumbaugh和Jacobson的表示方法Booch 1993、OMT-2和OOSE等,而且对其做了进一步的发展,并最终统一为大众所接受的标准建模语言UML。

1994年10月Grady Booch和Jim Rumbaugh开始致力于这一工作,他们首先将Booch 93和OMT-2统一起来,并于1995年10月发布了第一个版本,称之为统一方法UM 0.8(Unitied Method)。1995年秋,OOSE的创始人Ivar Jacobson加盟这一工作。经过3人的共同努力,1996年6月和10月分别发布了两个新的版本,即UML 0.9和UML 0.91,并将UM重新命名为UML(Unified Modeling Language)。1996年一些机构将UML作为商业策略考虑。UML的开发者得到了公众的正面反应,并倡议成立UML成员协会,以完善、加强和促进UML的定义工作。当时的成员有DEC、HP、I-Logix、Itellicorp、IBM、ICON

Computing、MCI Systemhouse、Microsoft、Oracle、Rational Software、TI 以及 Unisys。这一机构对 UML 1.0(1997 年 1 月)及 UML 1.1(1997 年 11 月 17 日)的定义和发布起了重要的促进作用。

UML 是一种定义良好、易于表达、功能强大且普遍适用的建模语言。它融入了软件工程领域的新思想、新方法和新技术。它的作用域不限于支持面向对象的分析与设计,还支持从需求分析开始的软件开发的全过程。1996 年 10 月 UML 获得了工业界、科技界和应用界的广泛支持,很多个公司采用 UML 作为建模语言,并使之成为工业标准。UML 使系统开发者能够以一种支持可伸缩性、安全性和健壮性的方式描述、记录模型并使之可视化。

2. UML 特征

与以往的建模方法不同,使用 UML,用户不必为迎合特定的开发商而改变工作方式。UML 使用扩展机制对 UML 模型进行定制以满足特定应用类型或技术领域的需求。作为一种当前最流行的一种面向对象的开发技术,UML 具有以下特征:

(1) 可扩展性机制。没有任何标准、语言或工具能够 100%地满足用户的需要,这样的努力注定是劳而无功,而 UML 提供了一些机制对核心概念进行增强且不损坏其完整性。

(2) 线程和进程。线程和进程在应用程序中应用越来越多,UML 在所有的动作模型里都支持线程和进程的建模。

(3) 活动图。多年来,商业和技术人员一直依靠流程图工作,UML 将之更名为活动图,活动图是对逻辑进行建模的简单而有效的工具。在工作流、方法设计、屏幕导航、计算等发展过程中,逻辑始终存在。活动图的价值不可忽视。

(4) 精化。许多概念,如类元和关系,贯穿系统开发的各个层次,无论是应用于商业环境还是科技环境,它们的语义保持不变,但不同的抽象层次会对原始的概念进行一些添加、定制或精化。这种方法支持并在某种程度上促进了概念在新的抽象层次的不同应用,它的结果是促进了用于系统开发的模型集的日益发展,所有这些模型都建立在相同的概念基础之上,但每个模型都被加以剪裁以适应特定的情况。

(5) 构件和接口。建模的优势之一就是能够在不同的抽象层次上工作,而不仅仅局限于代码层次上。接口和构件使建模者在解决问题时能够将注意力集中在那些有助于解决问题的连通性和通信问题上,在比较重要的对策、协议、接口和通信需求没有确定的时候,可以暂时忽略构件的实现甚至是内部设计。在这样一个比较高的抽象层次上创建的模型可以并总是可以在不同的环境中实现。

(6) 约束语言。对象约束语言提供了语法以定义保证模型完整性的规则。在这种编程方式中,建模元素之间的关系被定义为支配交互的规则。当契约的双方准备签约的时候,契约对客户和供应商同时赋予了义务,被称为前置条件的约束规定了客户为得到产品和服务必须要尽的义务,同时约束也规定了当客户履行了其义务时,供应商必须要做的事情,这些约束被称做后置条件或保证。

(7) 动作语义。UML 的目标历来都是尽可能精确地对软件建模,对软件建模意味着要对行为建模。动作语义扩展可以用动作表达离散的行为,动作能够转换信息和/或改变系统。此外,UML 在建模中将动作当做单独的对象,这样就使得动作可以并发执行。

3. UML 内容

1) 建模语言

作为一种建模语言，UML 的定义包括 UML 语义和 UML 表示法两个部分。

(1) UML 语义，描述基于 UML 的精确元模型定义。元模型为 UML 的所有元素在语法和语义上提供了简单、一致、通用的定义性说明，使开发者能在语义上取得一致，消除了因人而异的最佳表达方法所造成的影响。此外 UML 还支持对元模型的扩展定义。

(2) UML 表示法，定义 UML 符号的表示法，为开发者或开发工具使用这些图形符号和文本语法为系统建模提供了标准。这些图形符号和文字所表达的是应用级的模型，在语义上它是 UML 元模型的实例。

2) 五类图

标准建模语言 UML 的重要内容可以由下列五类图(共 9 种图形)来定义：

(1) 第一类是用例图(Use case diagram)，从用户角度描述系统功能，并指出各功能的操作者。

(2) 第二类是静态图(Static diagram)，包括类图、对象图和包图。其中类图描述系统中类的静态结构。不仅定义系统中的类，表示类之间的联系如关联、依赖、聚合等，也包括类的内部结构(类的属性和操作)。类图描述的是一种静态关系，在系统的整个生命周期都是有效的。对象图是类图的实例，几乎使用与类图完全相同的标识。它们的不同点在于对象图显示类的多个对象实例，而不是实际的类。一个对象图是类图的一个实例。由于对象存在生命周期，因此对象图只能在系统某一时间段存在。包图由包或类组成，表示包与包之间的关系，用于描述系统的分层结构。

(3) 第三类是行为图(Behavior diagram)，描述系统的动态模型和组成对象间的交互关系。行为图包括状态图、活动图、顺序图和协作图。其中状态图描述类的对象所有可能的状态以及事件发生时状态的转移条件。通常，状态图是对类图的补充。在实用上并不需要为所有的类画状态图，仅为那些有多个状态其行为受外界环境的影响并且发生改变的类画状态图。而活动图描述满足用例要求所要进行的活动以及活动间的约束关系，有利于识别并行活动。活动图是一种特殊的状态图，它对于系统的功能建模特别重要，强调对象间的控制流程。顺序图展现了一组对象和由这组对象收发的消息，用于按时间顺序对控制流建模。用顺序图说明系统的动态视图。协作图展现了一组对象，这组对象间的连接以及这组对象收发的消息。它强调收发消息的对象的结构组织，按组织结构对控制流建模。顺序图和协作图都是交互图。顺序图和协作图可以相互转换。

(4) 第四类是交互图(Interactive diagram)，描述对象间的交互关系。其中顺序图显示对象之间的动态合作关系，它强调对象之间消息发送的顺序，同时显示对象之间的交互；合作图描述对象间的协作关系，合作图跟顺序图相似，显示对象间的动态合作关系。除显示信息交互外，合作图还显示对象以及它们之间的关系。如果强调时间和顺序，则使用顺序图；如果强调上下级关系，则选择合作图。这两种图合称为交互图。

(5) 第五类是实现图(Implementation diagram)。其中构件图描述代码部件的物理结构及各部件之间的依赖关系。一个代码部件可能是一个资源代码部件、一个二进制部件或一个可执行部件，它包含逻辑类或实现类的有关信息。代码部件图有助于分析和理解部件之间的相互影响程度。配置图定义系统中软硬件的物理体系结构，它可以显示实际的计算机和设备(用节点表示)以及它们之间的连接关系，也可显示连接的类型及部件之间的依赖性。在节点内部，放置可执行部件和对象以显示节点跟可执行软件单元的对应关系。

从应用的角度看，当采用面向对象技术设计系统时，首先是描述需求；其次根据需求建立系统的静态模型，以构造系统的结构；第三步是描述系统的行为。其中在第一步与第二步中所建立的模型都是静态的，包括用例图、类图(包含包图)、对象图、组件图和配置图等5个图形，是标准建模语言UML的静态建模机制；第三步中所建立的模型或者可以执行，或者表示执行时的时序状态或交互关系，它包括状态图、活动图、顺序图和合作图等4个图形，是标准建模语言UML的动态建模机制。因此，标准建模语言UML的主要内容也可以归纳为静态建模机制和动态建模机制两大类。

4. UML 建模机制及步骤

1) UML 建模过程的主要步骤

(1) 建立需求模型。即从功能需求出发建立用例模型，得到系统的功能。

(2) 建立对象模型，包括静态模型和动态模型。

(3) 建立系统实现模型，使用配置图定义系统的软硬件结构及通信机制，表示软硬件系统之间的合作关系；使用构件图描述系统由哪些构件组成。

(4) 检查模型之间的一致性，通常这个过程需要反复多次才能完整地描述系统。

(5) 在构件图的基础上生成开发语言的代码框架。

2) UML 软件工具

UML 建模工具 Rational Rose、Power Designer 和 Visio 的比较。

(1) Rational Rose 是 IBM 的产品，是一种基于 UML 的建模工具。Rational Rose 自推出以来就受到了业界的瞩目，并一直引领可视化建模工具的发展。很多软件公司和开发团队都使用 Rational Rose 进行大型项目的分析、建模与设计等。Rational Rose 易于使用，支持使用多种构件和多种语言的复杂系统建模；利用双向工程技术可以实现迭代式开发；团队管理特性支持大型、复杂的项目和大型而且通常队员分散在各个不同地方的开发团队。同时，Rational Rose 与微软 Visual Studio 系列工具中 GUI 的完美结合所带来的方便性，使得它成为绝大多数开发人员的首选建模工具；Rational Rose 还是市场上第一个提供对基于 UML 的数据建模和 Web 建模支持的工具。此外，Rational Rose 还为其他一些领域提供支持，如用户定制和产品性能改进。Rational Rose 主要是在开发过程中的各种语义、模块、对象以及流程、状态等描述比较好，主要体现在能够从各个方面和角度来分析和设计，使软件的开发蓝图和内部结构更清晰，对系统的代码框架生成有很好的支持。Rational Rose 开始没有对数据库端建模的支持，现在的版本中已经加入数据库建模的功能。对数据库的开发管理和数据库端的迭代不是很好。

(2) Power Designer 原来是对数据库建模而发展起来的一种数据库建模工具。直到7.0版才开始对面向对象的开发的支持，后来又引入了对 UML 的支持。但是由于 Power Designer 侧重不一样，所以它对数据库建模的支持很好，支持了能够看到的90%左右的数据库，对 UML 的建模使用到的各种图的支持比较滞后。但是在最近得到加强。所以使用它来进行 UML 开发的并不多，很多人都是用它来作为数据库的建模。如果使用 UML 分析，它的优点是生成代码时对 Sybase 的产品 PowerBuilder 的支持很好(其他 UML 建模工具则没有或者需要一定的插件)，其他面向对象语言如 C++、Java、VB、C# 等支持也不错。但是它好像继承了 Sybase 公司的一贯传统，对中文的支持总是有这样或那样的问题。

(3) UML 建模工具 Visio 原来仅仅是 Microsoft 的一种画图工具，能够用来描述各种图形(从电路图到房屋结构图)，也是到 Visio 2000 才开始引进软件分析设计功能到代码生成的全部功能，它可以说是目前最能够用图形方式来表达各种商业图形用途的工具(对软件开发中的 UML 支持仅仅是其中很少的一部分)。它跟微软的 Office 产品能够很好地兼容，能够把图形直接复制或者内嵌到 Word 文档中。但是对于代码的生成更多是支持微软的产品如 VB、VC++、Microsoft SQL Server 等，所以它用于图形语义的描述比较方便，但是用于软件开发过程的迭代开发则有点牵强。

习题 4

1. 名词解释

(1) 需求分析。
(2) DFD。
(3) 数据字典。
(4) E-R 图。
(5) UML。

2. 判断题

(1) 数据流图有两种典型结构，一种是变换型结构，另一种是顺序型结构。 (　　)
(2) 描述加工逻辑一般用以下 3 种工具：结构化语言、判定表、判定树。 (　　)
(3) 构成 E-R 图的基本要素是实体、属性和结构。 (　　)
(4) 用户需求描述的是用户的目标或用户要求系统必须能完成的任务。 (　　)

3. 填空题

(1) 需求分析可分为________、________及________ 3 个阶段。

(2) 结构化方法按软件生命周期划分，它由________、________和________三部分组成。

(3) 结构化分析方法利用图形等半形式化的描述方法表达需求，简单易懂，用它们来形成需求说明书中的主要部分。这些描述工具包括________、________和________。

(4) 数据字典也是数据库设计时要用到的一种工具，用来描述数据库中基本表的设计，主要包括字段名、________、________、________等描述表的属性的内容。

(5) 数据字典包括________、________、________、数据存储和处理过程。

4. 选择题

(1) 软件需求分析所要做的工作包括以下哪些？(　　)

A. 深入描述软件的功能和性能　　B. 确定软件设计的限制

C. 软件的成本分析　　D. 定义软件的各种有效性需求。

(2) 一个完整的SRS不仅要包括长长的功能性需求列表，还应包括外部接口描述和一些诸如质量属性、期望性等非功能性的需求。其特征包括以下哪些？(　　)

A. 结构性　　B. 完整性　　C. 正确性　　D. 一致性　　E. 可修改性

(3) 数据流图的基本图形元素有哪些？(　　)

A. 数据流　　B. 数据属性　　C. 加工处理　　D. 数据存储

(4) 面向对象方法的步骤是以下哪项？(　　)

① 通过整合各模块，达到高内聚、低耦合的效果，从而满足客户要求。

② 对需求进行合理分层，构建相对独立的业务模块。

③ 根据客户需求抽象出业务对象。

④ 设计业务逻辑，利用多态、继承、封装、抽象的编程思想，实现业务需求。

A. ②①④③　　B. ③②④①　　C. ①②④③　　D. ③①②④

(5) 面向对象的特征有哪些？(　　)

A. 抽象性　　B. 封装性　　C. 继承性　　D. 多态性　　E. 独特性

5. 简答题

(1) 简述需求分析的过程。

(2) 需求调查的步骤是怎样的？

(3) UML的基本特征有哪些？

(4) 标准建模语言(UML)的重要内容可以由哪几类图来定义？

6. 论述题

(1) 结构化分析的具体步骤是怎样的？

(2) UML建模工具Rational Rose、Power Designer和Visio的比较。

第5章 软件系统设计

本章重点介绍软件系统构架、软件结构化设计、面向对象设计方法和用户界面设计，要求学生了解物联网软件系统设计的构架和特点，掌握软件系统设计的结构设计、模块设计、面向对象设计以及界面设计的方法。

5.1 软件系统构架

本节重点介绍软件体系结构和软件体系结构风格。

5.1.1 软件体系结构

1. 软件体系结构定义

虽然软件体系结构已经在软件工程领域中有着广泛的应用，但迄今为止还没有一个被大家所公认的定义。许多专家学者从不同角度和不同侧面对软件体系结构进行了刻画，较为典型的定义有以下几种。

(1) Dewayne Perry 和 AlexWolf 曾这样定义：软件体系结构是具有一定形式的结构化元素，即构件的集合，包括处理构件、数据构件和连接构件。处理构件负责对数据进行加工，数据构件是被加工的信息，连接构件把体系结构的不同部分组合连接起来。这一定义注重区分处理构件、数据构件和连接构件，这一方法在其他的定义和方法中基本上得到保持。

(2) Mary Shaw 和 David Garlan 认为软件体系结构是软件设计过程中的一个层次，这一层次超越计算过程中的算法设计和数据结构设计。体系结构问题包括总体组织和全局控制，通信协议，同步，数据存取，给设计元素分配特定功能，设计元素的组织、规模和性能，在各设计方案间进行选择等。软件体系结构处理算法与数据结构之上关于整体系统结构设计和描述方面的一些问题，如全局组织和全局控制结构，关于通信、同步与数据存取的协议，设计构件功能定义，物理分布与合成，设计方案的选择、评估与实现等。

(3) Kruchten 指出，软件体系结构有 4 个角度，它们从不同方面对系统进行描述。概念角度描述系统的主要构件及它们之间的关系；模块角度包含功能分解与层次结构；运行角度描述了一个系统的动态结构；代码角度描述了各种代码和库函数在开发环境中的组织。

(4) Hayes Roth 则认为软件体系结构是一个抽象的系统规范，主要包括用其行为来描述的功能构件和构件之间的相互连接、接口和关系。

(5) David Garlan 和 Dewne Perry 于 1995 年在 IEEE 软件工程学报上又采用如下的定义：软件体系结构是一个程序/系统各构件的结构、它们之间的相互关系以及进行设计的原则和随时间进化的指导方针。

(6) Barry Boehm 和他的学生提出，一个软件体系结构包括：一个软件和系统构件，互联及约束的集合；一个系统需求说明的集合；一个基本原理用以说明这一构件，互联和约束能够满足系统需求。

(7) 1997 年，Bass、Ctements 和 Kazman 在《使用软件体系结构》一书中给出如下的定义：一个程序或计算机系统的软件体系结构包括一个或一组软件构件、软件构件的外部的可见特性及其相互关系。其中，软件外部的可见特性是指软件构件提供的服务、性能、特性、错误处理、共享资源使用等。

本书倾向采用 Dewayne Perry 和 AlexWolf 对软件体系结构的定义。

2. 发展历史

与最初的大型中央主机相适应，最初的软件体系结构也是 Mainframe 结构，该结构下客户、数据和程序被集中在主机上，通常只有少量的 GUI 界面，对远程数据库的访问比较困难。随着 PC 的广泛应用，该结构逐渐在应用中被淘汰。

在 20 世纪 80 年代中期出现了 Client/Server(即 C/S)分布式计算结构，应用程序的处理在客户机(PC)和服务器(Mainframe 或 Server)之间分担；请求通常被关系型数据库处理，PC 在接收到被处理的数据后实现显示和业务逻辑；系统支持模块化开发，通常有 GUI 界面。C/S 结构因为其灵活性得到了极其广泛的应用。但对于大型软件系统而言，这种结构在系统的部署和扩展性方面还是存在着不足。

Internet 的发展给传统应用软件的开发带来了深刻的影响。基于 Internet 和 Web 的软件和应用系统无疑需要更为开放和灵活的体系结构。随着越来越多的商业系统被搬上 Internet，一种新的、更具生命力的体系结构被广泛采用，这就是三层/多层计算。其特点是客户层用户接口和用户请求发出的，典型应用是网络浏览器和胖客户；服务器层典型应用是 Web 服务器和运行业务代码的应用程序服务器；数据层典型应用是关系型数据库和其他后端(back-end)数据资源，如 Oracle、SAP 和 R/3 等。

三层体系结构中，客户(请求信息)、程序(处理请求)和数据(被操作)被物理地隔离。三层结构是个更灵活的体系结构，它把显示逻辑从业务逻辑中分离出来，这就意味着业务代码是独立的，可以不关心怎样显示和在哪里显示。业务逻辑层现在处于中间层，不需要关心由哪种类型的客户来显示数据，也可以与后端系统保持相对独立性，有利于系统扩展。三层结构具有更好的可移植性，可以跨不同类型的平台工作，允许用户请求在多个服务器间进行负载平衡。三层结构中安全性也更易于实现，因为应用程序已经同客户隔离。应用程序服务器是三层/多层体系结构的组成部分，应用程序服务器位于中间层。

3. 重要性和意义

起初人们把软件设计的重点放在数据结构和算法的选择上，随着软件系统规模越来越大、越来越复杂，整个系统的结构和规格说明显得越来越重要。软件危机的程度日益加剧，现有的软件工程方法对此显得力不从心。对于大规模的复杂软件系统来说，对总体的系统结构设计和规格说明比起对计算的算法和数据结构的选择已经变得明显重要得多。在此种背景下，人们认识到软件体系结构的重要性，并认为对软件体系结构的系统、深入的研究将会成为提高软件生产率和解决软件维护问题的新的最有希望的途径。

开发者常常会使用一些体系结构模式作为软件系统结构设计策略，但他们并没有规范地、明确地表达出来，这样就无法将他们的知识与别人交流。软件体系结构是设计抽象的进一步发展，满足了更好地理解软件系统，更方便地开发更大、更复杂的软件系统的需要。事实上，软件总是有体系结构的，不存在没有体系结构的软件。体系结构(Architecture)一词在英文里就是建筑的意思。把软件比做一座楼房，从整体上讲，是因为它有基础、主体和装饰，即操作系统之上的基础设施软件、实现计算逻辑的主体应用程序、方便使用的用户界面程序。从细节上看，每一个程序也是有结构的。早期的结构化程序就是以语句组成模块，模块的聚集和嵌套形成层层调用的程序结构，也就是体系结构。结构化程序的程序(表达)结构和(计算的)逻辑结构的一致性及自顶向下开发方法自然而然地形成了体系结构。由于结构化程序设计时代程序规模不大，通过强调结构化程序设计方法学，自顶向下、逐步求精，并注意模块的耦合性就可以得到相对良好的结构，所以，并未特别研究软件体系结构。软件从传统的软件工程进入到现代面向对象的软件工程，研究整个软件系统的体系结构，寻求建构最快、成本最低、质量最好的构造过程。

软件体系结构起源于软件工程，但也借鉴了计算机体系结构和网络体系结构中很多好的思想和方法，最近几年软件体系结构研究已完全独立于软件工程的研究，成为计算机科学的一个最新的研究方向和独立学科分支。软件体系结构研究的主要内容涉及软件体系结构描述、软件体系结构风格、软件体系结构评价和软件体系结构的形式化方法等。解决好软件的重用、质量和维护问题，是研究软件体系结构的根本目的。

5.1.2 软件体系结构风格

对软件体系结构风格的研究和实践促进了对软件设计的复用，一些经过实践证实的解决方案可以用于解决新的问题。体系结构风格的不变部分使不同的系统可以共享同一个实现代码。只要系统是使用常用的、规范的方法来组织，就可使别的设计者很容易地理解系统的体系结构。

下面是 Garlan 和 Shaw 对通用体系结构风格的分类。

(1) 数据流风格：批处理序列；管道/过滤器。

(2) 调用/返回风格：主程序/子程序；面向对象风格；层次结构。

(3) 独立构件风格：进程通信；事件系统。

(4) 虚拟机风格：解释器；基于规则的系统。

(5) 仓库风格：数据库系统；超文本系统；黑板系统。

本节主要介绍管理/过滤器风格、C2 风格、数据抽象和面向对象风格、基于事件的隐式调用、层次系统风格、仓库风格、三层结构、C/S 结构和 B/S 结构。

1. 管道/过滤器风格

在管道/过滤器风格的软件体系结构中，每个构件都有一组输入和输出，构件读输入的数据流，经过内部处理，然后产生输出数据流。这个过程通常通过对输入流的变换及增量计算来完成,所以在输入被完全消费之前,输出便产生了。因此,这里的构件被称为过滤器,这种风格的连接件就像是数据流传输的管道,将一个过滤器的输出传到另一个过滤器的输入。此风格特别重要的过滤器必须是独立的实体,它不能与其他过滤器共享数据,而且一个过滤器不知道它上游和下游的标识。一个管道/过滤器网络输出的正确性并不依赖于过滤器进行增量计算过程的顺序。管道/过滤器风格的软件体系结构示意图如图5-1所示。

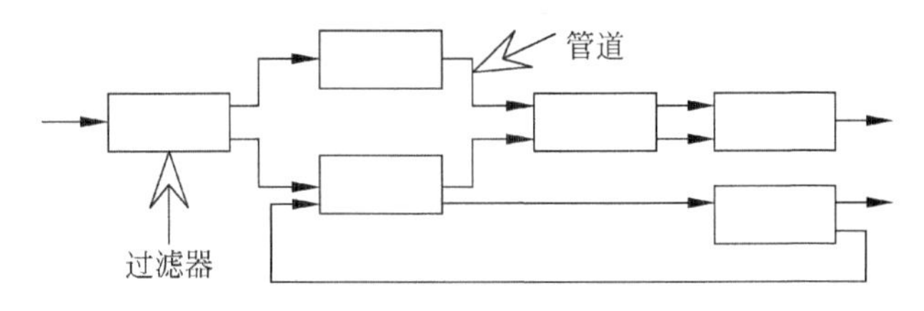

图5-1　管道/过滤器风格的软件体系结构示意图

一个典型的管道/过滤器体系结构的例子是以UNIX shell编写的程序。UNIX既提供一种符号,以连接各组成部分(UNIX的进程),又提供某种进程运行机制以实现管道。另一个著名的例子是传统的编译器。传统的编译器一直被认为是一种管道系统,在该系统中,一个阶段(包括词法分析、语法分析、语义分析和代码生成)的输出是另一个阶段的输入。

管道/过滤器风格的软件体系结构有许多优点:

(1) 使得软构件具有良好的隐蔽性和高内聚、低耦合的特点;允许设计者将整个系统的输入输出行为看成是多个过滤器的行为的简单合成;支持软件重用。

(2) 提供适合在两个过滤器之间传送的数据,任何两个过滤器都可被连接起来;系统维护和系统性能增强简单。

(3) 新的过滤器可以添加到现有系统中来;旧的可以被改进的过滤器替换掉;允许对一些如吞吐量、死锁等属性的分析;支持并行执行。每个过滤器作为一个单独的任务完成,因此可与其他任务并行执行。

但是,这样的系统也存在一些缺点:

(1) 通常导致进程成为批处理的结构。这是因为虽然过滤器可增量式地处理数据,但它们是独立的,所以设计者必须将每个过滤器看成一个完整的从输入到输出的转换。

(2) 不适合处理交互的应用。当需要增量地显示改变时,这个问题尤为严重。

(3) 因为在数据传输上没有通用的标准,每个过滤器都增加了解析和合成数据的工作,这样就导致了系统性能下降,并增加了编写过滤器的复杂性。

2. C2风格

C2体系结构风格可以概括为通过连接件绑定在一起的按照一组规则运作的并行构件网络。C2风格中的系统组织规则如下:系统中的构件和连接件都有一个顶部和一个底部;构件的顶部应连接到某连接件的底部,构件的底部则应连接到某连接件的顶部,而构件与构件之间的直接连接是不允许的;层次系统风格的体系结构;一个连接件可以和任意数目的其他构件和连接件连接;当两个连接件进行直接连接时,必须由其中一个的底部到另一个的顶部。图5-2所示为C2风格的软件体系结构示意图,图中构件与连接件之间的连接体现了C2风格中构建系统的规则。

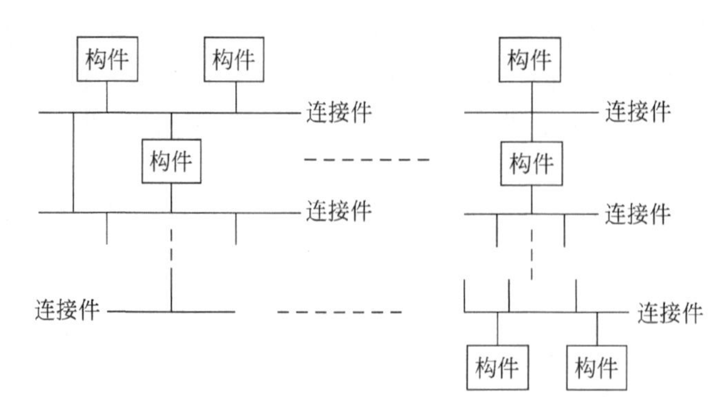

图 5-2 C2 风格的软件体系结构示意图

C2 风格是最常用的一种软件体系结构风格。从 C2 风格的组织规则和结构图中可以得出，C2 风格具有以下特点：系统中的构件可实现应用需求，并能将任意复杂度的功能封装在一起；所有构件之间的通信是通过以连接件为中介的异步消息交换机制来实现的；构件相对独立，构件之间依赖性较少。系统中不存在某些构件将在同一地址空间内执行，或某些构件共享特定控制线程之类的相关性假设。

3. 数据抽象和面向对象风格

抽象数据类型概念对软件系统有着重要作用，目前软件界已普遍转向使用面向对象系统。这种风格建立在数据抽象和面向对象的基础上，数据的表示方法和它们的相应操作封装在一个抽象数据类型或对象中。这种风格的构件是对象，或者说是抽象数据类型的实例。对象是一种被称作管理者的构件，因为它负责保持资源的完整性。对象是通过函数和过程的调用来交互的。图 5-3 所示为数据抽象和面向对象风格的软件体系结构示意图。

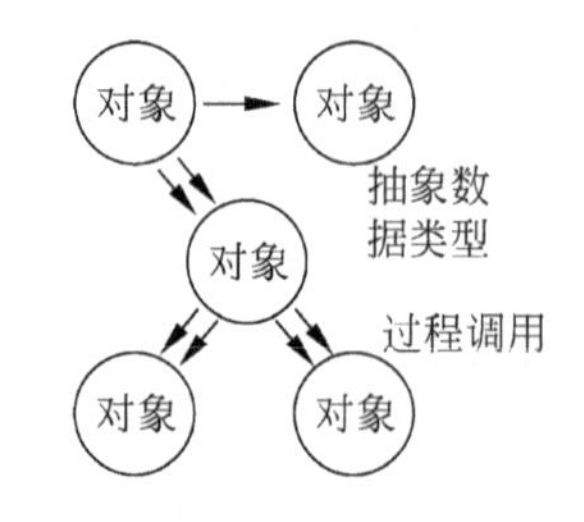

图 5-3 数据抽象和面向对象风格的软件体系结构示意图

面向对象的系统有许多的优点：因为对象对其他对象隐藏它的表示，所以可以改变一个对象的表示而不影响其他对象；设计者可将一些数据存取操作的问题分解成一些交互的代理程序的集合。

但是，面向对象的系统也存在着某些缺点：为了使一个对象和另一个对象通过过程调用等进行交互，必须知道对象的标识，只要一个对象的标识改变了，就必须修改所有其他明确调用它的对象；必须修改所有显式调用它的其他对象，并消除由此带来的一些副作用。例如，如果 A 使用了对象 B，C 也使用了对象 B，那么，C 对 B 的使用所造成的对 A 的影响可能是料想不到的。

4. 基于事件的隐式调用

基于事件的隐式调用风格的思想是构件不直接调用一个过程，而是触发或广播一个或多个事件。系统中的其他构件中的过程在一个或多个事件中注册，当一个事件被触发，系统自动调用在这个事件中注册的所有过程，这样，一个事件的触发就导致了另一模块中的过程的调用。从体系结构上说，这种风格的构件是一些模块，这些模块既可以是一些过程，又可以是一些事件的集合。过程可以用通用的方式调用，也可以在系统事件中注册一些过程，当发生这些事件时，过程被调用，如图 5-4 所示。事件组件被触发的同时，页面跳转到下面的一页。

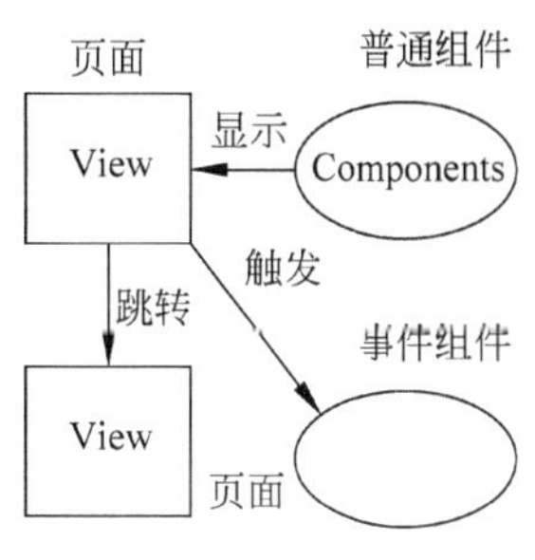

图 5-4 隐式调用

基于事件的隐式调用风格的主要特点是事件的触发者并不知道哪些构件会被这些事件影响。这样不能假定构件的处理顺序，甚至不知道哪些过程会被调用，因此许多隐式调用的系统也包含显式调用作为构件交互的补充形式。

隐式调用系统的主要优点有：

（1）为软件重用提供了强大的支持。当需要将一个构件加入现存系统中时，只需将它注册到系统的事件中。

（2）为改进系统带来了方便。当用一个构件代替另一个构件时，不会影响到其他构件的接口。

但是，隐式调用系统也有缺点：

（1）构件放弃了对系统计算的控制。一个构件触发一个事件时，不能确定其他构件是否会响应它；而且即使它知道事件注册了哪些构件的构成，它也不能保证这些过程被调用的顺序。

（2）数据交换的问题。有时数据可被一个事件传递，但另一些情况下，基于事件的系统必须依靠一个共享的仓库进行交互。

（3）在这些情况下，全局性能和资源管理便成了问题；既然过程的语义必须依赖于被触发事件的上下文约束，关于正确性的推理存在问题。

5. 层次系统风格

层次系统组织成一个层次结构，每一层为上层服务，并作为下层客户。在一些层次系统中，除了一些精心挑选的输出函数外，内部的层只对相邻的层可见。在这样的系统中，构件在一些层实现了虚拟机(在另一些层次系统中层是部分不透明的)。连接件通过决定层间如何交互的协议来定义，拓扑约束包括对相邻层间交互的约束。这种风格支持基于可增加抽象层的设计。这样，允许将一个复杂问题分解成一个增量步骤序列的实现。由于每一层最多只影响两层，同时只要给相邻层提供相同的接口，允许每层用不同的方法实现，同样为软件重用提供了强大的支持。

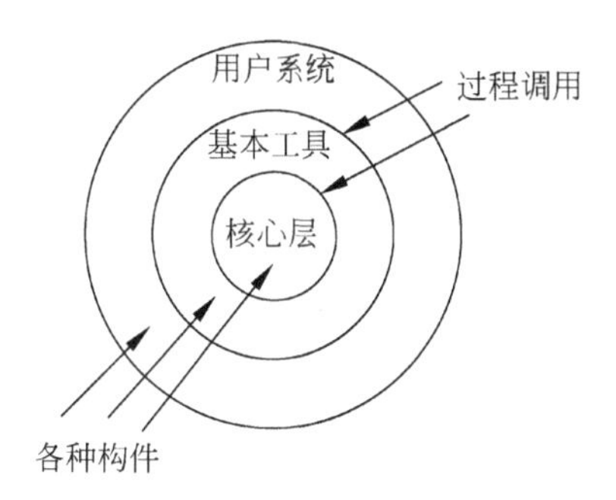

图 5-5 层次系统风格的软件体系结构示意图

图 5-5 所示为层次系统风格的软件体系结构示意图。层次系统最广泛的应用是操作系统结构。每一层提供一个抽象的功能。外层为用户系统，中间层为基本工具，最低层为与硬件物理连接的管理。

层次系统有许多优点：支持基于抽象程度递增的系统设计，使设计者可以把一个复杂系统按递增的步骤进行分解；支持功能增强，因为每一层至多和相邻的上下层交互，因此功能的改变最多影响相邻的上下层；支持重用，只要提供的服务接口定义不变，同一层的不同实现可以交换使用。这样，就可以定义一组标准的接口,而允许各种不同的实现方法。

但是,层次系统也有其不足:并不是每个系统都可以很容易地划分为分层的模式,甚至即使一个系统的逻辑结构是层次化的,出于对系统性能的考虑,系统设计师不得不把一些低级或高级的功能综合起来;很难找到一个合适的、正确的层次抽象方法。

6. 仓库风格

在仓库风格中有两种不同的构件,中央数据结构说明当前状态,独立构件在中央数据存储上执行,仓库与外构件间的相互作用在系统中会有大的变化。控制原则的选取产生两个主要的子类。若是输入流中某类时间触发进程执行的选择,则仓库是一传统型数据库;若是中央数据结构的当前状态触发进程执行的选择,则仓库是一黑板系统。

图 5-6 所示为黑板系统的组成示意图。黑板系统的传统应用是信号处理领域,如语音和模式识别。另一应用是松耦合代理数据共享存取。

从图 5-6 中可以看出,黑板系统主要由三部分组成:

(1) 知识源。知识源中包含独立的、与应用程序相关的知识,知识源之间不直接进行通信,它们之间的交互只通过黑板来完成。

(2) 黑板数据结构。黑板数据是按照与应用程序相关的层次来组织的解决问题的数据,知识源通过不断地改变黑板数据来解决问题。

(3) 控制。控制完全由黑板的状态驱动,黑板状态的改变决定使用的特定知识。

7. 三层结构

在软件体系架构设计中,分层结构很常见,也是最重要的一种结构。分层式结构一般分为三层,从下至上分别为数据访问层、业务逻辑层、表示层。所谓三层体系结构,是在客户端与数据库之间加入了一个中间层,也叫组件层。三层体系的应用程序将业务规则、数据访问、合法性校验等工作放到了中间层进行处理。通常情况下,客户端不直接与数据库进行交互,而是通过中间层建立连接,再经由中间层与数据库进行交互,如图 5-7 所示。

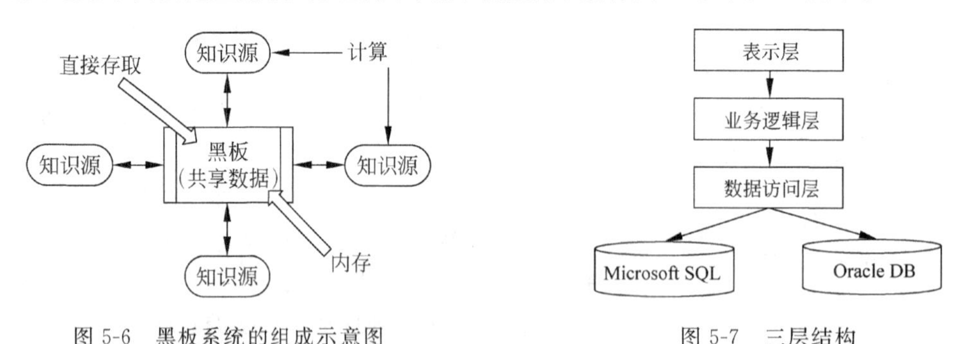

图 5-6 黑板系统的组成示意图

图 5-7 三层结构

(1) 数据访问层:主要是对数据的操作,具体为业务逻辑层或表示层提供数据服务。

(2) 业务逻辑层:主要是针对具体问题的操作,也可以理解成对数据层的操作,对数据业务逻辑处理。

(3) 表示层:主要表示 Web 方式,也可以表示成 WinForm 方式。如果逻辑层相当强大和完善,无论表现层如何定义和更改,逻辑层都能完善地提供服务。

8. C/S 结构

C/S 结构也称客户机/服务器(Client/Server)模式，是一类按新的应用模式运行的分布式计算机系统。在 C/S 系统中，能为应用提供服务(如文件服务、打印服务、复制服务、图像服务、通信管理服务等)的计算机或处理器，当其被请求服务时就成为服务器。一台计算机可能提供多种服务，一个服务也可能要由多台计算机组合完成。与服务器相对，提出服务请求的计算机或处理器在当时就是客户机。从客户应用角度看，这个应用的一部分工作在客户机上完成，其他部分的工作则在(一个或多个)服务器上完成。

C/S 系统的特征是 C/S 系统中的计算机在不同的场合既可能是客户机，也可能是服务器，20 世纪 90 年代后，C/S 系统迅速流行，在于它有很多优点：用户使用简单、直观；编程、调试和维护费用低；系统内部负荷可以做到比较均衡，资源利用率较高；允许在一个客户机上运行不同计算机平台上的多种应用；系统易于扩展，可用性较好，对用户需求变化的适应性好。

9. B/S 结构

B/S 结构即浏览器/服务器(Browser/Server)结构。它是随着 Internet 技术的兴起，对 C/S 结构的一种变化或者改进的结构。在这种结构下，用户工作界面是通过 WWW 浏览器来实现的，极少部分事务逻辑在前端(Browser)实现，但是主要事务逻辑在服务器端(Server)实现，形成所谓三层(3-tier)结构。

B/S 结构是 Web 兴起后的一种网络结构模式，Web 浏览器是客户端最主要的应用软件。这种模式统一了客户端，将系统功能实现的核心部分集中到服务器上，简化了系统的开发、维护和使用。客户机上只需安装一个浏览器，服务器安装 Oracle、Sybase、Informix 或 SQL Server 等数据库，浏览器通过 Web Server 同数据库进行数据交互。这样就大大简化了客户端计算机载荷，减轻了系统维护与升级的成本和工作量，降低了用户的总体成本。

B/S 结构最大的优点就是只要计算机能上网就能使用，系统扩展性好。B/S 结构的缺点是图形的表现能力上以及运行的速度上弱于 C/S 结构，受程序运行环境限制。

5.2 软件结构化设计

本节重点介绍软件模块、软件结构化设计、软件概要设计和软件详细设计。

5.2.1 软件模块

1. 模块的概念

模块是指在程序设计中为完成某一功能所需的一段程序或子程序，或指能由编译程序、装配程序等处理的独立程序单位，或指大型软件系统的一部分。它也称构件，是能够单独命名并独立地完成一定功能的程序语句的集合(即程序代码和数据结构的集合体)。在系统的结构中，模块是可组合、分解和更换的单元。它具有两个基本的特征：外部特征和内部特征。外部特征是指模块跟外部环境联系的接口(即其他模块或程序调用该模块的方式，包括有输入输出参数、引用的全局变量)和模块的功能;内部特征是指模块的内部环境具有的特点,即该模块的局部数据和程序代码。模块具有的基本属性包括接口、功能、逻辑、状态,其中,功能、状态和接口反映模块的外部特性,逻辑反映它的内部特性。

模块是模块化设计和制造的功能单元,具有三大特征:

(1) 相对独立性。可以对模块单独进行设计、制造、调试、修改和存储,这便于由不同的专业化企业分别进行生产。

(2) 互换性。模块接口部位的结构、尺寸和参数标准化,容易实现模块间的互换,从而使模块满足更大数量的不同产品的需要。

(3) 通用性。有利于实现横系列、纵系列产品间的模块的通用,实现跨系列产品间的模块的通用。

2. 模块独立性

模块独立性是指每个模块只完成系统要求的独立的子功能,并且与其他模块的联系最少且接口简单。模块独立性是模块内部各部分及模块间的关系的一种衡量标准,由内聚和耦合来度量。模块独立性的重要性体现在具有独立模块的软件比较容易开发出来,这是由于能够分割功能而且接口可以简化,当许多人分工合作开发同一个软件时,这个优点尤其重要。

独立的模块比较容易测试和维护。这是因为相对来说,修改设计和程序需要的工作量比较小,错误传播范围小,需要扩充功能时能够插入模块。总之,模块独立是优秀设计的关键,而设计又是决定软件质量的关键环节。度量标准模块的独立程度可以由两个定性标准度量,这两个标准分别称为耦合和内聚。耦合衡量不同模块彼此间互相依赖(连接)的紧密程度;内聚衡量一个模块内部各个元素彼此结合的紧密程度。

1) 耦合

简单地说,软件工程中对象之间的耦合度就是对象之间的依赖性。指导使用和维护对象的主要问题是对象之间的多重依赖性。对象之间的耦合越高,维护成本越高。因此对象的设计应使类和构件之间的耦合最小。耦合是对一个软件结构内各个模块之间互连程度的度量。耦合强弱取决于模块间接口的复杂程度、调用模块的方式以及通过接口的信息。具体区分模块间耦合程度强弱的标准如下。

(1) 非直接耦合:模块间没有信息传递时,属于非直接耦合。两个模块之间没有直接关系,它们之间的联系完全是通过主模块的控制和调用来实现的。

(2) 数据耦合:数据耦合是指两个模块之间有调用关系,传递的是简单的数据值,相当于高级语言的值传递。一个模块访问另一个模块时,彼此之间是通过简单数据参数(不是控制参数、公共数据结构或外部变量)来交换输入、输出信息的。

(3) 标记耦合:若一个模块 A 通过接口向两个模块 B 和 C 传递一个公共参数,那么称模块 B 和 C 之间存在一个标记耦合。模块间通过参数传递复杂的内部数据结构称为标记耦合。此数据结构的变化将使相关的模块发生变化。

(4) 控制耦合:模块间传递的信息不但有数据,还包括控制信息,这种块间联系方式称为控制耦合。例如,一个模块通过传递开关、标志对某一模块的多种功能进行选择,则这两个模块之间的耦合方式就是控制耦合。控制耦合的缺点是增加了模块之间的复杂性。去除模块间控制耦合的方法是将被调用模块内的判定上移到调用模块中进行，或者将被调用模块分解成若干单一功能模块。

(5) 外部耦合：一组模块都访问同一全局简单变量而不是同一全局数据结构，而且不通过参数表传递该全局变量的信息，则称之为外部耦合。

(6) 公共环境耦合：两个以上的模块共同引用一个全局数据项就称为公共耦合。或者说，若一组模块都访问同一个公共数据环境，则它们之间的耦合就称为公共耦合。公共的数据环境可以是全局数据结构、共享的通信区、内存的公共覆盖区等。

(7) 内容耦合：当一个模块直接修改或操作另一个模块的数据，或者直接转入另一个模块时，就发生了内容耦合。此时，被修改的模块完全依赖于修改它的模块。如果发生下列情形，两个模块之间就发生了内容耦合：一个模块直接访问另一个模块的内部数据；一个模块不通过正常入口转到另一模块内部；两个模块有一部分程序代码重叠(只可能出现在汇编语言中)；一个模块有多个入口。

总之，耦合是影响软件复杂程度的一个重要因素。应该采取的原则：尽量使用数据耦合，少用控制耦合，限制公共环境耦合的范围，完全不用内容耦合。

模块的耦合度由高到低排列排列次序为内容耦合→公共耦合→外部耦合→控制耦合→标记耦合→数据耦合→非直接耦合。

2) 内聚

内聚是指内部各元素之间联系的紧密程度，内聚度越低模块的独立性越差。这个概念是Constantine、Yourdon、Stevens等人提出的，按他们的观点，把内聚按紧密程度从低到高排列次序为偶然内聚、逻辑内聚、时间内聚、过程内聚、通信内聚、信息内聚、功能内聚。但是紧密程度的增长是非线性的。偶然内聚和逻辑内聚的模块联系松散，后面几种内聚相差不多，功能内聚由于其一个功能、独立性强、内部结构紧密，因此是最理想的内聚。内聚按强度从低到高有以下几种内聚强度类型：

(1) 偶然内聚。如果一个模块的各成分之间毫无关系，则称为偶然内聚，也就是说模块完成一组任务，这些任务之间的关系松散，实际上没有什么联系。

(2) 逻辑内聚。几个逻辑上相关的功能被放在同一模块中，则称为逻辑内聚。如一个模块读取各种不同类型外设的输入。尽管逻辑内聚比偶然内聚合理一些，但逻辑内聚的模块各成分在功能上并无关系，即使局部功能的修改有时也会影响全局，因此这类模块的修改也比较困难。

(3) 时间内聚。如果一个模块完成的功能必须在同一时间内执行(如系统初始化)，但这些功能只是因为时间因素关联在一起，则称为时间内聚。

(4) 通信内聚。如果一个模块的所有成分都操作同一数据集或生成同一数据集，则称为通信内聚。

(5) 顺序内聚。如果一个模块的各个成分和同一个功能密切相关，而且一个成分的输出作为另一个成分的输入，则称为顺序内聚。

(6) 功能内聚。模块的所有成分对于完成单一的功能都是必须的，则称为功能内聚。

(7) 信息内聚。模块完成多个功能，各个功能都在同一数据结构上操作，每一项功能有一个唯一的入口点。这个模块将根据不同的要求，确定该模块执行哪一个功能。由于这个模块的所有功能都是基于同一个数据结构(符号表)，因此它是一个信息内聚的模块。

3. 模块化设计

模块化是一种处理复杂系统分解成为更好的可管理模块的方式。它可以通过在不同组件设定不同的功能，把一个问题分解成多个小的独立、互相作用的组件，来处理复杂、大型的软件。模块化用来分割、组织和打包软件。每个模块完成一个特定的子功能，所有的模块按某种方法组装起来，成为一个整体，完成整个系统所要求的功能。

简单地说就是程序的编写不是开始就逐条录入计算机语句和指令，而是首先用主程序、子程序、子过程等框架把软件的主要结构和流程描述出来，并定义和调试好各个框架之间的输入、输出链接关系。逐步求精的结果是得到一系列以功能块为单位的算法描述。以功能块为单位进行程序设计，实现其求解算法的方法称为模块化。模块化的目的是为了降低程序复杂度，使程序设计、调试和维护等操作简单化。

1）模块化设计概念

所谓的模块化设计，简单地说就是将产品的某些要素组合在一起，构成一个具有特定功能的子系统，将这个子系统作为通用性的模块与其他产品要素进行多种组合，构成新的系统，产生多种不同功能或相同功能、不同性能的系列产品。模块化设计是绿色设计方法之一，它已经从理念转变为较成熟的设计方法。将绿色设计思想与模块化设计方法结合起来，可以同时满足产品的功能属性和环境属性，一方面可以缩短产品研发与制造周期，增加产品系列，提高产品质量，快速应对市场变化；另一方面可以减少或消除对环境的不利影响，方便重用、升级、维修和产品废弃后的拆卸、回收和处理。

2）模块化设计原理

模块化产品是实现以大批量的效益进行单件生产目标的一种有效方法。产品模块化也是支持用户自行设计产品的一种有效方法。产品模块是具有独立功能和输入、输出的标准部件。这里的部件一般包括分部件、组合件和零件等。模块化产品设计方法的原理是，在对一定范围内的不同功能或相同功能、不同性能、不同规格的产品进行功能分析的基础上，划分并设计出一系列功能模块，通过模块的选择和组合构成不同的顾客定制的产品，以满足市场的不同需求。这是相似性原理在产品功能和结构上的应用，是一种实现标准化与多样化的有机结合及多品种、小批量与效率的有效统一的标准化方法。

3）模块化与系列化

系列产品中的模块是一种通用件，模块化与系列化已成为现今产品发展的一个趋势。

（1）模块化与系列化、组合化、通用化、标准化的关系。模块化设计技术是由产品系列化、组合化、通用化和标准化的需求而孕育的。系列化的目的在于用有限品种和规格的产品来最大限度、且较经济合理地满足需求方对产品的要求。组合化是采用一些通用系列部件与较少数量的专用部件、零件组合而成的专用产品。通用化是借用原有产品的成熟零部件，不但能缩短设计周期，降低成本，而且还增加了产品的质量可靠性。标准化零部件实际上是跨品种、跨厂家甚至跨行业的更大范围零部件通用化。由于这种高度的通用化，使得这种零部件可以由工厂的单独部门或专门的工厂去单独进行专业化制造。

（2）产品模块化、系列化设计分类与库管理。产品模块要求通用程度高，相对于产品的非模块部分生产批量大，对降低成本和减少各种投入较为有利。但在另一方面又要求模块适应产品的不同功能、性能、形态等多变的因素，因此对模块的柔性化要求就大大提高了。

对于生产来说，尽可能减少模块的种类，达到一物多用的目的。对于产品的使用来说，往往又希望扩大模块的种类，以更多地增加品种。针对这一矛盾，设计时必须从产品系统的整体出发，对产品功能、性能、成本诸方面的问题进行全面综合分析，合理确定模块的划分。产品模块化设计按照自顶向下研究分类，包括系统级模块、产品级模块、部件级模块、零件级模块；再按照功能及加工和组合要求研究分类，包括基本模块、通用模块、专用模块；然后按照接口组合要求研究分类，包括内部接口模块、外部接口模块。以产品级模块化为例，就是在需求调查的基础上，对装备产品的构成进行分析，考察其中的功能互换性与几何互换性的关系，并划分基本模块、通用模块或专用模块，以模块为基础进行内部接口、外部接口设计，通过加、减、换、改相应模块以构成新的产品，并满足装备产品的功能指标的要求。

4）模块化产品设计理念

（1）模块化产品设计的目的。模块化产品设计的目的是以少变应多变，以尽可能少的投入生产尽可能多的产品，以最为经济的方法满足各种要求。由于模块具有不同的组合可以配置生成多样化的满足用户需求的产品的特点，同时模块又具有标准的几何连接接口和一致的输入输出接口，如果模块的划分和接口定义符合企业批量化生产中采购、物流、生产和服务的实际情况，这就意味着按照模块化模式配置出来的产品是符合批量化生产的实际情况的，从而使定制化生产和批量化生产这对矛盾得到解决。

（2）模块化的应用。模块化不仅加快了产品生产的速度，也改变了企业工作方式。模块化的产品结构确立了其设计和生产原则，企业为用户提供模块化的服务。在制造行业，模块化的应用已非常普遍，一些公司正在把模块化理念扩展到产品生产和服务上来，模块化不仅改变了企业的生产方式，也提高了自身工作方式。

5.2.2 软件结构化设计

1. 软件设计

软件需求要解决“做什么”的问题，而软件设计要解决“怎么做”的问题。

1）软件设计的概念

软件设计是把软件需求（定义阶段）转换为软件的具体设计方案，即划分模块结构的过程，是软件开发阶段最重要的步骤。从软件需求规格说明书出发，形成软件的具体设计方案。软件设计是一个迭代过程，先进行高层次结构设计，再进行低层次过程设计，穿插进行数据设计和接口设计。软件设计的方法包括结构化设计方法和面向对象的设计方法。

2）软件设计目标

软件设计必须实现分析模型中描述的所有显示需求，必须满足用户希望的所有隐式需求；软件设计必须是可读的、可理解的，使得将来易于编程、测试和维护；软件设计应从实现角度出发，给出数据、功能、行为相关的软件全貌。

3）软件设计过程

软件设计过程是对程序结构、数据结构、过程细节和接口细节逐步细化、评审和编写文档的过程。从技术角度上看，软件设计分成体系结构设计、数据设计、过程设计、接口设计 4 个方面的工作。从管理角度上讲，软件设计分为概要设计和详细设计两个阶段。

2. 软件结构化设计

1) 软件结构化设计概述

(1) 历史。结构化程序设计由 E. W. Dijkstra 在 1969 年提出，是以模块化设计为中心，将待开发的软件系统划分为若干个相互独立的模块，这样使完成每一个模块的工作变单纯而明确，为设计一些较大的软件打下了良好的基础。结构化设计是由美国 IBM 公司的 Constantine 等人花了十几年时间研究出来的一种用于概要设计的一套方法，与结构化分析方法结合使用。结构化设计方法是基于模块化、自顶向下细化、结构化程序设计等程序设计技术基础发展起来的。

(2) 定义。结构化设计是运用一组标准的准则和工具帮助系统设计员确定软件系统是由哪些模块组成的，这些模块用什么方法连接在一起才能构成一个最优的软件系统结构。结构化设计方法给出一组帮助设计人员在模块层次上区分设计质量的原理与技术。它把系统作为一系列数据流的转换，输入数据被转换为期望的输出值，通过模块化来完成自顶而下实现的文档化，并作为一种评价标准在软件设计中起指导性作用，通常与结构化分析方法衔接起来使用，以数据流图为基础得到软件的模块结构。结构化设计所使用的工具有结构图和伪代码。结构图是一种通过使用矩形框和连接线来表示系统中的不同模块以及其活动和子活动的工具。该方法适用于变换型结构和事务型结构的目标系统。结构化设计是数据模型和过程模型的结合。在设计过程中，它从整个程序的结构出发，利用模块结构图表述程序模块之间的关系。

(3) 基本思想。将软件设计成由相对独立且具有单一功能的模块组成的结构，分为概要设计和详细设计两个阶段。概要设计也称为结构设计或总体设计，主要任务是把系统的功能需求分配给软件结构，形成软件的模块结构图。结构化设计过程的概要设计阶段的描述工具是结构图(Structure Chart，SC)。

(4) 概要设计的基本任务。

① 设计软件系统结构：划分功能模块，确定模块间调用关系。

② 数据结构及数据库设计：实现需求定义和规格说明过程中提出的数据对象的逻辑表示。

③ 编写概要设计文档：包括概要设计说明书、数据库设计说明书、集成测试计划等。

④ 概要设计文档评审：对设计方案是否完整实现需求分析中规定的功能、性能的要求，设计方案的可行性等进行评审。

总之，结构化设计的目的是使程序的结构尽可能反映要解决的问题的结构。结构化设计的任务是把需求分析得到的数据流图(DFD)等变换为系统结构图。

(5) 结构化设计的步骤。

① 评审和细化数据流图。

② 确定数据流图的类型。

③ 把数据流图映射到软件模块结构，设计出模块结构的上层。

④ 基于数据流图逐步分解高层模块，设计中下层模块。

⑤ 对模块结构进行优化，得到更为合理的软件结构。

⑥ 描述模块接口。

(6) 优缺点。

① 优点：由于模块相互独立，因此在设计其中一个模块时不会受到其他模块的牵连，因而可将原来较为复杂的问题化简为一系列简单模块的设计；模块的独立性还为扩充已有的系统、建立新系统带来了不少的方便，因为可以充分利用现有的模块做积木式的扩展；它整体思路清楚，目标明确；设计工作中阶段性非常强，有利于系统开发的总体管理和控制；在系统分析时可以诊断出原系统中存在的问题和结构上的缺陷。

② 缺点：用户要求难以在系统分析阶段准确定义，致使系统在交付使用时产生许多问题；用系统开发每个阶段的成果来进行控制，不能适应事物变化的要求；系统的开发周期长。

2) 软件设计原则

为了开发出高质量低成本的软件，在软件开发过程中必须遵循下列软件工程原则。

(1) 抽象。抽取事物最基本的特性和行为，忽略非基本的细节。采用分层次抽象的办法可以控制软件开发过程的复杂性，有利于软件的可理解性和开发过程的管理。常用的抽象化手段有过程抽象、数据抽象和控制抽象。过程抽象是指任何一个完成明确动能的操作都可被使用者当作为单位的实体看待，尽管这个操作实际上可能由一系列更低级的操作来完成。数据抽象与过程抽象一样，允许设计人员在不同层次上描述数据对象的细节。控制抽象可以包含一个程序控制机制而无须规定其内部细节。

(2) 信息隐藏。采用封装技术，将程序模块的实现细节(过程或数据)隐藏起来，对于不需要这些信息的其他模块来说是不能访问的，使模块接口尽量简单。按照信息隐藏的原则，系统中的模块应设计成“黑箱”，模块外部只能使用模块接口说明中给出的信息，如操作、数据类型等。将每个程序的成分隐蔽或封装在一个单一的设计模块中，定义每一个模块时尽可能少地显露其内部的处理，可以提高软件的可修改性、可测试性和可移植性。

(3) 模块化。将一个待开发的软件分解成若干个小的简单的模块，每个模块可独立地开发、测试，最后组装成完整的程序。这是一种复杂问题的“分而治之”的原则。模块化的目的是使程序结构清晰、容易阅读、容易理解、容易测试、容易修改，使程序由许多个逻辑上相对独立的模块组成。模块是程序中逻辑上相对独立的单元，每个模块完成一个相对特定独立的子功能，模块的大小要适中，高内聚、低耦合。

(4) 一致性。整个软件系统(包括文档和程序)的各个模块均应使用一致的概念、符号和术语；程序内部接口应保持一致；软件与硬件接口应保持一致；系统规格说明与系统行为应保持一致。实现一致性需要良好的软件设计工具(如数据字典、数据库、文档自动生成与一致性检查工具等)、设计方法和编码风格的支持。

(5) 控制层次。控制层次往往用程序的层次结构(树形或网型)来表示，表明了程序构件(模块)的组织情况。

① 深度：程序结构的层次数，可以反映程序结构的规模和复杂程度。也指模块结构的层次数(控制的层数)。

② 宽度：同一层模块的最大模块个数。

③ 模块的扇出：一个模块调用(或控制)的其他模块数。

④ 模块的扇入：调用(或控制)一个给定模块的模块个数。好的软件结构应该是顶层扇出比较多，中层扇出较少，底层扇入多。

3）方法要点

（1）自顶向下，逐步细化：将软件的体系结构按自顶向下方式，对各个层次的过程细节和数据细节逐层细化，直到用程序设计语言的语句能够实现为止，从而最后确立整个体系结构。对复杂问题应设计一些子目标作为过渡，逐步细化。程序设计时，应先考虑总体，后考虑细节；先考虑全局目标，后考虑局部目标。不要一开始就过多追求众多的细节，先从最上层总目标开始设计，逐步使问题具体化。

（2）模块化：把程序要解决的总目标分解为子目标，再进一步分解为具体的小目标，把每一个小目标称为一个模块。

（3）软件结构化准则：模块独立性；模块内聚性高，模块间的耦合度低。

（4）结构化描述：用软件结构图来描述软件结构，所做的工作是将数据流图转化为软件层次结构图。

5.2.3 软件概要设计

1. 软件概要设计概述

软件概要设计的主要任务是把需求分析得到的数据流图（DFD）转换为软件结构和数据结构。设计软件结构的具体任务是将一个复杂系统按功能进行模块划分、建立模块的层次结构及调用关系、确定模块间的接口及人机界面等。数据结构设计包括数据特征的描述、确定数据的结构特性、以及数据库的设计。显然，概要设计建立的是目标系统的逻辑模型，概要设计任务的关键是把数据流图转换为结构图。在软件工程的需求分析阶段，信息流是一个关键考虑，通常用数据流图描绘信息在系统中加工和流动的情况，面向数据流的设计方法把信息流映射成为软件结构，信息流的类型决定了映射的方法。

在需求分析阶段，用 SA 方法产生了数据流图。结构化的设计能方便地将数据流图转换成软件结构图。数据流图中从系统的输入数据流到系统的输出数据流的一连串连续变换形成了一条信息流。根据数据流类型不同，可将数据流分为事务型和变换型两类，事务型数据流和变换型数据流的设计步骤基本上大同小异，它们之间主要差别就是从数据流图到软件结构的映射方法不同。因此，在进行软件结构设计时，首先对数据流图进行分析，然后判断数据流属于哪一种类型，根据不同的数据流类型，通过一系列映射，把数据流图转换为软件结构图，基本流程如图 5-8 所示。

1）变换型

信息沿输入通路进入系统，同时由外部形式变换成内部形式，进入系统的信息通过变换中心，经加工处理以后再沿输出通路变换成外部形式离开软件系统，当数据流具有了信息流的这种特征时这种信息流就叫做变换型数据流（有时简称变换流）。变换型数据流的数据流图可明显地分为三大部分：逻辑输入、变换中心（主加工）、逻辑输出。变换型数据流结构如图 5-9 所示。

逻辑输入：可以从数据流图上的物理输入开始，一步一步地向系统中间移动，一直到数据流不再被看作是系统的输入为止，则其前一个数据流就是系统的逻辑输入。可以认为逻辑输入就是离物理输入端最远且仍被看作是系统输入的数据流。

变换中心：多股数据流汇集的地方往往是系统的中心变换部分。

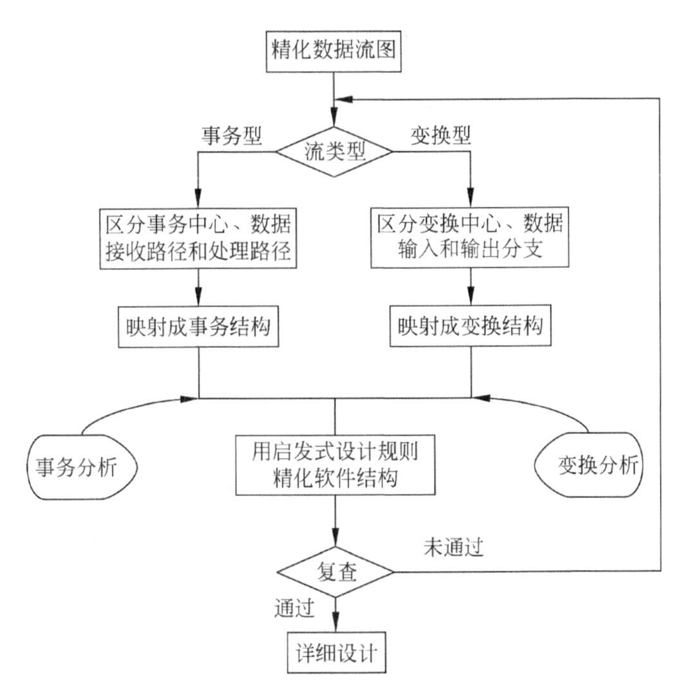

图 5-8 数据流图转换为软件结构图的基本流程

图 5-9 变换型数据流结构

逻辑输出：从物理输出端开始，一步一步地向系统中间移动，就可以找到离物理输出端最远且仍被看作是系统输出的数据流。

2）事务型

数据沿输入通路到达一个处理，这个处理根据输入数据的类型在若干个动作序列中选出一个来执行，当数据流图具有这些特征时，这种信息流称为事务型数据流（有时简称事务流）。它被用于识别一个系统的事务类型并把这些事务类型用作设计的组成部分。分析事务型数据流是设计事务处理程序的一种策略，采用这种策略通常有一个在上层事务中心，其下将有多个事务模块，每个模块只负责一个事务类型，转换分析将会分别设计每个事务。

信息沿着输入通路进入系统，由外部形成内部形式后到达事务中心。通常事务中心位于几条处理路径的起点，从数据流图上很容易标识出来，因为事务中心一般会有“发射中心”的特征。因为事务流有明显的事务中心，所以各式各样活动流都以事务中心为起点呈辐射状流出。事务型数据流结构如图 5-10 所示。

事务中心主要完成下述任务：接收输入数据（输入数据又称为事务）；分析每个事务以确定它的类型；根据事务类型选取一条活动通路。通常，事务中心前面的部分叫做事务接收路径，发射中心后面各条发散路径叫做事务处理路径。对于每条处理路径来讲，还应该确定它们自己的流特征。

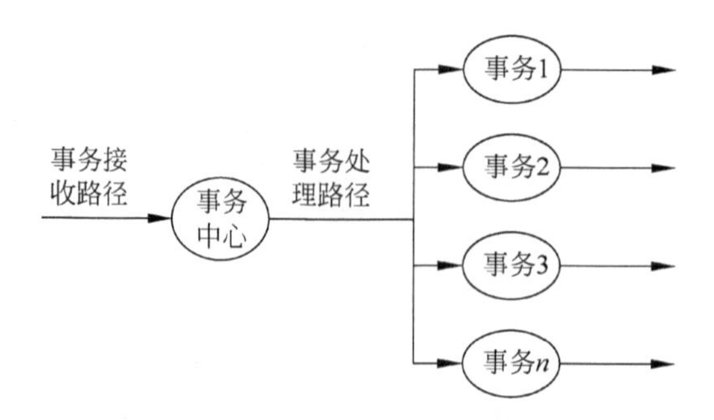

图 5-10 事务型数据流结构

2. HIPO 图

HIPO 图(Hierarchy Plus Input-Process-Output)是 IBM 公司于 20 世纪 70 年代中期在层次结构图(Structure Chart)的基础上推出的一种描述系统结构和模块内部处理功能的工具(技术)。HIPO 图由层次结构图和 IPO 图两部分构成,前者描述了整个系统的设计结构以及各类模块之间的关系,后者描述了某个特定模块内部的处理过程和输入/输出关系。

HIPO 图是表示软件结构的另一种图形工具,它既可以描述软件总的模块层次结构,又可以描述每个模块输入输出数据、处理功能及模块调用的详细情况。HIPO 图是以模块分解的层次性以及模块内部输入、处理、输出三大基本部分为基础建立的。

1) HIPO 图的 H 图

它用于描述软件的层次结构,矩形框表示一个模块,矩形框之间的直线表示模块之间的调用关系,同结构图一样未指明调用顺序。图 5-11 所示为某销售管理系统的层次图。

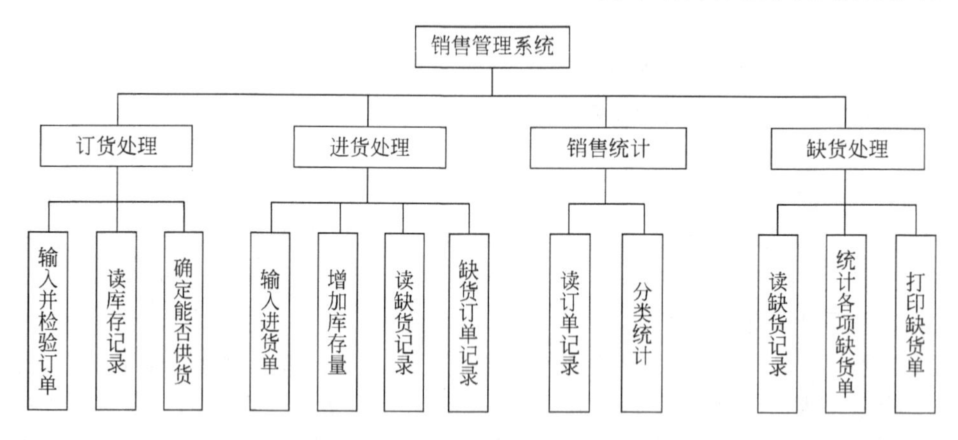

图 5-11 某销售管理系统的层次图

2) HIPO 图的 IPO 图

它只说明了软件系统由哪些模块组成及其控制层次结构,并未说明模块间的信息传递及模块内部的处理。因此对一些重要模块还必须根据数据流图、数据字典及 H 图绘制具体的 IPO 图。例如,“确定能否供货”模块的 IPO 图,如图 5-12 所示。

IPO 图的基本形式是在左边的框(输入框)中列出有关的输入数据,在中间的框(处理框)中列出主要的处理次序,在右边的框(输出框)中列出产生的输出数据。另外,还用类似

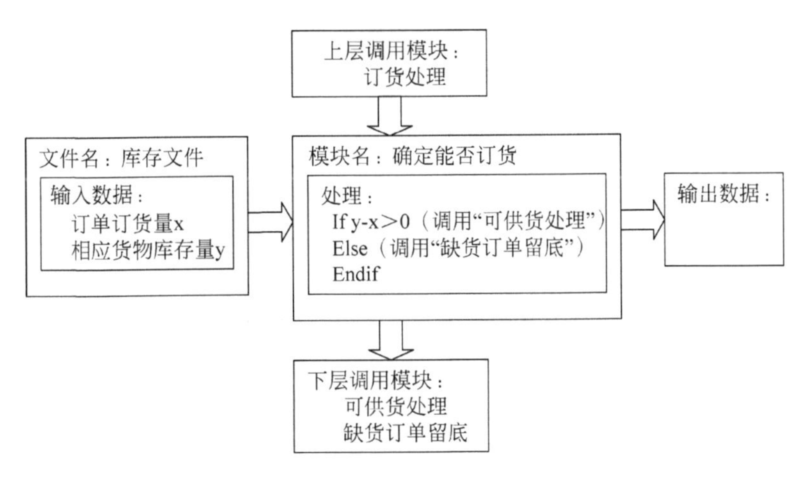

图 5-12 “确定能否供货”模块的 IPO 图

向量符号(箭头线)清楚地指出数据通信的情况。可见,IPO 图使用的符号既少又简单,能够方便地描述输入数据、数据处理、输出数据之间的关系。

值得强调的是,HIPO 图中的每张 IPO 图内都应该明显地标出它所描绘的模块在 H 图中的编号,以便跟踪了解这个模块在软件结构中的位置。

在进行结构化设计的实践中,如果一个系统的模块结构图相当复杂,可以采用层次图对其进行进一步的抽象;如果为了对模块结构图中的每一个模块进行进一步描述,可以为之配一相应的 IPO 图。

3. 结构图

结构图是软件概要设计阶段的工具,它描述软件的模块结构,表示一个系统的层次分解关系,反映模块间的联系以及块内联系,反映模块间的信息传递,是系统的总体结构。结构图的基本组成成分包括模块、数据和调用。结构图基本图符号如图 5-13 所示。

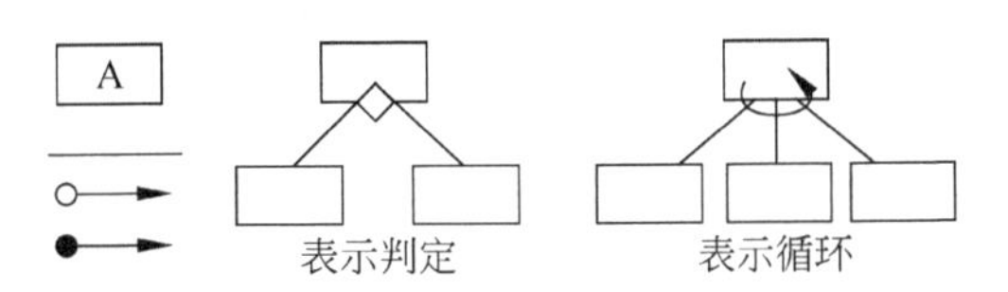

图 5-13 结构图基本图符号

其中:方框,内有名称,表示模块;直线,表示上层模块对下层模块的调用;尾部带空心圆的箭头,表示按方向传递的数据信息;尾部带实心圆的箭头,表示按方向传递的控制信息;菱形表示判定;弧形箭头表示循环。

4. 映射过程

任何一个设计过程都不是统一、固定不变的。设计要求越高,对设计者的创造能力要求也越高。根据不同类型,分析其映射过程。

1) 变换型数据流到软件结构图映射

(1) 设计软件结构的顶层和第 1 层。设计一个主模块,并用系统的名字为它命名,作为系统的顶层。第1层为每个逻辑输入设计一个输入模块，其功能是为主模块提供数据；为每一个逻辑输出设计一个输出模块，其功能是将主模块提供的数据输出；为中心变换设计一个变换模块，其功能是将逻辑输入转换成逻辑输出。主模块控制和协调第1层的输入模块、变换模块和输出模块的工作。

(2) 设计软件结构的下层结构。输入模块有两个下层模块，一个负责接收数据，另一个负责把数据变换成上级模块所需要的数据格式。同样，输出模块也有两个下层模块，一个负责将上级模块提供的数据变换成输出的形式，另一个负责结果输出。设计中心变换模块的下层模块没有通用的方法，一般应参照数据流图的中心变换部分和功能分解的原则来考虑如何对中心变换模块进行分解。

变换型数据流转换后的初始软件结构图如图5-14所示。

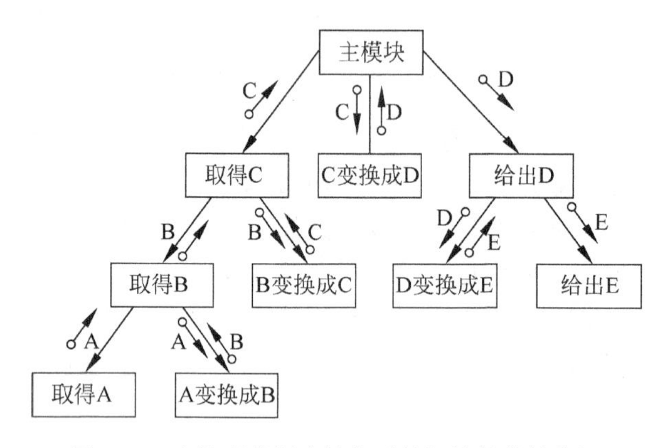

图5-14　变换型数据流转换后的初始软件结构图

2) 事务型数据流到软件结构图映射

事务型数据处理问题的工作机理是根据事务处理的特点和性质，选择分派一个适当的处理单元，然后给出结果。

(1) 设计软件结构的顶层和第1层。软件结构图的顶层是系统的事务控制模块。第1层是由事务流输入分支和事务分类处理分支映射得到的软件结构。也就是说，第1层通常是由两部分组成：接收事务和处理事务。

(2) 设计软件结构的下层结构。设计事务流输入分支的方法与变换分析中输入流的设计方法类似，从事务中心变换开始，沿输入路径向物理输入端移动。每个接收数据模块的功能是向调用它的上级模块提供数据，它需要有两个下层模块，一个负责接收数据；另一个负责把这些数据变换成它的上级模块所需要的数据格式。接收数据模块又是输入模块。

事务处理分支结构映射成一个分类控制模块，它控制下层的处理模块。对每个事务建立一个事务处理模块。如果发现在系统中有类似的事务，就可以把这些类似的事务组织成一个公共事务处理模块。但是，如果组合后的模块是低内聚的，则应该重新考虑组合问题。

事务中心模块按所接收的事务的类型，选择某一个事务处理模块执行。每个事务处理模块可能要调用若干个操作模块，而操作模块又可能调用若干个细节模块。不同的事务处理模块可以共享一些操作模块。不同的操作模块又可以共享一些细节模块。事务型数据流转换后的初始软件结构图如图5-15所示。

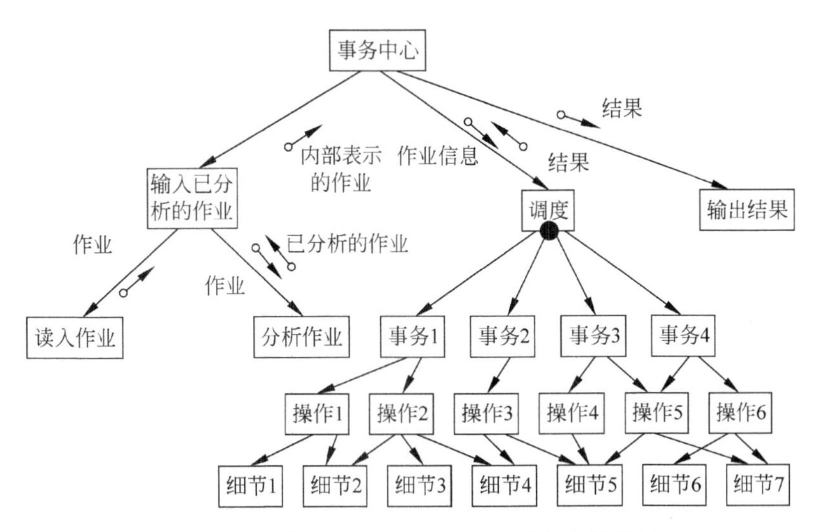

图 5-15 事务型数据流转换后的初始软件结构图

3）变换-事务混合型的系统结构图

一般来讲，一个大型项目不可能是单一的数据变换型，也不可能是单一的事务型，通常是变换型数据流和事务型数据流的混合体。在具体的应用中一般以变换型为主、事务型为辅的方式进行软件结构设计。变换-事务混合型的系统结构图如图 5-16 所示。

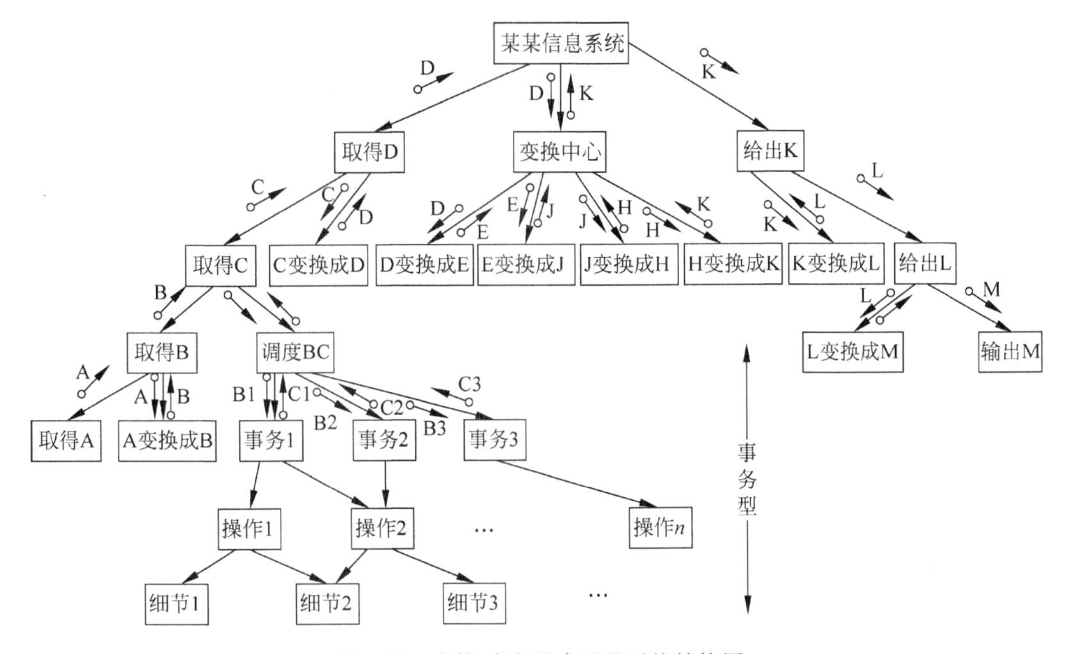

图 5-16 变换-事务混合型的系统结构图

4）软件结构设计优化

数据流图转换为初始软件结构图后，按照高内聚、低耦合、模块化、信息隐藏的原则，应该对初始软件结构图进行优化。设计人员应该致力于开发能够满足所有功能和性能要求，导出不同的软件结构，对它们进行评价和比较，力求得到最佳的设计结果。通常采用以下方法对初始化软件结构进行优化。

(1) 优化软件结构。在得到初始的功能结构图后,如果发现有几个模块有相似之处,可消除重复功能,改善软件结构;将模块功能完善化,一个完整的功能模块,不仅应能完成指定的功能,而且还应当能够告诉使用者完成任务的状态,以及不能完成的原因。

(2) 模块作用控制在一个范围之内。模块的控制范围包括它本身及其所有的从属模块。模块的作用范围是指模块内一个判定的作用范围,凡是受这个判定影响的所有模块都属于这个判定的作用范围。

(3) 扇出合适。模块的扇出过大,将使得系统的模块结构图的宽度变大,宽度越大结构图越复杂。模块的扇出过小也不好,这样将使得系统的功能结构图的深度大大增加,不但增加了模块接口的复杂度,而且增加了调用和返回的时间开销,降低了系统的工作效率。比较适当的模块扇出数目为2~5个,最多不要超过9个。

(4) 模块大小适中。限制模块的大小是减少复杂性的手段之一,因而要求把模块的大小限制在一定的范围之内。模块的大小一般用模块的源代码数量来衡量,通常在设计过程中将模块的源代码数量限制在50~100行左右,即一页纸的范围内,这样阅读比较方便。

(5) 设计功能可预测的模块,避免过分受限制的模块。一个功能可预测的模块不论内部处理细节如何,但对相同的输入数据总能产生同样的结果。

(6) 软件包应满足设计约束和可移植性。一个仅处理单一功能的模块,由于具有高度的内聚性而受到了设计人员的重视。

5. 概要设计案例

下面分别讨论通过变换分析和事务分析技术,导出变换型和事务型初始结构图的技术。

1) 变换分析

(1) 找出系统的主加工。

根据系统说明书,可以决定数据流图中哪些是系统的主处理。主处理一般是几股数据流汇合处的处理,也就是系统的变换中心,即逻辑输入和逻辑输出之间的处理。

① 确定逻辑输入。确定方法是从物理输入端开始,一步一步地向系统的中间移动,直至达到这样一个数据流,即它已不能再被看作为系统的输入,则其前一个数据流就是系统的逻辑输入。

② 确定逻辑输出。方法是从物理输出端开始,一步一步地向系统的中间反方向移动,直至达到这样一个数据流,即它已不能再被看作为系统的输出,则其后一个数据流就是系统的逻辑输出。

对系统的每一股输入和输出,都用上面的方法找出相应的逻辑输入、输出。逻辑输入和逻辑输出之间的加工,就是系统的主加工,如图5-17所示。

(2) 设计模块的顶层和第一层。

顶层模块也叫主控模块,其功能是完成整个程序要做的工作。在与主加工对应的位置上画出主模块。系统结构的顶层设计后,下层的结构就按输入、变换、输出等分支来分解。

设计模块结构的第一层:为逻辑输入设计一个输入模块,其功能是向主模块提供数据;为逻辑输出设计一个输出模块,其功能是输出主模块提供的数据;为主加工设计一个变换

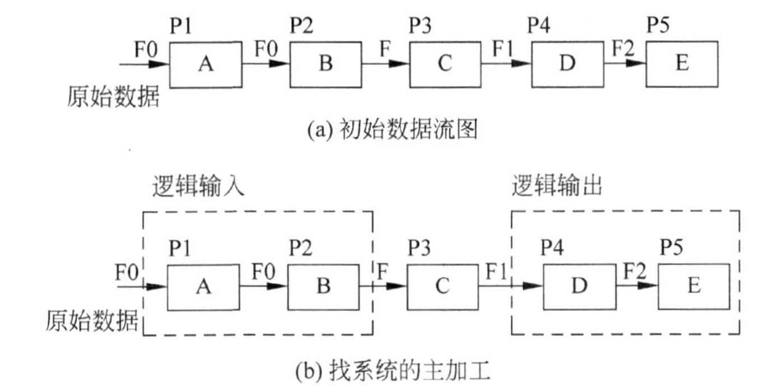

图 5-17 找出系统主加工的示意图

模块,其功能是将逻辑输入变换成逻辑输出。

第一层模块同顶层主模块之间传送的数据应与数据流图相对应。这里主模块控制并协调第一层的输入、变换、输出模块的工作。

(3) 设计中、下层模块。

由自顶向下、逐步细化的过程,为每一个上层模块设计下层模块。

输入模块的功能是向它的调用模块提供数据,由两部分组成,一部分是接收输入数据,另一部分是将这些数据变换成其调用模块所需要的数据。在有多个输入模块的情况下,可为每一个输入模块设计两个下层模块,其中一个是输入,另一个是变换。

输出模块的功能是将其调用模块提供的数据变换成输出的形式。也就是说,要为每一个输出模块设计两个下层模块,其中一个是变换,另一个是输出。

该过程自顶向下递归进行,直到系统的物理输入端或物理输出端为止,如图 5-18 所示。

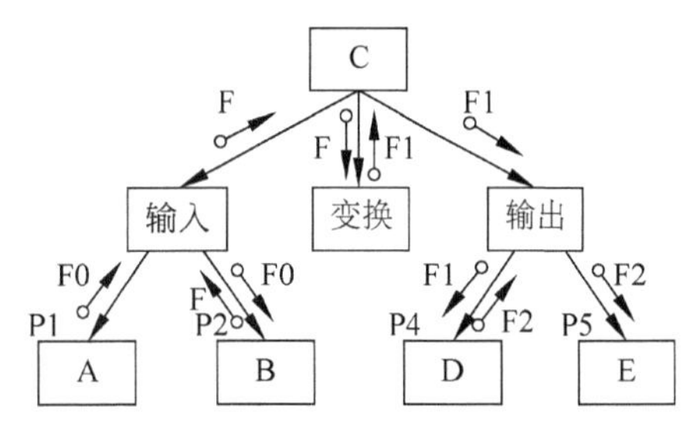

图 5-18 由变换型数据流图导出初始模块结构图

为变换模块设计下层模块则没有通用的规则可以遵循,可以根据数据流图中主处理的复杂与否来决定是否分为子处理。每设计出一个新模块,应同时给它起一个能反映模块功能的名字。运用上述方法,就可获得与数据流图相对应的初始结构图。

2) 事务分析

当数据流图呈现束状结构时,应采用事务分析的设计方法。就步骤而言该方法与变换分析方法大部分类似,主要差别在于由数据流图到模块结构的映射方式不同。

进行事务分析时,通常采用以下四步:

(1) 确定以事务为中心的结构,包括找出事务中心和事务来源。

(2) 按功能划分事务,将具备相同功能的事务分为同一类,建立事务模块。

(3) 为每个事务处理模块建立全部的操作层模块。其建立方法与变换分析方法类似,但事务处理模块可以共享某些操作模块。

(4) 若有必要,则为操作层模块定义相应的细节模块,并尽可能地使细节模块被多个操作模块共享。

例 5-1 图 5-19 是一个以事务为中心的数据流图。加工“确定事务类型”是它的事务中心，由该数据流图经事务分析所得到的模块结构图如图 5-20 所示。

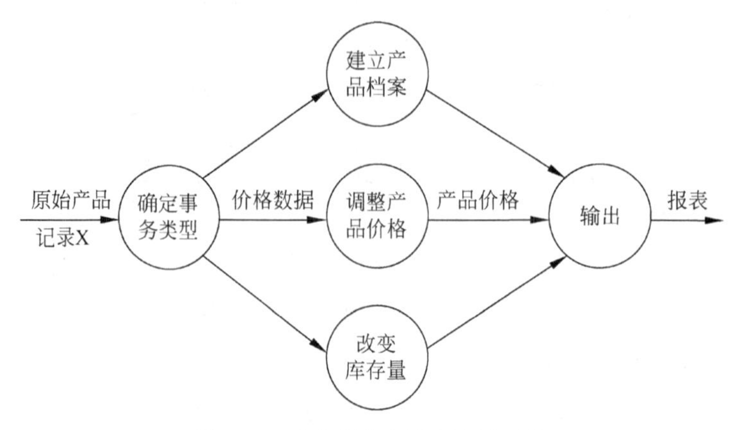

图 5-19 事务型中心数据流图实例

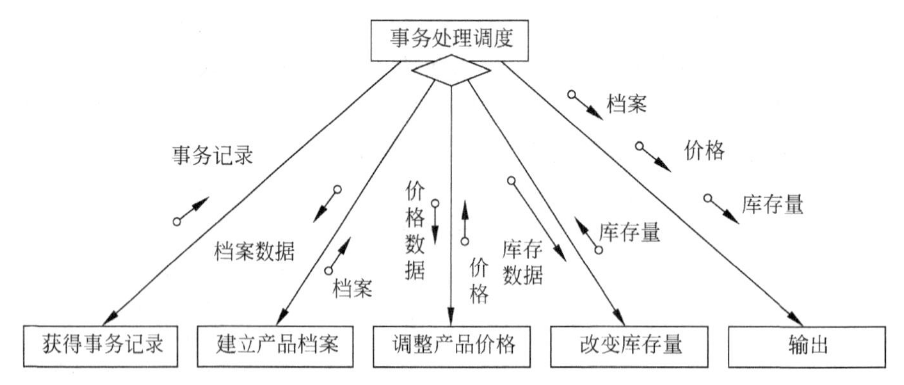

图 5-20 事务型模块结构图实例

实际问题也许不完全属于变换型或事务型的，很可能是两者的结合，因此常常需要变换分析技术和事务分析技术联合使用，从而导出符合系统逻辑模型的系统初始结构图。

3）从数据流图导出初始结构图

在系统分析阶段，采用结构化分析方法得到了由数据流图、数据字典和加工说明等组成的系统的逻辑模型。现在，可根据一些规则从数据流图导出系统初始的模块结构图。

变换型结构的数据流图呈一种线性状态，如图 5-21 所示。它所描述的工作可表示为输入、主处理、输出。事务型结构的数据流图呈束状形，如图 5-22 所示，即一束数据流平行流入或流出，可能同时有几个事务要求处理。

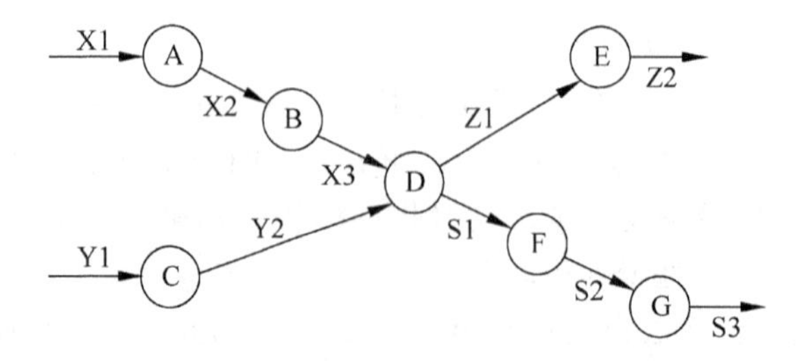

图 5-21 变换型结构的数据流图

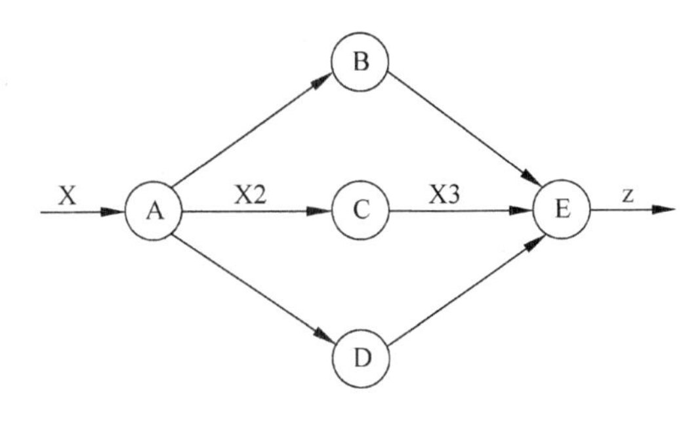

图 5-22 事务型结构的数据流图

这两种典型的结构分别可通过变换分析和事务分析技术，导出变换型和事务型初始的模块结构图。这两种方法的思想是首先设计顶层模块，然后自顶向下逐步细化，最后得到一个满足数据流图所表示的用户要求的系统的模块结构图，即系统的物理模型。

例 5-2 根据已知的汇款处理系统的数据流图（如图 5-23 所示），绘制出初始结构图。

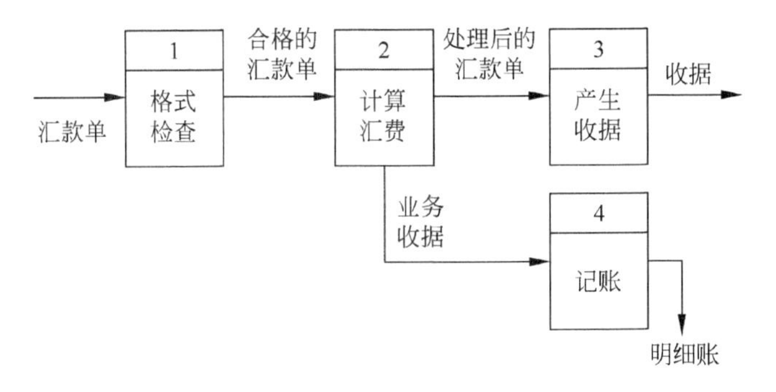

图 5-23 汇款处理系统的数据流图

图 5-24 是从汇款处理系统的数据流图（变换型）导出的初始结构图（变换型层次图）。

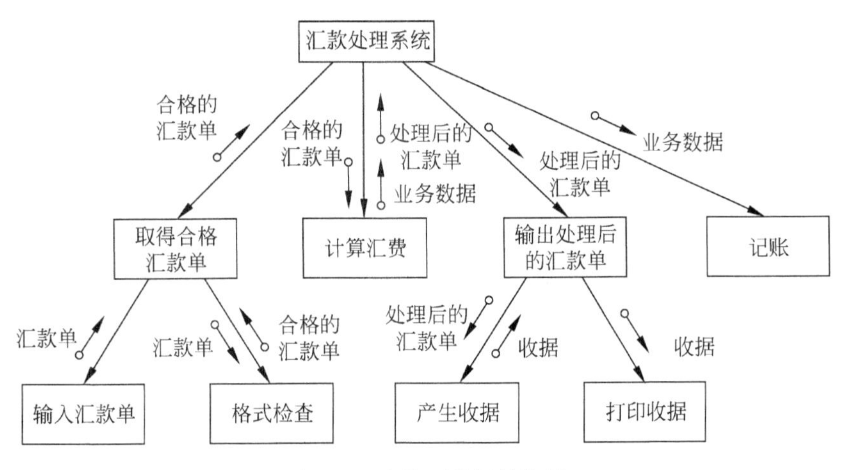

图 5-24 变换型数据结构图

例 5-3 根据已知的销售分析系统的数据流图（如图 5-25 所示），绘制出初始结构图。图 5-26 是根据销售分析系统数据流图（事务型）导出的初始结构图（事务型层次图）。

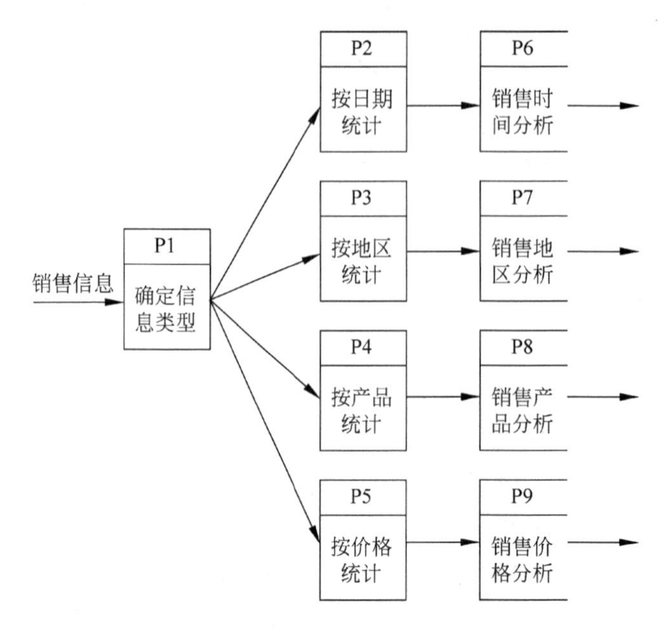

图 5-25 销售分析系统的数据流图

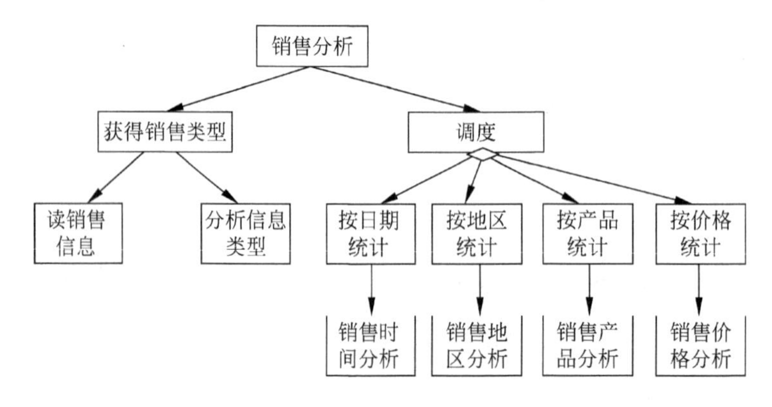

图 5-26 事务型层次图

6. 软件概要设计说明书

《计算机软件产品开发文件编制指南(GB 8567—1988)》国家标准是一份指导性文件。有 14 种文件,软件概要设计说明书和数据库设计说明书被包括在其中。以下是这两种说明书的内容。

1) 软件概要设计说明书

1. 引言

  1.1 编写目的

  1.2 背景

  1.3 定义

  1.4 参考资料

2. 总体设计

　2.1　需求规定

　2.2　运行环境

　2.3　基本设计概念和处理流程

　2.4　结构

　2.5　功能需求与程序的关系

　2.6　人工处理过程

　2.7　尚未解决的问题

3. 接口设计

　3.1　用户接口

　3.2　外部接口

　3.3　内部接口

4. 运行设计

　4.1　运行模块组合

　4.2　运行控制

　4.3　运行时间

5. 系统数据结构设计

　5.1　逻辑结构设计要点

　5.2　物理结构设计要点

　5.3　数据结构设计要点

6. 系统出错处理设计

　6.1　出借信息

　6.2　补救措施

　6.3　系统维护设计

7. 设计审核

2）数据设计说明书

1. 引言

　1.1　编写目的

　1.2　背景

　1.3　定义

　1.4　参考资料

2. 外部设计

　2.1　标识符和状态

　2.2　使用它的程序

　2.3　约定

　2.4　专门指导

　2.5　支撑软件

3. 结构设计

3.1 概念结构设计

3.2 逻辑结构设计

3.3 物理结构设计

4. 运用设计

4.1 数据字典设计

4.2 安全保密设计

5.2.4 软件详细设计

1. 详细设计的概念

详细设计是软件开发的一个步骤，是对概要设计的细化。详细设计的主要任务是设计每个模块的实现算法、所需的局部数据结构。详细设计的目标有两个：实现模块功能的算法要逻辑上正确；算法描述要简明易懂。

传统软件开发方法的详细设计主要是用结构化程序设计法。详细设计工具有表格工具、图形工具和语言工具。图形工具有业务流图、程序流程图、PAD图、N-S图。语言工具有伪码和PDL等。

根据工作性质和内容的不同，软件设计分为概要设计和详细设计。概要设计实现软件的总体设计、模块划分、用户界面设计、数据库设计等；详细设计则根据概要设计所做的模块划分，实现各模块的算法设计，实现用户界面设计、数据结构设计的细化，等等。

概要设计是详细设计的基础，必须在详细设计之前完成，概要设计经复查确认后才可以开始详细设计。概要设计必须完成概要设计文档，包括系统的总体设计文档以及各个模块的概要设计文档。每个模块的设计文档都应该独立成册。

详细设计必须遵循概要设计说明书的蓝本。详细设计方案的更改不得影响到概要设计方案；如果需要更改概要设计，必须经过项目经理的同意。详细设计应该完成详细设计文档，主要是模块的详细设计方案说明。和概要设计一样，每个模块的详细设计文档都应该独立成册。

概要设计里面的数据库设计应该重点在描述数据关系上。详细设计里的数据库设计应该是一份完善的数据结构文档，就是一个包括类型、命名、精度、字段说明、表说明等内容的数据字典。

概要设计里的功能应该是重点在于功能描述、对需求的解释和整合，整体划分功能模块，并对各功能模块进行详细的图文描述，应该让读者大致了解系统完成后大体的结构和操作模式。详细设计则是重点在于描述系统的实现方式，各模块详细说明实现功能所需的类及具体的方法函数，包括涉及的SQL语句等。

2. 结构化程序设计

1）结构化程序设计的要求

采用自顶向下、逐步求精的程序设计方法；程序模块化；每个模块只有一个入口和一个出口；每个模块都应能单独执行，且无死循环；使用3种基本程序控制结构构造程序。

2）结构化设计的原则

（1）使每个模块执行一个功能（坚持功能性内聚）。

（2）每个模块用过程语句（或函数方式等）调用其他模块。

（3）模块间传送的参数做数据用。

（4）模块间共用的信息（如参数等）尽量少。

3）详细设计的基本任务

（1）设计每个模块详细算法。用某种图形、表格、语言等工具将每个模块处理过程的详细算法描述出来。

（2）设计模块内部数据结构。对于需求分析、概要设计确定的概念性的数据类型进行确切的定义。

（3）进行数据结构物理设计。即确定数据库的物理结构。物理结构主要指数据库的存储记录格式、存储记录安排和存储方法，这些都依赖于具体所使用的数据库系统。

（4）其他设计。根据软件系统的类型，还可能要进行以下设计：

① 代码设计。为了提高数据的输入、分类、存储、检索等操作，节约内存空间，对数据库中的某些数据项的值要进行代码设计。

② 输入/输出格式设计。

③ 人机对话设计。对于一个实时系统，用户与计算机需要频繁对话，因此要进行对话方式、内容、格式的具体设计。

（5）编写详细设计说明书。

（6）评审。对处理过程的算法和数据库的物理结构都要进行评审。

4）结构化程序设计步骤

完成一个程序设计任务，一般可以分为以下几个步骤进行：

（1）提出和分析问题。即弄清楚提出任务的性质和具体要求，例如提供什么数据、得到什么结构、打印什么格式、允许多大误差等，都要确定。若没有详细而确切的了解，匆忙动手编程序，就会出现许多错误，造成无谓的返工或损失。

（2）构造模型。即把工程中或工作中实际的物理过程经过简化构成物理模型，然后用数学语言来描述它，这称为建立数学模型。

（3）选择计算方法。即选择用计算机求解该数学模型的近似方法。不同的数学模型，往往要进行一定的近似处理。对于非数值计算则要考虑数据结构等问题。

（4）算法设计。即制订出计算机运算的全部步骤。它影响运算结果的正确性和运行效率的高低。

（5）画流程图。即用结构化流程图把算法形象地表示出来。

（6）编写程序。即根据流程图用一种高级语言把算法的步骤写出来，就构成了高级语言源程序。

（7）输入程序。即将编好的源程序通过计算机的输入设备送入计算机的内存储器中。

（8）调试。即用简单的、容易验证结果正确性的所谓“试验数据”输入到计算机中，经过执行、修改错误、再执行的反复过程，直到得出正确的结果为止。

（9）正式运行。即输入正式的数据，以得到预期的输出结果。

（10）整理资料。即写出一份技术报告或程序说明书，以便作为资料交流或保存。

3. 详细设计的工具

详细设计的描述工具有3种：图形工具、表格工具和语言工具。图形工具是利用图形把过程的细节描述出来，图形工具包括程序流程图、PAD图、N-S图等。表格工具就是用一张表来描述过程的细节，在这张表中列出了各种可能的操作和相应的条件。语言工具就是用某种高级语言(称之为伪码)来描述过程的细节，比如PDL过程设计语言。

1）程序流程图

程序流程图是方法研究和改进工作方法的有用工具。不论作业研究过程中运用何种技术，程序流程图总是必经的一步，它是应用最普遍的一种工具。流程图采用的符号如图5-27所示，其中箭头表示控制流，矩形表示加工步骤，菱形表示逻辑条件。

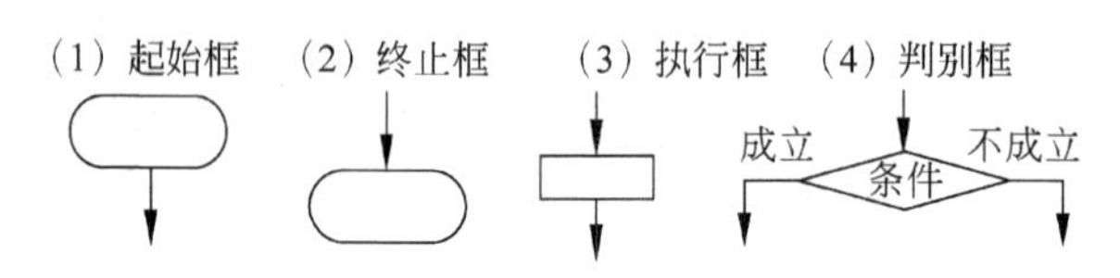

图5-27 程序流程图符号

2）PAD图

PAD(Problem Analysis Diagram，问题分析图)自1974年由日本日立公司发明以来，已经得到一定程度的推广。它用二维树形结构的图表示程序的控制流，将这种图转换为程序代码比较容易。由于每种控制语句都有一个图形符号与之对应，如图5-28所示，显然将PAD图转换成与之对应的高级语言程序比较容易。PAD是一种可见性好、易于编制、易于检查和易于修改的详细设计方法。

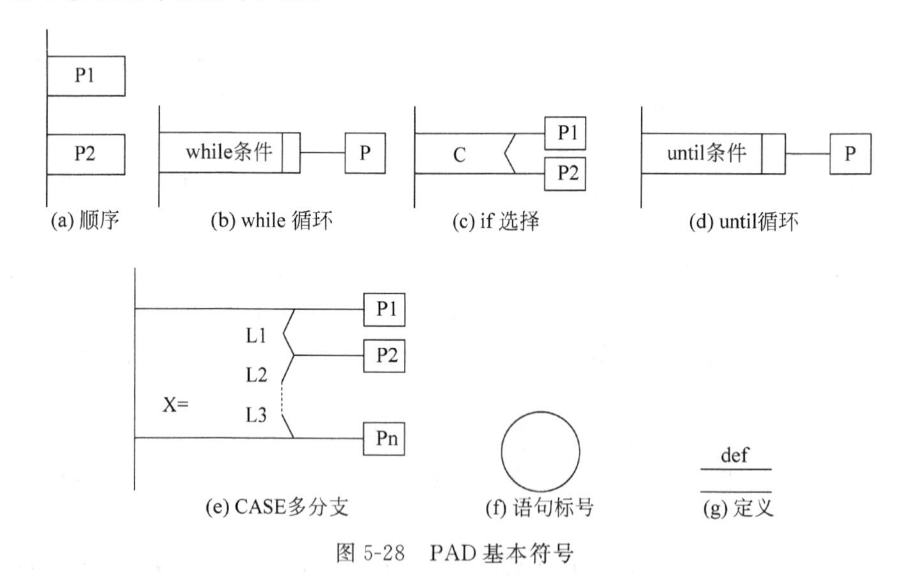

图5-28 PAD基本符号

3）N-S图

为避免流程图在描述程序逻辑时的随意性与灵活性，1973年I. Nassi和B. Schneiderman提出用方框代替传统的程序流程图，简称N-S图。它的特点是过程的作用域明确；盒图没有箭头，不能随意转移控制；容易表示嵌套关系和层次关系；强烈的结构化特征。N-S图有三种基本结构框。

(1) 顺序结构。它由若干个前后衔接的矩形块顺序组成。一个顺序结构如图 5-29 所示，先执行块 A，然后执行块 B。各块中的内容表示一条或若干条需要顺序执行的操作。

(2) 选择结构。如图 5-30 所示，在此结构内有两个分支，它表示当给定的条件 P 满足时执行 A 块的操作，条件 P 不满足时执行 B 块的操作。

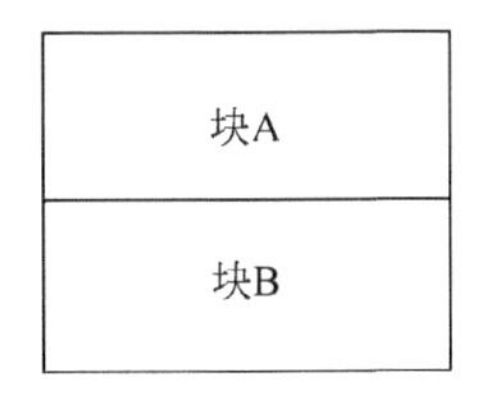

图 5-29　顺序结构

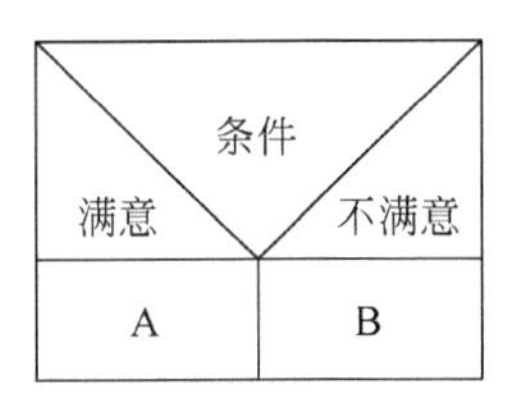

图 5-30　选择结构

(3) 循环结构。当型(WHILE 型)循环结构，如图 5-31(a)所示，先判断条件是否满足，若满足就执行 A 块(循环体)，然后再返回判断条件是否满足，如满足再执行 A 块，如此循环下去，直到条件不满足为止。直到型(UNTIL 型)循环结构，如图 5-31(b)所示，它先执行 A 块(循环体)然后判断条件是否满足，如不满足则返回再执行 A 块，若满足则不再继续执行循环体了。

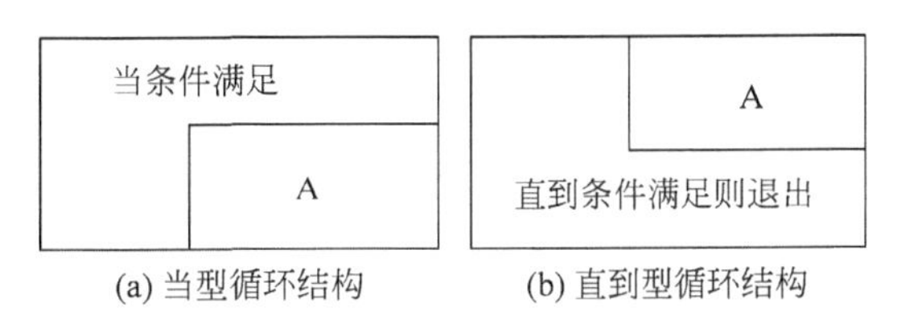

(a) 当型循环结构　(b) 直到型循环结构

图 5-31　循环结构

4) PDL 语言

PDL 语言(Program Design Language)是一种用于描述功能部件的算法设计和处理细节的语言。1975 年被提出，用于书写软件设计规约。它是软件设计中广泛使用的语言之一，被称为伪码或结构化语言。用 PDL 书写的文档是不可执行的，主要供开发人员使用。

PDL 描述的总体结构和一般的程序很相似，包括数据说明部分和过程部分，也可以带有注释等成分。但它是一种非形式的语言，对于控制结构的描述是确定的，而控制结构内部的描述语法不确定，可以根据不同的应用领域和不同的设计层次灵活选用描述方式，也可以用自然语言。

(1) 数据说明：PDL 程序中指明数据名的类型及作用域。其形式为：

```
declare <数据名> as <限定词>
<限定词>具体的数据结构:
scalar <纯量>
array <数组>
list <列表>
char <字符>
structure <结构>
```

(2) 子程序结构：

```
procedure <子程序名>
interface <参数表>
<分程序 PDL 语句>
return
end <子程序名> <PDL 语句指各种 PDL 构造>
```

(3) 分程序结构：

```
begin <分程序名><PDL 语句>
end <分程序名>
```

(4) 顺序结构：

选择型：

```
if <条件> then
    <PDL 语句>
else
    <PDL 语句>
end if
```

WHILE 循环：

```
loop while <条件>
    <PDL 语句>
end loop
```

UNTIL 型循环：

```
loop until <条件>
    <PDL 语句>
end loop
```

CASE 型：

```
case <选择句子> of
 <标号>{,<标号}: ><PDL 语言>
 [default] : [<PDL 语句>]
end case
```

(5) 输入输出结构

```
print
read
display
```

4. 详细设计说明书

《计算机软件产品开发文件编制指南(GB 8567—1988)》国家标准是一份指导性文件。有 14 种文件，详细设计说明书被包括在其中。其内容如下：

详细设计说明书

1. 引言

    1.1 编写目的

    1.2 背景

    1.3 定义

    1.4 参考资料

2. 程序系统的组织结构

3. 程序1(标识符)设计说明

    3.1 程序描述

    3.2 功能

    3.3 性能

    3.4 输入项

    3.5 输出项

    3.6 算法

    3.7 流程逻辑

    3.8 接口

    3.9 存储分配

    3.10 注释设计

    3.11 限制条件

    3.12 测试计划

    3.13 尚未解决的问题

4. 程序2(标识符)设计说明

    ……

5.3 面向对象设计方法

本节重点介绍面向对象设计、面向对象设计过程、软件架构设计、类设计和数据库设计。

5.3.1 面向对象设计

1. 面向对象设计概述

面向对象的雏形早在1960年的Simula语言中即可发现，当时的程序设计领域正面临着一种危机：在软硬件环境逐渐复杂的情况下，软件如何得到良好的维护？面向对象程序设计在某种程度上通过强调可重复性解决了这一问题。20世纪70年代初Xerox公司推出的Smalltalk语言在面向对象方面堪称经典，奠定了面向对象程序设计的基础，1980年出现的Smalltalk-80标志着面向对象程序设计进入了实用阶段。自20世纪80年代中期起，人们注重于面向对象分析和设计的研究，逐步形成了面向对象方法学。典型的方法有 P. Coad 和 E. Yourdon 的面向对象分析(OOA)和面向对象设计(OOD)，G. Booch 的面向对象开发方法，J. Rumbaugh 等人提出的对象建模技术(OMT)，Jacobson 的面向对象软件工程(OOSE)等。20 世纪 90 年代中期，由 G. Booch、J. Rumbaugh、Jacobson 等人发起，在 Booch 方法、OMT 方法和 OOSE 方法的基础上推出了统一的建模语言(UML)，1997 年被国际对象管理组织(OMG)确定作为标准的建模语言。

Peter Coad 和 Edward Yourdon 提出用下列等式认识面向对象方法：

```
面向对象 = 对象(object)
         + 分类(classification)
         + 继承(inheritance)
         + 通过消息的通信(communication with messages)
```

可以说，采用这 4 个概念开发的软件系统是面向对象的。

2. 几种典型的设计方法

与面向对象分析方法一样，面向对象设计方法自 20 世纪 70 年代发展至今已发展成多种不同方法，常用的方法有以下 5 种。

1) Booch 设计方法

以下是 Booch 方法的 OOD 过程的简单描述。

(1) 体系结构设计：把相似对象聚集在单独的体系结构部分；由抽象级别对对象分层；标识相关情景；建立设计原型。

(2) 策略设计：定义域独立政策；为内存管理、错误处理和其他基础功能定义特定域政策；开发描述策略语义的情景；为每个策略建立原型；装备和细化原型；审核每个策略以保证它广泛适用于它的结构范围。

(3) 发布设计：优先组织在 OOA 期间开发的情景；把相应结构发布分配给情景；逐渐地设计和构造每个结构发布；随需要不断调整发布的目标和进度。

2) Coad/Yourdon 设计方法

以下是 Coad 和 Yourdon 方法的 OOD 过程的简单描述。

(1) 问题域部件：对确定类的所有域分组；为应用类设计一个适当的类层次，令其完成适当的工作以简化继承；细化设计以提高性能；与数据管理部件一起开发接口；细化和增加所需的低级别对象；审查设计并提出分析面向外部的其他问题。

(2) 人员活动部件：定义人员参与者；开发任务情景；定义用户命令层次，细化用户活动顺序；设计相关类和类层次；适当集成 GUI 类。

(3) 任务管理部件：标识任务类型；建立优先级别；标识作为其他任务协调者的任务为每个任务设计适当的对象。

(4) 数据管理部件：设计数据结构和分布；设计管理数据结构所需的服务；标识可辅助实现数据管理的工具；设计适当的类和类层次。

3）Jacobson设计方法

Jacobson方法的OOD过程的简单轮廓如下：

（1）考虑适当的配合以使理想的分析模型适合现实世界环境。

（2）建立块作为主要设计对象；定义块以实现相关分析对象；标识接口块、实体块和控制块；描述在执行时块如何进行通信；标识在块之间传送的消息和通信顺序。

（3）建立显示消息如何在块之间传送的交互作用图。

（4）把块组织成子系统。

（5）审核设计工作。

4）Rambaugh设计方法

以下是Rambaugh方法的OOD过程的简单描述。

（1）进行系统设计：把分析模型分成子系统；标识由问题指示的并发，把子系统分配给处理器和任务；选择一个基本策略以实现数据管理；标识全局资源和存取它们所需的控制机制；为系统设计一个适当的控制机制；考虑边界条件如何处理；审核并考虑折中方案。

（2）进行对象设计：从分析模型中选择操作；为每个操作定义算法；选择算法的适当数据结构；定义内部类；审核类组织以优化数据存取，提高计算效率；数据类属性的定义。

（3）实现在系统设计中定义的控制机制。

（4）调整类结构以加强继承。

（5）设计消息机制以实现对象联系。

（6）把类和联系打包成模块。

5）Wirfs-Brock设计

Wirfs-Brock方法的OOD简单描述如下。

（1）为每个类构造协议：把对象之间的约定细化成明确的协议；定义每个操作和协议。

（2）为每个类建立一个设计说明：详细描述每个约定；定义私有职责；为每个操作说明算法；注意特殊考虑和约束平台、环境，而在面向对象设计方法中必须将系统的有关平台、环境作为统一的内容予以考虑。

3. 设计方法与步骤

在Coad/Yourdon设计方法的基础上扩充与深化，可得到面向对象的设计方法。即：

（1）对问题域的分析结果做进一步深化，称问题域部分。

（2）扩充分析模型至人机接口部分，称人机接口部分。

（3）将模型置于特定外部环境、网络与操作系统中做进一步考虑，称环境管理部分。

（4）将模型置于特定数据管理环境中做进一步考虑，称数据管理部分。

5.3.2　面向对象设计过程

面向对象设计是将OOA所创建的分析模型转化为设计模型。与传统的开发方法不同，OOD和OOA采用相同的符号表示，OOD和OOA没有明显的分界线，它们往往反复迭代地进行。在OOA时，主要考虑系统做什么，而不关心系统如何实现。在OOD时，主要解决系统如何做，因此需要在OOA的模型中为系统的实现补充一些新的类，或在原有类中补充一些属性和操作。OOD时应能从类中导出对象，以及这些对象如何互相关联，还要描述对象间的关系、行为以及对象间的通信如何实现。OOD应遵循抽象、信息隐藏、功能独立、模块化等设计准则。面向对象设计的步骤：系统设计，对象设计，复审设计模型并在需要时迭代。

1. 面向对象设计的准则

1）模块的弱耦合

（1）交互耦合。如果对象之间的耦合通过消息连接来实现，则这种耦合就是交互耦合。为使交互耦合尽可能松散，应该遵守下述准则：尽量降低消息连接的复杂程度；应该尽量减少消息中包含的参数个数，降低参数的复杂程度；减少对象发送（或接收）的消息数。

（2）继承耦合。与交互耦合相反，应该提高继承耦合程度。继承是一般化类与特殊类之间耦合的一种形式。从本质上看，通过继承关系结合起来的基类和派生类，构成了系统中粒度更大的模块。因此，它们彼此之间应该结合得越紧密越好。

为获得紧密的继承耦合，特殊类应该确实是对它的一般化类的一种具体化，也就是说，它们之间在逻辑上应该存在ISA的关系。因此，如果一个派生类摒弃了其基类的许多属性，则它们之间是松耦合的。在设计时应该使特殊类尽量多继承并使用其一般化类的属性和服务，从而更紧密地耦合到其一般化类。

2）模块的强内聚

（1）服务内聚。一个服务应该完成一个且仅完成一个功能。

（2）类内聚。设计类的原则是一个类应该只有一个用途，并且其属性和服务应该是高内聚的。类的属性和服务应该全都是完成该类对象的任务所必需的，其中不包含无用的属性或服务。如果某个类有多个用途，通常应该把它分解成多个专用的类。

（3）一般—特殊内聚。设计出的一般—特殊结构，应该符合多数人的概念，更准确地说，这种结构应该是对相应的领域知识的正确抽取。

3）模块可重用性

软件重用是提高软件开发生产率和目标系统质量的重要途径。重用基本上从设计阶段开始。重用有两方面的含义，一是尽量使用已有的类（包括开发环境提供的类库和以往开发类似系统时创建的类），二是如果确实需要创建新类，则在设计这些新类的协议时，应该考虑将来的可重复使用性。

2. 系统分解

大多数系统的面向对象设计模型，在逻辑上都由四大部分组成。这四大部分对应于组成目标系统的4个子系统，它们分别是问题域子系统、人机交互子系统、任务管理子系统和数据管理子系统。OOD的4个活动构成了系统的横向活动，它们与面向对象分析方法的5个纵向层次相结合构成了如图5-32所示的系统总体模型图，即五层与四部的总体模型图。

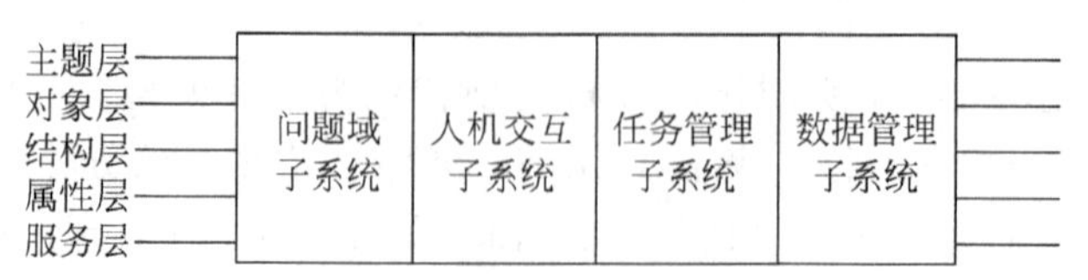

图5-32 五层与四部的总体模型图

1）子系统之间的两种交互方式

在软件系统中，子系统之间的交互有两种可能的方式，分别是客户/供应商关系和平等伙伴关系。一般地，单向交互比双向交互更容易理解，也更容易设计和修改，因此应该尽量使用客户/供应商关系。

2）组织系统的两种方案

把子系统组织成完整的系统时，有水平层次组织和垂直块状组织两种方案可供选择。

（1）层次组织。这种组织方案把软件系统组织成一个层次系统，每层是一个子系统。上层在下层的基础上建立，下层为实现上层功能而提供必要的服务。每一层内所包含的对象彼此间相互独立，而处于不同层次上的对象彼此间往往有关联。实际上，在上、下层之间存在客户—供应商关系。低层子系统提供服务，相当于供应商，上层子系统使用下层提供的服务，相当于客户。

（2）块状组织。这种组织方案把软件系统垂直地分解成若干个相对独立的、弱耦合的子系统，一个子系统相当于一个块，每块提供一种类型的服务。

3）设计系统的拓扑结构

由子系统组成完整的系统时，典型的拓扑结构有管道型、树型、星型等。设计者应该采用与问题结构相适应的、尽可能简单的拓扑结构，以减少子系统之间的交互数量。

3. 设计问题域子系统

通过面向对象分析所得出的问题域精确模型，为设计问题域子系统奠定了良好的基础，建立了完整的框架。只要可能，就应该保持面向对象分析所建立的问题域结构。通常，面向对象设计仅需从实现角度对问题域模型做一些补充或修改，主要是增添、合并或分解类及其对象、属性和服务，调整继承关系等。当问题域子系统过分复杂庞大时，应该把它进一步分解成若干个更小的子系统。

在面向对象设计过程中，可能对面向对象分析所得出的问题域模型做补充或修改，比如调整需求、重用已有的类、把问题域类组合在一起。在面向对象设计过程中，设计者往往通过引入一个根类而把问题域类组合在一起，增添一般化类以建立协议。

4. 设计人机交互子系统

1）设计人机交互界面的准则

遵循下列准则有助于设计出让用户满意的人机交互界面。

（1）一致性。使用一致的术语、一致的步骤、一致的动作。

（2）减少步骤。应使用户为做某件事情而需敲击键盘的次数、点按鼠标的次数或者下拉菜单的距离都减至最少；还应使得技术水平不同的用户，为获得有意义的结果所需使用的时间都减至最少；特别应该为熟练用户提供简捷的操作方法，例如热键。

（3）及时提供反馈信息。每当用户等待系统完成一项工作时，系统都应该向用户提供有意义的、及时的反馈信息，以便用户能够知道系统目前已经完成该项工作的多大比例。

（4）提供撤销命令。人在与系统交互的过程中难免会犯错误，因此，应该提供撤销(undo)命令，以便用户及时撤销错误动作，消除错误动作造成的后果。

（5）无须记忆。不应该要求用户记住在某个窗口中显示的信息，然后再用到另一个窗口中，这是软件系统的责任而不是用户的任务。此外，在设计人机交互部分时应该力求达到下述目标：用户在使用该系统时用于思考人机交互方法所花费的时间减至最少，而用于做其实际想做的工作所用的时间达到最大值；更理想的情况是，人机交互界面能够增强用户的能力。

(6) 易学。人机交互界面应该易学易用，应该提供联机参考资料，以便用户在遇到困难时可随时参阅。

(7) 富有吸引力。人机交互界面不仅应该方便、高效，还应该使人在使用时感到心情愉快，能够从中获得乐趣，从而吸引人去使用它。

2) 设计人机交互子系统的策略

(1) 分类用户。为了更好地了解用户的需要与爱好，以便设计出符合用户需要的界面，设计者首先应该把将来可能与系统交互的用户分类。

(2) 描述用户。应该仔细了解将来使用系统的每类用户的情况，把获得的下列各项信息记录下来。比如用户类型、使用系统欲达到的目的、特征(年龄、性别、受教育程度、限制因素等)、关键的成功因素(需求、爱好、习惯等)、技能水平和完成本职工作的脚本。

(3) 设计命令层次。设计命令层次的工作通常包含以下几项内容：

① 研究现有的人机交互含义和准则。

② 确定初始的命令层次。所谓命令层次实质上是用过程抽象机制组织起来的、可供选用的服务的表示形式。设计命令层次时，通常先从对服务的过程抽象着手，然后再进一步修改它们，以适合具体应用环境的需要。

③ 精化命令层次。为进一步修改完善初始的命令层次，应该考虑下列一些因素：

排好次序：仔细选择每个服务的名字，并在命令层的每一部分内把服务排好次序。排序时或者把最常用的服务放在最前面，或者按照用户习惯的工作步骤排序。

整体—部分关系：寻找在这些服务中存在的整体—部分模式，这样做有助于在命令层中分组组织服务。

宽度和深度：由于人的短期记忆能力有限，命令层次的宽度和深度都不应该过大。

操作步骤：应该用尽量少的单击、拖动和按键组合来表达命令，而且应该为高级用户提供简捷的操作方法。

(4) 设计人机交互类。人机交互类与所使用的操作系统及编程语言密切相关。

5. 设计任务管理子系统

1) 分析并发性

通过面向对象分析建立起来的动态模型是分析并发性的主要依据。如果两个对象彼此间不存在交互，或者它们同时接受事件，则这两个对象在本质上是并发的。

2) 设计任务管理子系统

常见的任务有事件驱动型任务、时钟驱动型任务、优先任务、关键任务和协调任务等。设计任务管理子系统，包括确定各类任务并把任务分配给适当的硬件或软件去执行。

(1) 确定事件驱动型任务。某些任务是由事件驱动的，这类任务可完成通信工作。

(2) 确定时钟驱动型任务。某些任务每隔一定时间间隔就被触发以执行某些处理，例如，某些设备需要周期性地获得数据，某些人机接口、子系统、任务、处理器或其他系统也可能需要周期性地通信，在这些场合往往需要使用时钟驱动型任务。

(3) 确定优先任务。优先任务可以满足高优先级或低优先级的处理需求。高优先级：

某些服务具有很高的优先级，为了在严格限定的时间内完成这种服务，可能需要把这类服务分离成独立的任务。低优先级：与高优先级相反，有些服务是低优先级的，属于低优先级处理（通常指那些背景处理），设计时可能用额外的任务把这样的处理分离出来。

(4) 确定关键任务。关键任务是有关系统成功或失败的关键处理，这类处理通常都有严格的可靠性要求。在设计过程中可能用额外的任务把这样的关键处理分离出来，以满足高可靠性处理的要求。对高可靠性处理应该精心设计和编码，并且应该严格测试。

(5) 确定协调任务。当系统中存在3个以上任务时，就应该增加一个任务，用它作为协调任务。

(6) 尽量减少任务数。必须仔细分析和选择每个确实需要的任务，应该使系统中包含的任务数尽量少。

(7) 确定资源需求。使用多处理器或固件，主要是为了满足高性能的需求。设计者必须通过计算系统载荷（即每秒处理的业务数及处理一个业务所花费的时间）来估算所需要的CPU（或其他固件）的处理能力。

6. 设计数据管理子系统

数据管理子系统是系统存储或检索对象的基本设施，它建立在某种数据存储管理系统之上，并且隔离了数据存储管理模式（文件、关系数据库或面向对象数据库）的影响。

1) 选择数据存储管理模式

不同的数据存储管理模式有不同的特点，适用范围也不相同，设计者应该根据应用系统的特点选择适用的模式。如文件管理系统、关系数据库管理系统、面向对象数据库管理系统。

2) 设计数据管理子系统

设计数据管理子系统，既需要设计数据格式又需要设计相应的服务。

(1) 设计数据格式。设计数据格式的方法与所使用的数据存储管理模式密切相关。

(2) 设计相应的服务。如果某个类的对象需要存储起来，则在这个类中增加一个属性和服务，用于完成存储对象自身的工作。

7. 设计类中的服务

1) 确定类中应有的服务

需要综合考虑对象模型、动态模型和功能模型，才能正确确定类中应有的服务。对象模型是进行对象设计的基本框架。但是，面向对象分析得出的对象模型通常只在每个类中列出很少几个最核心的服务。设计者必须把动态模型中对象的行为以及功能模型中的数据处理转换成由适当的类所提供的服务。

2) 设计实现服务的方法

在面向对象设计过程中还应该进一步设计实现服务的方法，主要工作包括：

(1) 设计实现服务的算法。设计实现服务的算法时，应该考虑算法复杂度、容易理解与容易实现以及易修改。

(2) 选择数据结构。

(3) 定义内部类和内部操作。

8. 设计关联

在对象模型中，关联是联结不同对象的纽带，它指定了对象相互间的访问路径。在面向对象设计过程中,设计人员必须确定实现关联的具体策略。

1) 关联的遍历

在应用系统中,使用关联有两种可能的方式:单向遍历和双向遍历。

2) 实现单向关联

用指针可以方便地实现单向关联。如果关联的阶是一元的,则实现关联的指针是一个简单指针;如果阶是多元的,则需要用一个指针集合实现关联。

3) 实现双向关联

许多关联都需要双向遍历,当然,两个方向遍历的频度往往并不相同。实现双向关联有下列3种方法:

(1) 只用属性实现一个方向的关联,当需要反向遍历时就执行一次正向查找。

(2) 两个方向的关联都用属性实现。

(3) 用独立的关联对象实现双向关联。

4) 链属性的实现

如果某个关联具有链属性,则实现它的方法取决于关联的阶数。对于一对一关联来说,链属性可作为其中一个对象的属性而存储在该对象中。对于一对多关联来说,链属性可作为多端对象的一个属性。如果是多对多关联,则链属性不可能只与一个关联对象有关,通常使用一个独立的类来实现链属性,这个类的每个实例表示一条链及该链的属性。

9. 设计优化

1) 确定优先级

系统的各项质量指标并不是同等重要的,设计人员必须确定各项质量指标的相对重要性(即确定优先级),以便在优化设计时制定折中方案。

2) 提高效率的几项技术

(1) 增加冗余关联以提高访问效率。

(2) 调整查询次序。

(3) 保留派生属性。

3) 调整继承关系

在面向对象设计过程中,建立良好的继承关系是优化设计的一项重要内容。下面讨论与建立类继承有关的问题。

(1) 抽象与具体。在设计类继承时,很少使用纯粹自顶向下的方法。通常的做法是,首先创建一些满足具体用途的类,然后对它们进行归纳,一旦归纳出一些通用的类以后,往往可以根据需要再派生出具体类。在进行了一些具体化(即专门化)的工作之后,也许就应该再次归纳了。对于某些类继承来说,这是一个持续不断的演化过程。

(2) 为提高继承程度而修改类定义。如果在一组相似的类中存在公共的属性和公共的行为,则可以把这些公共的属性和行为抽取出来放在一个共同的祖先类中,供其子类继承。在对现有类进行归纳的时候,要注意下述两点:一是不能违背领域知识和常识,二是应该确保现有类的协议(即同外部世界的接口)不变。

(3) 利用委托实现行为共享。仅当存在真实的一般—特殊关系(即子类确实是父类的一种特殊形式)时,利用继承机制实现行为共享才是合理的。如果只想把继承作为实现操作共享的一种手段,则利用委托(即把一类对象作为另一类对象的属性,从而在两类对象间建立组合关系)也可以达到同样目的,而且这种方法更安全。使用委托机制时,只有有意义的操作才委托另一类对象实现,因此不会发生不慎继承了无意义(甚至有害)操作的问题。

5.3.3 软件架构设计

系统设计的第一步就是确定软件的架构,它决定了各子系统如何组织以及如何协调工作。架构设计的好坏影响到软件的好坏,系统越大越是这样。进行架构设计时,有两个重要的原则可以遵循:分层和各层之间通信。软件架构通常采用典型的三层结构:表示层、业务层和数据层。与传统的两层结构相比,其最大的特征是将业务层独立出来,提高了业务层的可复用性。在两层结构中,用户界面和业务处理流程放在一起,因此无法直接复用业务处理的相关功能,也无法将业务处理功能进行灵活的部署。在三层结构中,表示层只处理用户界面相关的功能,业务层专心处理业务流程,可以对业务层进行灵活的部署,开发时也便于业务处理的开发和用户界面的开发同时进行。当然也可以分为更多的层,关键是尽量提高层内各功能的内聚,降低各层之间的耦合。各层之间通信,设计规范要求高层只能调用它的下一层提供的接口,因此设计接口时应该尽量遵守这样的约束。

下面根据架构设计原则建立一个软件系统的架构设计模型。将对象分为三层,即用户界面层、业务处理层、数据访问层,再把各层中的一些公共部分提出来,例如权限管理、错误处理,这样得到包图,如图 5-33 所示。

图 5-33 包图

1. 用户界面包

用户界面包如图 5-34 所示。

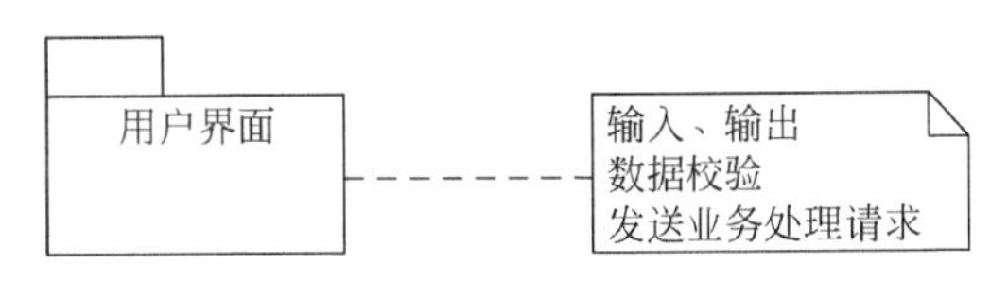

图 5-34 用户界面包

用户界面层的职责:与用户的交互,接收用户的各种输入以及输出各种提示信息或处理结果;对于输入的数据进行数据校验,过滤非法数据;向业务处理对象发送处理请求。包含类如图 5-35 所示。

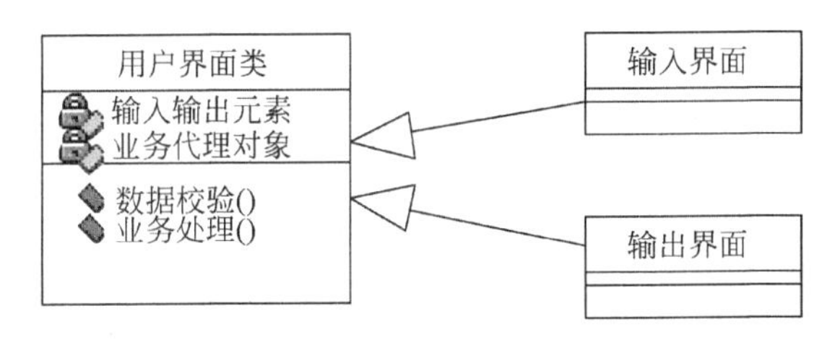

图 5-35 用户界面类

2. 业务处理包

业务处理包如图 5-36 所示。

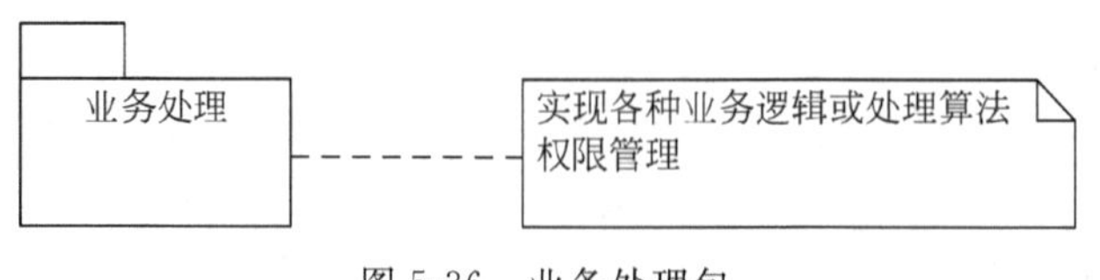

图 5-36 业务处理包

业务处理层的职责：实现各种业务处理逻辑或处理算法；验证请求者的权限；向数据访问对象发送数据持久化操作的请求；向用户界面层返回处理结果。包含类如图 5-37 所示。

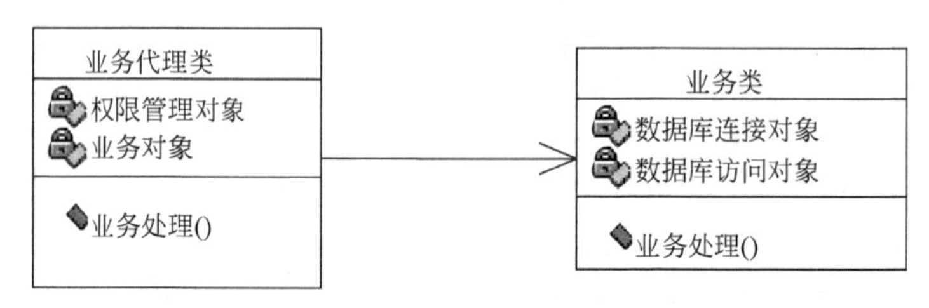

图 5-37 业务处理类

这里使用了代理(Proxy)模式，用户界面对象只能通过业务代理对象来向业务对象发送请求。业务代理对象首先判断请求者的权限，然后转发合法请求者的请求。

3. 数据访问包

数据访问包如图 5-38 所示。

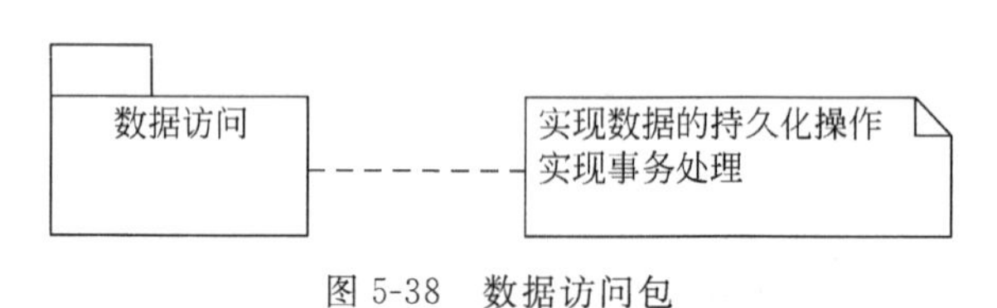

图 5-38 数据访问包

数据访问层的职责：实现数据的持久化操作(假设数据的存储由关系数据库来完成)；实现事务处理。包含类如图 5-39 所示。

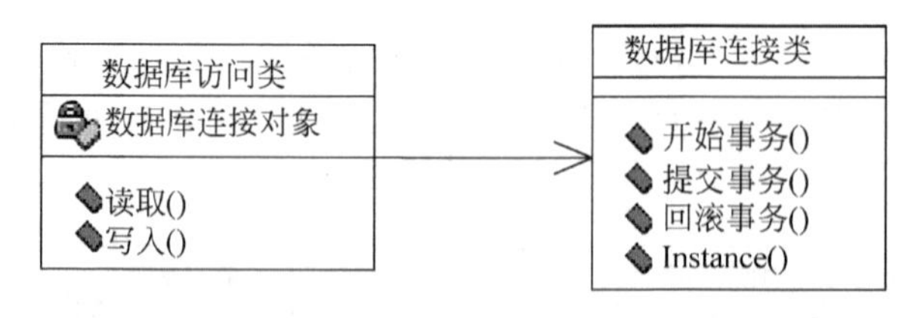

图 5-39 数据访问类

对于每一个业务处理中需要持久化操作的对象都可以对应为一个数据库访问对象，在很多业务处理中需要请求多个数据库访问对象来进行数据的读写操作，而这些操作又必须在同一个事务中，这时需要用同一个数据库连接对象来进行统一的事务处理。这里的数据库连接类的创建用到了单件(Singleton)模式，保证一个类仅有一个实例，一个客户在同一时刻只能用一个数据库连接对象。

4. 权限管理包

权限管理包如图 5-40 所示。

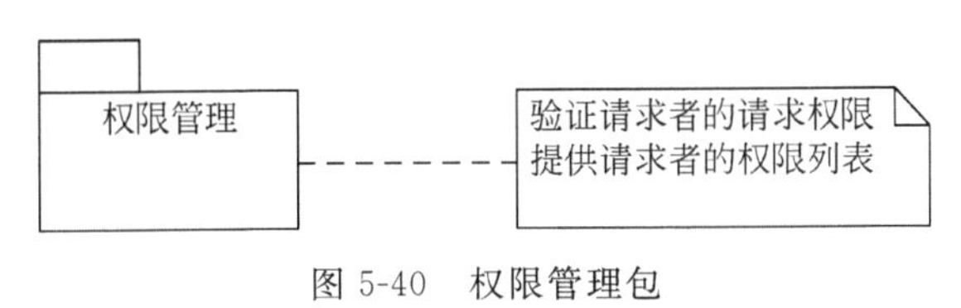

图 5-40 权限管理包

权限管理的主要职责：验证请求者的请求权限；提供请求者的权限列表。包含类如图 5-41 所示。

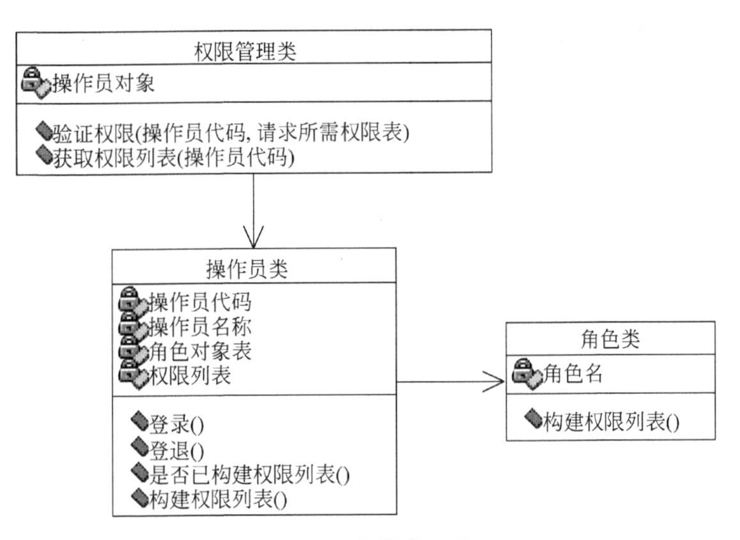

图 5-41 权限管理类

业务处理对象通过权限管理对象来验证权限。

5. 异常处理包

异常处理包如图 5-42 所示。

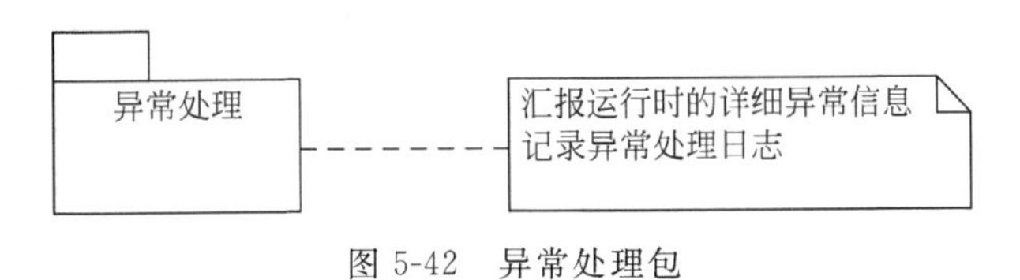

图 5-42 异常处理包

异常处理的职责：汇报运行时的详细异常信息；记录异常处理日志。包含类如图 5-43 所示。

因为异常处理类型比较多，如系统异常、数据库异常、业务逻辑异常等，针对不同类型的异常处理方式也容易变，如显示错误、记录文本日志、记录数据库日志等，所以这里使用了桥接(Bridge)模式来实现，使各部分的变化比较独立。

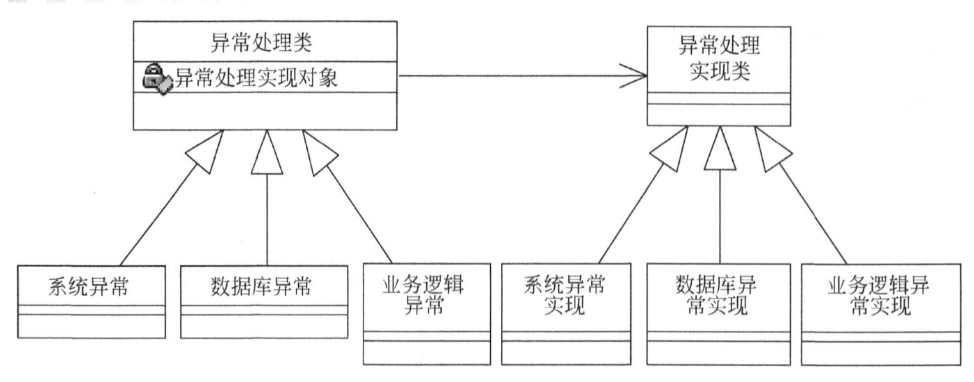

图 5-43　异常处理类

6. 架构的类图

将包图展开，得到类图，如图 5-44 所示，它是架构的静态结构图，表达了各个类之间的静态联系。

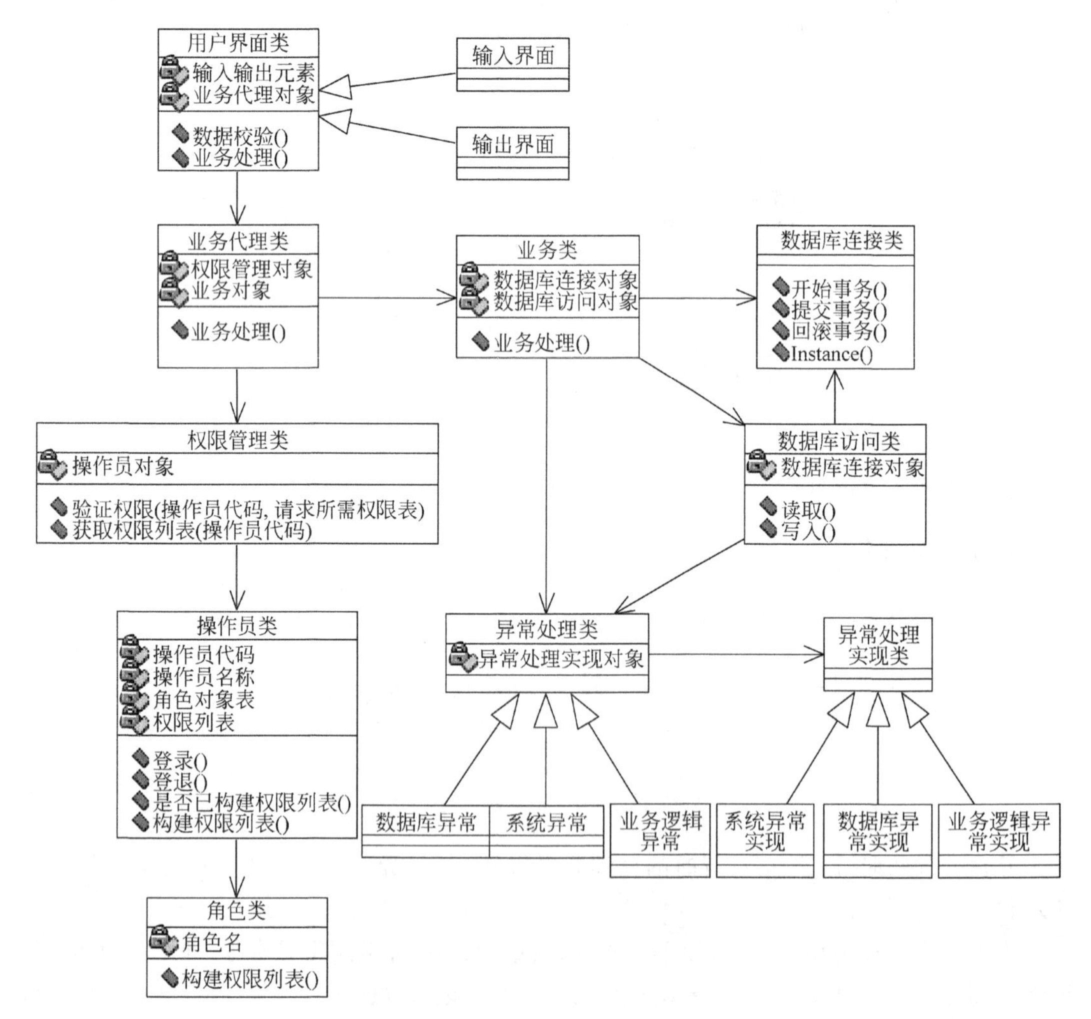

图 5-44　架构类图

7. 架构的动态图

它是对象的动态结构图，表达了类对象之间的动态协助关系，如图 5-45 所示。

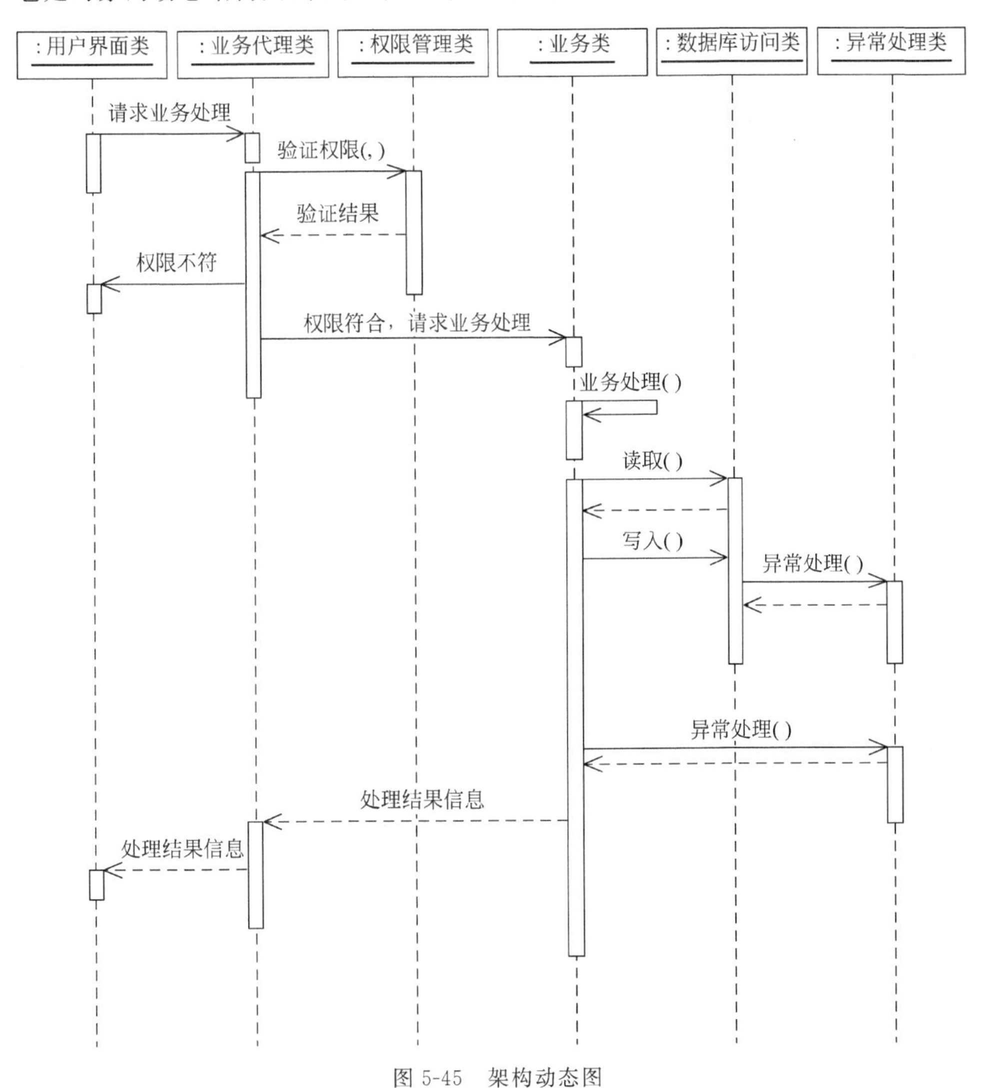

图 5-45　架构动态图

5.4　用户界面设计

本节重点介绍用户界面设计概述、软件界面设计、窗体设计和 Web 页面设计。

5.4.1　用户界面设计概述

1. 概述

用户界面设计是软件产品重要的组成部分。界面设计是一个复杂的、由不同学科参与的工程，认知心理学、设计学、语言学等在此都扮演着重要的角色。用户界面是人与机器之间交流、沟通的层面。从深度上分为两个层次：感觉层次和情感层次。感觉层次指人和机器之间的视觉、触觉、听觉层面；情感层次指人和机器之间由于沟通所达成的融洽关系。总之用户界面设计是以人为中心，使产品达到简单使用和愉悦使用的设计。一个好的用户界面可以大大提高工作效率，使用户从中获得乐趣，减少由于界面问题而造成用户的咨询与投诉，减轻客户服务的压力，减少售后服务的成本。因此，用户界面设计对于任何产品/服务都极其重要。

2. 用户界面设计的原则

用户界面设计的三大原则：置界面于用户的控制之下；减少用户的记忆负担；保持界面的一致性。具体地，用户界面设计时应着重于以下3个方面：

(1) 简易性。界面的简洁是要让用户便于使用、便于了解、并能减少用户发生错误选择的可能性。在视觉效果上简单、清楚，便于理解和使用；界面排列有序，符合用户的习惯，易于使用；语言简洁，易懂；软件界面是大多数用户熟悉的样式；操作灵活，鼠标、键盘或手柄等都可以操作，用户使用方便。

(2) 人性化。高效率和用户满意度是人性化的体现。应具备专家级和初级玩家系统，即用户可依据自己的习惯定制界面，并能保存设置；提示多，帮助完善系统，以减少用户的记忆负担；从用户的观点考虑，想用户所想，做用户所做，使用户总是按照他们自己的方法理解和使用；通过比较两个不同世界(真实与虚拟)的事物，完成更好的设计。

(3) 一致性。指整个软件的风格不变，符合软件界面的工业标准。界面的结构清晰一致，风格与内容一致；无论是控件使用、提示信息措辞，还是颜色、窗口布局风格，都遵循统一的标准，做到真正的一致；一致的外观与感觉可以在应用程序中创造一种和谐，任何东西看上去都那么协调。如果界面缺乏一致性，则很可能引起混淆，并使应用程序看起来非常混乱、没有条理、价值降低，甚至可能引起对应用程序可靠性的怀疑。

3. 用户界面设计规范

界面规范、良好的用户界面一般都符合下列的用户界面规范。

(1) 易用性原则。按钮名称应该易懂，用词准确，不要模棱两可，要与同一界面上的其他按钮易于区分，如能望文知意最好。理想的情况是用户不用查阅帮助就能知道该界面的功能并进行相关的正确操作。

(2) 规范性原则。通常界面设计都按Windows界面的规范来设计，即包含菜单条、工具栏、工具箱、状态栏、滚动条、右键快捷菜单的标准格式。界面遵循规范化的程度越高，则易用性就越好。

(3) 帮助实施原则。系统应该提供详尽而可靠的帮助文档，在用户使用产生迷惑时可以自己寻求解决方法。软件界面帮助包括微帮助、过程提示和F1系统帮助。

(4) 合理性原则。屏幕对角线相交的位置是用户直视的地方，正上方四分之一处为易吸引用户注意力的位置，在放置窗体时要注意利用这两个位置。

(5) 美观与协调性原则。界面大小应该适合美学观点，感觉协调舒适，能在有效的范围内吸引用户的注意力。

(6) 菜单位置原则。菜单是界面上最重要的元素，菜单位置按照功能来组织。

（7）独特性原则。如果一味地遵循业界的界面标准，则会丧失自己的个性。在框架符合以上规范的情况下，设计具有自己独特风格的界面尤为重要。尤其在商业软件流通中有着很好的潜移默化的广告效用。

（8）快捷方式的组合原则。在菜单及按钮中使用快捷键可以让喜欢使用键盘的用户操作得更快一些，例如在西文 Windows 及其应用软件中快捷键的使用大多是一致的。

（9）排错性考虑原则。在界面设计上应尽可能地控制出错几率，以大大减少系统因用户人为的错误引起的破坏。开发者应当尽量周全地考虑到各种可能发生的问题，使出错的可能降至最小。如应用出现保护性错误而退出系统，这种错误最容易使用户对软件失去信心。因为这意味着用户要中断思路，并费时费力地重新登录，而且已进行的操作也会因没有存盘而全部丢失。

（10）多窗口的应用与系统资源原则。设计良好的软件不仅要有完备的功能，而且要尽可能地占用最低限度的资源。

4. 工作流程

用户界面设计在工作流程上分为结构设计、交互设计、视觉设计 3 个部分。

1）结构设计

结构设计也称概念设计，是界面设计的骨架。通过对用户研究和任务分析，制定出产品的整体架构。基于纸质的低保真原型可提供用户测试并进行完善。在结构设计中，目录体系的逻辑分类和语词定义是用户易于理解和操作的重要前提。

2）交互设计

交互设计的目的是使产品让用户能简单使用。任何产品功能的实现都是通过人和机器的交互来完成的。因此，人的因素应作为设计的核心被体现出来。交互设计的原则如下：用户易于控制界面；可以鼠标和键盘兼用；软件方便退出，可随时中断工作；使用用户常用的语言；反馈速度快；有操作导航功能；让用户知道自己当前的位置；有错误提示。

3）视觉设计

在结构设计的基础上，参照目标群体的心理模型和任务达成进行视觉设计包括色彩、字体、页面等。视觉设计要达到用户愉悦使用的目的。视觉设计的原则如下：

（1）适应性。允许用户选择自己喜欢的界面，或设置自己喜欢的界面，或可以自己定制界面。计算机辅助记忆，减少短期记忆的负担。用户名（User Name）、密码（Password）、IE 进入界面地址可以让机器记住。

（2）直观和方便性。提供视觉线索，引导用户操作；应用图形界面设计，借助图标形象表示操作功能，如打印图标；保持界面的协调一致；提供默认、撤销、恢复功能；提供界面的快捷方式。

（3）色彩、板式、图形与内容协调性。软件界面不超过 5 个色系，尽量少用亮色；近似的颜色表示近似的意思；视觉清晰，条理清晰，图片文字布局合理。

5.4.2　软件界面设计

在界面设计的过程中有较多注意的关键问题，以下列出几点。

1. 软件封面设计

应使软件封面最终为高清晰度的图像，如软件封面需在不同的平台、操作系统上使用，将考虑转换不同的格式，并且对选用的色彩不宜超过256色，最好为216色安全色。软件封面大小多为主流显示器分辨率的1/6大。如果是系列软件，将考虑整体设计的统一和延续性。在上面应该醒目地标注制作或支持的公司标志、产品商标、软件名称、版本号、网址、版权声明和序列号等信息，以树立软件形象，方便使用者或购买者在使用或购买软件时得到提示。插图宜使用具有独立版权的、象征性强的、识别性高的、视觉传达效果好的图形，若使用摄影也应该进行数位处理，以形成该软件的个性化特征。

2. 软件框架设计

软件的框架设计就复杂得多，因为涉及软件的使用功能，应该对该软件产品的程序和使用比较了解，这就需要设计师有一定的软件跟进经验，能够快速地学习软件产品，并且和软件产品的程序开发员及程序使用对象进行共同沟通，以设计出友好的、独特的、符合程序开发原则的软件框架。软件框架设计应该简洁明快，尽量少用无谓的装饰，应该考虑节省屏幕空间、各种分辨率的大小以及缩放时的状态和原则，并且为将来设计的按钮、菜单、标签、滚动条及状态栏预留位置。设计中将整体色彩组合进行合理搭配，将软件商标放在显著位置，主菜单应放在左边或上边，滚动条放在右边，状态栏放在下边，以符合视觉流程和用户使用心理。

3. 软件板式设计

(1) 软件面板设计应该具有缩放功能，面板应该对功能区间划分清晰，应该和对话框、弹出框等风格匹配，尽量节省空间，切换方便。

(2) 图标设计色彩不宜超过64色，大小为16×16、32×32两种，图标设计是方寸艺术，应该加以着重考虑视觉冲击力，它需要在很小的范围表现出软件的内涵，所以很多图标设计师在设计图标时使用简单的颜色，利用眼睛对色彩和网点的空间混合效果，做出了许多精彩图标。

4. 软件操作设计

(1) 菜单设计一般有选中状态和未选中状态，左边应为名称，右边应为快捷键，如果有下级菜单应该有下级箭头符号，不同功能区间应该用线条分割。

(2) 软件按钮设计应该具有交互性，即应该有以下状态效果中的3～6种：单击时状态；鼠标放在上面但未单击的状态；单击前鼠标未放在上面时的状态；单击后鼠标未放在上面时的状态；不能单击时的状态；独立自动变化的状态。按钮应具备简洁的图示效果，应能够让使用者产生功能关联反应，群组内按钮应该风格统一，功能差异大的按钮应该有所区别。

(3) 滚动条主要是为了对区域性空间的固定大小中内容量的变换进行设计，应该有上下箭头、滚动标等，有些还有翻页标。状态栏是为了对软件当前状态的显示和提示。

5.4.3 窗体设计

例 5-4 以VB编程为例，介绍软件窗体设计。

从先前接触的程序可以看出，编VB(Visual Basic)程序首先要创建一个良好的可视化界面。而每个程序界面是由窗体(Form)和一些必要的控件元素(Control)构成的。由于VB属于面向对象编程,所以一般将窗体与控件都称为对象,如图5-46所示。

在介绍VB界面设计知识之前,先了解一下3个基本概念:对象的属性、方法和事件。属性是指对象(窗体、控件)的大小、颜色、方位等一系列外观或内部构造的特征。方法是指对象(窗体、控件)所进行的操作。事件是指对象(窗体、控件)对外部条件的响应。

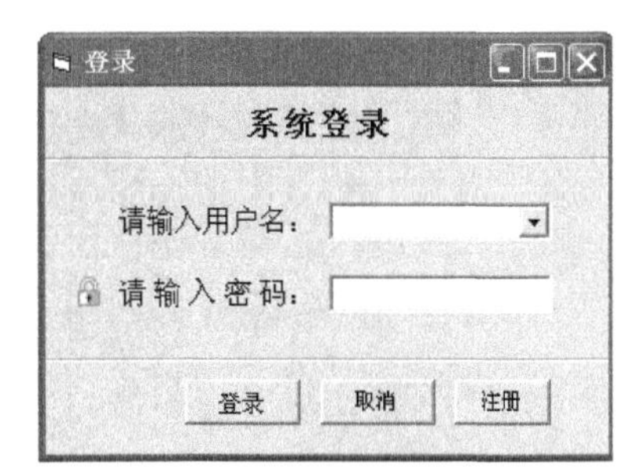

图5-46 窗体和控件示例

Windows视窗操作系统与DOS最显著的区别就是其拥有一个为用户所能接受的图形界面。在这个可视化的图形界面中,用户能方便地使用多个程序,而这一切就像在针对一个个窗口进行操作。

在Windows操作系统下,窗体几乎是每个程序的必要部分。所以用VB编程时,设计程序界面第一步要考虑的就是程序的窗体。

启动一个VB工程后,窗体设计器中会出现一个默认的窗体Form1。可以发现,它的外观大致与记事本窗口一样,其窗体右上角有3个按钮,分别表示最大化、最小化、关闭,如图5-47所示。

在Form1左上角有一个图标,单击它会弹出一个控制菜单。这里可将属性窗口中的BorderStyle的值改为4,如图5-48所示。

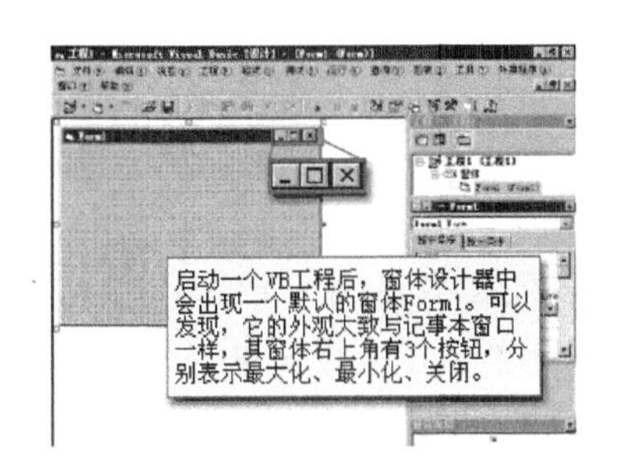

图5-47 VB窗体示例

图5-48 Form1的属性窗口

BorderStyle的作用是设置对象的边框样式,对于窗体共有6种样式(这里不做介绍)。这时的窗体Form1只有标题栏,而无最大化、最小化、关闭按钮及控制菜单,如图5-49所示。

可以查看一下现在的ControlBox属性,它的值为False,如图5-50所示。ControlBox属性表示在程序运行时窗体是否显示控制菜单栏。将ControlBox的属性(值)改为True后的Form1如图5-51所示。

如图5-52所示,这个没有标题栏的窗体,其BorderStyle的值为0。

可以看出,改变属性值后,窗体的外观会起变化。另外,属性还牵涉到窗体的一些其他性质,它们都在属性窗口中排列,属性窗口的下方还有针对每一种属性的中文解释,便于了解和掌握,如图5-52所示。

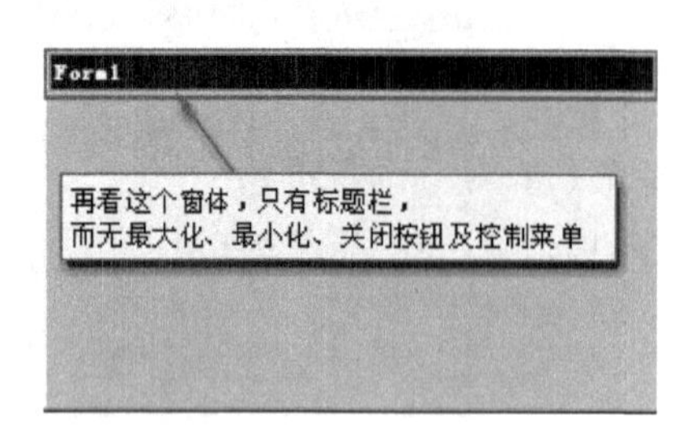

图 5-49 BorderStyle 值为 4、ControlBox 值为 False 时的 Form1

图 5-50 Form1 的属性窗口

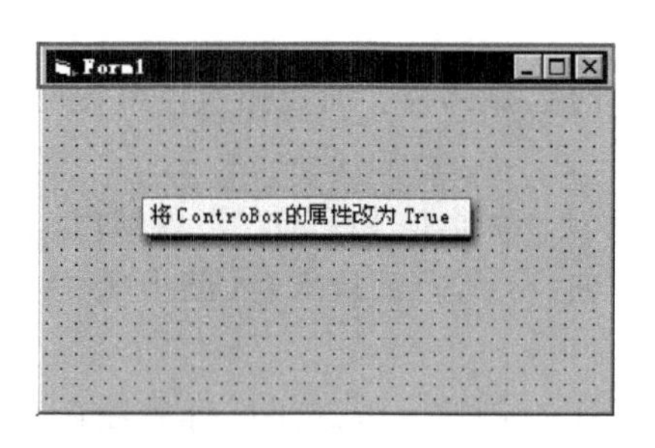

图 5-51 BorderStyle 值为 4、ControlBox 值为 True 时的 Form1

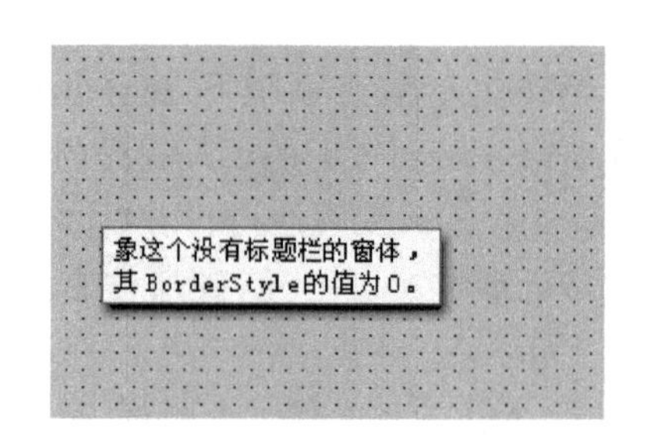

图 5-52 BorderStyle 值为 0 时的 Form1

VB 窗体的常用属性如下：

名称是窗体的标识名，代码中称它为 Name。

BackColor：设置窗体背景颜色。

BorderStyle：设置窗体的边框风格。要注意的是，属性值为 1-Fixed Single 与 3-Fixed Dialog 时，窗体外观相同，但功能却不同。当属性为 1-Fixed Single 时，Max Button 与 Min Button 这两个属性可以起作用。Max Button 为 True 时窗体上具有了最大化按钮，Min Button 为 True 时最小化按钮也有效了。而当属性为 3-Fixed Dialog 时，Max Button 与 Min Button 属性不起作用，此时 Max Button 与 Min Button 为 True，但最大化、最小化按钮均为出现。

Caption：设置窗体标题栏上的文字。

Control Box：设置窗体标题栏上是否具有控制菜单栏及按钮。

Enabled：决定运行时窗体是否响应用户事件。在程序运行时可以看到改变 Enabled 属性的效果。此时 Enabled 已设为 False，所以单击按钮不会有反应。

Height：设置窗体的高度。

Width：设置窗体的宽度。

Left：设置程序运行时窗体的水平位置。

Top：设置程序运行时窗体的垂直位置。

Visible：设置程序运行时窗体是否可见。当 Visible 为 False 时，窗体是不可见的。将值改为 True,运行时窗体就是可见的了。

Windows State：设置程序运行中窗体的最小化、最大化和原形这 3 种状态。

Icon：设置窗体标题栏上的图标。

Picture：给窗体配上漂亮的位图。

最后要说明的是,窗体的 Name 和 Caption 属性虽然默认值相同,都是 Form1,但实际意义却不一样。Caption 指的是窗体标题栏上的文字,Name 指的是这个窗体的对象名,千万不能混淆。

5.4.4 Web 页面设计

1. Web 页面设计原则

Web 页面设计遵循三条原则：简洁性、一致性、对比度。

1）简洁性

设计并不再现具体的物象和特征,它要表达的是一定的意图和要求,在适当的环境里为人们所理解和接受。它与绘画有内在联系,但又不同于绘画,它以满足人们的实用和需求为目标,因而它比绘画更单纯、清晰和精确。页面设计属于设计的一种,同样要求简练、准确。

保持简洁的通常做法是使用一个醒目的标题,这个标题常常采用图形来表示,但图形同样要求简洁。另一种保持简洁的做法是限制所用的字体和颜色的数目。一般每页使用的字体不超过 3 种,一个页面中使用的颜色少于 256 种。页面上所有的元素都应当有明确的含义和用途,不要试图用无关的图片把页面装点起来。初学者容易犯的一个错误是把页面搞的花里呼哨,却不能让别人明白他到底要突出表达的是什么内容、主题和意念。

2）一致性

要保持一致性,可以从页面的排版下手。各个页面使用相同的页边距；文本、图形之间保持相同的间距；主要图形、标题或符号旁边留下相同的空白；如果在第一页的顶部放置了公司标志,那么在其他各页面都放上这一标志；如果使用图标导航,则各个页面应当使用相同的图标。

一致性还包括页面中的每个元素与整个页面以及站点的色彩和风格上的一致性。所有的图标都应当具有相同的设计风格,比如全部采用图像的线条剪辑画或全部使用写实的照片等。另一种保持一致性的办法是字体和颜色的使用。文字的颜色要同图像的颜色保持一致并注意色彩搭配的和谐。一个站点通常只使用一、两种标准色,为了保持颜色上的一致性,标准色一致或相近。比如,站点的主题色彩如果为红色,可能就需要将链接的色彩也改为红色。

3）对比度

使用对比是强调突出某些内容的最有效的办法之一。好的对比度使内容更易于辨认和接受。实现对比的方法很多,最常用的是使用颜色的对比。比如,内容提要和正文使用不同颜色的字体,内容提要使用蓝色,而正文采用黑色。也可以使用大的标题,也即是面积上的对比。还可以使用图像对比,题头的图像明确地向浏览者传达本页的主题。这里同样需要注意的是链接的色彩,在设计页面时常常会只注意到未被访问的链接的色彩,而容易忽视访问过的链接色彩将使得链接的文字难以辨认。

2. 案例分析

例 5-5 为了对 3C 原则上有直观的认识，先看看优秀站点，体会站点的简洁性、一致性和对比度等原则的把握。图 5-53 所示页面的简洁性很好，图 5-54 所示页面的一致性很好。两张图的对比度都很好。

图 5-53 简洁性很好的页面示例

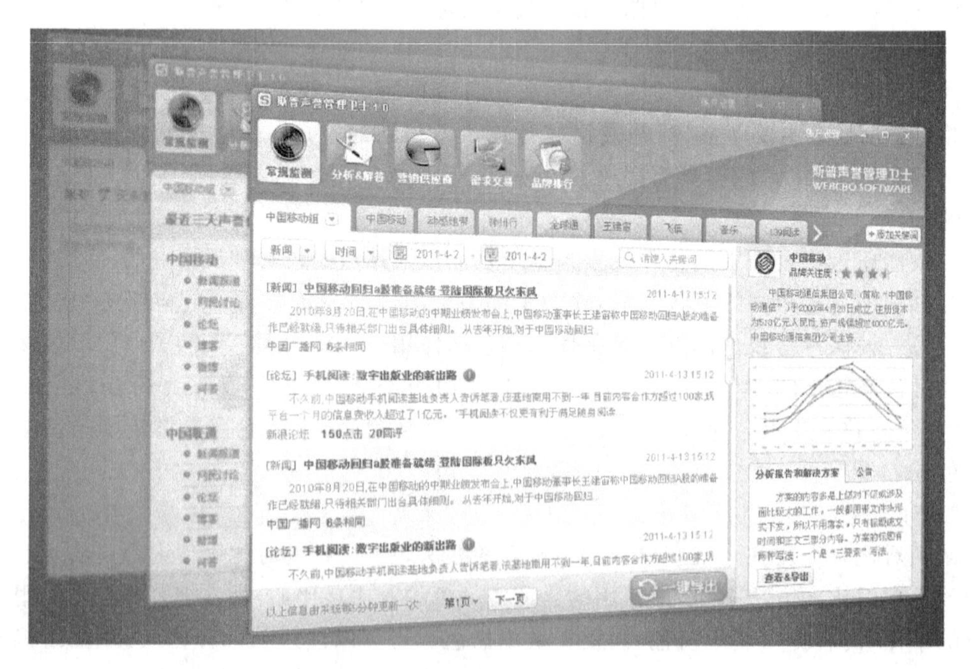

图 5-54 一致性很好的页面示例

习题 5

1. 名词解释

(1) 软件模块。
(2) 内聚。
(3) 模块化。
(4) 结构化设计。
(5) HIPO 图。
(6) PDL 语言。

2. 判断题

(1) 模块独立性是指每个模块只完成系统要求的独立的子功能,并且与其他模块的联系最少且接口简单。 ( )

(2) 基于事件的隐式调用风格的思想是构件直接调用过程,或者触发或广播一个或多个事件。 ( )

(3) C/S 结构也称客户机/服务器模式,是一类按新的应用模式运行的集成式计算机系统。 ( )

(4) 概要设计的主要任务是把需求分析得到的数据流图(DFD)转换为软件结构和数据结构。 ( )

(5) 数据管理子系统是系统存储或检索对象的基本设施,它建立在某种数据存储管理系统之上,并且隔离了数据存储管理模式的影响。 ( )

(6) 用户界面设计是以人为中心,使产品达到简单使用和愉悦使用的设计。 ( )

(7) 详细设计的主要任务是完成软件的需求分析以及整体框架和局部算法。 ( )

3. 填空题

(1) 具体区分模块间耦合程度的强弱的标准包括________、________、________、________。(填 4 个即可)

(2) 内聚按强度从低到高有以下几种类型:________、________、________、________。(填 4 个即可)

(3) 为了开发出高质量、低成本的软件,在软件开发过程中必须遵循下列软件工程原则:________、________、________、________。(填 4 个即可)

(4) 传统软件开发方法的详细设计主要是用结构化程序设计法。详细设计工具有________、________和________。图形工具有业务流图、________、________、________。语言工具有________和________。

(5) 根据工作性质和内容的不同,软件设计分为概要设计和详细设计。概要设计实现软件的________、________、________、________;详细设计则根据概要设计所做的模块划分,实现各模块的________,实现________、数据结构设计的细化。

(6) 遵循下列准则有助于设计出让用户满意的人机交互界面：________、________、________、________。(填4个即可)

(7) 常见的任务有事件驱动型任务、________、________、________和协调任务等。

(8) 界面规范良好的用户界面一般都符合下列的用户界面规范：________、________、________、________。(填4个即可)

(9) Web页面设计遵循3条原则：________、________、________。

4. 选择题

(1) 模块是模块化设计和制造的功能单元，具有以下哪些特征？(　　)

A. 耦合性　B. 互换性　C. 通用性　D. 相对独立性

(2) 编写概要设计文档包括哪几项？(　　)

A. 需求分析说明　B. 概要设计说明书

C. 数据库设计说明书　D. 集成测试计划

(3) 通常采用下面的哪些方法对初始化软件结构进行优化？(　　)

A. 优化软件结构　B. 扇出合适

C. 控制代码运行效率　D. 设计功能可预测的模块

(4) 详细设计的描述工具有哪几种？(　　)

A. 图形工具　B. 表格工具　C. 语言工具　D. 案例工具

(5) 大多数系统的面向对象设计模型在逻辑上都由几部分组成。以下哪几个是对应于组成目标系统的子系统？(　　)

A. 问题域子系统　B. 人机交互子系统

C. 任务管理子系统　D. 数据管理子系统

(6) 在面向对象设计过程中还应该进一步设计实现服务的方法，主要工作包括哪些？(　　)

A. 完成程序的代码量估算　B. 设计实现服务的算法

C. 定义外部类和外部操作　D. 选择数据结构

(7) 用户界面设计的几大原则包括哪些？(　　)

A. 置界面于用户的控制之下　B. 提高界面的调用效率

C. 减少用户的记忆负担　D. 保证界面程序的稳健性

E. 保持界面的一致性。

(8) 用户界面设计在工作流程上分为哪几个部分？(　　)

A. 结构设计　B. 交互设计　C. 细节设计　D. 视觉设计

5. 简答题

(1) 简单介绍产品模块化以及模块化产品设计方法。

(2) 结构化设计的步骤是怎样的？

(3) 结构化设计的优缺点有哪些？

(4) 当数据流图呈现束状结构时，应采用事务分析的设计方法，通常采用哪几步？

(5) 简述结构化程序设计步骤。

6. 论述题

(1) 软件体系风格有哪些？请分别介绍。

(2) 面向对象设计方法有哪几种？请分别介绍。

(3) 面向对象设计的准则有哪些？

第6章 编码与实现

本章重点介绍软件开发环境与工具的对比、程序编码、其他实现方式和物联网系统集成，要求学生了解物联网软件系统设计工具的编码与实现，掌握物联网软件编码的开发方式与系统集成。

6.1 软件开发环境与工具的对比

本节重点介绍语言工具的对比、数据库工具的对比和多媒体工具的对比。

6.1.1 语言工具的对比

物联网工程的实现涉及感知层、传输层和应用层。每一层软件的实现都会用到相应的语言。由于计算机语言的不同特点，在软件开发时必须进行语言的比较和选择。

1. 汇编语言

汇编语言(Assembly Language)是面向机器的程序设计语言，也是利用计算机所有硬件特性并能直接控制硬件的语言。有人说，汇编语言是低级语言，有被抛弃的可能。其实不然，汇编语言仍然是计算机底层设计时必须用的一种语言。在物联网工程应用领域，涉及硬件底层的操作，因此汇编语言是必不可少的。

1) 工作原理

汇编语言是机器语言的助记符，比枯燥的机器代码易于读写、易于调试和修改。由于汇编语言中使用了助记符号，用汇编语言编制的程序输入计算机时，不能像用机器语言编写的程序一样被计算机直接识别和执行，必须通过预先放入计算机中的汇编程序进行加工和翻译，才能变成能够被计算机直接识别和处理的二进制代码程序。用汇编语言等非机器语言书写好的符号程序称为源程序，运行时汇编程序要将源程序翻译成目标程序。目标程序是机器语言程序，当它被安置在内存的预定位置上，就能被计算机的 CPU 处理和执行。汇编语言需要一个汇编器来把汇编语言源程序汇编成机器可执行的代码。高级的汇编器如 MASM、TASM 等为用户写汇编程序提供了很多类似于高级语言的特征，利用它们全部用汇编语言来编写 Windows 的应用程序也是可行的。

2）直接控制硬件

汇编语言像机器指令一样，是硬件操作的控制信息，因而仍然是面向机器的语言，使用起来还是比较繁琐费时的，通用性也差。但是，汇编语言用来编制系统软件和过程控制软件时，其目标程序占用内存空间少，运行速度快，有着高级语言不可替代的用途。巧妙的程序设计可使汇编语言汇编后的代码具有比高级语言执行速度更快、占用内存空间少等优点。

3）面向具体机型

汇编语言是面向具体机型的，不能通用，也不能在不同机型之间移植，它离不开具体计算机的指令系统。因此，对于不同型号的计算机，有着不同结构的汇编语言，而且对于同一问题所编制的汇编语言程序在不同种类的计算机间是互不相通的。

4）汇编语言的特点

（1）面向机器的低级语言，通常是为特定的计算机或系列计算机专门设计的。

（2）保持了机器语言的优点，具有直接和简捷的特点。

（3）可有效地访问、控制计算机的各种硬件设备，如磁盘、存储器、CPU、I/O端口等。

（4）目标代码简短，占用内存少，执行速度快，是高效的程序设计语言。

（5）经常与高级语言配合使用，应用十分广泛。

2. C语言

C语言是世界上流行、使用最广泛的高级程序设计语言之一。常用的编译软件有Microsoft Visual C++、Borland C、Borland C++、Borland C++ Builder、Microsoft C和High C等。它既具有高级语言的特点，又具有汇编语言的特点，是介于高级语言与汇编语言之间的语言。这种性质也决定了C语言在物联网底层和中间层应用的可能。

1）应用

C语言可以作为工作系统设计语言，编写系统应用程序，也可以作为应用程序设计语言，编写不依赖计算机硬件的应用程序。C语言对操作系统和系统使用程序以及需要对硬件进行操作的场合，具体应用比如单片机以及嵌入式系统开发，用C语言明显优于其他高级语言，许多大型应用软件都是用C语言编写的。C语言绘图能力强，具有可移植性，并具备很强的数据处理能力，因此适于编写系统软件、三维、二维图形和动画。

2）优点与缺点

（1）优点。简洁紧凑、灵活方便；运算符丰富；数据类型丰富；C语言是结构式语言，语法限制不太严格，程序设计自由度大；允许直接访问物理地址，对硬件进行操作；生成目标代码质量高，程序执行效率高；适用范围大，可移植性好。

（2）缺点。C语言的缺点主要表现在数据的封装性上，这一点使得C语言在数据的安全性上有很大缺陷，这也是C和C++的一大区别。C语言的语法限制不太严格，对变量的类型约束不严格，影响程序的安全性，对数组下标越界不做检查等。从应用的角度，C语言比其他高级语言较难掌握。

3. Delphi开发环境

Delphi是一种应用程序开发工具(Rapid Application Development，RAD)，其前身是DOS时代的Borland Turbo Pascal，最早的版本1995年由Borland公司推出，主创者

Anders Hejlsberg。Delphi 是一个集成开发环境(IDE),其核心是由传统 Pascal 语言发展起来的,以图形用户界面为开发环境,透过 IDE、VCL 工具与编译器,配合连接数据库的功能,构成一个以面向对象程序设计为中心的应用程序开发工具。Delphi 的特点决定了它可能应用于物联网的应用层的开发。

1) 功能简介

Delphi 是可视化编程环境,提供了一种方便、快捷的 Windows 应用程序开发工具。它使用了 Microsoft Windows 图形用户界面的特性和设计思想,采用了弹性可重复利用的面向对象程序语言(Object-Oriented Language)。Delphi 可在 Windows 系列环境下使用,也可以在 Linux 平台上开发应用。Delphi 采用面向对象的编程语言 Object Pascal 和基于部件的开发结构框架,提供了 500 多个可供使用的构件,利用这些部件,开发人员可以快速地构造出应用系统。Delphi 为第四代编程语言,具有简单、高效、功能强大的特点。和 VC 相比,Delphi 更简单、更易于掌握;和 VB 相比,Delphi 则功能更强大、更实用。

Delphi 采用基于窗体和面向对象的方法,有高速编译器、数据库支持和组件技术,Delphi 提供了各种开发工具,包括集成环境、图像编辑,以及各种开发数据库的应用程序,如 Desktop DataBase Expert 等。Delphi 支持多种数据库结构,从 C/S 模式到多层数据结构模式;高效率的数据库管理系统和新一代更先进的数据库引擎;最新的数据分析手段和提供大量的企业组件。

2) 特点

(1) 直接编译生成可执行代码,编译速度快。

(2) 支持将存取规则分别交给客户机或服务器处理的两种方案,而且允许开发人员建立一个简单的部件或部件集合,封装起所有的规则,并独立于服务器和客户机,所有的数据转移通过这些部件来完成。

(3) 提供了许多快速方便的开发方法,使开发人员能用尽可能少的重复性工作完成各种不同的应用。

(4) 具有可重用性和可扩展性。

(5) 具有强大的数据存取功能。

(6) 拥有强大的网络开发能力,能够快速开发 B/S 应用。

(7) Delphi 使用独特的 VCL 类库,使得编写出的程序显得条理清晰。VCL 是现在最优秀的类库。

(8) 从 Delphi 8 开始 Delphi 也支持.NET 框架下程序开发。

4. VB 开发环境

VB(Visual Basic)是由微软公司开发的包含协助开发环境的事件驱动编程语言。它源于 BASIC 编程语言。VB 拥有图形用户界面和快速应用程序开发系统,可以使用 DAO、RDO、ADO 连接数据库,或者创建 ActiveX 控件。程序员可以使用 VB 组件建立一个应用程序。VB 的特点决定了它可能应用于物联网应用层的开发。

1) VB 语言特性

VB 使用了可以简单建立应用程序的 GUI(图形界面)系统,是一种基于窗体的可视化组件安排的联合,并且增加代码来指定组件的属性和方法。VB 的程序可以包含一个或多个窗体，或者是一个主窗体和多个子窗体，类似于操作系统的样子。VB的组件既可以拥有用户界面，也可以没有。这样一来服务器端程序就可以处理增加的模块。VB使用参数计算的方法来进行垃圾收集，这个方法中包含有大量的对象，提供基本的面向对象支持。因为越来越多组件的出现，程序员可以选用自己需要的扩展库。

2）VB局限性

VB也提供了建立、使用和重用这些控件的方法，但是由于语言问题，从一个应用程序创建另外一个应用程序存在一些局限。VB语言具有不支持继承、无原生支持多线程、异常处理不完善三项明显缺点，使其有所局限性。

5. PowerBuilder开发环境

PowerBuilder是Sybase公司研制的一种快速开发工具，是C/S结构下基于Windows系列的一个集成化开发工具。它包含一个直观的图形界面和可扩展的面向对象的编程语言PowerScript，提供与当前流行的大型数据库的接口，并通过ODBC与单机数据库相连。PowerBuilder有Desktop、Professional和Enterprise 3个不同版本。PowerBuilder的特点决定了它可能应用于物联网应用层的开发。

1）基本功能简介

（1）可视化、多特性的开发工具。全面支持Windows所提供的控制、事件和函数。

（2）面向对象的技术功能。支持通过对类的定义来建立对象模型，同时支持所有面向对象编程技术，如继承、数据封装和函数多态性等。

（3）支持复杂应用程序。开发人员可以使用PowerBuilder内置的Watcom C/C++来定义、编译和调试一个类。

（4）企业数据库的连接能力。PowerBuilder的主要特色是Data Window（数据窗口），通过Data Window可以方便地对数据库进行各种操作，也可以处理各种报表，而无须编写SQL语句，可以直接与Sybase、SQL Server、Informix、Oracle等大型数据库连接。

（5）查询、报表和图形功能。PowerBuilder提供的可视化查询生成器和多个表的快速选择器可以建立查询对象，并把查询结果作为各种报表的数据来源。

PowerBuilder适用于物联网管理系统的开发，特别是C/S结构。

2）数据库前台开发支持

PowerBuilder是数据库应用开发工具，它按照C/S体系结构研制设计，在C/S结构中，它使用在客户机中，作为数据库应用程序的开发工具而存在。由于PowerBuilder采用了面向对象和可视化技术，提供可视化的应用开发环境，使用户利用PowerBuilder可以方便快捷地开发出利用后台服务器中的数据和数据库管理系统的数据库应用程序。PowerBuilder提供了两种访问后台数据库的方式，一种是通过ODBC标准接口的方式，第二种是通过专用的接口与后台的数据库相连。由于专用接口是针对特定的后台数据库管理系统而设计的，因此这种方式存取数据的速度比ODBC方式存取数据的速度要快。

3）PowerBuilder的特点

PowerBuilder是一种面向对象的开发工具，采用事件驱动工作方式，具有良好的跨平台性，提供开放的数据库连接、功能强大的编程语言与函数，实现面向对象的编程。

具体特点是：支持应用系统同时访问多种数据库；使用PowerScript结构化的编程语

言。PowerBuilder 是一个用来进行 C/S 开发的完全的可视化开发环境。在 C/S 结构的应用中,PowerBuilder 具有描述多个数据库连接与检索的能力。使用 PowerBuilder 可以开发出图形界面的访问服务器数据库的应用程序,PowerBuilder 提供了建立符合工业标准的应用程序所需的所有工具。PowerBuilder 应用程序由窗口组成,这些窗口包含用户与之交互的控件。PowerBuilder 已成为 C/S 应用开发的标准。

6.1.2 数据库工具的对比

常用的 DBMS 主要面向关系型数据库,即 RDBMS。RDBMS 产品经历了从集中式到分布式、从单机环境到网络环境、从支持信息管理和辅助决策到联机事务处理的发展过程。目前各种 RDBMS 产品的工具都已进入 4GL 及图、文、声、像并举的时代,快捷的应用开发工具和生成工具唾手可得,第三方数据库开发工具也应有尽有。常用产品有 Borland 公司推出的 dBASE 5.0 for Windows,Microsoft 公司的 Visual Foxpro 5.0、6.0、7.0 等中小型应用数据库;有 Oracle、Ingres、Sybase、Informix 等功能完善、结构先进的大型 DBMS;还有 UNIFACE、Power builder 等架构在前类 DBMS 产品之上的,能提供更丰富的开发环境的第三方数据库开发工具,这类产品还具有一定的互连各厂家数据库产品的功能。

1. dBASE 5.0 for Windows

dBASE 5.0 for Windows 在原有强大的数据库操作及编程能力的基础上,加入面向对象的开发环境,提供 C/S 应用程序开发能力,处理的数据类型包括声音、图像等二进制数据及 OLE 数据类型,可开发多媒体应用程序。它与 DOS 版的完全兼容,还提供工具将 DOS 应用程序转换为 Windows 应用程序。

2. Visual Foxpro

Visual FoxPro 源于美国 Fox Software 公司推出的数据库产品 FoxBase,在 DOS 上运行,与 xBase 系列相容。FoxPro 原来是 FoxBase 的加强版。之后,Fox Software 被微软收购,加以发展,使其可以在 Windows 上运行,并且更名为 Visual FoxPro。在桌面型数据库应用中,处理速度极快,是日常工作中的得力助手。Visual Foxpro 将可视化编程技术引入 4GL 语言编程环境,使数据库管理应用软件的开发更简捷。其面向对象编程技术的引入增强了开发大型应用软件的能力,弥补了以前其他版本的缺陷。

3. Oracle 数据库系统

Oracle 数据库系统是 Oracle 公司提供的以分布式数据库为核心的一组软件产品,是目前最流行的 C/S 或 B/S 体系结构的数据库之一。比如 SilverStream 就是基于数据库的一种中间件。Oracle 数据库是目前世界上使用最为广泛的数据库管理系统,作为一个通用的数据库系统,它具有完整的数据管理功能;作为一个关系数据库,它是一个完备关系的产品;作为分布式数据库它实现了分布式处理功能。但它的所有知识,只要在一种机型上学习了 Oracle 知识,便能在各种类型的机器上使用它。

4. Informix 数据库管理系统

Informix 是 IBM 公司出品的关系数据库管理系统(RDBMS)家族。作为一个集成解决方案,它被定位为作为 IBM 在线事务处理(OLTP)旗舰级数据服务系统。

5. Sybase 数据库管理系统

Sybase 是 UNIX 或 Windows NT 平台上 C/S 环境下的大型关系型数据库系统。Sybase 提供了一套应用程序编程接口和库,可以与非 Sybase 数据源及服务器集成,允许在多个数据库之间复制数据,适于创建多层应用。系统具有完备的触发器、存储过程、规则以及完整性定义,支持优化查询,具有较好的数据安全性。Sybase 通常与 Sybase SQL Anywhere 用于 C/S 环境,前者作为服务器数据库,后者为客户机数据库,采用该公司研制的 PowerBuilder 为开发工具,在我国大中型系统中具有广泛的应用。

6.1.3 多媒体工具的对比

1. Photoshop

Photoshop 是由 Adobe 公司开发的图形处理系列软件之一,主要应用于图像处理、广告设计。Photoshop 是点阵设计软件,由像素构成,分辨率越大图像越大,Photoshop 的优点是丰富的色彩及超强的功能;缺点是文件过大,放大后清晰度会降低,文字边缘不清晰。从功能上看,Photoshop 可分为图像编辑、图像合成、校色调色及特效制作部分。

2. DreamWeaver

DreamWeaver 是一个网页设计软件,它包括可视化编辑、HTML 代码编辑的软件包,并支持 ActiveX、JavaScript、Java、Flash、ShockWave 等特性,而且它还能通过拖拽从头到尾制作动态的 HTML 动画,支持动态 HTML(Dynamic HTML)的设计,使得页面没有 plug-in 也能够在 Netscape 和 IE 4.0 以上浏览器中正确地显示页面的动画。同时它还提供了自动更新页面信息的功能。

DreamWeaver 采用了 Roundtrip HTML 技术。这项技术使得网页在 DreamWeaver 和 HTML 代码编辑器之间进行自由转换,HTML 句法及结构不变。这样,专业设计者可以在不改变原有编辑习惯的同时,充分享受到可视化编辑带来的益处。DreamWeaver 最具挑战性和生命力的是它的开放式设计,这项设计使任何人都可以轻易扩展它的功能。

3. Flash

Flash 是美国 Macromedia 公司所设计的一种二维动画软件,通常包括:Macromedia Flash,用于设计和编辑 Flash 文档;Macromedia Flash Player,用于播放 Flash 文档。现在,Flash 已经被 Adobe 公司购买,最新版本为 Adobe Flash CS4。Flash 被大量应用于 Internet 网页的矢量动画文件格式。使用向量运算(Vector Graphics)的方式,产生出来的影片占用存储空间较小。使用 Flash 创作出的影片有自己的特殊档案格式(swf)。该公司声称全世界 97%的网络浏览器都内建 Flash 播放器(Flash Player)。

6.2 程序编码

本节重点介绍编程规范、程序运行效率以及程序自动生成的相关知识。

6.2.1 编程规范

软件已逐渐大型化和巨型化，而一个软件需要众多人参与编写代码。现代大型软件的代码少则上万行或几十万行，多则千万行，甚至上亿行（比如国际空间站的软件程序规模），因此，软件编程必须规范才能使程序员的工作彼此协调。

1. 编程规范原则

通过建立代码编写规范，形成开发小组编程约定，提高程序的可靠性、可读性、可修改性、可维护性和一致性，保证程序代码的质量，继承软件开发成果，充分利用资源，使开发人员之间的工作成果可以共享。软件编程要遵循以下原则：

（1）遵循开发流程，在详细设计说明书的指导下进行代码编写。

（2）代码的编写以实现设计的功能和性能为目标，要求正确完成设计要求的功能，达到设计的性能，不要随意增加其他功能和性能。

（3）程序要具有良好的程序结构，提高程序的封装性，减低程序的耦合程度。

（4）程序结构应该清晰，可读性强，易于理解。

（5）程序应该方便调试和测试，就是可测试性要好。

（6）程序应该易于使用和维护。

（7）程序应该有良好的修改性、扩充性；可重用性强/移植性好。

（8）程序应该占用资源少，以低代价完成任务。

（9）在不降低程序的可读性的情况下，编码要精简，尽量提高代码的执行效率。

（10）单个函数的程序行数不得超过 100 行。

（11）尽量使用标准库函数和公共函数。

（12）不要随意定义全局变量（最好不用），尽量使用局部变量。

（13）使用括号以避免二义性。

2. 注释的要求

（1）保持注释与代码完全一致。

（2）每个源程序文件，都有文件头说明。

（3）每个函数，都有函数头说明。

（4）主要变量（结构、联合、类或对象）定义或引用时，注释要能反映其含义。

（5）常量定义应该有相应说明。

（6）处理过程的每个阶段都有相关注释说明。

（7）在典型算法前应该有注释。

（8）利用缩进来显示程序的逻辑结构，缩进量一致并以 Tab 键为单位，定义 Tab 为

6个字节。

(9) 循环、分支层次不要超过5层。

(10) 注释可以与语句在同一行，也可以在上行。

(11) 空行和空白字符也是一种特殊注释。

(12) 一目了然的语句不加注释。

(13) 注释的作用范围可以为定义、引用、条件分支以及一段代码。

(14) 注释行数(不包括程序头和函数头说明部分)应占总行数的1/5～1/3。

3. 规范的详细说明

1) 源程序的文件管理

(1) 命名：源程序文件命名采用有意义的格式。

(2) 文件结构：每个程序文件由标题、内容和附加说明三部分组成。

2) 编辑风格

(1) 缩进。缩进以4个空格为单位。

(2) 空格。变量、类、常量数据和函数在其类型、修饰名称之间应有适当空格并据情况对齐。

(3) 对齐。原则上关系密切的行应对齐，对齐包括类型、修饰、名称、参数等各部分对齐。

(4) 空行。程序文件结构各部分之间空两行。各函数实现之间一般空两行。

(5) 注释。注释必须是有意义的，必须正确描述程序。

(6) 代码长度。对于每一个函数建议尽可能控制其代码长度为53行左右，超过53行的代码要重新考虑将其拆分为两个或两个以上的函数。

3) 符号名的命名

符号名的命名包括变量、函数、标号、模块名等。选用有实际意义的英文标识符号或缩写符号，名称中尽可能不使用阿拉伯数字。

4) 输入输出

输入和输出方式和格式尽可能方便用户。应根据不同用户的类型、特点和不同的要求来制定方案。格式力求简单，并应有完备的出错检查和出错恢复措施。

6.2.2 程序运行效率

从1加到100，该怎么算？可以1＋2＋3＋…＋100算出结果为5050，也可以(0＋100)＋(1＋99)＋(2＋98)＋……得到结果为5050。显然第二种方法更适合人们计算，它的效率比顺序相加快得多，甚至口算就能迅速得到答案。但对于计算机来说，第二种方法并不比第一种快，如果程序编制不当，反而会降低计算速度。

对于程序运行效率的改进可以从以下几个方面入手：调整代码顺序以避免重复的复杂运算；改进算法和数据结构以降低计算复杂度；了解和掌握硬件的特性以便充分发挥硬件系统的性能；使用编译系统的优化选项对程序的可执行代码进行优化。

1. 调整代码

代码调整应该作为一种优化的辅助手段，在对算法和数据结构优化的基础之上进行。

代码调整包括：提取公共表达式；将与循环无关的表达式移出循环语句；将与循环无关的条件判断移出循环语句；展开循环体中的代码；预先计算可能用到的数值；用低价操作替代高价操作；避免无效语句；避免不必要的重复操作。

2. 改进算法

改进算法的目的是从根本上降低计算过程的计算复杂度，提高计算的效率。在无法找到计算复杂度更低的算法时，也可以针对具体问题改进对计算过程的组织和描述，化简计算过程，避免不必要的计算步骤，有效地减少计算过程的实际计算量，提高程序的计算效率。在对程序的算法进行改进前，首先需要分析计算过程的规律，找出计算的实质性目标。在此基础上，需要进一步分析影响当前算法效率的关键因素，提出新的思路和算法。对于一些非常规的计算问题，需要根据具体问题的性质和特点，进行具体的分析，设计相应的优化算法。

3. 间换时间

间换时间指的是空间换时间。一般而言，运行效率高的算法有可能需要较大的存储空间。因此，在目前硬件性能大幅提高和价格大幅减少的前提下，增加程序运行中所使用的存储空间，是提高程序运行效率的一种常用手段。

4. 改进数据结构

数据结构往往与程序关键部分的算法密切相关，对数据结构的改进往往会对程序的运行效率产生显著影响。例如，如果在程序中需要对数据项进行频繁的插入、检索和删除，而且数据项的数量又比较大，使用线性表的效率会很低，往往很难满足程序性能的要求。这时，改用排序二叉树或者 Hash 表作为数据项的存储结构，会显著提高程序的运行速度。

5. 了解和适应硬件的特性

任何程序都是运行在硬件平台上的，因此硬件平台的各种特性对程序的运行效率有着直接的影响。很多时候，有效地利用硬件平台的特性可以显著地改进程序的效率。

6. 编译优化选项

在使用了优化选项时，编译系统根据选项的规定，对所生成的代码进行各种类型的优化，以期获得时空效率方面的改进。对代码优化的侧重点和优化的程度随优化选项的不同而不同。一般来说，最基本的优化也会对诸如与循环无关的表达式的位置调整、尾递归的消除等进行处理。更高级的优化将会对更复杂的代码模式进行分析，使用更加有效的等价运算方式，以便减少程序可执行代码的大小和所需要的运行时间。

6.2.3 程序自动生成

程序自动生成会大大减轻程序员的工作负担。不过，另外一种趋势也应该引起注意，即有些人以为有了程序生成器就可以万事大吉了，好像程序生成器可以为他们做一切。这是对程序自动生成概念的片面理解。

程序生成器是一种代码生成器，其任务是根据详细设计的要求，自动或者半自动地生成某种语言的程序。程序生成器的结构如图 6-1 所示。

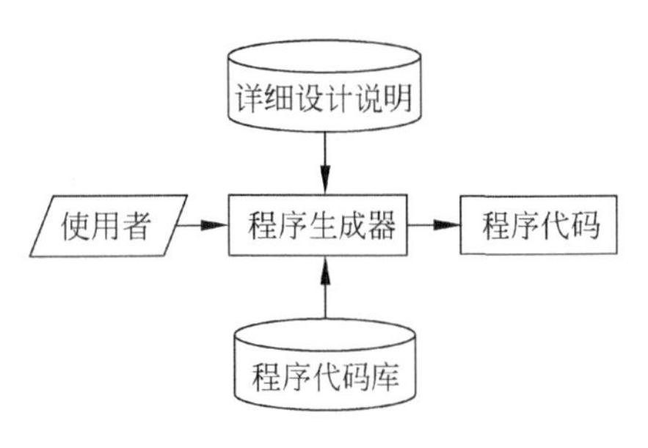

图 6-1 程序生成器的工作

由图 6-1 可以看出,程序生成器的输入信息包括使用者输入的信息,详细设计说明书的内容和程序代码库的内容。程序生成器根据使用者输入的信息确定程序的框架,根据输入的参数确定程序的框架语句中未定的值,然后将程序代码生成输出。输出的结果可能有两种,一种是某种高级程序设计语言的源代码,另一种是某种机器环境下可执行代码。二者各有优缺点。对于程序比较熟悉的程序员来说,第一种方式比较合适,因为他们可以根据自己的需要微调。第二种方式比较适合"傻瓜"用户,其付出的代价是机器产生的程序有很多不尽人意的地方。

就目前的情况来看,100%的程序自动生成是不可能的,比较保守的估计是如果能节省编程时间 60%以上,可以认为是很不错的程序生成器。即使是这 60%,在开始生成前也要做很多准备工作。比如,程序的结构和细节参数的确定,像数据的名称、类型、长度、结构等;程序生成器的准备,要么购买,要么自己开发,即使这样,也需要针对问题做一些准备性设置。

目前,程序自动生成器已经被广泛应用于实际工程中,有些第四代语言已经具备了某些程序自动生成的功能,比如菜单的自动生成,打印程序的生成,查询程序的生成等,软件开发工具为程序员带来了极大的方便。

6.3 其他实现方式

本节将介绍软件的采购、联合开发策略和软件外包。

6.3.1 采购

1. 软件采购的基本过程

采购是一个效益评价过程。只有预估自己收益大于付出时才会去购买软件。而在采购时,有众多的系统及供应商可选择,甚至也可以自行开发。这时,不但要衡量效益,还要对这些效益进行比较,以取得利益最大化。

1) 了解商情

企业对选中的管理信息进行采购时可以采取招投标方式。首先要考察供应商情况。只有好的生产过程才能生产出好的产品。在考察供应商时,要进行多次走访,到供应商那里看一看,转一转,尤其是不打招呼地转一转。

2) 收集信息

供应商的信息很重要,收集起来也很费劲,所以企业建立供应商信息库是非常必要的。在了解供应商后,就可以从中进行比较、选择候选供应商了。可以在同一时间选择一个供应商,也可以选择几个供应商组合供应一个系统的不同部分;还可以在不同时间选择不同的供应商。在选定供应商后,也要保持与其他供应商的良好关系,作为备份。有备份的供应商可以使己方与供应商后续合作中保持主动,也能促使当前供应商努力工作;此外,在必要时也能换供应商。

3) 过程管理

作为企业的高层管理人员,还要注意对企业采购过程和采购人员的管理。采购过程采用招投标方式能够使采购过程清晰、规范,能够使企业掌握主动权,在较低成本下找到最优方案。采购过程可以一个部门牵头,多部门参与。采购还宜制度化,重要文件存档,并不断检讨,改进采购制度。当然,对采购也要加强管理、控制并进行审计,防止出现吃回扣等腐败行为。

4) 过程监理

在采购后期乃至采购完成后,要跟踪采购来的软件的效果是否如预期一样,这时要进行效益评价,对于在建的软件要进行监理。

5) 借助软件

在采购中可以借助采购软件。采购软件能够辅助用户进行软件采购。利用现有软件(可以是没有计算机的传统软件,也可以是包含计算机的现代软件)进行软件的升级换代,是软件交叉螺旋式上升的表现。

2. 采用过程

国际标准化组织和国际电工委员会于1999年发布了一项针对CASE工具采用的技术报告ISO/IECTR 14471:1999《信息技术CASE工具的采用指南》,就上述问题给出了一个推荐的采用过程。它全面、综合地研究了采用工作可能会遇到的各方面问题。

考查了软件的各种特性,将其采用工作划分为4个主要过程、4个子过程和13个活动。这4个主要过程包括(如图6-2所示):

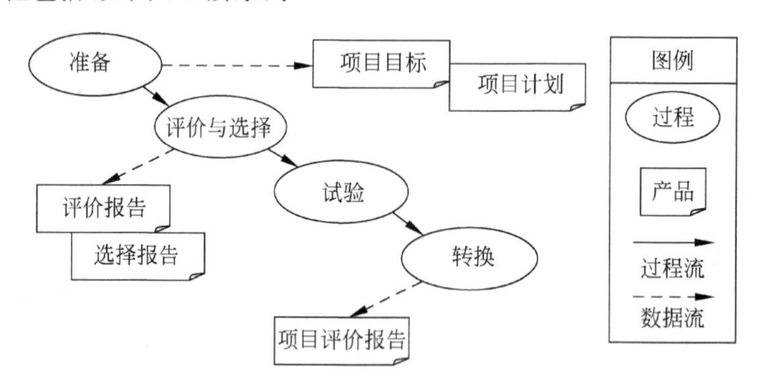

图6-2 CASE采用过程

1) 准备过程

准备过程的主要工作是定义采用软件的目标,将诸如提高软件组织的竞争地位、提高生产率等高层的商业目标分解细化为改进软件过程、提高设计质量等具体的任务和目标,分析、确定经济和技术上的可行性和可测量性,制订一个具体的执行计划,包括有关里程碑、活动和任务的日程安排,对所需资源及成本的估算,以及监督控制的措施等内容。这一过程由下面4个活动组成:设定目标、验证可行性和可测量性、制定方针、制订计划。

在此过程中，需要考虑若干关键成功因素，比如采用过程的目标是否清晰并且是可测量的，管理层的支持程度，工具在什么范围内使用的策略，是否制订了在组织内推广使用工具的计划，工具的典型用法能否调整为与软件组织现行的工作流程或工作方法一致，是否制订了与采用过程有关的员工的培训内容，以及新旧两种工作方式转换时能否平稳进行，等等。制定方针时，组织可以剪裁这些关键成功因素，以满足自己的商业目标。

2）评价与选择过程

这是为了从众多的候选软件中确定最合适的软件，以确保推荐的工具满足组织的要求。这是一个非常重要的过程。其中最关键的是要将组织对软件的需求加以构造，列出属于软件的若干特性或子特性，并对其进行评价和测量，软件组织根据对候选软件的评价结果决定选择哪一种软件。这一过程由4个子过程组成：起始过程、构造过程、评价过程、选择过程。

3）试验过程

该过程是帮助软件组织在它所要求的环境中为软件提供一个真实的试验环境。在这个试验环境中运用选择的软件，确定其实际性能是否满足软件组织的要求，并且确定组织的管理规程、标准和约定等是否适当。它由4个活动组成：起始试验、试验的性能、评价试验、下一步决策。

4）转换过程

该过程是为了从当前的工作流程或工作习惯转为在整个组织内推广使用新的软件的过程。在此过程中，软件组织充分利用试验项目的经验，尽可能地减少工作秩序的混乱状况，以达到最大程度地获取软件技术的回报、最小程度地减少软件技术的投资风险的目的。这一过程由下述5个活动组成：初始转换过程、培训、制度化、监控和持续支持、评价采用项目完成情况。

上述4个主要过程对大多数软件组织都是适用的，它覆盖了采用软件所要考虑的各种情况和要求，并且不限于使用特定的软件开发标准、开发方法或开发技术。在具体实践中，软件组织可以结合自己的要求以及环境和文化背景的特点，对采用过程的一些活动进行适当地剪裁，以适应组织的需要。

3. 选择与评价

该过程是对软件的质量特性进行测量和评级，以便为最终的选择提供客观的和可信赖的依据。

软件作为一种软件产品，不仅具有一般软件产品的特性，如功能性、可靠性、易用性、效率、可维护性和可移植性，而且还有其他特殊的性质进行考虑，所有这些特性与子特性都是软件的属性，是能用来评定等级的可量化的指标。

技术评价过程的目的是提供一个定量的结果，通过测量为工具的属性赋值，评价工作的主要活动是获取这些测量值，以此产生客观的和公平的选择结果。评价和选择过程由4个子过程和13个活动组成。

1）初始准备过程

这一过程的目的是定义总的评价和选择工作的目标和要求，以及一些管理方面的内容。它由以下3个活动组成：

(1) 设定目标。提出为什么需要软件？需要一个什么类型的软件？有哪些限制条件

(如进度、资源、成本等方面)？是购买一个、还是修改已有的，或者开发一个新的软件？

(2) 建立选择准则。将上述目标进行分解，确定做出选择的客观和量化的准则。这些准则的重要程度可用做工具特性和子特性的权重。

(3) 制定项目计划。制定包括小组成员、工作进度、工作成本及资源等内容的计划。

2) 构造过程

构造过程的目的是根据软件的特性，将组织对工具的具体要求进行细化，寻找可能满足要求的软件，确定候选工具表。构造过程由以下 3 个活动组成：

(1) 需求分析。了解软件组织当前的软件情况，了解开发项目的类型、目标系统的特性和限制条件、组织对软件技术的期望，以及软件组织将如何获取软件的原则和可能的资金投入，等等。明确软件组织需要软件做什么？希望采用的开发方法，如面向对象还是面向过程？希望软件支持企业的哪一阶段？以及对软件的功能要求和质量要求，等等。根据上述分析，将组织的需求按照所剪裁的软件的特性与子特性进行分类，为这些特性加权。

(2) 收集软件信息。根据组织的要求和选择原则，寻找有希望被评价的软件，收集工具的相关信息，为评价提供依据。

(3) 确定候选的软件。将上述需求分析的结果与找到的软件工具的特性进行比较，确定要进行评价的候选工具。

3) 评价过程

评价过程的目的是产生技术评价报告。该报告将作为选择过程的主要输入信息，对每个被评价的工具都要产生一个关于其质量与特性的技术评价报告。这一过程由以下 3 个活动组成：

(1) 评价的准备。最终确定评价计划中的各种评价细节，如评价的场合，评价活动的进度安排，工具子特性用到的度量、等级，等等。

(2) 评价软件。将每个候选工具与选定的特性进行比较，依次完成测量、评级和评估工作。测量是检查工具本身特有的信息，如软件的功能、操作环境、使用和限制条件、使用范围等。可以通过检查工具所带的文档或源代码(可能的话)、观察演示、访问实际用户、执行测试用例、检查以前的评价等方法来进行。测量值可以是量化的或文本形式的。评级是将测量值与评价计划中定义的值进行比较，确定它的等级。评估是使用评级结果及评估准则对照组织选定的特性和子特性进行评估。

(3) 报告评价结果。评价活动的最终结果是产生评价报告。可以写出一份报告，涉及对多个软件的评价结果，也可以对每个所考虑的软件分别写出评价报告。报告内容应至少包括关于工具本身的信息、关于评价过程的信息以及评价结果的信息。

4) 选择过程

选择过程应该在完成评价报告之后开始。其目的是从候选软件中确定最合适的软件，确保所推荐的软件满足软件组织的最初要求。选择过程由以下 4 个活动组成：

(1) 选择准备。其主要内容是最终确定各项选择准则，定义一种选择算法。常用的选择算法有基于成本的选择算法、基于得分的选择算法和基于排名的选择算法。

(2) 应用选择算法。把评价结果作为选择算法的输入，与候选软件相关的信息作为输出。每个软件的评价结果提供了该工具特性的一个技术总结，这个总结归纳为选择算法所规定的级别。选择算法将各个软件的评价结果汇总起来，给决策者提供一个比较。

(3) 推荐一个选择决定。该决定推荐一个或一组最合适的软件。

(4) 确认选择决定。将推荐的选择决定与组织最初的目标进行比较。如果确认这一推荐结果,它将能满足组织的要求。如果没有一种合适的软件存在,也应能确定开发新的软件或修改一个现有的软件,以满足要求。

以上提出的这一评价和选择过程,概括了从技术和管理需求的角度对软件进行评价与选择时所要考虑的问题。在具体实践中软件组织可以按照这一思路进行适当地剪裁,选择适合自己特点的过程、活动和任务。不仅如此,该标准还可仅用于评价一个或多个软件而不进行选择。比如,开发商可用来进行自我评价,或者构造某些工具知识库时所做的技术评价等。

6.3.2 联合开发

联合开发是指组织的IT人员和开发公司的技术人员一起工作,完成开发任务。该策略适合于企业有一定的信息技术人员,但可能对软件开发规律不太了解,或者是整体优化能力较弱,希望通过软件的开发完善和培养自己的技术队伍,便于后期的系统维护工作。

合作开发方式需要成立一个临时的项目开发小组,由企业业务骨干(甲方人员)与开发人员(乙方人员)共同组成,项目负责人可由甲方担任或由乙方担任,或者双方各出一位负责人,项目负责人直接对企业的一把手负责,紧紧围绕项目开发这一任务开展工作。该项目组是一个结构松散的组织,其人员与运作方式随着软件开发阶段的不同而不同,可根据需要随时增减人员与调整工作方式。

项目组应严格挑选与控制人员,经验得知,在软件开发这种特殊的项目中随意增加人员,并不能加快软件开发的进程。该方式强调在开发过程中通过共同工作,逐步培养企业自身的人才。项目开发任务完成后,项目组一般会自行解散,后期的系统维护工作将主要由企业自身的人员承担。

另外,该方式还强调合作双方关系的重要性,建立一种诚信的、友好的合作关系对完成项目是至关重要的。

由于合作开发方式具有很强的针对性与灵活性,在我国被广泛采用,曾经是我国软件项目开发的主流方式。它的优点是相对于委托开发方式比较节约资金,可以培养、增强企业的技术力量,便于系统维护工作。缺点是双方在合作中易出现扯皮现象,需要双方及时达成共识,进行协调和检查。

6.3.3 软件外包

如果一个组织不想使用内部资源或者没有内部资源开发软件,它可以雇佣专门从事这些服务的组织来做这些工作,这种把软件开发转给外部供应商的过程叫做软件外包。

软件包策略是通过购买应用软件包的办法建设本组织的信息系统,这是目前广泛采用的方法。应用软件包(Application Software Package)是由软件供应商提供预先编写好的应用软件以及相应的系统建设服务的方法。应用软件包的提供的范围可以是一个简单的任务,也可以是复杂的大型系统的全部管理业务。

1. 优点

软件包之所以被广泛采用，一是因为对于很多组织来说，都有共同的特性，如都包括财务管理、人事管理和库存管理等职能。实际上，很多组织都具有标准、统一的工作程序。二是应用软件包策略减少开发时间和费用。当存在一个适合的软件包时，组织就可以直接使用，这样减少了很多开发过程的浪费。三是软件供应商在提供软件的时候，一般都提供大量的持续的系统维护和支持，可以满足用户不断适应市场变化的需要。四是软件供应商提供了先进的工作流程。很多大的软件公司，如德国的 SAP 公司，都有一些高级人才从事流程设计，因此体现在软件中的管理流程往往是最先进的。五是对于组织的特殊要求，软件供应商还可以提供定制(customization)服务。定制服务允许改变软件包来满足一个组织的特殊需求，而无须破坏该软件包的完整性。一些软件包采用组件开发思想，允许顾客从一组选项中仅仅选择他们所需要的处理功能的模块。

外包是目前比较流行的一种方式。主要是因为多数组织认为外包是一种低成本软件开发的策略。尤其是对于那些业务波动的组织，外包策略提供给他们的是使用后付费方式，有效地降低了组织的成本。对于软件供应商来说，外包也使他们从规模经营中获得效益。通过提供具有竞争力的服务，外包软件的供应商获得稳定的收益。外包策略有很多优点：降低成本；获得标准流程的服务支持；减少技术人员的需求；降低信息系统建设的风险。

2. 不足

没有一个软件包的方案是完美的。无论多么优秀的软件在解决具体企业的具体问题时，都会存在软件中找不到对应的功能部分的问题。因此，软件的二次开发是难免的。即都有定制的要求，大量的定制给项目建设带来风险和困难，因此选择合适的软件是应用软件包策略首要考虑的问题。其次，如果定制要求很多，系统建设费用将成倍增长。而这些费用属于隐藏费用，软件包最初的购买价格往往具有欺骗性。另外，项目建设中的有效管理是控制过程成本的有效途径。

外包是组织资源外部化的一种方式，因此，外包常常引发一系列问题，如组织可能失去对信息系统甚至是组织关键资源的控制。当系统的控制转向外部的时候，往往意味着组织商业秘密的外部化。如果组织不限制外包供应商为其竞争对手提供服务或开发软件的话，可能会给组织带来危害。因此，组织需要对外包信息系统进行管理，还需要建立一套评价外包供应商的评鉴标准，并建立相应的约束机制，如在合同中写明提供给其他客户类似的服务要征得该组织的同意等条款。认真设计外购合同是减少风险的一种有效办法。

6.4 物联网系统集成

本节重点介绍软件集成概述和物联网系统集成。

6.4.1 软件集成

软件集成就是将不同软件和信息等集成到相互关联的、统一和协调的系统之中，使资源达到充分共享，实现集中、高效、便利的管理。软件集成实现的关键在于解决系统之间的互联和互操作性问题，它是一个多厂商、多协议和面向各种应用的体系结构。

软件集成程度的高低标志着其进化程度。其进化经历了信息交换集成、公共界面集成、公共信息管理与信息共享集成、高度集成 4 个阶段。

1. 信息交换集成

实现中，软件之间的点对点信息交换迫使软件相互合作，提供了软件的信息交换机制。信息交换集成示意图如图 6-3 所示，这种集成方式的一个主要缺陷是信息格式转换太费时间。

2. 公共界面集成

在公共界面集成方式下，环境中各软件应该提供一致化的用户界面，它们往往被封装在统一的界面框架之下，这些软件之间的信息交换基本上采用点对点方式，但环境最外层的界面框架提供了菜单或工具自动实现信息交换，如图 6-4 所示。

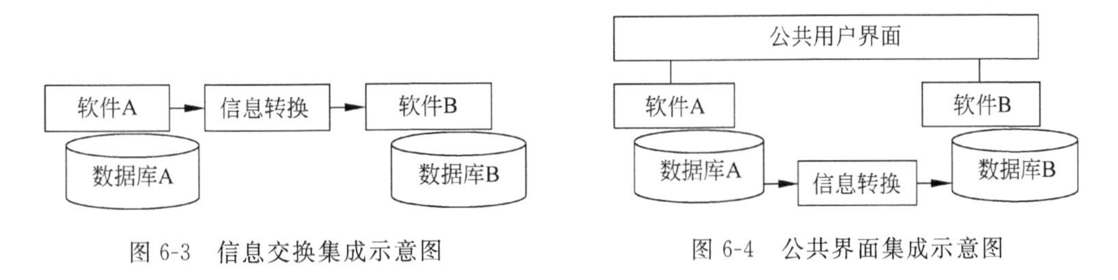

图 6-3 信息交换集成示意图　　图 6-4 公共界面集成示意图

3. 公共信息管理与信息共享集成

所有信息可以组织成单个逻辑数据库，它的物理组织形式既可以是集中式的，也可以是分布式的。尽管这种集成方式仍需要在各软件之间进行信息的转换，但转换过程将在环境内部进行，对用户完全透明，如图 6-5 所示。公共信息管理集成方式对信息库的管理机制有严格的要求：必须根据软件功能信息进行划分和组织，提供数据集成机制，将不同软件的信息综合起来，并维持数据库的一致性和完整性。这种信息共享集成方式从根本上克服了信息交换方式的不足，提高了软件的集成度。

4. 高度集成

为了实现高度集成的物联网系统，还必须增加元模型管理机制和软件的触发控制机制。元模型是对各软件信息项的元级描述。通常，元模型中的规则和工作流程部分将组织为规则库，以便在软件使用过程中能够随时对它们进行修改。触发控制机制是指物联网系统能够将某些软件开发事件通知其他软件，以便它们采取相应的行动。高度集成示意图如图 6-6 所示。

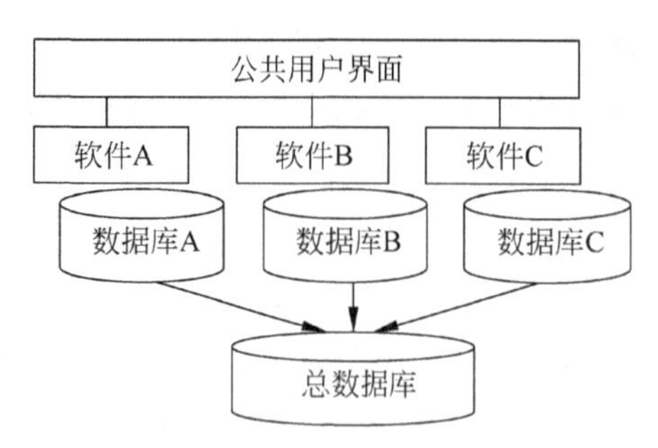

图 6-5 公共信息管理与信息共享集成示意图

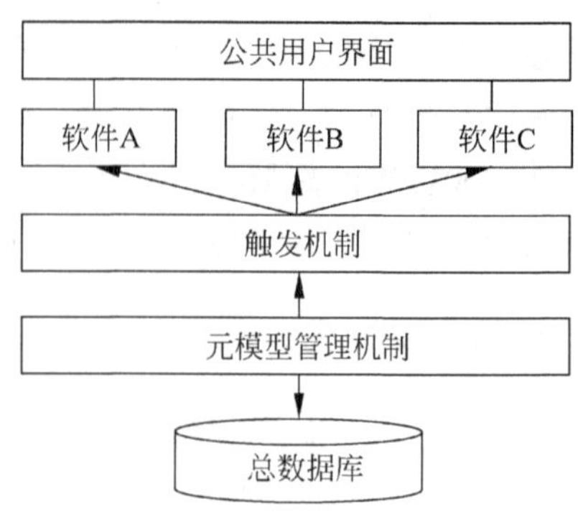

图 6-6 高度集成示意图

6.4.2 物联网系统集成

1. 物联网系统集成技术

系统集成作为一种服务方式，通过综合统筹设计优化，使计算机软件、硬件、操作系统、数据库、网络通信等实现集成。所有部件和组成部分集成在一起后，要实现系统成本低、高效率、性能匀称、可扩充性和可维护性。

系统集成有以下几个显著特点：

(1) 系统集成要以满足用户的需求为根本出发点。

(2) 系统集成不是选择最好的产品的简单行为，而是要选择最适合用户的需求和投资规模的产品和技术。

(3) 系统集成不是简单的设备供货，它体现更多的是设计、调试与开发的技术和能力。

(4) 系统集成包含技术、管理和商务等方面，是一项综合性的系统工程。技术是系统集成工作的核心，管理和商务活动是系统集成项目成功实施的可靠保障；性能性价比的高低是评价一个系统集成项目设计是否合理和实施是否成功的重要参考因素。总而言之，系统集成是一种商业行为，也是一种管理行为，其本质是一种技术行为。

绝大多数情况下，物联网工程系统都不是一个纯软件系统，而是一个硬件、软件、数据信息集成的系统。因此，这样的系统集成通常要考虑以下几个子系统的集成技术：

(1) 硬件集成。使用硬件设备将各个子系统连接起来。

(2) 软件集成。软件集成要解决的问题是异构软件的相互接口。

(3) 数据和信息集成。数据和信息集成建立在硬件集成和软件集成之上，是系统集成的核心，通常要解决的主要问题包括合理规划数据和信息、减少数据冗余、更有效地实现信息共享、确保数据和信息的安全保密。

(4) 技术与管理集成。其核心是利用技术手段把各个部分集成在一起协调一致地运行，使集成的系统得到高效管理。

(5) 人与组织机构集成。系统的目标是为人服务，因此，系统集成的最高境界是提高人和组织机构的工作效率，通过系统集成来促进业务的管理和提高效率。

2. 物联网技术集成案例

例 6-1 学者曾庆勇在《微型电脑应用》中撰文《物联网系统在社区医疗服务中心的应用分析与设计》介绍了物联网技术集成案例——医院信息系统(HIS)在社区医疗卫生服务

中心的应用。

(1) 社区医疗服务物联网应用系统总体功能结构设计,如图 6-7 所示。

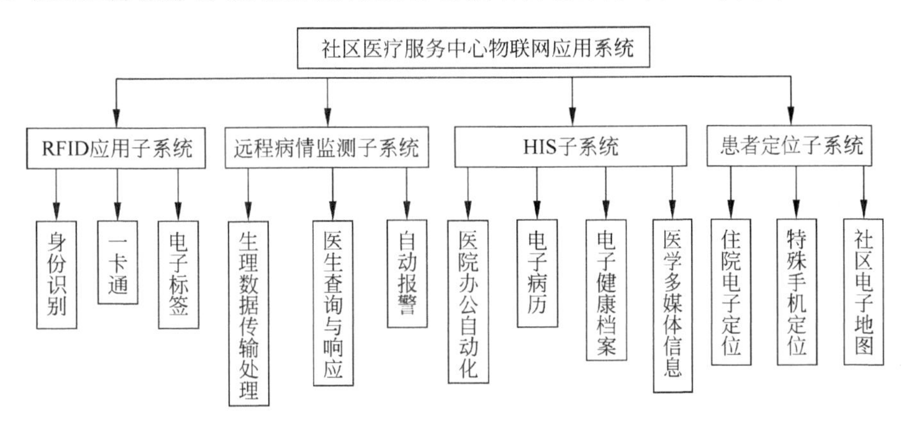

图 6-7 社区医疗服务物联网应用系统总体功能结构

(2) 社区医疗服务远程健康监测系统设计,如图 6-8 所示。

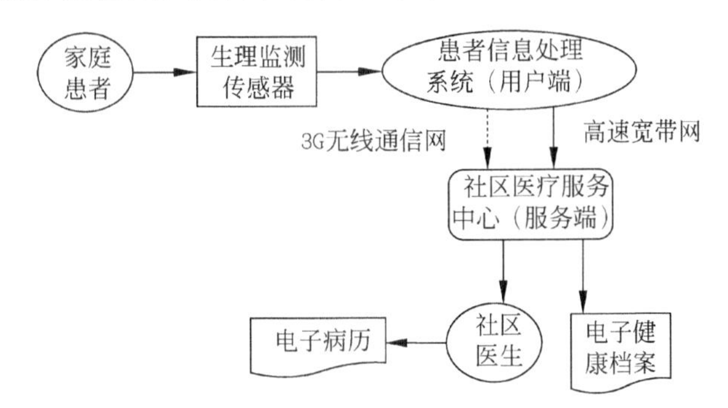

图 6-8 社区医疗服务远程健康监测系统设计

(3) 社区医疗服务中心网络设计,如图 6-9 所示。

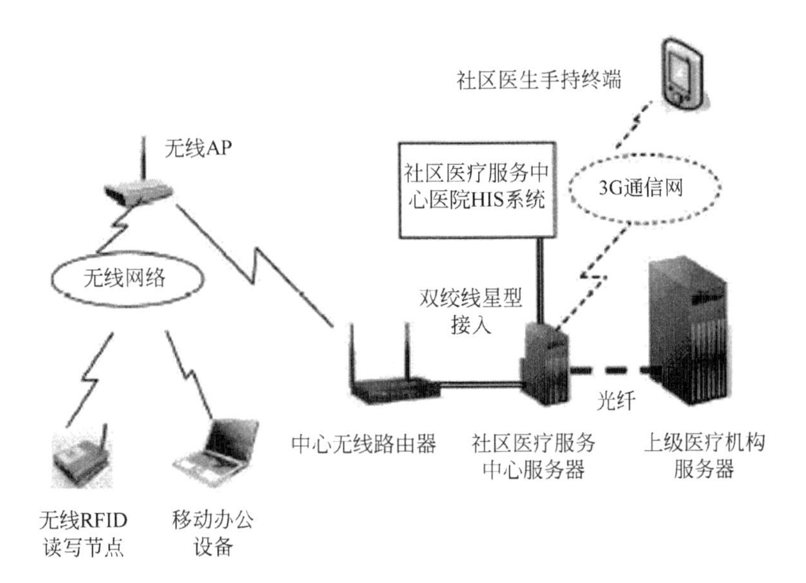

图 6-9 社区医疗服务中心网络设计

习题 6

1. 名词解释

(1) 汇编语言。
(2) 程序生成器。
(3) 联合开发。
(4) 软件外包。
(5) 软件集成。

2. 填空题

(1) 软件集成程度的高低标志着其进化程度。它的进化经历了________、________、________与________和________ 4 个阶段。

(2) 提高程序运行效率的方法包括________、________、________、改进数据结构、了解和适应硬件的特性、编译优化选项。

(3) 软件组织根据对候选软件的评价结果决定选择哪一种软件。这一过程由 4 个子过程组成：________、________、________、选择过程。

(4) 系统集成作为一种服务方式，通过综合统筹设计优化，使计算机________、________、________、________、________等实现集成。

3. 选择题（多选）

(1) PowerBuilder 的基本功能有哪些？(　　)

A. 可视化、多特性的开发工具　　B. 面向对象的技术功能
C. 支持复杂应用程序，企业数据库的连接能力　　D. 查询、报表和图形功能。

(2) 对于程序运行效率的改进可以从以下哪几个方面入手？(　　)

A. 压缩代码长度，减少冗余部分
B. 改进算法和数据结构以降低计算复杂度
C. 了解和掌握硬件的特性以便充分发挥硬件系统的性能
D. 完成代码的可视化

(3) 系统集成有以下哪几个显著特点？(　　)

A. 以满足用户的需求为根本出发点
B. 选择最适合用户的需求和投资规模的产品和技术
C. 系统集成包含技术、管理和商务等方面
D. 兼顾软件与硬件集成的结合

(4) 物联网工程系统集成通常要考虑以下哪几个子系统的集成技术？(　　)

A. 硬件集成　　B. 结构集成　　C. 数据和信息集成
D. 技术与管理集成　　E. 人与组织机构集成

4. 简答题

简述软件外包的优势和不足。

5. 论述题

(1) 比较几种语言工具的不同点。
(2) 简单介绍几种数据库工具的特点。

第7章 软件测试与维护

本章重点介绍软件测试和软件可维护性，要求学生了解物联网软件的测试和维护方法，掌握软件测试的几种策略和软件维护实施方式。

7.1 软件测试

本节重点介绍软件故障与测试的重要性、软件测试、系统测试方法和系统测试策略、测试模型、可靠性评价、纠错和测试案例。

7.1.1 软件故障与测试的重要性

1. 事故与原因

2011 年 12 月 28 日国务院公布的《"7·23"甬温线特别重大铁路交通事故调查报告》认为：该事故是一起因列控中心设备存在严重设计缺陷、上道使用审查把关不严、雷击导致设备故障后应急处置不力等因素造成的责任事故。事故起因是：通信信号集团公司所属通信信号研究设计院在 LKD2-T1 型列控中心设备研发中管理混乱，致使为甬温线温州南站提供的设备存在严重设计缺陷和重大安全隐患，如图 7-1 所示。

图 7-1 "7·23"重大铁路事故

2007 年 2 月 11 日 12 架美国第四代最先进 F-22"猛禽"战机从夏威夷飞往日本，在穿越国际日期变更线时飞机失去导航，机上的全球定位系统失灵，多个计算机系统发生崩溃，多次重启均告失败。飞行员无法正确辨识战机的位置、飞行高度和速度，随时面临着折戟沉沙的厄运。最后，飞机掉头返航，折回夏威夷希卡姆空军基地。据透露，至少有 3 架战机显示屏在飞越东太平洋马绍尔群岛上空时，导航系统显示的时间与地理方位坐标都出现大量错误信息，明明是白天 AM 时间，显示屏上却是晚间 PM 时间。另外，F-22"猛禽"战机的飞行控制系统也不稳定，飞控系统显示的飞机高度值与实际高度有较大差距。事故分析结论是：战机在飞越国际日期变更线时，机载软件故障导致卫星失灵。这种造价 3.3 亿美元的飞机，按理说不应该出这样的问题，因为它有软件代码 170 万条，设计和测试绝对严格，可故障偏偏出现了，如图 7-2 所示。

图 7-2 F-22“猛禽”战机机载软件故障

类似的重大事件还有很多。2009 年 11 月 19 日美国收集航班飞行计划的计算机系统发生故障，导致全美广泛地区的航机取消或延误，给几万名旅客的生命安全造成严重威胁；2008 年 1 月 24 日法国兴业银行的一名交易员，利用系统缺陷超越职务权限，秘密建立欧洲股指期货相关头寸，造成该行 49 亿欧元的损失；2006 年 4 月 20 日，中国银联跨行交易系统出现故障，整个系统瘫痪约 8 小时；2006 年中航信离港系统发生了 3 次软件系统故障，造成近百个机场登机系统瘫痪；2005 年 11 月 1 日日本东京证券交易所由于软件升级出现系统故障，导致股市停摆；2004 年 9 月 14 日，由于空管软件中的缺陷，美国洛杉矶机场 400 余架飞机与机场一度失去联系，给几万名旅客的生命安全造成严重威胁；2003 年 8 月 14 日，在美国电力系统中，由于分布系统软件运行失效，造成了美国东北部大面积停电，损失超过 60 亿美元；2003 年 5 月，由于飞船的导航软件设计错误，俄罗斯“联盟-TMA1”载人飞船返回途中偏离了降落目标地点约 460km；1996 年 6 月 4 日，欧洲阿丽亚娜 5 型火箭在首次发射中，由于软件数据转换错误导致火箭发射 40s 后爆炸，经济损失 25 亿美元；1991 年，我国“澳星”发射失败，起因于一个小小的零件故障，所造成的经济损失和政治影响是巨大的；1986 年 1 月 28 日，美国航天飞机“挑战者号”起飞 76s 后爆炸，其中 7 名宇航员丧生，直接经济损失达 12 亿美元，美国的民族精神受到了严重创伤，这次事故的直接原因是因为一个密封圈不密封而引起的；美国航天局 1978 年、1979 年 3 次火箭发射失败，损失 1.6 亿美元；1974 年，我国发射卫星的运载火箭因为一根直径为 0.25mm 的导线断裂，导致整个系统被引爆自毁；1971 年，前苏联 3 名宇航员在“礼炮”号飞船中由于一个部件失灵而丧生。前苏联的“联盟 11 号”号宇宙飞船返回时，因压力阀门提前打开而造成 3 名宇航员全部死亡；美国 1957 年发射的“先锋号”卫星中，由于一个价值 2 美元的器件出了故障，造成了价值 220 万美元的损失……

千里之堤，溃于蚁穴。成千上万工程技术人员、工人、管理干部的劳动成果，几千万甚至上亿元的投资就因为工作的一点疏漏，一个小小的元器件、零部件失效或一根导线的失效而毁于一旦。计算机在即将兴起并高速发展的现代信息化社会中的重要作用已受到了社会各界的公认，将形成社会经济、生产和生活全面依赖计算机的局面，引起社会结构、经济结构和生活方式的巨大变革，大大提高社会生产力，是最具活力的生产力之一。计算机本身就全球来讲，现已是年产值高达 2500 亿美元的巨大产业，预计到本世纪末将可能发展成为世界第一大产业。在这种情况下，对计算机系统的质量和可靠性的要求也越来越高。这是因为一旦计算机系统发生故障，则其效益就会大幅度地削减，甚至完全丧失，从而使社会生产和经济活动陷入不可收拾的混乱状态。因此可以说，计算机系统的高可靠性是实现信息化社会的关键。

2. 软件缺陷

软件缺陷(Defect)也称为 Bug，是指计算机软件或程序中存在的某种破坏正常运行能力的问题、错误，或者隐藏的功能缺陷。缺陷的存在会导致软件产品在某种程度上不能满足用户的需要。IEEE 729-1983 对缺陷有一个标准的定义：从产品内部看，缺陷是软件产品开发或维护过程中存在的错误、毛病等各种问题；从产品外部看，缺陷是系统所需要实现的某种功能的失效或违背。

软件缺陷的级别一旦发现软件缺陷，就要设法找到引起这个缺陷的原因，分析对产品质量的影响，然后确定软件缺陷的严重性和处理这个缺陷的优先级。各种缺陷所造成的后果是不一样的，有的仅仅是不方便，有的可能是灾难性的。一般地，问题越严重，其处理的优先级就越高。软件缺陷可以概括为以下4种级别：

(1) 微小的(Minor)。一些小问题，如有个别错别字、文字排版不整齐等，对功能几乎没有影响，软件产品仍可使用。

(2) 一般的(Major)。不太严重的错误，如次要功能模块丧失、提示信息不够准确、用户界面差和操作时间长等。

(3) 严重的(Critical)。严重错误，指功能模块或特性没有实现，主要功能部分丧失，次要功能全部丧失，或致命的错误声明。

(4) 致命的(Fatal)。致命的错误，造成系统崩溃、死机，或造成数据丢失、主要功能完全丧失等。

在讨论软件测试原则时，一开始就强调测试人员要在软件开发的早期，如需求分析阶段就应介入，问题发现得越早越好。发现缺陷后，要尽快修复缺陷。其原因在于错误并不只是在编程阶段产生，需求和设计阶段同样会产生错误。也许一开始，只是一个很小范围内的错误，但随着产品开发工作的进行，小错误会扩散成大错误，为了修改后期的错误所做的工作要大得多，即越到后来往前返工也越远。如果错误不能及早发现，那只可能造成越来越严重的后果。缺陷发现或解决得越迟，成本就越高。

3. 重要性

一般而言，如果在需求阶段修正一个错误的代价是1，那么，在设计阶段就是3～6，在编程阶段是10，在内部测试阶段是20～40，在外部测试阶段是30～70，而到了产品发布时，就是40～1000，修正错误的代价不是随时间线性增长，而几乎是呈指数增长的。

软件测试不仅成为软件开发的一个有机组成部分，而且在软件开发的系统工程中占据相当大的比重。软件开发和生产的平均资金投入通常是：需求分析和规划确定各占3%，设计占5%，编程占7%，测试占15%，投产和维护占60%～70%。由此可见，测试在软件开发中的地位不言而喻。

7.1.2 软件测试

1. 定义

软件测试就是利用测试工具按照测试方案和流程对产品进行功能和性能测试，甚至根据需要编写不同的测试工具，设计和维护测试系统，对测试方案可能出现的问题进行分析和评估。执行测试用例后，需要跟踪故障，以确保开发的产品适合需求。

系统测试的目的就是尽可能多地发现系统中的问题和错误。因此，系统测试是查找错误的过程。由于人性的弱点，系统设计人员负责测试工作是不可取的。一般地，这部分工作应交给专门的人员来完成。对于一个大型信息系统来说，测试小组应该担当起这项任务，设计人员只是配合其工作。

应该指出，在系统测试中，主要是软件的测试。基于此，下面着重讨论软件测试。即使通过了系统测试也不能保证程序一定正确，因为测试只能找出程序中的部分错误，而不能证明整个程序无错。况且，没有问题的软件是不存在的。这就是系统交付给用户后也会发现问题的原因。关键是只要达到设计要求，测试就算成功完成。一般地说，所有发现问题和错误的活动都可以算是测试。因此，系统交付用户之后，将由用户继续扮演测试角色。另外值得一提的是，测试工作不只是在编程之后才开始进行，一般从系统可行性阶段就已经开始，而且一直延续到维护阶段。

如果说系统工程师致力的工作是“建设性”的话，那么，系统测试人员的工作就是“破坏性”的，因为他们从事的工作是发现程序中的错误和毛病。发现问题，自然是不被某些人欢迎，特别是程序员和系统分析员，但是其最后的结果却对软件质量的提高非常有益。发现错误是为了改正错误。测试阶段发现的错误越多，可能改正的问题也越多，交付的软件质量也会越高，相对维护性工作也就越少。因此，从这个角度讲，测试又是“建设性”的。需要说明的是，并不是测试花费的时间或工作量越多就越好，这中间有一个质量、进度和费用的平衡问题。当然，测试的进度越慢，花费的时间越长，测试自然也越完全，但时间有要求，费用太大也是不能通过的。三者达到平衡，各方满意才是最佳选择。

2. 测试目标

Grenford J. Myers 曾在 20 世纪 70 年代对软件测试的目的提出过一些观点：测试是为了发现程序中的错误而执行程序的过程；好的测试方案是极可能发现迄今为止尚未发现的错误的测试方案；成功的测试是发现了至今为止尚未发现的错误的测试。

测试的目标是：发现一些可以通过测试避免的开发风险；实施测试来降低所发现的风险；确定测试何时可以结束；在开发项目的过程中将测试看作是一个标准项目。

3. 测试原则

(1) 测试应该尽早进行，最好在需求阶段就开始介入，因为最严重的错误是系统不能满足用户的需求。

(2) 程序员应该避免检查自己的程序，软件测试应该由测试人员负责。

(3) 设计测试用例时应考虑到合法的输入和不合法的输入以及各种边界条件，特殊情况下不要制造极端状态和意外状态。

(4) 应该充分注意测试中的群集现象。测试发现问题越多的地方，也是存在错误越多的地方。

(5) 测试的对策是对错误结果进行确认的过程。一般由 A 测试出来的错误，一定要由 B 来确认。严重的错误可以召开评审会议进行讨论和分析，对测试结果要进行严格的确认，是否真的存在这个问题以及严重程度等。

(6) 制定严格的测试计划。一定要制定测试计划，并且要有指导性。测试时间安排尽量宽松，不要希望在极短的时间内完成一个高水平的测试。

(7) 妥善保存测试计划、测试用例、出错统计和最终分析报告，为维护提供方便。

4. 测试过程

一般来说，开发过程与测试过程是相互对应的过程。测试一般从模块(单元)测试开始，然后是整体测试、确认测试，直到系统测试完结，其针对的是编码、设计、需求和系统及各部分。系统开发过程与系统测试的关系如图 7-3 所示。

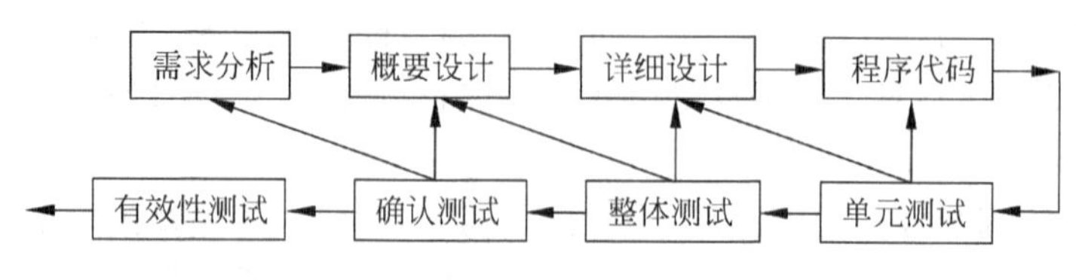

图 7-3 系统开发过程与系统测试的关系

5. 测试数据流程

测试阶段数据流有别于测试的过程步骤，它是测试数据的流动状况。一个完整的测试一般要经过测试、评价和纠错 3 个过程。其入口流是系统配置和测试配置。系统配置是指系统产品在不同阶段时期的组合，这种组合随着开发工作的进行而不断变化。测试配置则包括测试计划、测试工具、测试用例和测试结果期望值。一般测试配置包含在系统配置中。测试数据流程如图 7-4 所示。

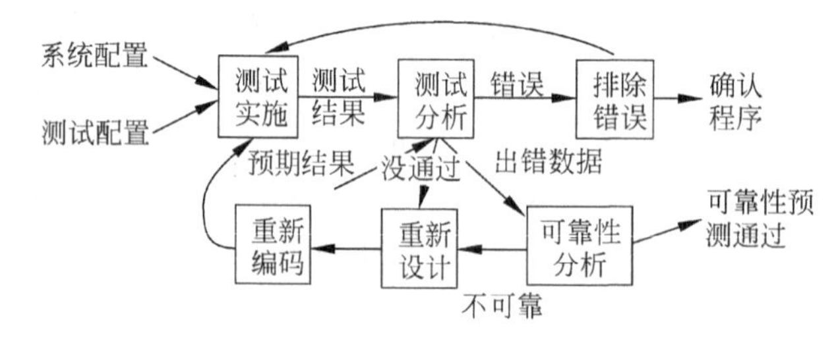

图 7-4 测试数据流程

当测试完成后，测试分析是对测试结果的评价，这个过程包括测试结果与测试结果期望值的比较，及时发现问题，为纠正错误提供依据。另外，评价中还有对系统可靠性提供的统计数据和分析意见，供可靠性预测。如果测试分析的结果很不满意，可能要重新进行设计、编码和测试。

7.1.3 系统测试方法

系统测试方法有很多，比如黑盒测试、白盒测试、灰盒测试、静态分析、人工测试等。由于其方法的侧重点不同，它们应用的方面也会有一些差异。

1. 黑盒测试

黑盒测试也称功能测试，它是通过测试来检测每个功能是否都能正常使用。在测试中，把程序看作一个不能打开的黑盒子，在完全不考虑程序内部结构和内部特性的情况下，在程序接口进行测试，它只检查程序功能是否按照需求规格说明书的规定正常使用，程序是否能适当地接收输入数据而产生正确的输出信息。黑盒测试着眼于程序外部结构，不考虑内部逻辑结构，主要针对软件界面和软件功能进行测试。黑盒测试的目的是测试系统是否满足功能设计的要求。与白盒测试相比，它只关心功能是否达到要求、接口（出口/入口）的数据是否正确，不关心程序的内部结构是什么，其测试依据是需求说明书。黑盒测试主要检查下列几类错误：不正确或遗漏的功能；界面错误；数据结构或外部数据库访问错误；性能错误；初始化和终止条件错误。

理论上，黑盒测试只有采用穷举输入测试，把所有可能的输入都作为测试情况考虑，才能查出程序中所有的错误。实际上测试情况有无穷多个，不仅要测试所有合法的输入，而且还要对那些不合法但可能的输入进行测试。这样看来，完全测试是不可能的，所以要进行有针对性的测试，通过制定测试案例指导测试的实施，保证软件测试有组织、按步骤以及有计划地进行。黑盒测试行为必须能够加以量化才能真正保证软件质量，而测试用例就是将测试行为具体量化的方法之一。具体的黑盒测试用例设计方法包括等价分类法、边界值分析法、因果图法、错误推测法、判定表驱动法、正交试验设计法、功能图法、场景法等。

一般来说，黑盒测试法与白盒测试法不能互换互代，原因是它们是针对不同侧面的两个方法，但两者可以相互补充，在测试的不同阶段为发现不同类型的错误而灵活选用。

下面介绍等价分类法、边界值分析法、因果图法和错误推测法4种黑盒测试技术。

1）等价分类法

等价分类法是把根据程序的输入数据集合，按输入条件将其划分为若干个等价类，每一等价类设计一个测试用例，这样既可大大减少测试的次数又不错过发现问题的机会。因此，等价分类法的关键是如何利用输入数据的类型和程序的功能说明划分等价类。下面是一些常用的规则：

(1) 如果能确定一个输入条件指定范围，则可划分出一个有效的等价类（输入值落在这个范围内）和两个无效的等价类（最大值和最小值之外的值）。例如，$-2 \leqslant x \leqslant 2$ 的取值范围，那么，$-2 \leqslant x \leqslant 2$ 为一个有效的等价类，$x < -2$ 和 $x > 2$ 为两个无效的等价类。

(2) 如果能确定一个输入条件指定一个数组，则可类似地划分出一个有效等价类和两个无效等价类。例如，数组$(a_{ij})_{1\times3}$为有效等价类，那么，数组$(a_{ij})_{1\times2}$和数组$(a_{ij})_{1\times4}$为两个无效等价类。

(3) 如果能确定一个输入条件指定集合，则可划分出一个有效等价类（此集合）和一个无效等价类（补集）。例如，S集合与$S_{补}$补集。

(4) 如果能确定一个输入条件指定布尔量，则可划分出一个有效等价类（此布尔量）和一个无效等价类（此布尔量为非）。例如，逻辑型T为真取为有效等价类，那么，$\bar{T}$即是无效等价类。

2）边界值分析法

经验表明，边界值是软件最容易出错的地方。因此，边界值分析法就是有意选择边界值作为测试用例，在程序中运行，这样就很容易发现大量错误和问题。

该方法是对等价分类技术的补充，即在一个等价类中不是任选一个元素作为等价类的代表进行测试，而是选择此等价类边界上的值。此外，采用该方法导出测试用例时，不仅要考虑输入条件，还要考虑输出的状态。采用该方法设计测试用例与等价分类法有许多相似之处，主要表现在以下4个方面。

(1) 如果输入条件为(a,b)开区间，那么可以取测试值用例 $x=a,b,x=a\pm\varepsilon,x=b\pm\varepsilon$，其中 $\varepsilon<0$。ε 是一个非常非常小的值，如取 $\varepsilon=0.00\cdots01$，让 x 的取值非常靠近 a 或 b。

(2) 如果输入条件为一个指定的组数$(a_{ij})_{mn}$，那么可以取测试值用例$(a_{ij})_{mn}$、$(a_{ij})_{(m\pm1)n}$、$(a_{ij})_{m(n\pm1)}$。

(3) 如果输入条件为实数，那么可以取测试值用例实数和虚数。

(4) 如果输入条件为数字型，那么可以取测试值用例数字型、日期型、逻辑型，字符型等。

该方法的核心是在临界值附近取值进行测试用例设计，另外也可以将以上两个方法结合起来用。

3) 因果图法

与前面两个方法相比，这个方法侧重于输入条件之间的联系。由于不同的条件组合可能会产生不同的运行结果，因此这个方法提供的是分析因果关系的方法。

这个方法的步骤是：

(1) 找出程序中的原因(输入条件若干)和结果(输出结果若干)。

(2) 找出若干条件和结果之间的关系，画出因果图。

(3) 找出不可能的条件组合，将其去掉。

(4) 画出可能的条件组合因果图。

(5) 设计测试用例。

4) 错误推测法

错误推测法是基于经验和直觉推测程序中所有可能存在的各种错误，从而有针对性地设计测试用例的方法。错误推测方法的基本思想是列举出程序中所有可能有的错误和容易发生错误的特殊情况，根据它们选择测试用例。例如：在单元测试时曾列出的许多在模块中常见的错误，以前产品测试中曾经发现的错误等，这些就是经验的总结；还有，输入数据和输出数据为 0 的情况，输入表格为空格或输入表格只有一行，这些都是容易发生错误的情况。可选择这些情况下的例子作为测试用例。

2. 白盒测试

与黑盒测试相反，白盒测试重点侧重于程序的结构，即用解剖的方法、透视的方法了解程序的结构，从而发现程序存在的问题和错误所在。它是一种针对程序细节进行的测试和检查，通过测试不同逻辑路径来确定程序与需求设计期望值是否一致。

白盒测试又称结构测试、透明盒测试、逻辑驱动测试或基于代码的测试。它是按照程序内部的结构测试程序，通过测试来检测产品内部动作是否按照设计规格说明书的规定正常进行，检验程序中的每条通路是否都能按预定要求正确工作。这一方法是把测试对象看作一个打开的盒子，测试人员依据程序内部逻辑结构相关信息，设计或选择测试用例，对程序所有逻辑路径进行测试，通过在不同点检查程序的状态，确定实际的状态是否与预期的状态一致。白盒测试是一种测试用例设计方法，盒子指的是被测试的软件，白盒指的是盒子是可视的，清楚盒子内部的东西以及里面是如何运作的。“白盒”法全面了解程序内部逻辑结构、对所有逻辑路径进行测试，是穷举路径测试。在使用这一方案时，测试者必须检查程序的内部结构，从检查程序的逻辑着手，得出测试数据。贯穿程序的独立路径数是天文数字。

白盒测试的测试方法有代码检查法、静态结构分析法、静态质量度量法、逻辑覆盖法、基本路径测试法、域测试、符号测试、路径覆盖和程序变异。白盒测试法的覆盖标准有逻辑覆盖、循环覆盖和基本路径测试。其中逻辑覆盖包括语句覆盖、判定覆盖、条件覆盖、判定/条件覆盖、条件组合覆盖和路径覆盖。6 种覆盖标准发现错误的能力由弱至强的变化。语句覆盖每条语句至少执行一次。判定覆盖每个判定的每个分支至少执行一次。条件覆盖每个判定的每个条件应取到各种可能的值。判定/条件覆盖同时满足判定覆盖条件覆盖。条件组合覆盖每个判定中各条件的每一种组合至少出现一次。路径覆盖使程序中每一条可能的路径至少执行一次。

白盒测试应该根据程序的控制结构设计测试用例，原则是：使模块中每一独立的路径至少执行一次；使所有判断的每一分支至少执行一次；使每一循环都在边界条件和一般条件下至少各执行一次；测试所有内部数据结构的有效性。请注意，白盒测试应该适可而止，抓住主要矛盾，因为有些循环可能需要数年，乃至更长。

下面分别介绍基本路径测试和逻辑覆盖测试测试两种技术。

1）基本路径测试

基本路径测试方法是根据软件过程性描述（详细设计或代码）中的控制流程来确定程序的复杂性度量，然后用此度量定义基本路径集合，再设计出一组测试用例，使每个语句至少执行一次。

为了使用图论的知识和术语，引入控制流图的概念。控制流图就是把流程图中结构化构件改用一般有向图的表示形式，如图 7-5 所示，其中代表条件判断的结点称为谓词结点。

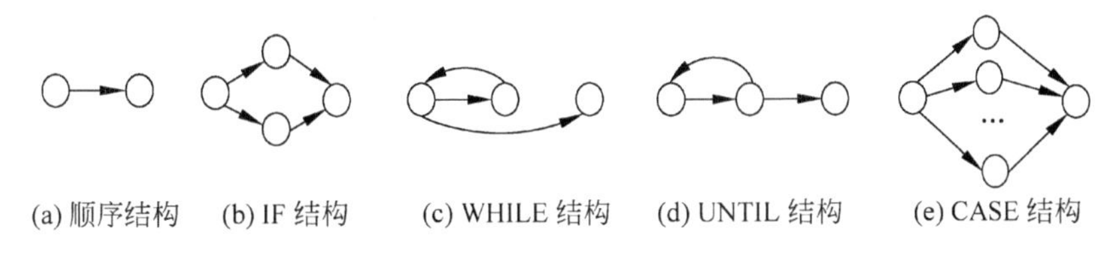

图 7-5　控制流图各种符号

2）逻辑覆盖测试

这种技术强调的是测试要覆盖程序内部的所有逻辑结构，其测试方法比基本路径测试法覆盖程度更大，它是提高白盒测试精度的另一种办法。在这种方法中条件覆盖是很重要的一种策略，条件测试主要考虑程序中的条件判断，以期发现条件判断内部的错误和程序中其他一些错误。程序中的条件分为简单条件和复合条件。简单条件为一个布尔变量或一个关系表达式（或加前缀逻辑非），复合条件由简单条件通过逻辑运算符（OR、AND、NOT）和括号连接而成。

例 7-1　现有包括以下算式的程序

$$z=\begin{cases}x+y, & x>0,y>0\\ 0, & x=0 \text{ 或 } y=0\\ 1, & x<0,y<0\end{cases}$$

(1) 分类全部覆盖逻辑条件，共 4 组。

条件 1：$x>0,y>0$；

条件 2：$x=0$；

条件 3：$y=0$；

条件 4：$x<0, y<0$。

(2) 准备测试用例，有 4 组：

$x=1, y=1$；

$x=0, y=1$；

$x=1, y=0$；

$x=-1, y=-1$。

3. 灰盒测试

灰盒测试是介于白盒测试与黑盒测试之间的测试。灰盒测试关注输出对于输入的正确性，同时也关注内部表现，但这种关注不像白盒测试那样详细、完整，只是通过一些表征性的现象、事件、标志来判断内部的运行状态，有时候输出是正确的，但内部其实已经错误了，这种情况非常多，如果每次都通过白盒测试来操作，效率会很低，因此需要采取这样的一种灰盒测试的方法。

灰盒测试结合了白盒测试和黑盒测试的要素，它考虑了用户端、特定的系统知识和操作环境。它在系统组件的协同性环境中评价应用软件的设计。灰盒测试由方法和工具组成，这些方法和工具取材于应用程序的内部知识和与之交互的环境，能够用于黑盒测试以增强测试效率、错误发现和错误分析的效率。

有经验的测试工程师多采用灰盒测试方法。它是一种白盒测试与黑盒测试结合的方法，因为白盒测试方法的不可穷尽性以及黑盒测试方法的不完全性，因此在具体的测试实施过程中，通常是主要功能采用黑盒测试，对比较重要的模块和单元则进行一些白盒测试。

4. 静态分析

很多人认为软件测试应该在计算机上进行，这是一种错误的理解。常用的软件测试方法有两大类：静态测试方法和动态测试方法。其中软件的静态测试不要求在计算机上实际执行所测程序，主要以一些人工的方式和技术对软件进行分析和测试。应该指出，静态分析也包括对需求说明书、概要设计说明书、详细设计报告、测序代码、测试计划等进行的静态审查；而软件的动态测试是通过输入一组预先按照一定的测试准则构造的实例数据来动态运行程序，从而达到发现程序错误的过程。在动态分析技术中，最重要的技术是路径和分支测试。

其实，软件测试大多数工作是由人工完成的，静态分析就是这种情况，它不要求在计算机上实际执行所测程序，由一些人工去模拟或类似计算机动态分析程序，达到对软件进行测试的目的。程序的静态分析对象是源程序，通常采用以下一些方法进行源程序的静态分析。

1) 生成各种引用表

为了对源程序进行静态分析，一般在程序编制完成后要生成各种类型的引用表，比如循环层次表、变量交叉引用表、标号交叉引用表、子程序(宏、函数)引用表、等价表、常数表、操作符操作数的统计表等，其目的就是通过对这些表格的制作达到发现程序错误的目的。

2）静态错误分析

静态错误分析的方法就是利用以下手段在源程序中发现是否有错误的结构。

(1) 类型和单位分析：为了强化对源程序中数据类型的检查，在程序设计语言中扩充一些新的数据类型，这样就可以静态预处理程序，分析程序中的类型错误。

(2) 引用分析：发现引用异常错误。

(3) 表达式分析：发现和纠正在表达式中出现的错误。

(4) 接口分析：接口的一致性是程序的静态错误分析和设计分析共同研究的题目。接口一致性的设计分析检查模块之间接口的一致性、模块与外部数据库之间接口的一致性、程序关于接口的静态错误分析检查过程、函数过程之间接口的一致性。

5. 人工测试

人工测试是静态分析中的主要方法之一，该方法能有效发现30%～70%的逻辑设计和编码错误。人工测试包括桌面检查、代码审查和走查。

1）桌面检查

桌面检查工作通常由程序员完成，其主要方法是检查他们自己编制的程序是否有问题。这部分工作一般在程序通过编译之后、单元测试之前进行。测试的内容包括检查变量的交叉引用表、检查标号的交叉引用表、验证所有标号的正确性、检查子程序(宏、函数)引用表、等价性检查、常量检查、实施标准的检查、程序设计风格检查、比较控制流、程序规格说明与程序的对照、补充文档等。这样安排的原因是程序员熟悉自己的程序及程序风格，可以节省很多的检查时间。

2）代码审查

代码审查的工作是由测试评审小组来完成的，但需程序员的配合。其过程通过阅读、讨论和争议来完成对程序的静态分析。代码审查过程分以下3个步骤：

(1) 第一步，测试小组组长先将设计规格说明书、控制流程图、程序文本及有关要求、规范和错误分类表等发给测试小组成员，了解情况。

(2) 第二步，召开程序审查会。程序员先介绍程序逻辑结构。测试人员通过提问、讨论，审查程序中的错误。

(3) 第三步，测试人员填写错误分类表，分析、归类、精炼程序中存在的问题，以较为正式的方式转交给程序员。

3）走查

走查也叫走码，与代码审查基本相同，但也有一些不同，其过程分为3步。

(1) 第一步，把材料先发给测试人员，让他们认真研究程序的结构。

(2) 第二步，开会。其程序过程与代码审查的不同，它是把与会者“当作为”计算机，将测试用例分发给测试成员走查程序。开会时，测试小组扮演计算机的角色，按测试用例的要求将程序逻辑运行一遍，随时记录程序的情况。

(3) 第三步，测试成员将记录“运行”的情况进行分析，讨论得出相关的结论。

7.1.4 系统测试的策略

系统测试策略的主要任务是如何把设计测试用例的技术组织成一个系统的、有计划的测试步骤。这部分工作通常在测试计划报告中设计规划。测试策略应包含测试计划、设计测试用例、测试实施和测试结果分析等。其中测试计划包括测试的步骤、工作量、进度和资源等。测试实施一般从模块(单元)测试开始,然后是整体测试、确认测试,直到有效性测试,最后是系统测试和验收测试。而测试结果分析理应提交测试分析报告。在测试的各个阶段应选择适宜的白盒测试和黑盒测试方法,其工作由测试小组完成。

1. 单元测试

单元测试(Unit Testing)是指对软件中的最小可测试单元进行检查和验证。单元就是人为规定的最小的被测功能模块。单元测试是在软件开发过程中要进行的最低级别的测试活动,软件的独立单元将在与程序的其他部分相隔离的情况下进行测试。单元测试的对象是软件的最小单位模块。单元测试的依据是详细设计说明书,单元测试应对模块内所有重要的控制路径设计测试用例,以便发现模块内部的错误。单元测试一般采用白盒测试技术,而且多个模块可以并行测试。对于一个小的项目来说,这部分工作可以由程序员来完成;对于一个大的项目,这部分工作通常由测试人员完成。

1) 单元测试的任务

单元测试的任务主要包括模块接口测试、模块局部数据结构测试、模块边界条件测试、模块中所有独立执行通路测试和模块各条出错处理通路测试。

(1) 模块接口测试是单元测试的基础。测试接口正确与否应该考虑下列因素:输入的实际参数与形式参数的个数是否相同;输入的实际参数与形式参数的属性是否匹配;输入的实际参数与形式参数的量纲是否一致;调用其他模块时所给实际参数的个数是否与被调模块的形参个数相同;调用其他模块时所给实际参数的属性是否与被调模块的形参属性匹配;调用其他模块时所给实际参数的量是否与被调模块的形参量一致;调用预定义函数时所用参数的个数、属性和次序是否正确;是否存在与当前入口点无关的参数引用;是否修改了只读型参数;对全程变量的定义各模块是否一致;是否把某些约束作为参数传递。

(2) 检查模块局部数据结构是为了保证临时存储在模块内的数据在程序执行过程中完整、正确。局部数据结构往往是错误的根源,其主要有下面几类错误:不合适或不相容的类型说明;变量无初值;变量初始化或默认值有错;不正确的变量名(拼错或不正确地截断);出现上溢、下溢和地址异常。除此之外,如可能,还应查清全局数据对模块的影响。

(3) 模块边界条件测试是单元测试中很重要的一项任务。因为软件常常在边界上出问题,采用边界值分析技术,针对边界值及临近设计测试用例,极有可能发现错误。

(4) 在模块中应对每一条独立执行路径进行测试,其目的是为了发现因错误计算、不正确的比较和不适当的控制流造成的错误。计算中常见的错误包括误解或用错了算符优先级、混合类型运算、变量初值错、精度不够以及表达式符号错。而比较判断与控制流常常紧密相关,测试应注意发现下列错误:不同数据类型的对象之间进行比较;错误地使用逻辑运算符或优先级;因计算机表示的局限性,期望理论上相等而实际上不相等的两个量相等;比较运算或变量出错;循环终止条件不合适或不可能出现;迭代发散时不能退出;错误地修改了循环变量。

(5) 模块中出错处理通路测试一般检查下列问题:输出的出错信息难以理解;记录的错误与实际遇到的错误不相符;在程序自定义的出错处理运行之前,系统已介入;异常处理不当；错误陈述中未能提供足够的定位出错信息。

2）单元测试的步骤

编码之后一般紧接着进行单元测试。当源程序编制完成并通过复审和编译检查，便可开始单元测试。测试用例的设计应与复审工作相结合，根据设计信息选取测试数据，将增大发现上述各类错误的可能性。在确定测试用例的同时，应给出对应的期望结果。单元测试一般有以下3个步骤：

（1）第一步，构筑测试台（测试环境），它由一个测试驱动模块和（或）若干个桩模块，另外，还有其他部分，如图7-6所示。驱动模块接收测试数据，驱动被测模块，并将这些数据传递给被测试模块；被测试模块被驱动后调用桩模块运行，并将处理结果返回驱动模块；驱动模块打印或存储测试结果。驱动模块和桩模块是测试过程中使用的程序，不是软件产品最终的组成部分，但它需要一定的开发费用。因为它们比较简单，实际开销相对低一些。但正因为这一点，测试有时不能反映真实情况，最好的办法是实际进行整体测试。

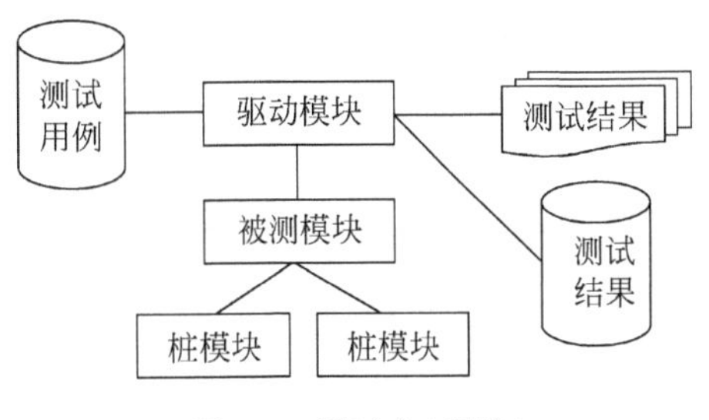

图7-6 测试台（环境）

（2）第二步，准备测试用例。这部分工作在测试计划报告中可以看出，其任务就是精心准备测试数据及对应的期望结果，以便尽可能多地发现软件中存在的问题。

（3）第三步，测试实施和分析测试结果。根据测试用例执行测试后，会得到测试结果，测试工程师要比对期望值和测试结果，分析可能存在的错误，给出测试分析报告。

2. 整体测试

即使是非常有经验的程序员，在编制软件时也有可能出现这样的情况：每个模块都通过了，但是这些模块组合在一起却不能工作。为什么呢？这是整体测试即将讨论的问题。整体测试就是讨论组装软件的系统测试技术，按设计要求把通过单元测试的各个模块组装在一起之后，进行整体测试以便发现与接口有关的各种错误。

在此有一点需要强调，很多人容易将软件组装和整体测试的概念混淆。前者是把分散的、已经开发好的模块组装起来。但是这个工作包括在整体测试的工作中，换句话说，这部分工作由测试工程师完成，而不是由高级程序员完成。测试工程师在组装软件的过程中，要发现问题，并进行调试，使整个软件系统能组装成一个整体。

一般来说，整体测试可能出现错误的几个原因是模块相互调用时接口会引入许多新问题。例如：数据经过接口可能丢失；一个模块对另一个模块可能造成的影响；几个子功能组合起来后不能实现主要的功能；误差不断积累达到不可接受的程度；全局数据结构出现错误等等。

1）非增量式集成

有些程序设计人员喜欢把所有模块按设计要求一次全部组装起来进行整体测试，这种测试称为非增量式集成，也叫莽撞测试。由于这种方法容易造成混乱，因此，很多软件专家不太赞成这种方法。尽管它有很多不足，但至少它是一种方法。

造成这种现象出现的原因是这种测试可能引发很多问题使人无法下手，而要为每个错误定位和纠正非常困难，并且在改正一个错误的同时又可能引入新的错误，并且新旧错误交错混杂，以至于更难断定出错的原因和位置。不过，如果软件的规模比较小，这种方法依然简单有效，它很容易让联调人员看到软件架构起来的曙光。

2）增量式集成

另外一个整体测试方法是增量式集成方法。它强调的是程序一块一块地扩展，测试的范围一步一步地增大，因此错误也容易定位和纠正，最后是程序顺利完成组合。下面介绍两种增量式集成方法。

（1）自顶向下集成。

自顶向下集成是构造程序结构的一种增量式方式，它从主控模块开始，按照软件的控制层次结构逐步向下延伸，延伸的方法以深度（更下一层）优先或广度（同级扩充）优先为策略，逐步把各个模块集成在一起。

是先纵向还是先横向，一般来说要遵从减少编制测试台驱动模块或桩模块、减少费用的原则，比较好的方法是一个子系统一个子系统地集成。如图 7-7 所示，首先将 M、M_1、M_{11}、M_{12}、M_{111} 逐步集成，然后再考虑中间和右边的 M_2 和 M_3 路径。

广度优先策略为第二优先级别，即低于纵向原则，根据人们的编程习惯，左边的子系统一般是输入部分，那么集成时一般从左到右进行。

自顶向下集成方法的优点是能尽早地对程序的主要控制部分进行检验，缺点是在测试较高层模块时，低层处理采用桩模块替代，不能（或较晚）反映真实情况。

（2）自底向上集成。

自底向上集成整体测试是从底层模块开始组装和测试，因测试到较高层模块时所需的下层模块功能均已具备，所以不再需要桩模块。

自底向上集成整体测试的步骤是：把底层几个能构成一个比较完整功能的模块先集成起来，实现某个具体的功能；编制一个测试用驱动模块，控制测试数据的输入和测试结果的输出；对每个功能相对独立的小模块集成进行测试；去掉驱动模块，往较高层模块连接，形成新的模块集成单元，从而完成更大功能模块集成。

与自顶向下集成相似，一般来说，自底向上集成依然要遵从减少编制测试台驱动模块或桩模块、减少费用的原则，集成时同样是一个子系统一个子系统地集成，遵循先纵向后横向的原则。如图 7-8 所示，首先将 M_{111}、M_{112}、M_{11} 逐步集成，然后再考虑向上与 M_{11} 集成。其次再考虑中间和右边的 M_2 和 M_3 路径。

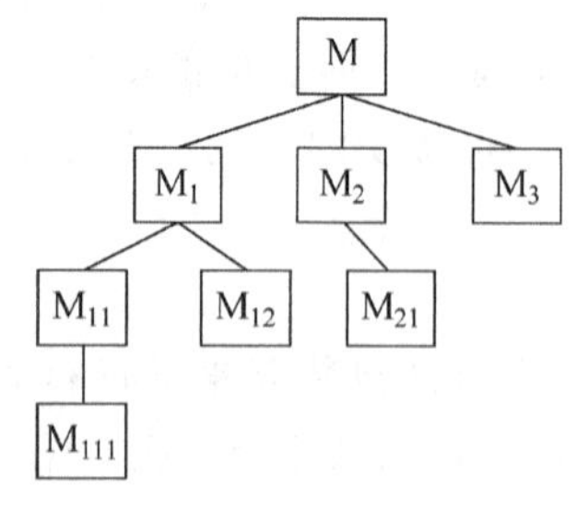

图 7-7　自顶向下集成

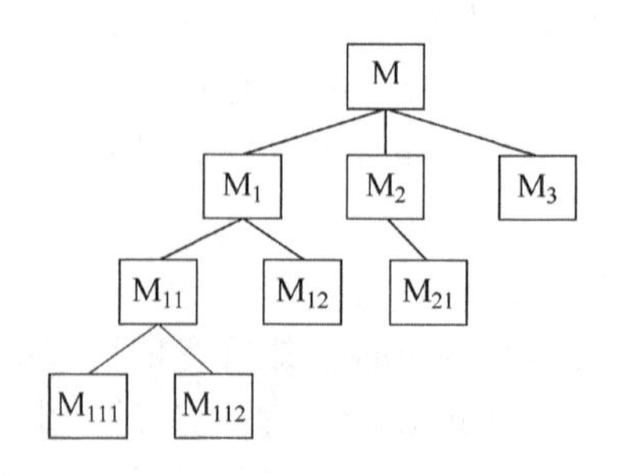

图 7-8　自底向上集成

自底向上集成方法不用桩模块，测试用例的设计亦相对简单，但缺点是程序最后一个模块加入时才具有整体形象。它与自顶向下集成整体测试方法的优缺点正好相反。

(3) 综合方法。

在整体测试时，有经验的测试工程师往往采用两者结合的测试策略。即上层模块用自顶向下进行集成，下层模块用自底向上集成。实际上，这是一种并行处理的方法，可以加快组装速度。

根据笔者30年的经验，即使是综合方法，也不是全面开花。同样要遵循一个子系统一个子系统地完成。除非开发人员特别多，分成几个测试小组，多个子系统一起上。即使这样，往往要等到前面(左边)的子系统集成完成后。因为一旦有了输入部分，测试用例就比较容易输入。另外，包含输出的模块最好能尽早连上，这样便于输出测试结果，检查错误。

此外，在整体测试过程中尤其要注意关键模块。所谓关键模块一般都具有下述一个或多个特征：对应几条需求；具有高层控制功能；复杂、易出错；有特殊的性能要求。关键模块应尽早测试，并反复进行回归测试。

3. 确认测试

整体测试之后，软件已组装完成，接口方面的错误也已排除，软件测试的下一步工作是确认测试。确认测试的目的是向未来的用户表明系统能够像预定要求那样工作。确认测试又称有效性测试。有效性测试是在模拟的环境下，运用黑盒测试的方法，验证被测软件是否满足需求规格说明书列出的需求。确认测试的任务是验证软件的功能和性能及其他特性是否与用户的要求一致。对软件的功能和性能要求在软件需求规格说明书中已经明确规定，它包含的信息就是软件确认测试的基础。

1) 确认测试标准

确认测试的任务是检查软件能否按合同要求进行工作，即是否满足软件需求说明书中的确认标准。确认测试采用的方法一般是一系列黑盒测试。确认测试同样需要制订测试计划和过程，测试计划应规定测试的种类和测试进度，测试过程则要定义一些特殊的测试用例，用以说明软件与需求是否一致。无论是计划还是过程，都应该着重考虑是否满足合同规定的所有功能、性能文档资料是否完整、准确人-机界面和其他方面(例如可移植性、兼容性、错误恢复能力和可维护性等)是否让用户满意。确认测试的结果有两种可能，一种是功能和性能指标满足软件需求说明书的要求，用户可以接受；另一种是软件没有满足软件需求说明书的要求，用户不能接受。如果这时候发现的问题比较严重，开发方可能会遇到比较大的麻烦。这时，项目经理要认真对照合同，分析问题的难度。如果问题不大，应该迅速组织力量进行软件的修改，使其功能达到客户的要求。如果发现严重错误和偏差一般很难在预定的工期内改正，必须与用户协商，寻求一个妥善解决问题的方法。

2) 配置复审

确认测试的另一个重要环节是配置复审。复审的目的在于保证软件配置齐全、分类有序，并且包括软件维护所必需的细节。

3) α测试和β测试

无论多么优秀的软件开发人员，都不可能预见用户实际使用程序的情况。例如开发人员认为很好的输入法，用户却不认同，这也许是习惯所致。因此，软件能否让最终的用户真正满意，组织"用户"进行一系列"验收测试"是必需的。其方式可以是正式的或非正式的，时间也可以长短不等，将此称之为 α 测试、β 测试。

α 测试是指软件开发公司组织内部人员模拟各类用户行为对其即将面市的软件产品(称为 α 版本)进行测试，并对发现的错误进行修正。其关键在于尽可能逼真地模拟实际运行环境和用户对软件产品的操作，并尽最大努力涵盖所有可能的用户操作方式。经过 α 测试调整的软件产品称为 β 版本。α 测试是在开发现场执行，开发者在客户使用系统时检查是否存在错误。在软件开发周期中，根据功能性特征，所需的 α 测试的次数应在项目计划中规定。

β 测试是指软件开发公司组织各方面的典型用户在日常工作中实际使用 β 版本，并要求用户报告异常情况、提出批评意见。它是一种现场测试，一般由多个客户在软件真实运行环境下实施，因此开发人员无法对其进行控制。β 测试的主要目的是评价软件技术内容，发现任何隐藏的错误和边界效应；还要对软件是否易于使用以及用户文档初稿进行评价，发现错误并加以报告。β 测试也是一种详细测试，需要覆盖产品的所有功能点，因此依赖于功能性测试。在测试阶段开始前应准备好测试计划，清楚列出测试目标、范围、执行的任务，以及描述测试安排的测试矩阵。客户对异常情况加以报告，并将错误在内部进行文档化以供测试人员和开发人员参考。然后软件开发公司再对 β 版本进行改错和完善。这部分工作有时需要较长一段时间。

4. 有效性测试

有效性测试的目的是通过测试以及与需求的比较，发现软件与需求定义之间的差异和不同。有效性测试的依据是需求分析说明书而不是合同的规定，这是有效性测试与确认测试的区别。

为了有效性测试能顺利进行，在此之前软件工程师应做好以下准备工作：测试软件系统的输入信息设计，出错处理通路；设计测试用例，模拟错误数据和软件界面可能发生的错误，记录测试结果，为系统测试提供经验和帮助；参与系统测试的规划和设计，保证软件测试的合理性。

5. 系统测试

系统测试与有效性测试、确认测试不同，它由若干个不同测试组成，目的是充分运行系统，验证系统各部件是否都能正常工作并完成所赋予的任务。下面简单讨论几类系统测试。

1) 恢复测试

恢复测试主要检查系统的容错能力。当系统出错时，能否在指定时间间隔内修正错误并重新启动系统。恢复测试首先要采用各种办法强迫系统失败，然后验证系统是否能尽快恢复。对于自动恢复需验证重新初始化、检查点、数据恢复和重新启动等机制的正确性；对于人工干预的恢复系统，还需估测平均修复时间，确定其是否在可接受的范围内。

2) 安全测试

安全测试检查系统对非法侵入的防范能力。安全测试期间，测试人员假扮非法入侵者，采用各种办法试图突破防线。例如：想方设法截取或破译口令；专门定做软件破坏系统的保护机制；故意导致系统失败，企图趁恢复之机非法进入；试图通过浏览非保密数据，推导所需信息，等等。理论上讲，只要有足够的时间和资源，没有不可进入的系统。因此系统安全设计的准则是使非法侵入的代价超过被保护信息的价值。此时非法侵入者已无利可图。

3）强度测试

强度测试检查程序对异常情况的抵抗能力。强度测试总是迫使系统在异常的资源配置下运行。例如：当中断的正常频率为1～2个/s时，运行每产生10个/s中断的测试用例；定量地增长数据输入率，检查输入子功能的反应能力；运行需要最大存储空间（或其他资源）的测试用例；运行可能导致虚存操作系统崩溃或磁盘数据剧烈抖动的测试用例，等等。

4）性能测试

对于那些实时和嵌入式系统，软件部分即使满足功能要求也未必能够满足性能要求，虽然从单元测试起，每一测试步骤都包含性能测试，但只有当系统真正集成之后，在真实环境中才能全面、可靠地测试运行性能。系统性能测试是为了完成这一任务。性能测试有时与强度测试相结合，经常需要其他软硬件的配套支持。

5）启动/停止测试

它测试系统能否正常启动或退出。

6）配置测试

配置测试就是检查计算机系统内各设备或资源之间相互连接和功能分配中的问题。

7）可靠性测试

可靠性测试是为了保证软件产品在规定的寿命期间内保持功能可靠性而进行的测试。

8）可使用性测试

可用性测试是指，让一群有代表性的用户尝试对软件进行典型操作，同时开发人员在一旁观察、聆听、记录。

9）压力测试

压力测试是指模拟巨大的工作负荷以查看应用程序在峰值使用情况下如何执行操作。

10）安装测试

安装测试的目的是为了确保该软件在正常情况和异常情况的不同条件下（例如进行首次安装、升级、完整或自定义）的安装都能进行安装。异常情况包括磁盘空间不足、缺少目录创建权限等。核实软件在安装后可立即正常运行。安装测试包括测试安装手册和安装代码。安装手册提供如何进行安装，安装代码提供安装一些程序能够运行的基础数据。

11）互联测试

互联测试主要针对联网软件的测试。主要测试软件在不同网络环境条件下能否正常运行。

12）兼容性测试

兼容性测试是指对所设计程序与硬件以及软件之间的兼容性的测试。一般来说，兼容性指能同时容纳多个方面，计算机的兼容指几个硬件之间、几个软件之间或是软硬件之间的相互配合程度。兼容性测试是指测试软件在特定的硬件平台上、不同的应用软件之间、不同的操作系统平台上、不同的网络等环境中是否能够很友好地运行的测试。测试软件是否能在不同的操作系统平台上兼容，或测试软件是否能在同一操作平台的不同版本上兼容；软件本身能否向前或向后兼容；测试软件能否与其他相关的软件兼容；数据兼容性测试，主要是指数据能否共享等。

13）容量测试

如果找到了系统的极限或苛刻的环境中系统的性能表现，在一定的程度上就完成了负载测试和容量测试。容量还可以看作系统性能指标中一个特定环境下的一个特定性能指标，即设定的界限或极限值。容量测试的目的是通过测试预先分析出反映软件系统应用特征的某项指标的极限值（如最大并发用户数、数据库记录数等），系统在其极限状态下没有出现任何软件故障或还能保持主要功能正常运行。容量测试还将确定测试对象在给定时间内能够持续处理的最大负载或工作量。知道了系统的实际容量，如果不能满足设计要求，就应该寻求新的技术解决方案，以提高系统的容量。有了对软件负载的准确预测，不仅能对软件系统在实际使用中的性能状况充满信心，同时也可以帮助用户经济地规划应用系统，优化系统部署。

14）文档测试

文档测试就是检验样品用户文档的完整性、正确性、一致性、易理解性和易浏览性。仔细阅读，跟随每个步骤，检查每个图形，尝试每个示例；检查文档的编写是否满足文档编写的目的；内容是否齐全、正确、完善；标记是否正确。

15）回归测试

回归测试是指修改了旧代码后，重新进行测试以确认修改没有引入新的错误或导致其他代码产生错误。自动回归测试将大幅降低系统测试、维护升级等阶段的成本。回归测试作为软件生命周期的一个组成部分，在整个软件测试过程中占有很大的工作量比重，软件开发的各个阶段都会进行多次回归测试。在渐进和快速迭代开发中，新版本的连续发布使回归测试进行得更加频繁，而在极端编程方法中，更是要求每天都进行若干次回归测试。因此，通过选择正确的回归测试策略来改进回归测试的效率和有效性是非常有意义的。

6. 验收测试

验收测试是系统开发生命周期方法论的一个阶段，这时相关的用户/独立测试人员根据测试计划和结果对系统进行测试和接收。它让系统用户决定是否接受系统，是一项确定产品是否能够满足合同或用户所规定需求的测试。这是管理性和防御性控制。

验收测试是部署软件之前的最后一个测试操作。在软件产品完成了功能测试和系统测试之后、产品发布之前所进行的软件测试活动。它是技术测试的最后一个阶段，也称为交付测试。验收测试的目的是确保软件准备就绪，并且可以让最终用户将其用于执行软件的既定功能和任务。验收测试是向未来的用户表明系统能够像预定要求那样工作。

正式验收测试是一项管理严格的过程，它通常是系统测试的延续。计划和设计这些测试的周密和详细程度不亚于系统测试。选择的测试用例应该是系统测试中所执行测试用例的子集，不要偏离所选择的测试用例方向。在很多组织中，正式验收测试是完全自动执行的。对于系统测试，活动和工件是一样的。在某些组织中，开发组织（或其独立的测试小组）与最终用户组织的代表一起执行验收测试。在其他组织中，验收测试则完全由最终用户组织执行，或者由最终用户组织选择人员组成一个客观公正的小组来执行，如图 7-9 所示。

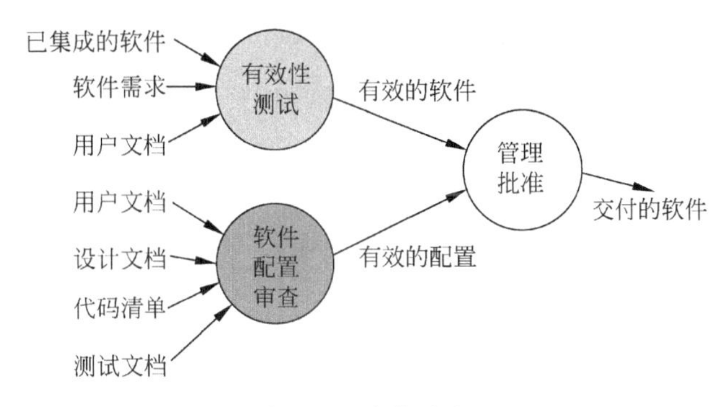

图 7-9 验收测试

7.1.5 测试模型

1. V 模型

V 模型是软件开发瀑布模型的变种，它反映了测试活动与分析和设计的关系。如图 7-10 所示，从左到右描述了基本的开发过程和测试行为，非常明确地标明了测试过程中存在的不同级别，并且清楚地描述了这些测试阶段和开发过程期间各阶段的对应关系。左边依次下降的是开发过程各阶段，与此相对应的是右边依次上升的部分，即各测试过程的各个阶段。

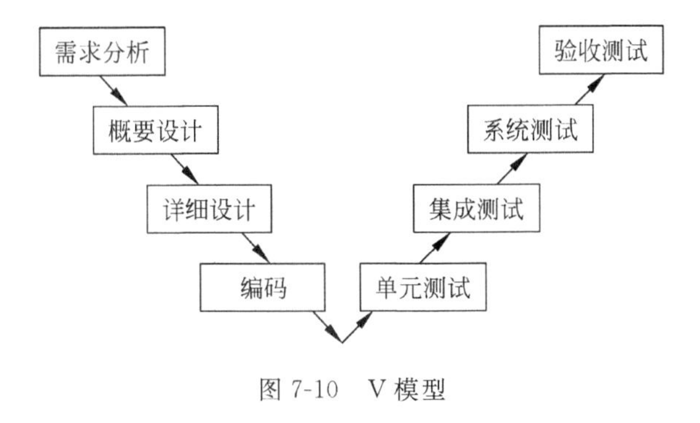

图 7-10 V 模型

2. W 模型

W 模型由 Evolutif 公司提出，相对于 V 模型，W 模型增加了软件各开发阶段中应同步进行的验证和确认活动。W 模型由两个 V 字型模型组成，分别代表测试与开发过程，如图 7-11 所示。

图 7-11 中明确表示了测试与开发的并行关系。W 模型强调测试伴随着整个软件开发周期，而且测试的对象不仅仅是程序，需求、设计等同样要测试，也就是说测试与开发是同步进行的。W 模型有利于尽早地、全面地发现问题。例如，需求分析完成后，测试人员就应该参与到对需求的验证和确认活动中，以尽早地找出缺陷所在。同时，对需求的测试也有利于及时了解项目难度和测试风险，及早制定应对措施，这将显著减少总体测试时间，加快项目进度。

但 W 模型也存在局限性。在 W 模型中，需求、设计、编码等活动被视为串行的，同时测

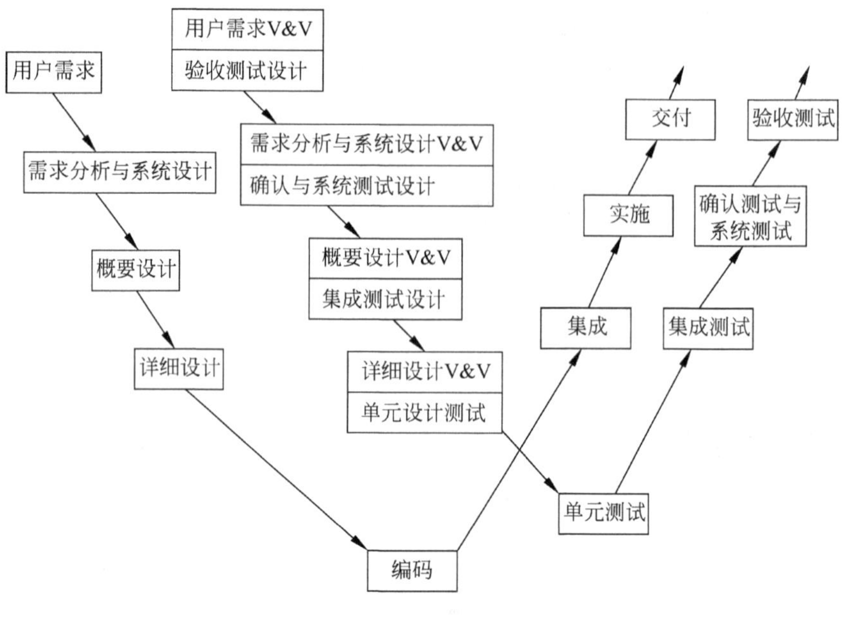

图 7-11　W 模型

试和开发活动也保持着一种线性的前后关系，上一阶段完全结束才可正式开始下一个阶段工作，这样就无法支持迭代的开发模型。对于当前软件开发复杂多变的情况，W 模型并不能解除测试管理面临着的困惑。

3. H 模型

H 模型原理：软件测试是一个独立的流程，贯穿产品整个生命周期，与其他流程并发地进行。H 模型指出软件测试要尽早准备，尽早执行。不同的测试活动可以是按照某个次序先后进行的，但也可能是反复的，只要某个测试达到准备就绪点，测试执行活动就可以开展。

图 7-12 显示了在整个生命周期中某个层次上的一次测试"微循环"。图中标注的其他流程可以是任意的开发流程，例如设计流程或者编码流程。也就是说，只要测试条件成熟了，测试准备活动完成了，测试执行活动就可以进行了。

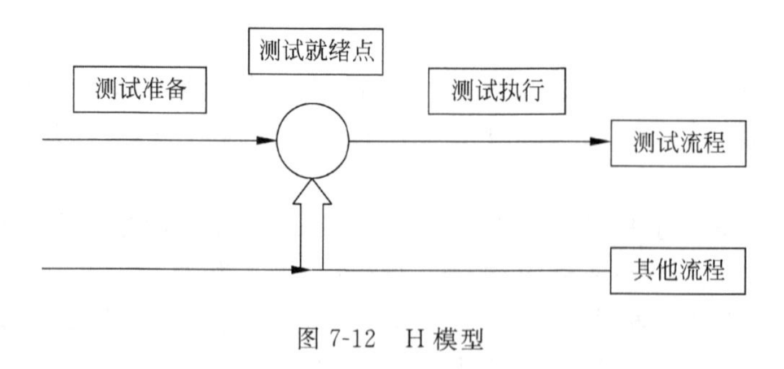

图 7-12　H 模型

4. X 模型

X 模型也是对 V 模型的改进，X 模型提出针对单独的程序片段进行相互分离的编码和测试，此后通过频繁的交接，通过集成最终合成为可执行的程序。如图 7-13 所示，X 模型的左边描述的是针对单独程序片段所进行的相互分离的编码和测试，此后将进行频繁的交接，通过集成最终成为可执行的程序，然后再对这些可执行程序进行测试。已通过集成测试的成品可以进行封装并提交给用户，也可以作为更大规模和范围内集成的一部分。X 模型中右侧的多根并行的曲线表示变更可以在各个部分发生。

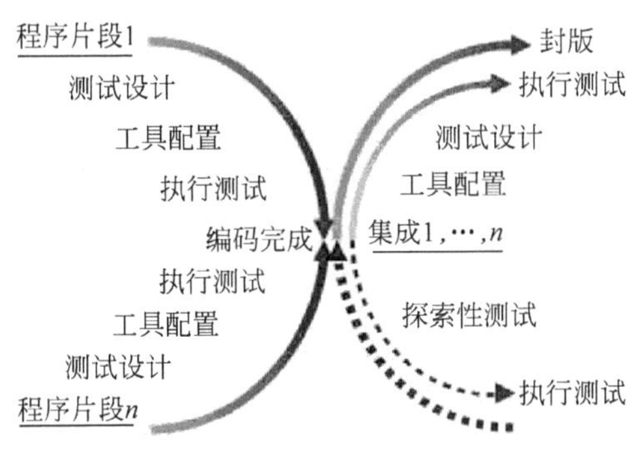

图 7-13 X 模型

从图 7-13 中可见，X 模型还定位了探索性测试，这是不进行事先计划的特殊类型的测试，这一方式往往能帮助有经验的测试人员在测试计划之外发现更多的软件错误。但这样可能对测试造成人力、物力和财力的浪费，对测试员的熟练程度要求比较高。

7.1.6 可靠性评价

1. 可靠性概述

可靠性指的是可信赖的或可信任的。对产品而言，可靠性越高就越好。可靠性高的产品，可以长时间正常工作；从专业术语上来说，就是产品的可靠性越高，产品可以无故障工作的时间就越长。

狭义的可靠性是指产品在使用期间没有发生故障的性质。广义可靠性是指使用者对产品的满意程度或对企业的信赖程度。而这种满意程度或信赖程度是从主观上来判定的。为了对产品可靠性做出具体和定量的判断，可将产品可靠性定义为在规定的条件下和规定的时间内，元器件（产品）、设备或者系统稳定完成功能的程度或性质。

2. 可靠性定义

根据国家标准 GB—6583 的规定，可靠性是指产品在规定的条件下，在规定的时间内完成规定的功能的能力。

国家标准 GB/T 11457—1995 中，软件可靠性的条目为 2.454，其定义是：

(1) 在规定的条件下，在规定的时间内，软件不引起系统失效的概率，该概率是系统输入和系统使用的函数，也是软件中存在的缺陷的函数。系统输入将确定是否会遇到已存在的缺陷（如果缺陷存在的话）。

(2) 在规定的时间周期内所述条件下程序执行所要求的功能的能力。

1983 年美国 IEEE 计算机学会对软件可靠性做出了明确定义，此后该定义被美国标准化研究所接受为国家标准，1989 年我国也接受该定义为国家标准。该定义包括以下两方面的含义：

(1) 在规定的条件下，在规定的时间内，软件不引起系统失效的概率。

(2) 在规定的时间周期内，在所述条件下程序执行所要求的功能的能力。

其中，概率是系统输入和系统使用的函数，也是软件中存在的故障的函数，系统输入将确定是否会遇到已存在的故障（如果故障存在的话）。

因此，软件可靠性（Software Reliability）是指软件产品在规定的条件下和规定的时间区间完成规定功能的能力。其中，规定的条件是指直接与软件运行相关的使用该软件的计算机系统的状态和软件的输入条件，或统称为软件运行时的外部输入条件；规定的时间区间是指软件的实际运行时间区间；规定功能是指为提供给定的服务，软件产品所必须具备的功能。软件可靠性不但与软件存在的缺陷和（或）差错有关，而且与系统输入和系统使用有关。软件可靠性的概率度量称为软件可靠度。

可靠性要素有 3 个：规定条件、规定时间和规定功能。

(1) 规定条件包括使用时的环境条件和工作条件。环境条件和工作条件不同，则产品可靠性的表现就不大一样，因此要谈论产品的可靠性必须指明规定的条件是什么。

(2) 规定时间是指产品规定了的任务时间。随着产品任务时间的增加，产品出现故障的概率将增加，产品的可靠性将下降，因此谈论产品的可靠性离不开规定的任务时间。

(3) 规定功能是指产品规定了的必须具备的功能及其技术指标。所要求产品功能的多少和其技术指标的高低，直接影响到产品可靠性指标的高低。

3. 可靠性测试

软件可靠性测试，也称软件的可靠性评估，是指根据软件系统可靠性结构（单元与系统间可靠性关系）、寿命类型和各单元的可靠性试验信息，利用概率统计方法，评估出系统的可靠性特征量。一般通过对软件系统进行测试来度量其可靠性。测试可靠性是指运行应用程序，以便在部署系统之前发现并移除失败。

4. 可靠性评价

可靠性评价可以使用概率指标或时间指标，这些指标有可靠度、失效率、平均无故障工作时间和有效度等。

1) 可靠度

可靠度（也称可靠性）指的是产品在规定的时间内，在规定的条件下完成预定功能的能力，它包括结构的安全性、适用性和耐久性，当以概率来度量时称可靠度。可靠度函数用关于时间 t 的函数表示，可表示为：

$$R(t) = \mathrm{P}(T > t)$$

其中，t 为规定的时间，T 表示产品的寿命。

由可靠度的定义可知，$R(t)$ 描述了产品在 $(0,t)$ 时间内完好的概率，且 $R(0)=1$，$R(+\infty)=0$。

2) 失效率

失效率是指工作到某一时刻尚未失效的产品在该时刻后单位时间内发生失效的概率。

一般记为 λ，它也是时间 t 的函数，故也记为 $\lambda(t)$，称为失效率函数，有时也称为故障率函数或风险函数。按上述定义，失效率是在时刻 t 尚未失效产品在 $(t+\Delta t)$ 的单位时间内发生失效的条件概率。即它反映 t 时刻失效的概率，也称为瞬时失效率。在极值理论中，失效率称为强度函数。

计算机系统的可靠性是指从它开始运行 $(t=0)$ 到某时刻 t 这段时间内能正常运行的概率，用 $R(t)$ 表示。所谓失效率是指单位时间内失效的元件数与元件总数的比例，以 λ 表示，当 λ 为常数时，可靠性与失效率的关系为：

$$R(t,\lambda) = e^{-\lambda t}$$

3）平均无故障工作时间

平均无故障工作时间(MTBF)是指两次故障之间系统能够正常工作的时间的平均值。MTBF 是修复产品的可靠性的一个基本参数。与之相关的还有一个定义故障平均修复时间(MTTR)，其度量方法为在规定的条件下和规定的时间内，产品的寿命单位总数与故障总数之比。或者说，MTBF 是可修复产品在相邻两次故障之间工作时间的数学期望值，即在每两次相邻故障之间的工作时间的平均值，用 MTBF 表示，它相当于产品的工作时间与这段时间内产品故障数之比。其数学表达式为：

$$\mathrm{MTBF} = t/\mathrm{N}_f(t)$$

式中，t 为产品的工作时间；$\mathrm{N}_f(t)$ 为产品在工作时间内的故障数。

MTBF 是产品可靠性的一个重要的定量指标，在现代产品设计时都要提出明确的 MTBF 指标要求。根据此要求，在设计和生产时，可利用数学方法计算和预测产品的可靠性；在软件产品生产出来之后，则可根据实践中的统计资料分析出产品在使用过程中的可靠性。

4）有效度

有效度是在维修方面的定义，它指的是机械或设备能正常工作或在发生故障后在规定里能修复而不影响正常生产的概率大小。统计有效度 (A_g) 可用来观测有效度的数值，又称为通用有效度。其表达式为：

$$A_g = (T_u + T_t)/(T + T_d)$$

式中 T_u 为系统的运行时间，T_t 为系统的待命时间，T 为产品的寿命，T_d 为系统的故障停机时间。

7.1.7　纠错

1. 基本思想

纠错也称排错或调试。测试与纠错是一个自循环体，测试纠错过程要进行多次才有可能产生出好的软件。成功的测试只能说明发现了错误，而纠错必须以测试为前提。一个成功的测试不仅能发现问题，而且能发现问题可能出现在哪。这一点理应归功于好的测试用例。一个成功的纠错不仅不会在本模块中造成新的错误，更不会在其他模块中引起新的错误。有经验的程序调试人员不仅能根据错误迹象确定错误的原因，而且可以准确定位错误出现的地方。

2. 纠错的过程

测试用例执行之后，如果测试结果与期望值出现了差异，纠错过程首先要考虑的问题就是找出错误产生的原因，然后对错误进行定位，并修正。因此纠错过程有两种可能：一是找到了错误原因并纠正了错误；另一种可能是错误原因不明，纠错人员只得做某种推测，然后再设计测试用例证实这种推测，若一次推测失败，再做第二次推测，直到发现并纠正了错误。

纠错是一个非常艰难的过程。除开发人员心理方面的障碍外，还因为隐藏在程序中的错误具有下列特殊的性质。

(1) 错误展现出的迹象不是引起错误的原因。

(2) 纠正一个错误的同时造成了另一个错误现象消失。

(3) 某些错误迹象只是假象。

(4) 因操作人员一时疏忽造成的某些错误迹象不易追踪。

(5) 错误是由于分时而不是程序引起的。

(6) 输入条件难于精确地再构造。

(7) 错误迹象时有时无。

(8) 错误是由于把任务分布在若干台不同处理机上运行而造成的。

3. 纠错方法

纠错是非常难掌握的一门技术，它需要很强的个人经验和能力，不过有几种纠错方法值得学习。尽管纠错方法很多，但目标只有一个，即发现错误的原因并将错误排除。常用的纠错策略分为以下 3 类：

(1) 强行纠错。这是最常用，也是最低效的方法，其主要思想是在程序中设置打印断点，从中找到出错的线索，但费时费力。

(2) 回溯法。这种方法能成功地用于小程序的排错，其方法是从出现错误迹象处开始，人工根据控制流程往回追踪，直到发现出错的根源。然而当程序很大时，回溯路线显著增加，人力将无法完成这份工作。

(3) 排除法。排除法基于归纳和演绎原理，采用分治的概念，首先收集与错误出现有关的所有数据，整理和分析这些数据，设想错误产生的原因，再用这些数据证明或反驳它；或者一次列出所有可能的原因，通过测试一一排除。只要某次测试结果说明某种假设已呈现可能的迹象，则立即精化数据，乘胜追击，直到问题被发现。

上述方法都属于人工与机器结合的纠错方法，其手段比较原始，但有时候也很有效。不过目前出现的调试编译器、动态调度器、测试用例自动生成器、存储器映像及交叉访问示图等系列工具则大大减轻了技术人员的负担。

7.1.8 测试案例

1. 测试报告标准

《计算机软件产品开发文件编制指南(GB8567—88)》国家标准是一份指导性文件。有 14 种文件，软件测试计划书和软件测试分析报告书包括在其中。以下是这两种说明书的内容。

1）软件测试计划书

1. 引言

   1.1 编写目的

   1.2 背景

   1.3 定义

   1.4 参考资料

2. 计划

   2.1 软件说明

   2.2 测试内容

   2.3 测试1(标识符)

      2.3.1 进度安排

      2.3.2 条件

      2.3.3 测试资料

      2.3.4 测试培训

   2.4 测试2(标识符)

   ……

3. 评价准则

   3.1 范围

   3.2 数据整理

   3.3 尺度

2）软件测试分析报告

1. 引言

   1.1 编写目的

   1.2 背景

   1.3 定义

   1.4 参考资料

2. 测试概要

3. 测试结果及发现

   3.1 测试1(标识符)

   3.2 测试2(标识符)

   ……

4. 对软件功能的结论

   4.1 功能1(标识符)

      4.1.1 能力

      4.1.2 限制

   4.2 功能2(标识符)

   ……

5. 分析摘要
  5.1 能力
  5.2 缺陷和限制
  5.3 建议
  5.4 评价
6. 测试资源消耗

2. 测试案例

例 7-2 针对第 6 章介绍的学者曾庆勇的《社区医疗卫生服务中心的物联网应用系统》，下面设计如何进行系统测试的方案。

1）第一步，测试计划

(1) 测试对象：《社区医疗卫生服务中心的物联网应用系统》的单元测试、整体测试、功能测试和系统测试。

(2) 测试内容：被测试程序的功能概况；实施测试所需要的测试环境和说明书；测试时间和测试工序；被测程序的规模；开发阶段的测试内容和测试结果。

(3) 测试环境：略

(4) 测试方法：文档检查和程序检验。

(5) 测试步骤：单元测试，整体测试，功能测试，系统测试。

(6) 时间安排：略

2）第二步，测试设计

(1) 单元测试设计。

测试对象包括 RFID 应用子系统的 3 个单元，远程病情监测子系统的 3 个单元，HIS 子系统的 4 个单元，患者定位子系统的 3 个单元，及主控 1 个单元，共计 14 个单元。

单元测试的内容：文档是否完全；被测试程序是否与单元功能说明书一致；模块是否满足接口约定和调用次序；模块是否与数据文件一致；重要执行通路；出错处理通路；影响上述各方面特性的边界条件。

(2) 整体测试设计。

测试内容：文档内容，包括系统说明和用户手册草案；程序检查(用桌面检查，看被测部分是否达到全覆盖，同时查看被测部分共有多少出入口；程序测试检查调用覆盖、数据项的兼容性和单元出入口)。

整体测试分 3 个步骤进行。当输入数据和计算部分的单元测试完成以后，采用自底向上集成和自顶向下集成相结合的技术，分别在第一族和第二族两个小范围内进行集成，当小范围内集成完成后，再做第一族和第二族的集成。当绘图部分的单元测试完成后，再做第三族的集成。最后在更大范围内集成测试。

(3) 功能测试设计。

功能测试方法包括桌面检查和程序测试。前者主要检查系统功能说明、数据要求、初级用户手册，后者主要对程序进行测试。由于系统有 4 个子系统，每个子系统又有 3～4 个不同的选择，这种功能选择的组合共有(3×3×4×3=108)个。另外，每组组合测试至少要进行3次，包括正常值、边界值和无效值。这意味着测试至少要进行324次以上。

(4) 系统测试设计。

由于系统测试与功能测试不能严格地区分开，因此这两项测试将合在一起进行。

3) 第三步，测试实施

分别进行单元测试、整体测试、功能测试和系统测试。

4) 第四步，测试分析

根据测试结果和数据，撰写测试分析报告。

7.2 软件可维护性

本节重点介绍系统维护的概述和系统维护实施。

7.2.1 系统维护的概述

1. 必要性和目的

管理信息系统需要在使用中不断完善。系统维护的必要性：经过调试的系统难免有不尽如人意的地方，或有的地方效率还可以提高，或有使用不够方便的地方；管理环境的新变化，对信息系统提出了新的要求。

系统维护的目的是保证管理信息系统正常而可靠地运行，并能使系统不断得到改善和提高，以充分发挥作用。因此，系统维护就是为了保证系统中的各个要素随着环境的变化而始终处于最新的、正确的工作状态。

2. 系统维护的类型

按照每次进行维护的具体目标，系统维护可分为以下4类。

1) 完善性维护

完善性维护就是在应用软件系统使用期间，为不断改善和加强系统的功能和性能以满足用户日益增长的需求所进行的维护工作。在整个维护工作量中，完善性维护居第一位，约占50%。

2) 适应性维护

适应性维护是指为了让应用软件系统适应运行环境的变化而进行的维护活动。适应性维护工作量约占整个维护工作量的25%。

3) 纠错性维护

纠错性维护的目的在于纠正在开发期间未能发现的遗留错误。对这些错误的相继发现，并对它们进行诊断和改正的过程称为纠错性维护。这类维护约占总维护工作量的21%。

4) 预防性维护

其主要思想是维护人员不应被动地等待用户提出要求才做维护工作。这类维护约占总维护工作量的4%。

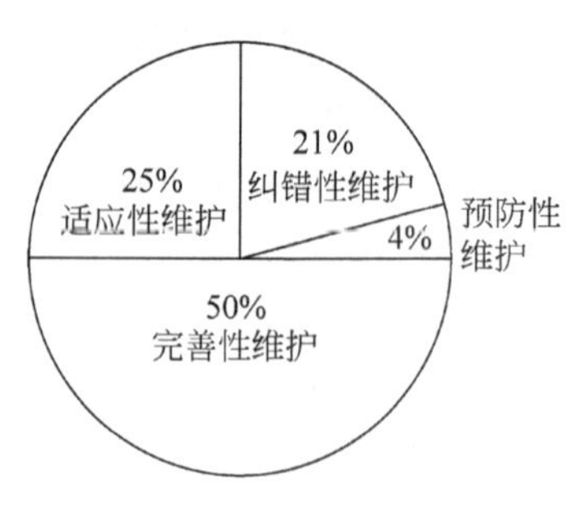

图 7-14 维护比例

图 7-14 所示为这 4 种维护工作在系统维护中所占的比例。

3. 系统维护的内容

1）程序的维护

程序的维护是指修改一部分或全部程序。在系统维护阶段，会有部分程序需要改动。根据运行记录，发现程序的错误，这时需要改正；或者是随着用户对系统的熟悉，用户有更高的要求，部分程序需要修改；或者是由于环境的变化，部分程序需要修改。

2）数据文件的维护

数据是系统中最重要的资源，系统提供的数据全面、准确、及时程度是评价系统优劣的决定性指标。因此，要对系统中的数据进行不断更新和补充，如业务发生了变化从而需要建立新文件，或者对现有文件的结构进行修改。

3）代码的维护

随着系统环境的变化，旧的代码不能适应新的要求，必须进行改造，制定新的代码或修改旧的代码体系。代码维护困难不在于代码本身的变更，而在于新代码的贯彻使用。当有必要变更代码时，应由代码管理部门讨论新的代码方案。确定之后用书面形式写出交由相关部门专人负责实施。

4）机器、设备的维护

系统正常运行的基本条件之一就是保持计算机及其外部设备的良好运行状态，这是系统运行的物质基础。机器、设备的维护包括机器、设备的日常维护与管理。一旦机器、设备发生故障，要有专门人员进行修理，保证系统的正常运行。有时根据业务需要，还需对硬件设备进行改进或开发。同时，应该做好检修记录和故障登记的工作。

5）机构和人员的变动

信息系统是人-机系统，人工处理也占有重要地位，为了使信息系统的流程更加合理，有时有必要对机构和人员进行重组和调整。

7.2.2 系统维护实施

1. 系统维护的管理

系统的修改往往会牵一发而动全身。程序、文件、代码的局部修改都可能影响系统的其他部分。因此，系统的维护必须有合理的组织与管理。

1）提出修改要求

业务人员以书面形式向系统主管领导提出某项工作的维护要求。

2）领导批准

系统主管领导进行一定的调查后，根据系统情况，考虑维护要求是否必要、是否可行，做出是否修改和何时修改的批示。

3) 分配任务

系统主管向有关维护人员下达任务,说明修改内容、要求及期限。

4) 验收成果

系统主管对修改部分进行验收。验收通过后将修改的部分加入到系统中,取代原有部分。

5) 登记修改情况

登记所做的修改,作为新的版本通报用户和操作人员,指明系统新的功能和修改的地方。

2. 系统使用与维护说明书

系统使用与维护说明书主要是面向用户服务的。其内容可分为使用说明部分和维护说明部分。使用说明部分通常是面向一般的业务人员,他们是计算机系统的最终用户。这些业务人员一般没有计算机专业知识,他们关心的是如何正确地使用该系统,从而解决自己的业务问题。维护说明部分面向具有一定计算机专业知识的技术人员,他们也是用户的一部分,其工作是维护计算机系统,使之正常运行,为业务人员提供计算机服务。系统使用和维护说明书具体包括以下5项内容。

(1) 概述:系统使用和维护说明书的用途及有关专业术语、读者注意事项。

(2) 系统简介:包括系统功能概要、运行环境和系统性能。

(3) 系统安装与初始化:包括系统安装(硬件安装和软件安装)、系统启动与自动检测(附屏幕操作命令)、初始数据库的建立(附屏幕操作命令和样本)、系统结束处理和备份数据库的复制。

(4) 运行说明:包括运行作业表、操作步骤。

(5) 非常规过程:包括应急操作说明、故障恢复再启动过程。

习题 7

1. 名词解释

(1) 软件缺陷。

(2) 软件测试。

(3) 单元测试。

(4) 非增量式集成。

(5) 错误推测法。

(6) 自顶向下集成。

(7) 软件可靠性。

(8) 可靠性测试。

2. 判断题

(1) 在需求阶段修正一个错误的代价最小,随着设计、编程、内部测试、外部测试、产品

发布，修正错误的代价将越来越大，其代价随时间线性增长。 （ ）

（2）测试应该尽早进行，最好在需求阶段就开始介入，因为最严重的错误是系统不能满足用户的需求。 （ ）

（3）软件测试必须在计算机上进行。 （ ）

（4）软件的静态测试不要求在计算机上实际执行所测程序，主要以一些人工的方式和技术对软件进行分析和测试。 （ ）

（5）黑盒测试完全测试是不可能的，所以要进行有针对性的测试，通过制定测试案例指导测试的实施，保证软件测试有组织、按步骤以及有计划地进行。 （ ）

（6）边界值分析法就是有意选择边界值作为测试用例，在程序中运行，这样就能很容易地发现大量错误和问题。 （ ）

（7）确认测试的任务是检查软件能否正常运行，而不出现系统漏洞和错误。 （ ）

3. 填空题

（1）一个完整的测试一般要经过________、________和________ 3 个过程。

（2）静态错误分析的方法就是以下手段在源程序中发现是否有错误的结构：________、________、________、________。

（3）系统测试策略主要任务是如何把设计测试用例的技术组织成一个系统的、有计划的测试步骤。这部分工作通常在测试计划报告中设计规划，测试策略应包含________、________、________和________等。

（4）整体测试包括以下方法：________、________、________、________。

（5）软件的静态测试不要求在计算机上实际执行所测程序，主要以一些人工的方式和技术对软件进行分析和测试。静态分析包括对________、________、________、________、测试计划等进行的静态审查。

（6）系统维护的目的是保证管理信息系统正常而可靠地运行，并能使系统不断得到改善和提高，以充分发挥作用。系统维护包括________、________、________和________。

4. 选择题

（1）在黑盒测试中有哪些有效的方法？（ ）

A. 等价分类法　　B. 边界值分析法　　C. 甘特图法　　D. 逆推法

（2）白盒测试包括哪些测试？（ ）

A. 整体测试　　B. 基本路径测试　　C. 模块测试　　D. 逻辑覆盖测试

（3）做测试计划的时候要考虑的因素包括哪些？（ ）

A. 测试的步骤　　B. 工作量　　C. 进度　　D. 资源

（4）单元测试的任务主要包括哪些？（ ）

A. 模块接口测试　　B. 模块局部数据结构测试

C. 模块边界条件测试　　D. 模块图形界面测试

（5）可靠性评价可以使用概率指标或时间指标，这些指标有（ ）。

A. 可信度　　B. 可靠度　　C. 失效率　　D. 有效度

(6) 尽管纠错方法很多,但目标只有一个,即发现错误的原因并将错误排除。常用的纠错策略分为以下几类(　　)。

A. 强行纠错　　B. 黑盒法　　C. 白盒法　　D. 排除法

(7) 系统维护的内容包括哪些?(　　)

A. 程序的维护　　B. 数据文件的维护　　C. 代码的维护

D. 机器、设备的维护　E. 机构和人员的变动

(8) 系统使用和维护说明书具体包括以下哪些内容?(　　)

A. 系统简介　　B. 系统安装与初始化

C. 系统结束处理和备份数据库的复制　　D. 需求说明书

E. 常规过程简介

5. 简答题

(1) 软件测试的原则有哪些?

(2) 黑盒测试有哪些方法?请分别简单介绍。

(3) 请简述单元测试的步骤。

6. 论述题

(1) 系统测试的策略有哪些?请简单介绍。

(2) 软件系统测试的模型包括哪些模型?请简述之。

物联网软件开发技术

本章重点介绍物联网软件技术概述、物联网中间件技术、构件开发技术，软件开发环境与工具以及软件开发新技术，要求学生了解物联网软件开发技术，掌握物联网的硬件与软件开发技术。

8.1 物联网软件技术概述

本节重点介绍物联网软件技术发展和海量数据处理技术。

8.1.1 物联网软件技术发展

1. 物联网软件技术发展概述

1）发展现状

物联网是在 Internet 基础上建立起来的，涉及的关键技术非常广泛。从物联网感知层、网络层到应用层，包括标准化、材料技术、安全和隐私、功率和能量存储技术、发现和搜索引擎、组网技术、通信技术、物联网体系结构、标识技术、硬件技术、软件和算法技术等。

RFID(射频识别)是构建虚拟世界与物理世界的桥梁。RFID 技术不仅会在各行各业被广泛采用，还会与普适计算技术相融合。目前，RFID 在危险化学品气瓶管理、动物识别管理、集装箱管理、会议签到、电子票务等领域已经有了广泛应用。从发展趋势来看，RFID 在物流、医药与物品防伪等领域的应用发展潜力巨大。

信息-物理融合系统 CPS(Cyber-Physical System，CPS)是综合计算、网络和物理环境的多维复杂系统，通过 3C(Computation、Communication、Control)技术的有机融合与深度协作，实现大型工程系统的实时感知、动态控制和信息服务。CPS 实现计算、通信与物理系统的一体化设计，可使系统更加可靠、高效、实时协同，具有重要而广泛的应用前景。

云计算概念是一种网络应用模式。狭义云计算是指 IT 基础设施的交付和使用模式；广义云计算是指服务的交付和使用模式。这种服务可以是软件、Internet、计算、虚拟化等。云计算的发展还有许多问题，例如服务可用性、数据锁、数据私密性和可审计性、数据传输瓶颈、性能的不可预测性、可伸缩的存储、大规模分布式系统的调试、快速剪裁、QoS 保证、软件版权等，这些也是云计算领域潜在的应用研究方向。

智慧地球通过基础设施上大量使用传感器，捕捉运行过程中的各种信息，然后通过传感网,进入Internet,通过计算机分析处理发出智慧指令,再反馈回去,到传感器,到基础设施和制造业上,这将极大提高生产效率。

总之,物联网、RFID、CPS、云计算、智慧地球,不仅是现在,也是未来的关注点。RFID是基础应用的关键技术,CPS是物理世界和信息世界的集成,云计算是用户和产业的愿景,智慧地球是物联网更高级的阶段。

2）发展趋势

从产业发展阶段的角度预测,未来10年,中国物联网产业将经历应用创新、技术创新、服务创新3个发展阶段,形成公共管理和服务、企业应用、个人和家庭应用三大市场。

(1) 第一阶段：应用创新、产业形成期。需要1～3年,公共管理和服务市场应用带动产业链形成。在未来1～3年中,中国物联网产业处于产业的形成期。物联网将以政府引导促进,重点应用示范为主导,带动产业链的形成和发展。产业发展初期将在公共管理和服务市场的政府管理、城市管理、公共服务等重点领域,结合应急安防、智能管控、节能降耗、绿色环保、公众服务等具有迫切需求的应用场景,形成一系列的解决方案。随着应用方案的创新、成熟和推广,带动产业链的传感感知、传输通信和运算处理环节的发展。

(2) 第二阶段：技术创新、标准形成期。需要3～5年,行业应用标准和关键环节技术标准的形成。经过在公共管理和服务市场应用示范形成一定效应之后,随着下一代Internet的发展以及移动Internet的初步成熟,企业应用、行业应用将成为物联网产业发展的重点。各类应用解决方案逐渐稳定成熟,产业链分工协作更明确,产业聚集、行业标准初步形成。随着产业规模的逐渐放大,传感感知等关键环节的技术创新进一步活跃,物联网各环节的标准化体系逐步形成。

(3) 第三阶段：服务创新、产业成长期。需要5～10年,面向服务的商业模式创新活跃,个人和家庭市场应用逐步发展,物联网产业进入高速成长期。未来5～10年间,基于面向物联网应用的材料、元器件、软件系统、应用平台、网络运营、应用服务等各方面的创新活跃,产业链逐渐成熟。行业标准迅速推广并获得广泛认同。各类提供物联网服务的新兴公司将成为产业发展的亮点,面向个人家庭市场的物联网应用得到快速发展,新型的商业模式将在此期间形成。在物联网应用、技术、标准逐步成熟、网络逐渐完善、商业模式创新空前活跃的前提下,物联网产业进入高速发展的产业成长期。

2. 物联网软件技术重点

物联网可划分成3个层面：感知层、网络层和应用层。其软件开发主要集中在这3个方面。然而,目前中国在传感器和芯片制造、集成、预处理等方面还很薄弱,同时海量信息处理的软件技术也很薄弱。因此,未来的物联网软件开发主要集中在数据采集和信息处理方面。

1）数据采集RFID中间件有待突破

第一层感知层涉及物体的感知和数据的采集。数据采集和RFID密不可分。对于RFID,一方面硬件厂商可以研发出相应软件,比如在硬件里面封装一些软件；另一方面,软件厂商本身也可以提供射频技术。在未来的物联网里面,硬件和软件必须充分结合起来。

在RFID软件设计方面,国内企业有能力设计RFID系统软件。而在RFID中间件领域,IBM、BEA等企业的技术优势明显。RFID中间件技术很重要,掌握了中间件技术就相当于掌握了核心竞争力和未来个性化产品的市场。

2）海量信息处理对商业智能提出了要求

物联网是一个智能的网络，面对传感器采集的海量数据，必须通过智能分析和处理才能实现智能化。海量数据对商务智能提出了以下新的要求：

（1）要求实时商务智能。受内部和外部的、可预见的和突发事件的影响，物联网任何一个应用均需要对瞬息万变的环境实时分析并做出决策。

（2）要求分析速度更快。实时商务智能要求其分析速度更快，这就使商务智能不得不进行架构上的改变。以前的商业智能都是存储在硬盘上面，数据和硬盘通过接口交换，这限制了速度的提高。现在，商业智能企业和硬件厂商合作，推出专门为分析而制定的软硬结合的工具，可以大幅提高分析速度。

（3）要求数据质量更高。海量数据如果不能保证数据的真实性，那么就会产生错误的结果和判断，后果非常严重。因此，数据质量控制是获得真实结果的重要保证。

（4）要求数据挖掘更强。关键绩效指标分析、即时查询、多维分析、预测功能以及易用的数据挖掘等也是商业智能必不可少并不断需要加强的地方。

8.1.2 海量数据处理技术

1. 海量数据处理与商务智能概述

1）海量数据处理的难题

从感知层、传输层到应用层，物联网技术的关键是应用。更准确地说是对传感器采集的数据的分析和应用。随着传感器的普及，从现实世界采集的数据越来越多，当前已处于大数据时代（海量数据）。海量数据蕴藏着极其丰富的商业价值，谁能更好地分析这些数据，及时发现商业异常、共性、捕捉市场变化，谁就把握了企业经营决策的命脉。然而，传统商业智能在面对海量数据时存在以下问题：

（1）巨大的IT设备投入。传统商业智能解决方案寄希望于强大的服务器来进行海量数据存储和海量数据处理。这种大主机思路能够解决一时的问题，但在财力和人力上意味着巨大的投入。然而，这种投入不是长期的、持续的。

（2）无法应对海量数据的增长。不断增长的海量数据，有时候是指数级增长，这就意味着需要有比以前强大数倍甚至数十倍的服务器来支持这样的海量数据增长。

（3）无法实现海量数据分析的需求。部署复杂的商业智能方案往往需要半年到一年的周期，而其部署的数据模型的复杂性难以承受商业运作的变化。市场环境的变化最需要敏捷商业智能平台的强力支撑。

如今，已经出现了很多成熟的分布式存储框架，可以很好地解决非结构化海量数据的存储和高效海量数据计算的问题，但是这些架构对于实时海量数据计算和分析的商业智能应用支持较差。实时海量数据分析，及时发现商业异常、共性、捕捉市场变化，是海量数据处理的关键。

2）商务智能技术

商务智能（Business Intelligence）又称商业智能，是指对商务信息的搜集、管理、分析整理、展现的过程，目的是管理与决策者获得知识或洞察力，提供他们进行管理的必要信息，支持他们快速决策。商业智能是数据仓库(Data Warehouse)、联机分析处理(OLAP)和数据挖掘(Data Mining)等技术的综合运用。

商务智能定义为下列软件工具的集合终端用户查询和报告工具,这些软件工具包括:

(1) OLAP 工具。它提供多维数据管理环境,其典型的应用是对商业问题的建模与商业数据分析。

(2) 数据挖掘软件。使用诸如神经网络、规则归纳等技术,用来发现数据之间的关系,做出基于数据的推断。

(3) 数据仓库和数据集市(Data Mart)产品。包括数据转换、管理和存取等方面的预配置软件,通常还包括一些业务模型。

据报道,市场研究公司 Gartner 概括了在未来几年影响众多公司商务智能软件和技术使用方式的 4 个趋势:

(1) 2013 年手持商务智能设备的使用将会呈现 33%的增长,2012 年简单的通信应用在向专用移动分析应用转变,未来商务智能工具将会在这方面加速发展。

(2) 2014 年商务分析成本的 40%将会被系统集成商获得,而不是软件厂商。很多公司在部署商务智能软件时开始使用一个供应商来完成所有的商务智能软件部署。

(3) 2013 年 15%的商务智能软件部署将会包含协作和社交软件元素,强调了社交软件在商务环境中的影响。

(4) 2014 年,30%的分析应用将会使用内存功能来加强规模和运算速度。这将使这些工具更加智能化。

2. 商务智能软件架构

1) 商务智能决策平台的架构

从系统的观点来看,商务智能数据处理有如下过程:

(1) 数据转换与存储。从不同的数据源获取有用的数据,对数据进行清理以保证数据的正确性,将数据转换、重构后存入数据仓库或数据场(这时数据变为信息)。

(2) 信息整合与分析。信息可能来自传感器,也可能来自其他数据源,这时需要进行信息的整合,然后通过合适的查询和分析工具、数据挖掘工具对信息进行处理(这时信息变为辅助决策的知识)。

(3) 知识管理与决策。智能决策系统不仅可以向管理者与决策者提供必要的知识和信息,也可以利用系统内的信息和知识进行推理,为管理者与决策者辅助决策服务(这时知识变为决策)。

由此可见,商务智能决策平台包括 3 个部分,它们是数据转换与存储子系统、信息整合与分析子系统和知识管理与决策子系统。

2) 数据转换与存储

(1) 把非结构数据转换为结构数据。商务智能只能处理结构性信息,但一般情况下,传感器采集的信息、文件、电子表格、电子邮件、Internet 等多半是非结构性信息,所占比例其实远高于结构性信息。因此,必须进行非结构信息向结构信息的转换。

(2) 数据仓库是很好的存储工具,也是商务智能系统的技术基础。通过数据仓库,商务智能系统可以存储原始信息,为Portal工具的使用提供信息源。信息来源可能来源于内部应用系统,亦可能来自外部。当载入异类系统信息时,通常需对信息进行格式转换,以合并入数据库。数据库本身需能管理大量数据,并使之能进行信息的处理和查询。数据库记录元数据信息(metadata)于信息库中(repository),以商业视角(business view)方式将原始信息经过整理后解释成对管理者与决策者有意义的信息。

3) 信息整合与分析

(1) 内外信息整合。除了企业内部信息之外,管理者与决策者往往还需要大量的外部信息。在单纯的商务智能环境中,高级主管只能看到商务智能工具存取企业内部信息而产出的一般性报表,但在与Portal工具环境整合之后,高级主管可在经过个人化的单一工作环境中集中得到进行决策所需的所有信息。

(2) 数据分析技术。数据整合是数据分析的基础。数据分析不仅需要数据源,更需要数据分析的算法、模型以及工具。

4) 知识管理与决策

(1) 知识管理(Knowledge Management,KM)就是为企业实现显性知识和隐性知识共享提供新的途径,利用集体的智慧提高企业的应变和创新能力。知识管理包括以下几个方面工作:建立知识库,促进员工的知识交流,建立尊重知识的内部环境,把知识作为资产来管理。

(2) 商务智能着眼于将企业信息化管理后所产生的营运数据转化增值为辅助决策的信息,进而累积成为企业的知识资产。不同管理者与决策者进行管理与决策所需的信息不尽相同。智能决策支持系统是人工智能和决策支持系统相结合,应用专家系统技术,使决策支持系统能够更充分地应用已有的知识,通过逻辑推理来帮助解决复杂的决策问题的辅助决策系统。

3. 商务智能软件分类

商务智能的过程是企业的决策人员以数据仓库为基础,经由联机分析处理(OLAP)工具、数据挖掘工具加上决策规划人员的专业知识,从数据中获得有用的信息和知识,帮助企业获取利润。OLAP在商务智能中扮演着重要角色,是数据仓库系统中重要的一项应用技术。在OLAP技术发展过程中,由OLAP准则派生了两种主要的OLAP流派,即以关系型数据库为基础的ROLAP技术和以多维数据库为基础的MOLAP技术。

1) 基于ROLAP的商务智能软件特点

ROLAP依靠对传统关系数据库管理系统(RDBMS)进行扩展来提供OLAP。数据直接存储于RDBMS中,不事先做运算,相比于MOLAP预先汇总数据而带来的高效性,ROLAP以灵活性换来了效率上的有所差别。

2) 基于MOLAP的商务智能软件特点

MOLAP使用一个n维立方体(n-Cube)方法存储数据,这通常要求一系列预先计算好的立方体(Cube)或超立方体结构。Cube存放在多维度数据库Server端,事先做汇总运算并把结果写入Cube。

8.2 物联网中间件技术

本节重点介绍中间件概述、基于中间件的软件开发方法和 RFID 中间件。

8.2.1 中间件概述

1. 中间件的定义

中间件(MiddleWare)是一类独立的系统软件或服务程序，分布式应用软件借助这种软件在不同的技术之间共享资源。中间件位于 C/S 的操作系统之上，管理计算机资源和网络通信。中间件是连接两个独立应用程序或独立系统的软件。相连接的系统，即使它们具有不同的接口，但通过中间件相互之间仍能交换信息。执行中间件的一个关键途径是信息传递。通过中间件，应用程序可以工作于多平台或 OS 环境。

中间件是一类连接软件组件和应用的计算机软件，它包括一组服务，以便于运行在一台或多台机器上的多个软件通过网络进行交互。该技术所提供的互操作性推动了一致分布式体系架构的演进。该架构通常用于支持分布式应用程序并简化其复杂度，它包括 Web 服务器、事务监控器和消息队列软件。

为解决分布异构问题，提出了中间件的概念。中间件是位于平台(硬件和操作系统)与应用之间的通用服务，如图 8-1 所示，这些服务具有标准的程序接口和协议。针对不同的操作系统和硬件平台，它们可以有符合接口和协议规范的多种实现。

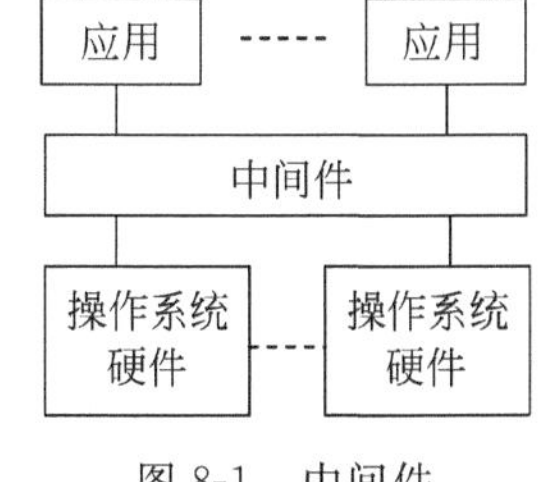

图 8-1　中间件

用户在使用中间件时，往往是一组中间件集成在一起构成一个平台(包括开发平台和运行平台)，但在这组中间件中必须要有一个通信中间件，即“中间件＝平台＋通信”，这个定义也限定了只有用于分布式系统中才能称为中间件，同时还可以把它与支撑软件和实用软件区分开来。

具体地说，中间件屏蔽了底层操作系统的复杂性，使程序开发人员面对一个简单而统一的开发环境，减少程序设计的复杂性，将注意力集中在自己的业务上，不必再为程序在不同系统软件上的移植而重复工作，从而大大减少了技术上的负担。中间件带给应用系统的不只是开发的简便、开发周期的缩短，也减少了系统的维护、运行和管理的工作量，还减少了计算机总体费用的投入。

2. 中间件的分类

按照 IDC 的定义，中间件是一类软件，而非一种软件；中间件不仅仅实现互联，还要实现应用之间的互操作；中间件是基于分布式处理的软件，最突出的特点是其网络通信功能。中间件的主要类型包括：

(1) 屏幕转换及仿真中间件：应用于早期的大型机系统，主要功能是将终端机的字符界面转换为图形界面，目前此类中间件在国内已没有应用市场。

(2) 数据库访问中间件：用于连接客户端到数据库的中间件产品。早期，由于用户使用的数据库产品单一，因此该中间件一般由数据库厂商直接提供。目前其正在逐渐被为解决不同品牌数据库之间格式差异而开发的多数据库访问中间件取代。

(3) 消息中间件：连接不同应用之间的通信，将不同的通信格式转换成同一格式。

(4) 交易中间件：为保持终端与后台服务器数据的一致性而开发的中间件。它是应用集成的基础软件，目前正处于高速发展期。

(5) 应用服务器中间件：功能与交易中间件类似，但主要应用于 Internet 环境。随着 Internet 的快速发展，其市场开始逐渐启动并快速发展。

(6) 安全中间件：为网络安全而开发的一种软件产品。

3. 中间件的优点

咨询机构 The Standish Group 在一份研究报告中归纳了中间件的十大优点。

(1) 应用开发：The Standish Group 分析了 100 个关键应用系统中的业务逻辑程序、应用逻辑程序及基础程序所占的比例，其中业务逻辑程序和应用逻辑程序仅占总程序量的 30%，而基础程序占了 70%，使用传统意义上的中间件一项就可以节省 25%～60%的应用开发费用。如果是以新一代的中间件系列产品来组合应用，同时配合以可复用的商务对象构件，则应用开发费用可节省至 80%。

(2) 系统运行：没有使用中间件的应用系统，其初期的资金及运行费用的投入要比同规模的使用中间件的应用系统多一倍。

(3) 开发周期：基础软件的开发是耗时的工作，若使用标准商业中间件则可缩短开发周期 50%～75%。

(4) 减少项目开发风险：研究表明，没有使用标准商业中间件的关键应用系统开发项目的失败率高于 90%。企业自己开发内置的基础(中间件)软件是得不偿失的，项目总的开支至少要翻一倍，甚至会十几倍。

(5) 合理运用资金：借助标准的商业中间件，企业可以很容易地在现有或遗留系统之上或之外增加新的功能模块，并将它们与原有系统无缝集合。依靠标准的中间件，可以将旧的系统改头换面成新潮的 Internet/Intranet 应用系统。

(6) 应用集合：依靠标准的中间件可以将现有的应用、新的应用和购买的商务构件融合在一起进行应用集合。

(7) 系统维护：需要一提的是，基础(中间件)软件的自我开发是要付出很高代价的，此外，每年维护自我开发的基础(中间件)软件的开支则需要当初开发费用的 15%～25%，每年应用程序的维护开支也还需要当初项目总费用的 10%～20%。而在一般情况下，购买标准商业中间件每年只需付出产品价格的 15%～20%的维护费，当然，中间件产品的具体价格要依据产品购买数量及哪一家厂商而定。

(8) 质量：基于企业自我建造的基础(中间件)软件平台上的应用系统，每增加一个新的模块，就要相应地在基础(中间件)软件之上进行改动。而标准的中间件在接口方面都是清晰和规范的。标准中间件的规范化模块可以有效地保证应用系统质量及减少新旧系统维护开支。

(9) 技术革新：企业对自我建造的基础(中间件)软件平台的频繁革新是极不容易实现的(不实际的)。而购买标准的商业中间件，则对技术的发展与变化可以放心，中间件厂商会责无旁贷地把握技术方向和进行技术革新。

(10) 增加产品吸引力：不同的商业中间件提供不同的功能模型，合理使用，可以让应用系统更容易增添新的表现形式与新的服务项目。从另一个角度看，可靠的商业中间件也使得企业的应用系统更完善，更出众。

8.2.2 基于中间件的软件开发方法

与传统的软件开发方式相比，基于中间件(这里也称为构件)的软件开发方法有所不同。

1. 基于构件的软件开发

软件体系结构代表了系统公共的高层次的抽象，它是系统设计成败的关键。其设计的核心是能否使用重复的体系模式。传统的应用系统体系结构从基于主机的集中式框架到在网络的客户端上通过网络访问服务器的框架，都不能适应目前企业所处的商业环境，原因是企业过分地依赖于某个供应商的软件和硬件产品。

如今，应用系统已经发展成为在 Intranet 和 Internet 上的各种客户端可远程访问的分布式、多层次异构系统。CBSD(Component-Based Software Development，基于构件的软件开发)为开发这样的应用系统提供了新的系统体系结构。它是标准定义的、分布式、模块化结构，使应用系统可分成几个独立部分开发，可用增量方式开发。

这样的体系结构实现了 CBSD 的以下目标：

(1) 能够通过内部开发的、第三方提供的或市场上购买的现有中间件来集成和定制应用软件系统。

(2) 鼓励在各种应用系统中重用核心功能，努力实现分析、设计的重用。

(3) 系统具有灵活方便的升级和系统模块的更新维护能力。

(4) 封装最好的实践案例，并使其在商业条件改变的情况下还能够被采用，并能保留已有资源。

由此看出，CBSD 从系统高层次的抽象上解决了复用性与异构互操作性，这正是分布式网络系统所希望解决的难题。

2. 基于构件的软件开发过程

传统的软件开发过程在重用元素、开发方法上都与 CBSD 有很大的不同。虽然面向对象技术促进了软件重用，但是只实现了类和类继承的重用。在整个系统和类之间还存在很大的缺口。为填补这个缺口，很多方法被提出，如系统体系结构、框架、设计模式等。

自从中间件技术出现后，软件重用才得到了根本改变。CBSD 实现了分析、设计、类等多层次上的重用。图 8-2 所示为 CBSD 重用元素分层实现的示意图。在分析抽象层上，重用元素有子系统、类；在设计层上重用元素有体系结构风格、子系统体系结构、设计模式、成语、框架、容器、构件(即中间件)、类库、模板、抽象类等。

在软件开发方法上，CBSD 引导软件开发从应用系统开发转变为应用系统集成。建立一个应用系统需要重用很多已有的中间件模块，这些中间件模块可能是在不同的时间，由不同的人员开发的，并有各种不同的用途。在这种情况下，应用系统的开发过程就变成对中间件接口、中间件上下文以及框架环境一致性的逐渐探索过程。例如，在 J2EE 平台上，用 EJB 框架开发应用系统，主要工作是将应用逻辑按 session Bean、entity Bean 设计开

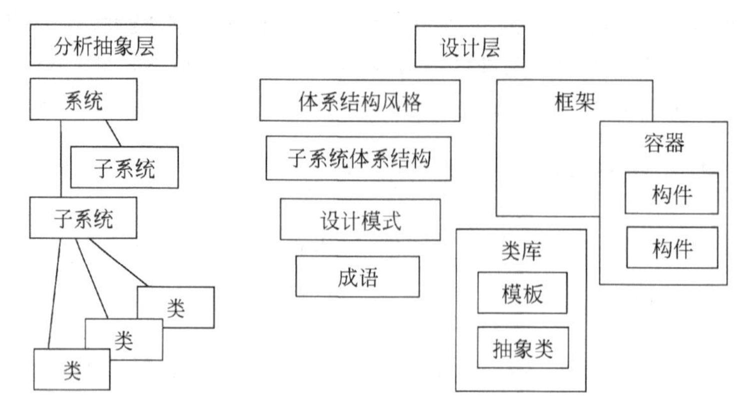

图 8-2　CBSD 重用元素分层实现的示意图

发,并利用 JTS 事务处理的服务实现应用系统。其主要难点是事务划分、中间件的部署与开发环境配置。概括地说,传统的软件开发过程是串行瀑布式、流水线的过程;而 CBSD 是并发进化式,不断升级完善的过程。图 8-3 显示了传统软件开发过程与 CBSD 过程的不同。

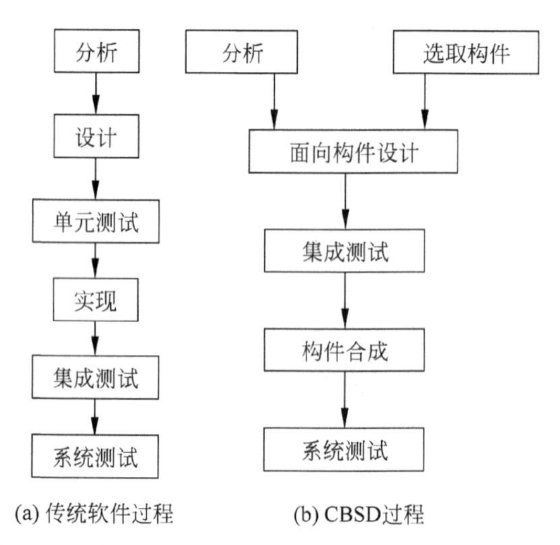

图 8-3　传统软件过程与 CBSD 过程比较

3. 基于构件的软件开发方法

软件方法学是从各种不同角度、不同思路去认识软件的本质。传统的软件方法学是从面向机器、面向数据、面向过程、面向功能、面向数据流、面向对象等不断创新的观点反映问题的本质。整个软件的发展历程使人们越来越认识到应按客观世界规律去解决软件方法学问题。直到面向对象方法的出现,才使软件方法学迈进了一大步。但是,高层次上的重用、分布式异构互操作的难点还没有解决。CBSD 发展到今天才在软件方法学上为解决这个难题提供了机会,它把应用业务和实现分离,即逻辑与数据的分离,提供标准接口和框架,使软件开发方法变成中间件的组合。因此,软件方法学是以接口为中心,面向行为的设计,如图 8-4 所示。

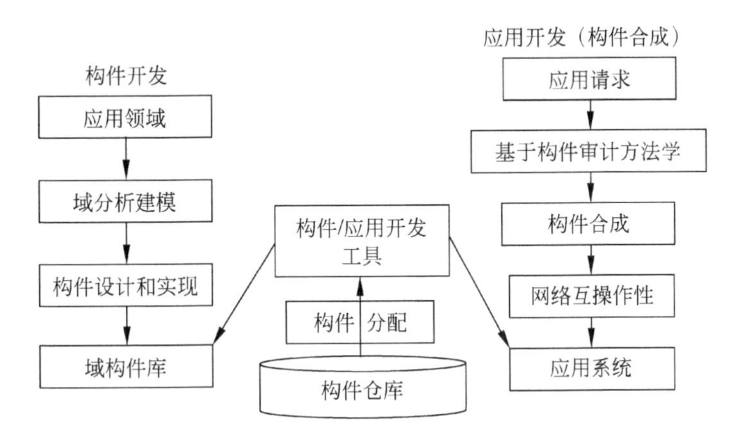

图 8-4　基于构件的软件开发方法

归纳起来，基于构件的软件开发方法学应包括下面几方面：

(1) 对中间件有明确的定义。

(2) 基于中间件的概念需要有中间件的描述技术和规范，如 UML、JavaBean、EJB、Servlet 规范等。

(3) 开发应用系统必须按中间件裁剪划分组织，包括分配不同的角色。

(4) 有支持检验中间件特性和生成文档的工具，确保中间件规范的实现和质量测试。

总之，传统的软件方法学从草稿自顶向下进行，对重用没有提供更多的辅助。CBSD 的软件方法学要丰富得多，它是即插即用、基于体系结构、以接口为中心，将中间件有机组合，它把自顶向下和自底向上方法结合起来进行开发。

4. 基于构件的软件构造方法

传统应用软件的构造是用白盒子方法，应用系统的实现全在代码中，应用逻辑和数据粘结在一起。而 CBSD 的构造是用白盒子和黑盒子相结合的方法。

基于中间件的框架是用两个概念来支持演变的。第一个概念是中间件有很强的性能接口，使中间件逻辑功能和中间件模型的实现都隐藏起来，这样，只要接口相同，中间件就可以被替换。第二个概念是隐式调用，即在基于中间件的框架中，从来不直接给中间件的接口分配地址，只在识别中间件用户后才分配地址。因此中间件用户只要了解接口要求和为中间件接口提供的引用后的返回信息。中间件接口的信息并不存入中间件内，而是存入中间件仓库或注册处。这样才能保证中间件替换灵活，并很容易利用隐式调用去重新部署中间件。由于中间件的实现对用户透明，因此也使中间件能适应各种不同的个性化要求。为此，中间件提供自检和规范化两个机制。自检保证在不了解中间件的具体实现时就能获得中间件接口信息。规范化允许不访问中间件就可以修改它，复杂的修改由用户通过定制器设置参数完成。

8.2.3　RFID 中间件

1. RFID 中间件概述

RFID 中间件扮演 RFID 标签和应用程序之间的中介角色，从应用程序端使用中间件所提供一组通用的API(应用程序编程接口),即能连到RFID读写器,读取RFID标签数据。这样一来,即使存储RFID标签情报的数据库软件或后端应用程序增加或改由其他软件取代,或者读写RFID读写器种类增加等情况发生时,应用端无须修改也能处理,省去多对多连接的维护复杂性问题。RFID中间件是一种面向消息的中间件(Message-Oriented Middleware,MOM),信息(Information)是以消息(Message)的形式,从一个程序传送到另一个或多个程序。信息可以以异步(Asynchronous)的方式传送,所以传送者不必等待回应。面向消息的中间件包含的功能不仅是传递(Passing)信息,还必须包括解译数据、安全性、数据广播、错误恢复、定位网络资源,并找出符合成本的路径、消息与要求的优先次序以及延伸的除错工具等服务。

2. RFID中间件分类

RFID中间件可以从架构上分为以下两种:

(1) 以应用程序为中心(Application Centric)。这种设计概念是通过RFID读写器厂商提供的API,以Hot Code(热码)方式直接编写特定读写器读取数据的适配器(Adapter),并传送至后端系统的应用程序或数据库,从而达成与后端系统或服务串接的目的。

(2) 以软件架构为中心(Infrastructure Centric)。随着企业应用系统的复杂度增高,企业无法负荷以Hot Code(热码)方式为每个应用程序编写Adapter,同时面对对象标准化等问题,企业可以考虑采用厂商所提供标准规格的RFID中间件。这样,即使存储RFID标签情报的数据库软件改由其他软件代替,或读写RFID标签的RFID读写器种类增加等情况发生时,应用端不做修改也能应付。

3. RFID中间件的特点

(1) 独立于架构。RFID中间件独立并介于RFID读写器与后端应用程序之间,并且能够与多个RFID读写器、多个后端应用程序连接,以减轻架构与维护的复杂性。

(2) 数据流。RFID的主要目的在于将实体对象转换为信息环境下的虚拟对象,因此数据处理是RFID最重要的功能。RFID中间件具有数据的搜集、过滤、整合与传递等特性,以便将正确的对象信息传到企业后端的应用系统。

(3) 处理流。RFID中间件采用程序逻辑及存储再转送的功能来提供顺序的消息流,具有数据流设计与管理的能力。

(4) 标准。RFID是自动数据采样技术与辨识实体对象的应用。EPC global目前正在研究为各种产品的全球唯一识别号码提出通用标准,即EPC(产品电子编码)。EPC是在供应链系统中以一串数字来识别一项特定的商品,通过无线射频辨识标签由RFID读写器读入后,传送到计算机或是应用系统中的过程称为对象命名服务。对象命名服务系统会锁定计算机网络中的固定点抓取有关商品的消息。EPC存放在RFID标签中,被RFID读写器读出后,即可提供追踪EPC所代表的物品名称及相关信息,并立即识别和分享供应链中的物品数据,有效率地提供信息透明度。

4. RFID中间件的3个发展阶段

从发展趋势看,RFID中间件可分为3个发展阶段。

(1) 应用程序中间件发展阶段。RFID初期的发展多以整合、串接RFID读写器为目的,这个阶段多为RFID读写器厂商主动提供简单API,以供企业将后端系统与RFID读写器串接。以整体发展架构来看,此时企业的导入须自行花费许多成本去处理前后端系统连接的问题,通常企业在本阶段会通过试点工程方式来评估成本效益与导入的关键议题。

(2) 架构中间件发展阶段。这个阶段是RFID中间件成长的关键阶段。由于RFID的强大应用,沃尔玛与美国国防部等关键使用者相继进行RFID技术的规划并进行导入的试点工程,促使各国际大厂持续关注RFID相关市场的发展。本阶段RFID中间件的发展不但已经具备基本数据搜集、过滤等功能,同时也满足企业多对多的连接需求,并具备平台的管理与维护功能。

(3) 解决方案中间件发展阶段。未来在RFID标签、读写器与中间件发展成熟过程中,各厂商针对不同领域提出各项创新应用解决方案,例如曼哈特联合软件公司提出"RFID一盒方案"(RFID in a Box),企业无须再为前端RFID硬件与后端应用系统的连接而烦恼,该公司与Alien技术公司在RFID硬件端合作,发展Microsoft. NET平台为基础的中间件,针对该公司900家的已有供应链客户群发展供应链执行解决方案,原本使用曼哈特联合软件公司供应链执行解决方案的企业只需通过"RFID一盒方案",就可以在原有应用系统上快速利用RFID来加强供应链管理的透明度。

5. RFID中间件的两个应用方向

(1) 面向服务的架构RFID中间件。其目标就是建立沟通标准,突破应用程序对应用程序沟通的障碍,实现商业流程自动化,支持商业模式的创新,让IT变得更灵活,从而更快地响应需求。因此,RFID中间件在未来发展上将会以面向服务的架构为基础的趋势,提供企业更弹性灵活的服务。

(2) 安全架构的RFID中间件。RFID应用最让外界质疑的是RFID后端系统所连接的大量厂商数据库可能引发的商业信息安全问题,尤其是消费者的信息隐私权。通过大量RFID读写器的布置,人类的生活与行为将因RFID而容易追踪,沃尔玛、Tesco(英国最大零售商)初期RFID试点工程都因为用户隐私权问题而遭受过抵制与抗议。为此,飞利浦半导体等厂商已经开始在批量生产的RFID芯片上加入屏蔽功能。RSA信息安全公司也发布了能成功干扰RFID信号的技术,即RSA Blocker标签,通过发射无线射频扰乱RFID读写器,让RFID读写器误以为搜集到的是垃圾信息而错失数据,达到保护消费者隐私权的目的。目前Auto-ID中心(麻省理工学院自动识别技术中心)也在研究安全机制以配合RFID中间件的工作。相信安全将是RFID未来发展的重点之一,也是成功的关键因素。

8.3 构件开发技术

本节重点介绍CORBA构件技术、JavaBean技术、COM/DCOM技术以及构件技术比较。

当前主流的分布式计算技术平台有OMG的CORBA、Sun的J2EE和Microsoft的COM/DCOM。它们都是支持服务器端中间件技术开发的主流平台,以下分别介绍。

8.3.1 CORBA构件技术

1. CORBA简介

CORBA(Common Object Request Broker Architecture,公共对象请求代理体系结构)是OMG组织制订的一种标准的面向对象应用程序体系规范。CORBA是分布式计算机技术发展的结果,它将面向对象的概念糅合到分布式计算中,使得CORBA规范成为开放的、基于C/S模式的、面向对象的分布式计算的工业标准。

CORBA体系的主要内容包括以下几部分:

(1) 对象请求代理(Object Request Broker,ORB):负责对象在分布式环境中透明地收发请求和响应,它是构建分布式对象应用、在异构或同构环境下实现应用间互操作的基础。

(2) 对象服务(Object Services):为使用和实现对象而提供的基本对象集合,这些服务应独立于应用领域。主要的CORBA服务有名录服务(Naming Service)、事件服务(Event Service)、生命周期服务(Life Cycle Service)、关系服务(Relationship Service)、事务服务(Transaction Service)等。这些服务几乎包括分布式系统和面向对象系统的各个方面,每个组成部分都非常复杂。

(3) 公共设施(Common Facilitites):向终端用户提供一组共享服务接口,例如系统管理、组合文档和电子邮件等。

(4) 应用接口(Application Interfaces):由销售商提供的可控制其接口的产品,相应于传统的应用层表示,处于参考模型的最高层。

(5) 领域接口(Domain Interfaces):为应用领域服务而提供的接口。如OMG组织为PDM系统制定的规范。

2. ORB结构和工作原理

1) 通过ORB发送请求

客户端是希望对某对象执行操作的实体。对象的实现是利用一段代码和数据来实际实现的。ORB负责以下必要的机制:对该请求找到对象的实现,让对象的实现准备好接受请求,和请求交换数据。客户端的接口完全独立于对象的位置,即客户端软件的接口必须是构件标准接口格式,对象的接口也是标准的构件接口格式,对象实现要通过客户端软件调用,这一过程与语言无关。

2) ORB接口的结构

图8-5所示为一个独立的ORB结构。

为了提出一个请求,客户端可以使用动态调用接口(Dynamic Invocation Interface,它和目标对象的接口独立)或者一个OMG的IDL(Interface Description Language,接口描述语言)占位程序(具体的占位程序依赖于目标对象的接口)。客户端也可以直接和ORB在某些地方交互。

对象的实现通过OMG的IDL产生的骨架或者是一个动态骨架的调用来接受请求。对象的实现可能在处理请求或其他的时候调用ORB。

对象接口的定义有下面两种方式。接口可以通过接口定义语言静态地定义,这叫做

OMG 的 IDL,该语言按照可以进行的操作和该操作的参数定义对象类型；或者(也可以作为补充),接口可以加入到接口仓库服务(Interface Repository Service),该服务描述了该接口作为一个对象的组件,并允许运行时访问这些组件。在任何 ORB 实现中,IDL 和接口仓库(Interface Repository)有相同的表达能力。

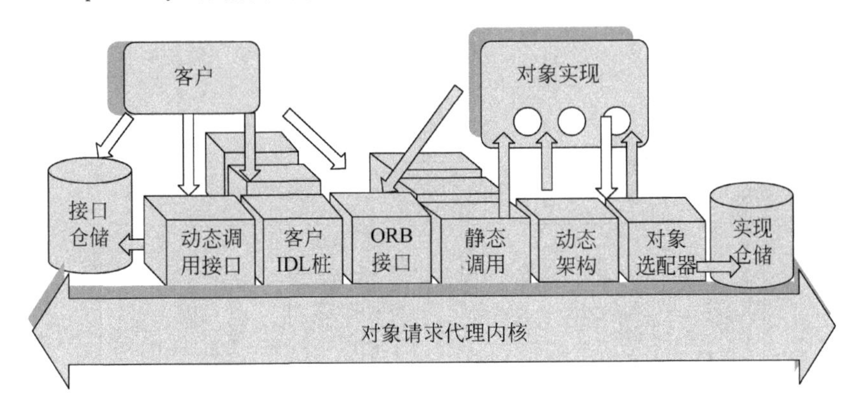

图 8-5 ORB 结构

3) 客户端使用占位程序或者动态调用接口

客户端通过访问对象的对象引用和了解对象的类型及要求执行的操作来发布一个请求。客户端调用占位程序例程来请求或者动态构造请求。

无论动态还是占位程序的接口都可以同样实现。接收方不可能知道请求是如何发布的。

4) 对象的实现接受请求

ORB 向对象实现定位适当的代码,传递参数,传输控制。这一切都通过 IDL 骨架或者动态骨架。骨架对于不同的接口和对象适配器是不同的。在执行该请求的时候,对象的实现可能由 ORB 通过对象适配器来获得一定的服务。当请求完成,控制和输出值返回给客户。对象的实现可能会选择使用的对象适配器。该决定基于对象的实现要求的服务。

5) 接口和实现仓库(Implementation Repository)

接口用 OMG 的 IDL 和/或接口仓库定义。该定义用于产生客户占位程序和对象的实现的骨架。对象的实现信息在安装时就提供好了,储存在实现仓库中以便请求发布的时候使用。

3. CORBA 特点

CORBA 在基于网络的分布式应用环境下实现应用软件的集成,使得面向对象的软件在分布式、异构环境下,实现可重用、可移植和互操作。其特点可以总结为如下 4 个方面。

(1) 引入中间件(MiddleWare)作为事务代理,完成客户机(Client)向服务对象方(Server)提出的业务请求。引入中间件概念后的分布式计算模式(即 C/S 模式)如图 8-6 所示。

(2) 实现客户与服务对象的完全分开,客户无须了解服务对象的实现过程以及具体位置(参见图 8-7 所示的 CORBA 系统体系结构图)。

(3) 提供软总线机制,使得在任何环境下,采用任何语言开发的软件只要符合接口规范

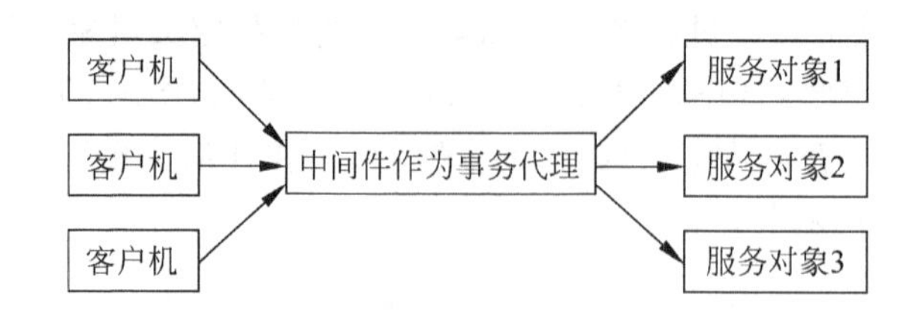

图 8-6 引入中间件后的 C/S 模式

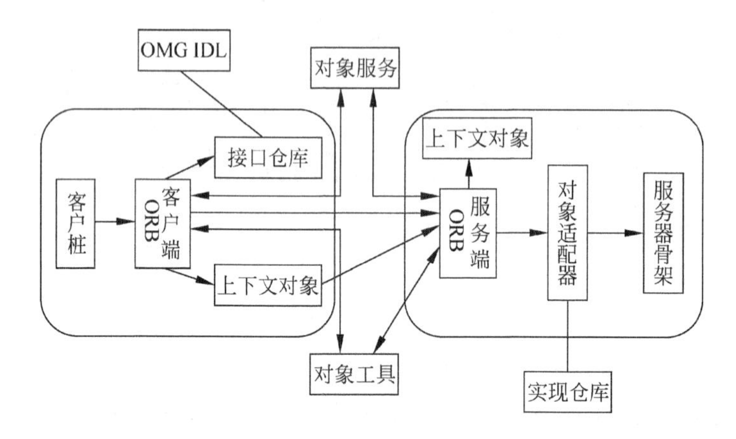

图 8-7 CORBA 系统体系结构图

的定义，均能够集成到分布式系统中。

(4) CORBA 规范软件系统采用面向对象的软件实现方法开发应用系统，实现对象内部细节的完整封装，保留对象方法的对外接口定义。

在以上特点中，最突出的是中间件的引入(在 CORBA 系统中称为 ORB)和采用面向对象的开发模式。

4. CORBA 服务内容

以下介绍与分布式应用程序设计和开发关系密切的 CORBA 服务内容。

1) 对象命名服务(Naming Service)

在命名服务中，通过将服务对象赋予一个在当前网络空间中的唯一标识来确定服务对象的实现。在客户端，通过指定服务对象的名字，利用绑定(Bind)方式实现对服务对象实现的查找和定位，进而可以调用服务对象实现中的方法。

2) 对象安全性(Security)服务

在分布式系统中，服务对象的安全性和客户端应用的安全性一直是比较敏感的问题，安全性要求影响分布式应用计算的每个方面。对于分布在 Internet 中的分布式应用，为了防止恶意用户或未经授权的方法调用对象的服务功能，CORBA 提供了严格的安全策略，并制定了相应的对象安全服务。安全服务可以实现如下功能：服务请求对象的识别与认证、授权和访问控制、安全监听、通信安全的保证、安全信息的管理、行为确认。

CORBA 系统将对象请求的安全性管理的功能交由 ORB 负责，系统组件只需负责系统本身的安全管理，使得基于分布式应用在安全性控制方面的责任十分明确。

3）并发控制(Cocurrency Control)服务

CORBA 规范中定义并发控制服务的目的在于实现多客户访问情况下的并发性控制和对共享资源的管理。

并发控制服务由多个接口构成，能够支持访问方法的事务模型和非事务模型。由于两种模型的引入，使得非事务型客户在访问共享资源时，如果该资源被拥有事务模型的方法锁定(Lock)，则该客户转入阻塞状态，直到事务型方法执行结束，将共享资源锁打开，非事务模型的客户才能够访问该共享资源。

并发控制服务使多个对象能够利用资源锁定的方式对共享资源进行访问。在访问共享资源之前，客户对象必须从并发控制服务中获得锁定。在确认资源目前正在空闲时获得资源的使用权。每个锁定是一个资源-客户对，说明哪个客户正在访问何种类型的资源。

4）对象生命期服务(LifeCycle)

CORBA 中的生命期服务定义和描述了创建、删除、复制和移动对象的方法。通过生命期服务，客户端应用可以实现对远程对象的控制。

8.3.2 JavaBean 技术

1. JavaBean 简介

JavaBean 是一种 Java 语言写成的可重用组件。

为了推动基于 Java 的服务器端应用开发，Sun 在 1999 年底推出了 Java 2 技术及相关的 J2EE 规范，J2EE 的目标是提供平台无关的、可移植的、支持并发访问和安全的完全基于 Java 的开发服务器端中间件的标准。

J2EE(Java 2 Platform Enterprise Edition)是一种利用 Java 2 平台来简化企业信息系统开发、部署和管理的体系结构。在 J2EE 中，Sun 给出了完整的基于 Java 语言开发面向企业分布应用规范。其中，在分布式互操作协议上，J2EE 同时支持 RMI 和 IIOP；而在服务器端分布式应用的构造形式则包括 Java Servlet、JSP(Java Server Page)、EJB 等多种形式，以支持不同的业务需求；而且 Java 应用程序具有“一次编写，到处运行(Write once，run anywhere)”的特性，使得 J2EE 技术在分布式计算领域得到了快速发展。

2. J2EE 的结构

基于组件、具有平台无关性的 J2EE 结构使得 J2EE 程序的编写变得简单，因为业务逻辑被封装成可复用的组件，并且 J2EE 服务器以容器的形式为所有类型的组件提供后台服务。

1）容器和服务

容器设置定制了 J2EE 服务器所提供的内在支持，包括安全、事务管理、JNDI(Java Namingand Directory Interface)寻址和远程连接等服务。以下介绍最重要的几种服务。

(1) J2EE 安全模型。用于配置 Web 组件或 Enterprise Bean(是进程间组件，通常用作分布式商业对象)，这样只有被授权的用户才能访问系统资源。每一客户属于一个特别的角色，而每个角色只允许激活特定的方法。应在 Enterprise Bean 的布置描述中声明角色和可被激活的方法。由于有这种声明性的方法，因而不必编写加强安全性的规则。

(2) J2EE 事务管理模型。用于指定组成一个事务中所有方法间的关系，这样，一个事务中的所有方法被当成一个单一的单元。当客户端激活一个 Enterprise Bean 中的方法时，容器介入并管理事务。因有容器管理事务，在 Enterprise Bean 中不必对事务的边界进行编码，只需在布置描述文件中声明 Enterprise Bean 的事务属性，容器将读此文件并处理此 Enterprise Bean 的事务。

(3) JNDI 寻址服务。向企业内的多重名字和目录服务提供一个统一的接口，这样应用程序组件可以访问名字和目录服务。

(4) J2EE 远程连接模型。用于管理客户端和 Enterprise Bean 间低层交互。当一个 Enterprise Bean 创建后，一个客户端可以调用它的方法就像它和客户端位于同一虚拟机上一样。

(5) 生命周期管理模型。管理 Enterprise Bean 的创建和移除。一个 Enterprise Bean 在其生命周期中将会历经几种状态。容器创建 Enterprise Bean，并在可用实例池与活动状态中移动它，而最终将其从容器中移除。即使可以调用 Enterprise Bean 的 create 及 remove 方法，容器也将会在后台执行这些任务。

(6) 数据库连接池模型。这是一个有价值的资源。获取数据库连接是一项耗时的工作，而且连接数非常有限。容器通过管理连接池来缓和这些问题。Enterprise Bean 可从池中迅速获取连接。

2) 容器类型

J2EE 应用组件可安装部署到以下几种容器中：

(1) EJB 容器。EJB 容器管理所有 J2EE 应用程序中企业级 Bean 的执行。Enterprise Bean 和它们的容器运行在 J2EE 服务器上。

(2) Web 容器。Web 容器管理所有 J2EE 应用程序中 JSP 页面和 Servlet 组件的执行。Web 组件和它们的容器运行在 J2EE 服务器上。

(3) 应用程序客户端容器。应用程序客户端容器管理所有 J2EE 应用程序中应用程序客户端组件的执行。应用程序客户端容器运行在 J2EE 服务器上。

(4) Apple 容器。Apple 容器是运行在客户端机器上的 Web 浏览器和 Java 插件的结合。

3. J2EE 的各种组件

下面介绍 J2EE 的各种组件、服务和 API。在开发不同类型的企业级应用时，可根据各自需求和目标的不同使用并组合不同的组件和服务。

1) Servlet

Servlet 是 Java 平台上的 CGI 技术。Servlet 在服务器端运行，动态地生成 Web 页面。与传统的 CGI 和许多其他类似 CGI 的技术相比，Java Servlet 具有更高的效率并更容易使用。对于 Servlet，重复的请求不会导致同一程序的多次转载，它是依靠线程的方式来支持并发访问的。

2) JSP

JSP(Java Server Page)是一种实现普通静态 HTML 和动态页面输出混合编码的技术。从这一点来看，JSP 非常类似 Microsoft ASP、PHP 等技术。借助形式上的内容和外观表现的分离，Web 页面制作的任务可以比较方便地划分给页面设计人员和程序员，并方便地通过 JSP 来合成。在运行时，JSP 将会被首先转换成 Servlet，并以 Servlet 的形态编译运行，因此它的效率和功能与 Servlet 相比没有差别，一样具有很高的效率。

3) EJB

EJB(Enterprise JavaBeans)定义了一组可重用的组件：Enterprise Bean。开发人员可以利用这些组件像搭积木一样建立分布式应用。在装配组件时，所有的 Enterprise Beans 都需要配置到 EJB 服务器(一般的 Weblogic、WebSphere 等 J2EE 应用服务器都是 EJB 服务器)中。EJB 服务器作为容器和低层平台的桥梁管理着 EJB 容器，并向该容器提供访问系统服务的能力。所有的 EJB 实例都运行在 EJB 容器中。EJB 容器提供系统级的服务，控制 EJB 的生命周期。EJB 容器为它的开发人员代管诸如安全性、远程连接、生命周期管理及事务管理等技术环节，简化了商业逻辑的开发。EJB 中定义 3 种 Enterprise Bean：Session Bean、Entity Bean、Message-driven Bean。

4) JDBC

JDBC(Java Database Connectivity，Java 数据库连接)API 是一个标准 SQL(Structured Query Language，结构化查询语言)数据库访问接口，它使数据库开发人员能够用标准 Java API 编写数据库应用程序。JDBC API 主要用来连接数据库和直接调用 SQL 命令执行各种 SQL 语句。利用 JDBC API 可以执行一般的 SQL 语句、动态 SQL 语句以及带 IN 和 OUT 参数的存储过程。Java 中的 JDBC 相当于 Microsoft 平台中的 ODBC(Open Database Connectivity)。

5) JMS

JMS(Java Message Service，Java 消息服务)API 是一组 Java 应用接口，它提供创建、发送、接收、读取消息的服务。JMS API 定义了一组公共的应用程序接口和相应语法，使得 Java 应用能够和各种消息中间件进行通信，这些消息中间件包括 IBM MQ-Series、Microsoft MSMQ 及纯 Java 的 SonicMQ。通过使用 JMS API，开发人员无须掌握不同消息产品的使用方法，也可以使用统一的 JMS API 来操纵各种消息中间件。通过使用 JMS，能够最大限度地提升消息应用的可移植性。JMS 既支持点对点的消息通信，也支持发布/订阅式的消息通信。

6) JNDI

由于 J2EE 应用程序组件一般分布在不同的机器上，所以需要一种机制以便组件客户使用者查找和引用组件及资源。在 J2EE 体系中，使用 JNDI(Java Naming and Directory Interface)定位各种对象，这些对象包括 EJB、数据库驱动、JDBC 数据源及消息连接等。JNDI API 为应用程序提供了一个统一的接口来完成标准的目录操作，如通过对象属性来查找和定位该对象。由于 JNDI 是独立于目录协议的，应用还可以使用 JNDI 访问各种特定的目录服务，如 LDAP、NDS 和 DNS 等。

7) JTA

JTA(Java Transaction API)提供了 J2EE 中处理事务的标准接口，它支持事务的开始、回滚和提交。同时在一般的 J2EE 平台上，提供一个 JTS(Java Transaction Service)作为标准的事务处理服务，开发人员可以使用 JTA 来使用 JTS。

8）JCA

JCA(J2EE Connector Architecture)是J2EE体系架构的一部分，为开发人员提供了一套连接各种企业信息系统(EIS，包括ERP、SCM、CRM等)的体系架构，对于EIS开发商而言，它们只需要开发一套基于JCA的EIS连接适配器，开发人员就能够在任何的J2EE应用服务器中连接并使用它。基于JCA的连接适配器的实现需要涉及J2EE中的事务管理、安全管理及连接管理等服务组件。

9）JMX

JMX(Java Management Extensions)的前身是JMAPI。JMX致力于解决分布式系统管理的问题。JMX是一种应用编程接口、可扩展对象和方法的集合体，可以跨越各种异构操作系统平台、系统体系结构和网络传输协议，开发无缝集成的面向系统、网络和服务的管理应用。JMX是一个完整的网络管理应用程序开发环境，它同时提供了厂商需要收集的完整的特性清单、可生成资源清单表格、图形化的用户接口；访问SNMP的网络API；主机间远程过程调用；数据库访问方法等等。

10）JAAS

JAAS(Java Authentication and Authorization Service)实现了一个Java版本的标准PAM(Pluggable Authentication Module)的框架。JAAS可用来进行用户身份的鉴定，从而能够可靠并安全地确定谁在执行Java代码。同时JAAS还能通过对用户进行授权，实现基于用户的访问控制。

11）JACC

JACC(Java Authorization Service Provider Contract for Containers)在J2EE应用服务器和特定的授权认证服务器之间定义了一个连接的协约，以便将各种授权认证服务器插入到J2EE产品中去。

12）JAX-RPC

通过使用JAX-RPC(Java API for XML-based RPC)，已有的Java类或Java应用都能够被重新包装，并以Web Services的形式发布。JAX-RPC提供了将RPC参数(in/out)编码和解码的API，使开发人员可以方便地使用SOAP消息来完成RPC调用。同样，对于那些使用EJB(Enterprise JavaBeans)的商业应用，同样可以使用JAX-RPC来包装成Web服务，而这个Web Service的WSDL界面与原先的EJB的方法是对应一致的。JAX-RPC为用户包装了Web服务的部署和实现，对Web服务的开发人员，SOAP/WSDL变得透明，这有利于加速Web服务的开发周期。

13）JAXR

JAXR(Java API for XML Registries)提供了与多种类型注册服务进行交互的API。JAXR运行客户端访问与JAXR规范相兼容的Web Services，这里的Web Services即为注册服务。一般来说，注册服务总是以Web Services的形式运行的。JAXR支持3种注册服务类型：JAXR Pluggable Provider、Registry-specific JAXR Provider、JAXR Bridge Provider(支持UDDI Registry和ebXML Registry/Repository等)。

14）SAAJ

SAAJ(SOAP with Attachemnts API for Java)是JAX-RPC的一个增强，为进行低层次的SOAP消息操纵提供了支持。

8.3.3　COM/DCOM 技术

1. DCOM 的结构

DCOM（Distributed Component Object Model，分布式组件对象模型）是一系列Microsoft 的概念和程序接口，利用这个接口，客户端程序对象能够请求来自网络中另一台计算机上的服务器程序对象。DCOM 基于组件对象模型（Component Object Model，COM），COM 提供了一套允许同一台计算机上的客户端和服务器之间进行通信的接口（运行在 Windows 95 或者其后的版本上）。Microsoft 的分布式 COM（即 DCOM）扩展了 COM 技术，使其能够支持在局域网、广域网甚至 Internet 上不同计算机的对象之间的通信。

（1）DCOM 是 COM 的进一步扩展。COM 定义下部件和它们的客户之间互相作用的方式，使得部件和客户端无须任何中介部件就能相互联系，客户进程直接调用部件中的方法。部件对象模型的表示法如图 8-8 所示，它指的是同一进程中的 COM 部件。

客户　部件

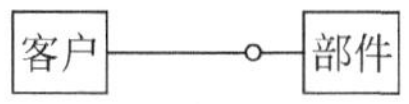

图 8-8　同一进程中的 COM 部件

（2）在当前的操作系统中，各进程之间是相互屏蔽的。当一个客户进程需要和另一个进程中的部件通信时，它不能直接调用该进程、而需要遵循操作系统对进程间通信所做的规定。COM 使得这种通信能够以一种完全透明的方式进行，即它截取从客户进程来的调用并将其传送别另一进程少的部件。图 8-9 表明了 COM/DCOM 运行库是怎样提供客户进程和部件之间的联系的（针对不同进程中的 COM 部件）。

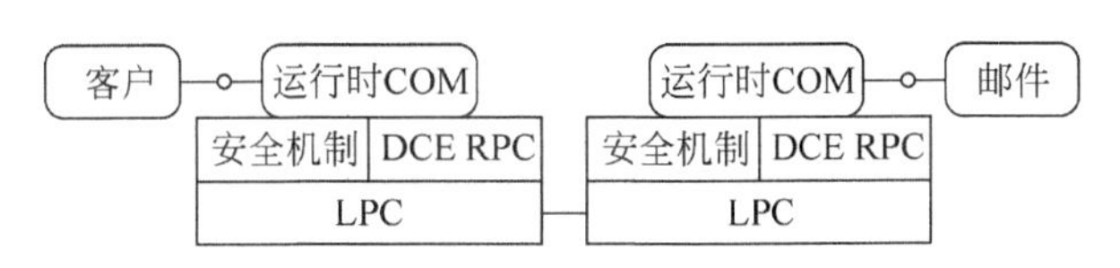

图 8-9　不同进程中的 COM 部件

（3）当客户进程和部件位于不同的机器时，DCOM 仅仅只用网络协议来代替本地进程之间的通信。无论是客户还是部件都不会知道连接它们的线路比以前长了多少。图 8-10 显示了 DCOM 的整体结构（不同机器上的 COM 部件），即 COM 运行库向客户和部件提供面向对象的服务，并且使用 RPC 和安全机制产生符合 DCOM 线路协议标准的标准网络包。

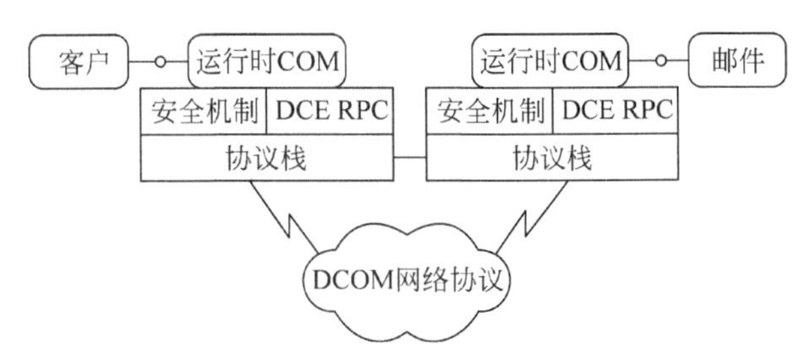

图 8-10　不同机器上的 COM 部件

2. Microsoft DNA 2000

Microsoft DNA(Distributed interNet Applications)2000 是 Microsoft 在推出 Windows 2000 系列操作系统平台基础上，扩展了分布式计算模型，并改造 Back Office 系列服务器端分布式计算产品后发布的新的分布式计算体系结构和规范。在服务器端，Microsoft DNA 2000 提供 ASP、COM、Cluster 等的应用支持。

Microsoft DNA 2000 融合了分布式计算的理论和思想，如事务处理、可伸缩性、异步消息队列、集群等内容。DNA 使得开发可以基于 Microsoft 平台的服务器构件应用，其中，如数据库事务服务、异步通信服务和安全服务等，都由底层的分布式对象系统提供。以 Microsoft 为首的 DCOM/COM/COM＋阵营，从 DDE、OLE 到 ActiveX 等，提供了中间件开发的基础，如 VC、VB、Delphi 等都支持 DCOM，包括 OLE DB 在内的新的数据库存取技术。在 Windows DNA 2000 中，DCOM/COM/COM＋的构件仍然采用普通的 COM 模型。COM 是 Microsoft 桌面系统的构件技术，主要为本地的 OLE 应用服务，COM 通过底层的远程支持使得构件技术延伸到分布式应用领域。DCOM/COM/COM＋更将其扩充为面向服务器端分布应用的业务逻辑中间件。通过 COM＋的相关服务设施，如负载均衡、内存数据库、对象池、构件管理与配置等，DCOM/COM/COM＋将 COM、DCOM、MTS 的功能有机地统一在一起，形成了一个概念、功能强的构件应用体系结构。

8.3.4 构件技术比较

分布式对象技术有三大流派 COBRA、COM/DCOM 和 Java。CORBA 技术是最早出现的，1991 年 OMG 颁布了 COBRA 1.0 标准；Microsoft 的 COM 系列，从最初的 COM 发展成现在的 DCOM，形成了 Microsoft 一套分布式对象的计算平台；而 Sun 公司的 Java 平台，在其最早推出的时候只提供了远程的方法调用，在当时并不能称为分布式对象计算，只是属于网络计算里的一种，接着推出的 JavaBean 也还不足以和上述两大流派抗衡，而其目前的版本 J2EE 推出了 EJB，除了语言外，还有组件的标准以及组件之间协同工作通信的框架。于是，也就形成了目前的三大流派。

三者之中，COBRA 标准做得最好。COBRA 标准主要分为 3 个层次：对象请求代理、公共对象服务和公共设施。最底层是对象请求代理 ORB，规定了分布对象的定义（接口）和语言映射，实现对象间的通信和互操作，是分布式对象系统中的软总线；在 ORB 之上定义了很多公共服务，可以提供诸如并发服务、名字服务、事务（交易）服务、安全服务等各种各样的服务；最上层的公共设施则定义了组件框架，提供可直接为业务对象使用的服务，规定业务对象有效协作所需的协定规则。总之，CORBA 的特点是大而全，互操作性和开放性非常好。其目前的版本是 CORBA 2.3，CORBA 3.0 也已完成了，增加了有关 Internet 集成和 QoS 控制等内容。CORBA 的缺点是庞大而复杂，并且技术和标准的更新相对较慢，COBRA 规范从 1.0 升级到 2.0 所花的时间非常短，而再往上的版本的发布就相对十分缓慢了。

相比之下，Java 标准的制订就快得多，Java 是 Sun 公司自己定的，演变得很快。Java 的优势是纯语言的，跨平台性非常好。Java 分布式对象技术通常指远程方法调用（RMI）和企业级 JavaBean（EJB）。RMI 提供了一个 Java 对象远程调用另一个 Java 对象的方法的能力，与传统 RPC 类似，只能支持初级的分布式对象互操作。Sun 公司于是基于 RMI 提出了 EJB。基于 Java 服务器端组件模型，EJB 框架提供了像远程访问、安全、交易、持久和生命期管理等多种支持分布式对象计算的服务。目前，Java 技术和 CORBA 技术有融合的趋势。

COM 技术是 Microsoft 独家的，是在 Windows 3.1 中最初为支持复合文档而使用的 OLE 技术上发展而来的，经历了 OLE 2/COM、ActiveX、DCOM 和 COM＋等几个阶段，目前 COM＋把消息通信模块 MSMQ 和解决关键业务的交易模块 MTS 都加了进去，是分布式对象计算的一个比较完整的平台。Microsoft 的 COM 平台效率比较高，同时它有一系列相应的开发工具支持，应用开发相对简单。但它有一个致命的弱点就是 COM 的跨平台性较差，如何实现与第三方厂商的互操作性始终是其一大问题。从分布式对象技术发展的角度来看，大多数人认为 COM 竞争不过 COBRA。

COBRA、COM/DCOM、EJB 三者在集成性和可用性方面的比较如表 8-1 所示。

表 8-1 COBRA、COM/DCOM 和 EJB 比较

		COBRA	EJB	DCOM
集成性	支持跨语言操作	好	一般	好
	支持跨平台操作	好	好	一般
	网络通信	好	好	一般
	公共服务构件	好	好	一般
可用性	事务处理	好	一般	一般
	消息服务	一般	一般	一般
	安全服务	好	好	一般
	目录服务	好	一般	一般
	容错性	一般	一般	一般
	产品成熟性	一般	一般	好
	软件开发商的支持度	一般	好	好
	可扩展性	好	好	一般

8.4 软件开发环境与工具

本节重点介绍软件开发环境与工具概述、软件开发工具以及软件开发工具分类。

8.4.1 软件开发环境与工具概述

1. 软件开发环境

软件开发环境是指在计算机的基本软件的基础上，为了支持软件的开发而提供的一组工具软件系统。

一个由 IEEE 和 ACM 支持的国际工作小组提出的关于软件开发环境的定义："软件开发环境是相关的一组软件工具集合，它支持一定的软件开发方法或按照一定的软件开发模型组织而成。"

美国国防部关于软件开发环境的定义："软件工程环境是一组方法、过程及计算机程序

(计算机化的工具)的整体化构件,它支持从需求定义、程序生成直到维护的整个软件生存期。"

一些学者关于软件开发环境的定义:"可用来帮助和支持软件需求分析、软件开发、测试、维护、模拟、移植或管理而编制的计算机程序或软件。"

软件开发环境在欧洲又叫集成式项目支援环境(Integrated Project Support Environment, IPSE)。软件开发环境的主要组成成分是软件工具。人-机界面是软件开发环境与用户之间的一个统一的交互式对话系统,它是软件开发环境的重要质量标志。存储各种软件工具加工所产生的软件产品或半成品(如源代码、测试数据和各种文档资料等)的软件环境数据库是软件开发环境的核心。工具间的联系和相互理解都通过存储在信息库中的共享数据得以实现。

软件开发环境数据库是面向软件工作者的知识型信息数据库,其数据对象是多元化、带有智能性质的。软件开发数据库用来支撑各种软件工具,尤其是自动设计工具、编译程序等的主动或被动的工作。

2. 软件开发工具

1) 定义

软件开发工具是用于辅助软件开发过程的软件工具。通常可以设计并实现工具来支持特定的软件工程方法,减少手工方式管理的负担。与软件工程方法一样,软件开发工具试图让软件工程更加系统化,工具的种类包括支持单个任务的工具及囊括整个生命周期的工具。

2) 软件开发工具概念的 3 个要点

(1) 它是在高级程序设计语言之后的软件技术进一步发展的产物。

(2) 它的目的是在开发软件过程中给予人们各种不同方面、不同程度的支持或帮助。

(3) 它支持软件开发的全过程,而不是仅限于编码或其他特定的工作阶段。

3) 分类

(1) 软件需求工具:包括需求建模工具和需求追踪工具。

(2) 软件设计工具:用于创建和检查软件设计。因为软件设计方法的多样性,这类工具的种类很多。

(3) 软件构造工具:包括程序编辑器、编译器和代码生成器、解释器和调试器等。

(4) 软件测试工具:包括测试生成器、测试执行框架、测试评价工具、测试管理工具和性能分析工具。

(5) 软件维护工具:包括理解工具(如可视化工具)和再造工具(如重构工具)。

(6) 软件配置管理工具:包括追踪工具、版本管理工具和发布工具。

(7) 软件工程管理工具:包括项目计划与追踪工具、风险管理工具和度量工具。

(8) 软件工程过程工具:包括建模工具、管理工具和软件开发环境。

(9) 软件质量工具:包括检查工具和分析工具。

3. CASE 的概念

CASE(Computer Aided Software Engineering,计算机辅助软件工程)是帮助进行应用

程序开发的软件,包括分析、设计和代码生成。CASE 工具为设计和文件编制传统结构编程技术提供了自动的方法。

1) CASE 定义

CASE 是一组工具和方法集合,可以辅助软件开发生命周期各阶段进行软件开发。使用 CASE 工具的目标一般是为了降低开发成本;达到软件的功能要求、取得较好的软件性能;开发的软件易于移植;降低维护费用;开发工作按时完成,及时交付使用。

CASE 有如下三大作用,这些作用从根本上改变了软件系统的开发方式。

(1) 提供了一个具有快速响应、专用资源和早期查错功能的交互式开发环境。

(2) 对软件的开发和维护过程中的许多环节实现了自动化。

(3) 通过一个强有力的图形接口实现了直观的程序设计。

借助于 CASE,计算机可以完成与软件开发有关的大部分繁重工作,包括创建并组织所有诸如计划、合同、规约、设计、源代码和管理信息等人工产品。另外,应用 CASE 还可以帮助软件工程师解决软件开发的复杂性并有助于小组成员之间的沟通,它包含计算机支持软件工程的所有方面。

2) CASE 集成环境的定义

集成的概念首先用于术语 IPSE(集成工程支持环境),而后用于术语 ICASE(集成计算机辅助软件工程)和 ISEE(集成软件工程环境)。工具集成是指工具协作的程度。集成在一个环境下的工具的合作协议包括数据格式、一致的用户界面、功能部件组合控制和过程模型。

(1) 界面集成。界面集成的目的是通过减轻用户的认知负担而提高用户使用环境的效率和效果。为达到这个目的,要求不同工具的屏幕表现与交互行为要相同或相似。表现与行为集成反映了工具间的用户界面在词法水平上的相似(鼠标应用、菜单格式等)和语法水平上的相似(命令与参数的顺序、对话选择方式等)。更为广义的表现与行为集成定义,还包含两个工具在集成情况下交互作用时,应该有相似的反应时间。界面集成性的好坏还反应在不同工具在交互作用范式上是否相同或相似。也就是说,集成在一个环境下的工具能否使用同样的比喻和思维模式。

(2) 数据集成。数据集成的目的是确认环境中的所有信息(特别是持久性信息)都必须作为一个整体数据能被各部分工具进行操作或转换。衡量数据的集成性往往从通用性、非冗余性、一致性、同步性、交换性 5 个方面去考虑。

(3) 控制集成。控制集成是为了能让工具共享功能。这里给出两个属性来定义两个工具之间的控制关系。

① 供给:一个工具的服务在多大程度上能被环境中另外的工具所使用。

② 使用:一个工具对环境中其他工具提供的服务能使用到什么程度。

(4) 过程集成。过程为开发软件所需要的阶段、任务和活动序列,许多工具都是服务于一定的过程和方法的。这里所说的过程集成是指工具适应不同过程和方法的潜在能力有多大。很明显,那些极少做过程假设的工具(如大部分的文件编辑器和编译器)比起那些做过许多假设的工具(如按规定支持某一特定设计方法或过程的工具)要易于集成。在两个工具的过程关系上,具有 3 个过程集成属性:过程段、事件和约束。

3) 集成 CASE 的框架结构

这里给出的框架结构基于 NIST/ECMA(美国国家标准技术局和欧洲计算机制造者协

会)开发的集成软件工程环境参照模型以及 Anthony Wasserman CASE 工具集成方面的工作。

(1) 技术框架结构。一个集成 CASE 环境必须如它所支持的企业、工程和人一样,有可适应性、灵活性以及充满活力。在这种环境里,用户能连贯一致地合成和匹配那些支持所选方法的最合适的工具,然后可以将这些工具插入环境并开始工作。采用 NIST/ECMA 参考模型来作为描述集成 CASE 环境的技术基础。在参考模型里定义的服务有 3 种方式的集成：数据集成、控制集成和界面集成。数据集成由信息库和数据集成服务进行支持,具有共享设计信息的能力,是集成工具的关键因素。控制集成由过程管理和信息服务进行支持,包括信息传递、时间或途径触发开关、信息服务器等。工具要求信息服务器提供 3 种通信能力,即工具-工具、工具-服务、服务-服务。界面集成由用户界面服务进行支持,用户界面服务让 CASE 用户与工具连贯一致地相互作用,使新工具更易于学会和使用。

(2) 组织框架结构。工具在有组织的环境下是最有效的。上述技术框架结构没有考虑某些特定工具的功能,工具都嵌入一个工具层,调用框架结构服务来支持某一特殊的系统开发功能。组织框架结构就是把 CASE 工具放在一个开发和管理的环境中。该环境分成 3 个活动层次：

① 在企业层进行基本结构计划和设计。

② 在工程层进行系统工程管理和决策。

③ 在单人和队组层进行软件开发过程管理。

组织框架结构能指导集成 CASE 环境的开发和使用,指导将来进一步的研究,帮助 CASE 用户在集成 CASE 环境中选择和配置工具,是对技术框架的实际执行和完善。

4) 集成 CASE 环境的策略

集成 CASE 环境的最终目的是支持与软件有关的所有过程和方法。一个环境由许多工具和工具的集成机制所组成。不同的环境解决集成问题的方法和策略是不同的。Susan Dart 等给出了环境的 4 个广泛的分类。

(1) 以语言为中心的环境：用一个特定的语言全面支持编程。

(2) 面向结构的环境：通过提供的交互式机制全面地支持编程,使用户可以独立于特定语言而直接地对结构化对象进行加工。

(3) 基于方法的环境：由一组支持特定过程或方法的工具所组成。

(4) 工具箱式的环境：由一套通常独立于语言的工具所组成。

这几种环境的集成多采用传统的基于知识的 CASE 技术,或采用一致的用户界面,或采用共同的数据交换格式来支持软件开发的方法和过程模型。目前,一种基于概念模型和信息库的环境设计和集成方法比较盛行,也取得了可喜的成果。

8.4.2 软件开发工具

软件开发工具的种类繁多。有的工具只是对软件开发过程的某一方面或某一个环节提供支持,有的工具对软件开发提供比较全面的支持。功能不同,结构当然也不同。下面以具有综合支持能力的工具为背景,讨论软件开发工具应具备的功能和结构。

1. 基本功能

软件开发工具的基本功能可以归纳为以下 5 个方面：

(1) 提供描述软件状况及其开发过程的概念模式，协助开发人员认识软件工作的环境与要求，管理软件开发的过程。

有人认为，软件开发工具只是帮助人们节省一些时间，少做一些枯燥、繁琐的重复性工作。实际上它能引导使用者建立更正确的概念模型。因为人们使用某种软件开发工具时，就已经接受了这种工具中所包括的对软件和软件开发工作的基本看法。即使是比较简单的，只用于编码阶段的代码生成器，也包含对某一类模块的一般理解。当用户给出几个参数而自动生成一段代码的时候，他已经默认了这个工具所依据的概念模式，即对于这一类程序模块来说，基本框架是什么样的，哪些部分是不变的，哪些部分是可变的。至于用于分析与计划的工具就更为明显了。这里所说的概念模式包括对软件的应用环境的认识和理解，对预期产生的软件产品的认识与理解，对软件开发过程的认识与理解。任何软件开发工具都具备这种功能，尽管表现的方面不同。

(2) 提供存储和管理有关信息的机制与手段。软件开发过程中涉及众多信息，结构复杂，开发工具要提供方便、有效地处理这些信息的手段和相应的人机界面。由于这种信息结构复杂，数量众多，只靠人工管理是十分困难的，所以软件开发工具不仅需要提供思维框架，而且要提供方便有效的处理手段和相应的用户界面。

(3) 帮助使用者编制、生成和修改各种文档，包括文字材料和各种表格、图像等。开发过程中大量的文字材料、表格、图形常常使人望而却步，人们企望得到开发工具的帮助。

(4) 生成代码，即帮助使用者编写程序代码，使用户能在较短时间内半自动地生成所需要的代码段落，进行测试和修改。但这里的代码生成只能是局部的、半自动的，多数情况下还有待于程序员的整理与加工。

(5) 对历史信息进行跨生命周期的管理，即将项目运行与版本更新的有关信息联合管理。这是信息库的一个组成部分。对于大型软件开发来说，这一部分会成为信息处理的瓶颈。做好这一部分工作将有利于信息与资源的充分利用。

以上 5 个方面基本上包括了目前软件开发工具的各种功能。完整的、一体化的开发工具应当具备上述功能。现有的多数工具往往只实现了其中的一部分。

2. 一般结构

软件开发工具的一般结构示意图如图 8-11 所示。总控部分及人机界面、信息库及其管理、代码生成及文档生成、项目管理及版本管理是构成软件开发工具的四大技术要素。

1) 总控部分及人机界面

总控部分及人机界面是使用者和工具之间交流信息的桥梁。一个好的软件开发工具，不仅能帮助使用者完成具体的开发任务，而且能引导使用者熟悉和掌握科学的开发方法。

人机界面的设计应遵循以下 3 条原则：

(1) 面向用户的原则。软件开发工具的用户主要是系统开发人员，必须充分考虑这些人员的使用要求和工作习惯。

(2) 保证各部分之间信息的准确传递。无论是由分散的软件工具集成为一体化的工

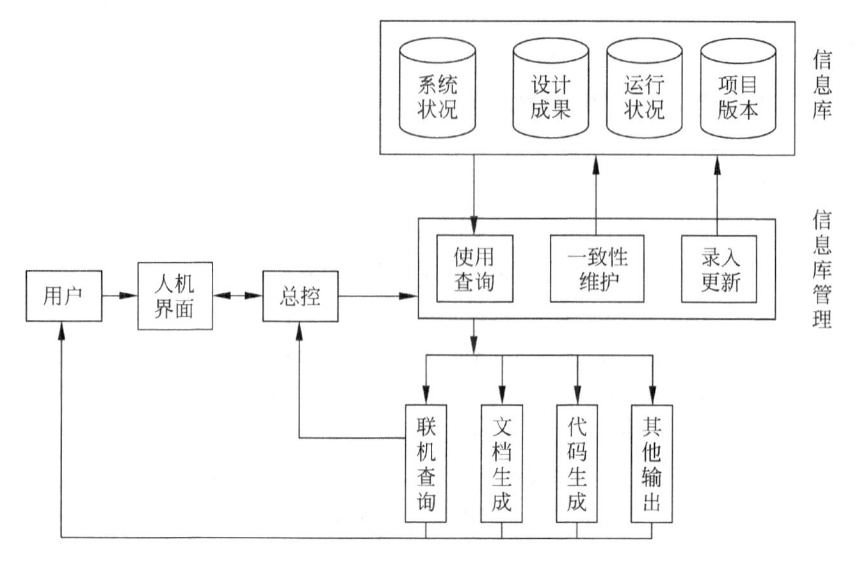

图 8-11 软件开发工具的一般结构示意图

具，还是有计划地统一开发的一体化工具，各部分之间信息的准确传递都是正常工作的基础。实现信息的准确传递在于信息的全面分析和统一规划，这与信息库的管理密切相关。

(3) 保证系统的开放性和灵活性。软件开发过程的复杂性决定了开发工具的多样性和可变性。因此，软件开发工具常常需要变更和组合，如果系统不具备足够的灵活性和开放性，就无法进行必要的剪裁和改造，它的使用也就有很大的局限性。

2) 信息库及其管理

信息库也称为中心库、主库等，其本意是用数据库技术存储和管理软件开发过程的信息。信息库是开发工具的基础。

信息库存储系统开发过程中涉及的 4 类信息。第一类信息是关于软件应用领域与环境状况(系统状况)的，包括有关实体及相互关系的描述，软件要处理的信息种类、格式、数量、流向，对软件的要求，使用者的情况、背景、工作目标、工作习惯等。这类信息主要用于分析、设计阶段，是第二类信息的原始材料。第二类信息是设计成果，包括逻辑设计和物理设计的成果，如数据流图、数据字典、系统结构图、模块设计要求等。第三类信息是运行状况的记录，包括运行效率、作用、用户反应、故障及其处理情况等。第四类信息是有关项目和版本管理的信息，这类信息是跨生命周期的，对于一次开发似乎作用不太大，但对于持续的、不断更新的系统则十分重要。

信息库的许多管理功能是一般数据库管理系统已经具备的，作为开发工具的基础，在以下两方面功能更强。一是信息之间逻辑联系识别与记录。例如，当数据字典中某一数据项发生变化时，相应的数据流图也必须随之发生变化，为此，必须记住它们之间的逻辑联系。二是定量信息与文字信息的协调一致。信息库中除了数字型信息之外，还有大量的文字信息，这些不同形式的信息之间有密切的关系。信息库需要记录这些关系。

例如，某个数字通过文档生成等功能写进了某个文字材料中，当这个数字发生变化时，利用这种关系从这个文字材料中找出这个数字并进行相应的修改。除此之外，历史信息的处理也是信息库管理的另一个难点。从开发工具的需要来讲，历史信息应尽可能保留。由于这些信息数量太大，而且格式往往不一致，其处理难度较大。

3）文档生成与代码生成

除了通过屏幕对话之外，使用者从软件开发工具得到的主要帮助是生成代码和文档。文档生成器、代码生成器是早期开发工具的主体，在一体化的工具中也是不可缺少的组成部分。

图 8-12 所示为代码生成器(Code Generator)的基本轮廓。生成代码依据 3 方面的材料：一是信息库中的资料，如系统的总体结构、各模块间的调用关系、基础的数据结构、屏幕的设计要求等；二是各种标准模块的框架和构件，如报表由表名、表头、表体、表尾、附录组成，报表生成器就预先设置了一个生成报表的框架；三是通过屏幕输入的信息，例如生成一个报表，需要通过屏幕输入有关的名称、表的行数等参数。

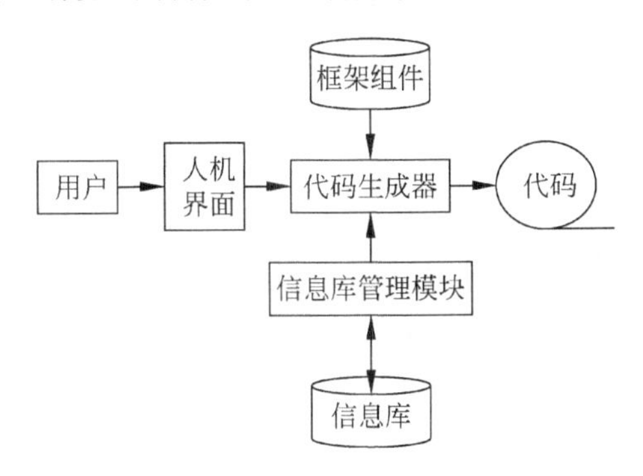

图 8-12　代码生成器示意图

代码生成器输出的代码可以是某种高级程序设计语言的代码或某种机器语言环境下的代码。输出高级程序设计语言的代码，使用者可以进一步修改加工，形成自己需要的程序。输出机器语言代码可以直接运行，但不能修改，对计算机软硬件环境的依赖性很大，所以这种方式不如前一种方式使用得多。需要强调的是，工具只能发挥帮助和支持的作用，不能完全代替人的工作。

文档形成的功能比代码生成更复杂一些。文档是给人看的，必须符合人的工作习惯与要求，否则没有实用价值。文档有文章、表格、图形三大类。表格比较容易按信息库当前的内容输出。随着计算机绘图功能越来越强，画图也不是困难的问题了。文章最难处理。目前的文档生成器大多数只能提供一个标准的框架，提醒人们完整地、准确地表达设计思想。

4）项目管理与版本管理

项目管理与版本管理是跨生命周期的信息管理，关键是历史信息的处理。在大型软件开发过程中，各个阶段的信息要求不同。例如，在系统分析时，重点是弄清系统的功能要求，对某些环境因素往往容易忽视。到了系统设计阶段，可能发现某个因素对设计影响很大，但信息库中的内容不能满足要求，需要补充调查，这样不仅影响进度，还必须对文档进行修改。针对这些情况，一些研究者提出了以项目数据库为中心来解决问题的思路。

项目数据库记录项目进展的各种有关信息，如各阶段的预期进度、实际进展情况。项目负责人应随时掌握这些情况，发现问题，组织解决。

关于版本的信息，主要内容有各版本的编号、功能改变、模块组成、文档状况、产生时间、用户数量、用户反应等。它也可以作为项目数据库的一部分来处理。

8.4.3 软件开发工具分类

对软件开发工具可以从不同的角度来进行分类。

1. 基于工作阶段划分的工具

软件工作是一个长期的、多阶段的过程,各个阶段对信息的需求不同,相应的工具也不相同。基于其工作阶段,可以分为需求分析工具、设计工具、编码工具、测试工具、运行维护工具和项目管理工具。

1) 需求分析工具

需求分析工具是在系统分析阶段用来严格定义需求规格的工具,能将应用系统的逻辑模型清晰地表达出来。由于系统分析是系统开发过程中最困难的阶段,它的成功与否往往是决定系统成败的关键,因此需求分析工具应包括对分析的结果进行一致性和完整性检查,发现并排除错误的功能。属于系统分析阶段的工具主要包括数据流图(DFD)绘制与分析工具、图形化的E-R图编辑和数据字典的生成工具、面向对象的模型与分析工具以及快速原型构造工具等。例如美国Logic Works公司的ERwin和BPwin就是基于数据结构设计方法的双向的数据库设计工具,它能进行E-R图的绘制,直接生成各种数据库的关系模式,还能从现有的数据库应用系统生成相应的E-R图。

2) 设计工具

设计工具是用来进行系统设计的,将设计结果描述出来形成设计说明书,并检查设计说明书中是否有错误,然后找出并排除这些错误。其中属于总体设计的工具主要是系统结构图的设计工具;详细设计的工具主要有HIPO图工具、PDL支持工具、数据库设计工具及图形界面设计工具等。

3) 编码工具

在程序设计阶段,编码工具可以为程序员提供各种便利的编程作业环境。

属于编码阶段的工具主要包括各种正文编辑器、常规的编译程序、链接程序、调试跟踪程序以及一些程序自动生成工具等,目前广泛使用的编程环境是这些工具的集成化环境。在数据库应用开发方面还有支持数据访问标准化的软件工具,比如美国INTERSOLV公司的ODBC产品能支持多种异构数据源和各种操作系统,它提供的统一编程接口的开发环境避免了涉及访问和操作众多的DBMS的具体细节,使在某种平台上开发的DBMS应用可方便地移植到其他平台上并支持多达35种不同的数据源。

4) 测试工具

软件测试历来是软件质量的保证,它是为了发现错误而执行程序的过程。测试工具应能支持整个测试过程,包括测试用例的选择、测试程序与测试数据的生成、测试的执行及测试结果的评价。而目前很多应用系统是Client/Server(C/S模式)环境,实际环境中每个客户端的软硬件配置可能不同,而且在运行过程中,服务器都有许多客户端并发访问,因此测试工具功能还应包括并发用户数对性能的影响、服务器数据量对性能的影响、多个客户端应用对相互之间的冲突和死锁及网络配置对应用的影响等。属于测试阶段的工具有静态分析器、动态覆盖率测试器、测试用例生成器、测试报告生成器、测试程序自动生成器及环境模拟器等。在Windows Client/Server应用领域较出色的产品有美国SQA公司的SQASuite,其中 SQATeamTest 提供客户端图形用户界面(GUI)应用的自动化测试手段,SQAclient/server 用于多用户并发运行情况下的测试。

5) 运行维护工具

运行维护的目的不仅是要保证系统的正常运行,使系统适应新的变化,更重要的是发现和解决性能障碍。属于软件运行维护阶段的工具主要包括支持逆向工程(reverse-engineering)或再造工程(reengineering)的反汇编程序及反编译程序、方便程序阅读和理解的程序结构分析器、源程序到程序流程图的自动转换工具、文档生成工具及系统日常运行管理和实时监控程序等。

6) 项目管理工具

软件项目管理贯穿系统开发生命周期的全过程,它包括对项目开发队伍或团体的组织和管理,以及在开发过程中各种标准、规范的实施。具体地讲,有项目开发人员和成本估算、项目开发计划、项目资源分配与调度、软件质量保证、版本控制、风险分析及项目状态报告和跟踪等内容。目前支持项目管理的常用工具有 PERT 图工具、Gantt 图工具、软件成本与人员估算建模及测算工具、软件质量分析与评价工具以及项目文档制作工具、报表生成工具等。在这个领域中 INTERSOLV 公司的产品 PVCS 就是一套标准的软件开发管理系统,它是一个集成环境,覆盖了开发管理领域的所有重要问题。

2. 基于集成程度划分的工具

目前,还应充分利用各种专用的软件开发工具。至于开发与应用集成化的软件开发工具是应当努力研究与探索的课题,而要开发出集成化地、统一地支持软件开发全过程的工具还是相当困难的。集成化程度是用户接口一致性和信息共享的程度,是一个新的发展阶段。集成化的软件开发工具要求人们对于软件开发过程有更深入的认识和了解。开发与应用集成化的软件开发工具是应当努力研究与探索的课题,集成化的软件开发工具也常称为软件工作环境。

8.5 软件开发新技术

本节重点介绍第四代语言、敏捷设计和软件产品线。

8.5.1 第四代语言

1. 程序设计语言的历史

程序设计语言阶段的划代远比计算机发展阶段的划代复杂和困难。目前,对程序设计语言阶段的划代有多种观点,有代表性的是将其划分为 5 个阶段。

(1) 第一代语言(1GL):机器语言。

(2) 第二代语言(2GL):编程语言。

(3) 第三代语言(3GL):高级程序设计语言,如 FORTRAN、ALGOL、Pascal、BASIC、LISP、C、C++和 Java 等。

(4) 第四代语言(4GL):更接近人类自然语言的高级程序设计语言,如 Ada、

MODULA-2、Smalltalk-80 等。

(5) 第五代语言(5GL):用于人工智能、人工神经网络的语言。

2. 第四代语言简介

1) 历史与发展

第四代语言(Fourth-Generation Language,4GL)的出现是出于商业需要。4GL 这个词最早是在 20 世纪 80 年代初期出现在软件厂商的广告和产品介绍中的。因此,这些厂商的 4GL 产品不论从形式上看还是从功能上看,差别都很大。但是人们很快发现这一类语言由于具有面向问题、非过程化程度高等特点,可以成数量级地提高软件生产率,缩短软件开发周期,因此赢得了很多用户。1985 年,美国召开了全国性的 4GL 研讨会,也正是在这前后,许多著名的计算机科学家对 4GL 展开了全面研究,从而使 4GL 进入了计算机科学的研究范畴。

4GL 以数据库管理系统所提供的功能为核心,进一步构造了开发高层软件系统的开发环境,如报表生成、多窗口表格设计、菜单生成系统、图形图像处理系统和决策支持系统,为用户提供了一个良好的应用开发环境。它提供了功能强大的非过程化问题定义手段,用户只需告知系统做什么,而无须说明怎么做,因此可大大提高软件生产率。

进入 20 世纪 90 年代,随着计算机软硬件技术的发展和应用水平的提高,大量基于数据库管理系统的 4GL 商品化软件已在计算机应用开发领域中获得广泛应用,成为了面向数据库应用开发的主流工具,如 Oracle 应用开发环境、Informix-4GL、SQL Windows、Power Builder 等。它们为缩短软件开发周期,提高软件质量发挥了巨大作用,为软件开发注入了新的生机和活力。

4GL 是一种编程语言或是为了某一目的的编程环境,比如为了商业软件开发目的的。在演化计算中,4GL 是在 3GL 基础上发展的,且概括和表达能力更强。而 5GL 又是在 4GL 的基础发展的。

3GL 的自然语言和块结构特点改善了软件开发过程。然而 3GL 的开发速度较慢,且易出错。4GL 和 5GL 都是面向问题和系统工程的。所有的 4GL 设计都是为了减少开发软件的时间和费用。4GL 常被与专门领域软件比较,因此有些研究者认为 4GL 是专门领域软件的子集。

2) 4GL 的特点

(1) 4GL 的优点。4GL 具有简单易学、用户界面良好、非过程化程度高和面向问题的特点。4GL 编程代码量少,可成倍地提高软件生产率。4GL 为了提高对问题的表达能力和语言的使用效率,引入了过程化的语言成分,出现了过程化的语句与非过程化的语句交织并存的局面。

(2) 4GL 已成为目前应用开发的主流工具,但也存在着以下不足:

① 4GL 语言抽象级别提高以后,丧失了 3GL 一些功能,许多 4GL 只面向专项应用。

② 4GL 抽象级别提高后不可避免地带来系统开销加大,对软硬件资源消耗加重。

③ 4GL 产品花样繁多,缺乏统一的工业标准,可移植性较差。

④ 目前 4GL 主要面向基于数据库应用的领域,不宜于科学计算、高速的实时系统和系统软件开发。

由于近代软件工程实践所提出的大部分技术和方法并未受到普遍的欢迎和采用，软件供求矛盾进一步恶化，软件的开发成本日益增长，导致了所谓新软件危机。这既暴露了传统开发模型的不足，又说明了单纯以劳动力密集的形式来支持软件生产已不再适应社会信息化的要求，必须寻求更高效、自动化程度更高的软件开发工具来支持软件生产。4GL 就是在这种背景下应运而生并发展壮大的。

3）判断标准

确定一个语言是否是一个 4GL，主要应从以下标准来考察。

(1) 生产率标准。4GL 一出现，就是以大幅度提高软件生产率为己任的，4GL 应比 3GL 的生产率提高一个数量级以上。

(2) 非过程化标准。4GL 基本上应该是面向问题的，即只需告知计算机“做什么”，而不必告知计算机“怎么做”。当然 4GL 为了适应复杂的应用，而这些应用是无法非过程化的就允许保留过程化的语言成分，但非过程化应是 4GL 的主要特色。

(3) 用户界面标准。4GL 应具有良好的用户界面，应该简单、易学、易掌握，使用方便、灵活。

(4) 功能标准。4GL 要具有生命力，适用范围不能太窄，在某一范围内应具有通用性。

3. 第四代语言的分类

按照 4GL 的功能可以将它们划分为以下几类：

1）查询语言和报表生成器

查询语言是数据库管理系统的主要工具，它提供用户对数据库进行查询的功能。报表生成器为用户提供自动产生报表的工具，它提供非过程化的描述手段让用户很方便地根据数据库中的信息来生成报表。

2）图形语言

图形信息较之一维的字符串、二维的表格信息更为直观、鲜明。在软件开发过程中所使用的数据流图、结构图、框图等均是图形。人们自然要设想是否可以用图形的方式来进行软件开发呢？可见视屏、光笔、鼠标器的广泛使用为此提供了良好的硬件基础，Windows 和 X-window 提供了良好的软件平台。目前较有代表性的是 Gupta 公司开发的 SQL Windows 系统。它以 SQL 语言为引擎，让用户在屏幕上以图形方式定义用户需求，系统自动生成相应的源程序（还具有面向对象的功能），用户可修改或增加这些源程序，从而完成应用开发。

3）应用生成器

应用生成器是重要的一类综合的 4GL 工具，它用来生成完整的应用系统。应用生成器按其使用对象可以分为交互式和编程式两类。属于前者的有 FOCUS、RAMIS、MAPPER、UFO、NOMAD、SAS 等。它们服务于维护、准备和处理报表，允许用户以可见的交互方式在终端上创立文件、报表和进行其他处理。目前较有代表性的有 Power Builder 和 Oracle 的应用开发环境。Oracle 提供的 SQL FORMS、SQL MENU、SQL REPORTWRITER 等工具建立在 SQL 语言基础之上，借助了数据库管理系统的强大功能，让用户交互式地定义需求，系统生成相应的屏幕格式、菜单和打印报表。

编程式应用生成器是为建造复杂系统的专业程序人员设计的，如 NATURAL、FOXPRO、MANTIS、IDEAL、CSP、DMS、INFO、LINC、FORMAL、APPLICATION FACTORY 以及

作者设计的 OO-HLL 等即属于这一类。这一类 4GL 中有许多是程序生成器(Program Generator),如 LINC 生成 COBOL 程序,FORMAL 生成 Pascal 程序等。为了提供专业人员建造复杂的应用系统,有的语言具有很强的过程化描述能力。虽然语句的形式有差异,其实质与 3GL 的过程化语句相同,如 Informix-4GL 和 Oracle 的 PRO C。

4) 形式规格说明语言

为避免自然语言的歧义性、不精确性引入软件规格说明中。形式的规格说明语言则很好地解决了上述问题,且是软件自动化的基础。从形式的需求规格说明和功能规格说明出发,可以自动或半自动地转换成某种可执行的语言。这一类语言有 Z、NPL、SPECINT 以及作者设计的 JAVASPEC。

4. 第四代语言的应用前景

在今后相当一段时期内,4GL 仍然是应用开发的主流工具。但其功能、表现形式、用户界面、所支持的开发方法将会发生一系列深刻的变化。主要表现在以下几个方面:

(1) 4GL 与面向对象技术将进一步结合。面向对象技术所追求的目标和 4GL 所追求的目标实际上是一致的。目前有代表性的 4GL 普遍具有面向对象的特征,随着面向对象数据库管理系统研究的深入,建立在其上的 4GL 将会以崭新的面貌出现在应用开发者面前。

(2) 4GL 将全面支持以 Internet 为代表的网络分布式应用开发。随着 Internet 为代表的网络技术的广泛普及,4GL 又有了新的活动空间。出现类似于 Java,但比 Java 抽象级更高的 4GL 不仅是可能的,而且是完全必要的。

(3) 4GL 将出现事实上的工业标准。目前 4GL 产品很不统一,给软件的可移植性和应用范围带来了极大的影响。但基于 SQL 的 4GL 已成为主流产品。随着竞争和发展,有可能出现以 SQL 为引擎的事实上的工业标准。

(4) 4GL 将以受限的自然语言加图形作为用户界面。目前 4GL 基本上还是以传统的程序设计语言或交互方式为用户界面的。前者表达能力强,但难于学习使用;后者易于学习使用,但表达能力弱。在自然语言理解未能彻底解决之前,4GL 将以受限的自然语言加图形作为用户界面,以大大提高用户界面的友好性。

(5) 4GL 将进一步与人工智能相结合。目前 4GL 主流产品基本上与人工智能技术无关。随着 4GL 非过程化程度和语言抽象级的不断提高,将出现功能级的 4GL,必然要求人工智能技术的支持才能很好地实现,使 4GL 与人工智能广泛结合。

(6) 4GL 继续需要数据库管理系统的支持。4GL 的主要应用领域是商务。商务处理领域中需要大量的数据,没有数据库管理系统的支持是很难想象的。事实上大多数 4GL 是数据库管理系统功能的扩展,它们建立在某种数据库管理系统的基础之上。

(7) 4GL 要求软件开发方法发生变革。由于传统的结构化方法已无法适应 4GL 的软件开发,工业界客观上又需要支持 4GL 的软件开发方法来指导他们的开发活动。预计面向对象的开发方法将居主导地位,再配之以一些辅助性的方法,如快速原型方法、并行式软件开发方法、协同式软件开发方法等,以加快软件的开发速度,提高软件的质量。

8.5.2 敏捷设计

2001 年 2 月 11～13 日,在犹他州 Wasateh 山的滑雪胜地,17 个计算机专家在两天的聚会中签署了“敏捷软件开发宣言”(The Manifesto for Agile Software Development),宣告:“我们通过实践寻找开发软件的更好方法,并帮助其他人使用这些方法。通过这一工作,得到以下结论:‘个体和交流胜于过程和工具;工作软件胜于综合文档;客户协作胜于洽谈协议;回应变革胜于照计划行事。’”

1. 方法类型

敏捷过程(Agile Process)来源于敏捷开发。敏捷开发是一种应对快速变化的需求的一种软件开发能力。相对于“非敏捷”更强调沟通、变化、产品效益,也更注重作为软件开发中人的作用。敏捷开发包括一系列的方法,主流的有如下7种。

1) XP(极限编程)

XP的思想源自Kent Beck和Ward Cunningham在软件项目中的合作经历。XP注重的核心是沟通、简明、反馈和勇气。因为知道计划永远赶不上变化,XP无须开发人员在软件开始初期做出很多的文档。XP提倡测试先行,为了将以后出现bug的几率降到最低。

2) SCRUM方法

SCRUM是一种迭代的增量化过程,用于产品开发或工作管理。它是一种可以集合各种开发实践的经验化过程框架。SCRUM中发布产品的重要性高于一切。该方法由Ken Schwaber和Jeff Sutherland提出,旨在寻求充分发挥面向对象和构件技术的开发方法,是对迭代式面向对象方法的改进。

3) Crystal Methods(水晶方法族)

Crystal Methods由Alistair Cockburn在20世纪90年代末提出。之所以是个系列,是因为他相信不同类型的项目需要不同的方法。虽然水晶系列不如XP那样的产出效率,但却有更多的人能够接受并遵循它。

4) FDD(特性驱动开发)

FDD(Feature-Driven Development)由Peter Coad、Jeff de Luca、Eric Lefebvre共同开发,是一套针对中小型软件开发项目的开发模式。此外,FDD是一个模型驱动的快速迭代开发过程,它强调的是简化、实用、易于被开发团队接受,适用于需求经常变动的项目。

5) ASD(自适应软件开发)

ASD(Adaptive Software Development)由Jim Highsmith在1999年正式提出。ASD强调开发方法的适应性(Adaptive),这一思想来源于复杂系统的混沌理论。ASD不像其他方法那样有很多具体的实践做法,它更侧重为ASD的重要性提供最根本的基础,并从更高的组织和管理层次来阐述开发方法为什么要具备适应性。

6) DSDM(动态系统开发方法)

DSDM是众多敏捷开发方法中的一种,它倡导以业务为核心,快速而有效地进行系统开发。实践证明DSDM是成功的敏捷开发方法之一。在英国,由于其在各种规模的软件组织中的成功,它已成为应用最为广泛的快速应用开发方法。

7) 轻量型RUP框架

轻量型RUP其实是个过程的框架,它可以包容许多不同类型的过程,Craig Larman极力主张以敏捷型方式来使用RUP。他的观点是:目前如此众多的努力以推进敏捷型方法,只不过是在接受能被视为RUP的主流OO开发方法而已。

2. 敏捷开发的工作方式

前面提到的"敏捷软件开发宣言"中的这4个核心价值观会导致高度迭代式的、增量式的软件开发过程，并在每次迭代结束时交付经过编码与测试的软件。敏捷开发小组的主要工作方式包括增量与迭代式开发；作为一个整体工作；按短迭代周期工作；每次迭代交付一些成果；关注业务优先级；检查与调整。

1）增量与迭代

增量开发，意思是每次递增地添加软件功能。每一次增量都会添加更多的软件功能。迭代式开发允许在每次迭代过程中需求可能有变化，通过不断细化来加深对问题的理解。

2）敏捷小组的整体工作

项目取得成功的关键在于，所有的项目参与者都把自己看作朝向一个共同目标前进的团队的一员。一个成功的敏捷开发小组应该具有"我们一起参与其中"的思想。虽然敏捷开发小组是以小组整体进行工作的，但是小组中仍然有一些特定的角色，有必要指出和阐明那些在敏捷估计和规划中承担一定任务的角色。

3）敏捷小组的短迭代周期

迭代是受时间框(Timebox)限制的，意味着即使放弃一些功能，也必须按时结束迭代。时间框一般很短。大部分敏捷开发小组采用2～4周的迭代，但也有一些小组采用长达3个月的迭代周期仍能维持敏捷性。大多数小组采用相对稳定的迭代周期长度，但是也有一些小组在每次迭代开始的时候选择合适的周期长度。

4）敏捷小组每次迭代交付

在每次迭代结束的时候让产品达到潜在可交付状态是很重要的。实际上，这并不是说小组必须全部完成发布所需的所有工作，因为他们通常并不会每次迭代都真的发布产品。由于单次迭代并不总能提供足够的时间来完成足够满足用户或客户需要的新功能，因此需要引入更广义的发布(Release)概念。一次发布由一次或以上(通常是以上)相互接续，完成一组相关功能的迭代组成。最常见的迭代一般是2～4周，一次发布通常是2～6个月。

5）敏捷小组的优先级

敏捷开发小组从两个方面显示出他们对业务优先级的关注。首先，他们按照产品所有者所制定的顺序交付功能，而产品所有者一般会按照使机构在项目上的投资回报最大化的方式来确定功能的优先级，并将它们组织到产品发布中。要达到这一目的，需要根据开发小组的能力和所需新功能的优先级建立一个发布计划。其次，敏捷开发小组关注完成和交付具有用户价值的功能，而不是完成孤立的任务(任务最终组合成具有用户价值的功能)。

6）敏捷小组的检查和调整

在每次新迭代开始的时候，敏捷开发小组都会结合在上一次迭代中获得的所有新知识做出相应的调整。如果小组认识到一些可能影响到计划的准确性或是价值的内容，他们就会调整计划。小组可能发现他们过高或过低地估计了自己的进展速度，或者发现某项工作比原来以为的更耗费时间，从而影响到计划的准确性。

8.5.3 软件产品线

1. 软件产品线概念

目前，软件产品线没有一个统一的定义，常见的定义有：

(1) 定义1：将利用了产品间公共方面、预期考虑了可变性等设计的产品族称为产品线(Weiss和Lai)。

(2) 定义2：产品线就是由在系统的组成元素和功能方面具有共性和个性的相似的多个系统组成的一个系统族。

(3) 定义3：软件产品线就是在一个公共的软件资源集合基础上建立起来的，共享同一个特性集合的系统集合(Bass、Clements和Kazman)。

(4) 定义4：一个软件产品线由一个产品线体系结构、一个可重用构件集合和一个源自共享资源的产品集合组成，是组织一组相关软件产品开发的方式(Jan Bosch)。

相对而言，卡耐基梅隆大学软件工程研究所(CMU/SEI)对产品线和软件产品线的定义，更能体现软件产品线的特征："产品线是一个产品集合，这些产品共享一个公共的、可管理的特征集，这个特征集能满足选定的市场或任务领域的特定需求。这些系统遵循一个预描述的方式，在公共的核心资源基础上开发。"

根据SEI的定义，软件产品线主要由两部分组成：核心资源和产品集合。核心资源是领域工程的所有结果的集合，是产品线中产品构造的基础。也有组织将核心资源库称为"平台"。核心资源必定包含产品线中所有产品共享的产品线体系结构，新设计开发的或者通过对现有系统的再工程得到的、需要在整个产品线中系统化重用的软件构件；与软件构件相关的测试计划、测试实例以及所有设计文档、需求说明书、领域模型和领域范围的定义也是核心资源；采用COTS的构件也属于核心资源。产品线体系结构和构件是用于软件产品线中的产品的构建和核心资源最重要的部分。

软件产品线是一组具有共同体系构架和可复用组件的软件系统，它们共同构建支持特定领域内产品开发的软件平台。一个软件产品线由一个产品线体系结构、一个可重用构件集合和一个源自共享资源的产品集合组成，是组织一组相关软件产品开发的方式。软件产品线的产品则是根据基本用户需求对产品线架构进行定制，将可复用部分和系统独特部分集成而得到。软件产品线方法集中体现一种大规模、大粒度软件复用实践，是软件工程领域中软件体系结构和软件重用技术发展的结果。1997年，由北京大学主持的国家重大科技攻关项目"青鸟工程"是软件产品线方法的原型平台。

2. 软件产品线流程

软件产品线的开发有4个技术特点：过程驱动、特定领域、技术支持和架构为中心。

与其他软件开发方法相比，选择软件产品线的宏观原因有：对产品线及其实现所需的专家知识领域的清楚界定；对产品线的长期远景进行的策略性规划。

软件产品线的概念和思想将软件的生产过程分到3类不同的生产车间进行，即应用体系结构生产车间、构件生产车间和基于构件和体系结构复用的应用集成(组装)车间，从而形成软件产业内部的合理分厂，实现软件的产业化生产。软件产品线示意图如图8-13所示。

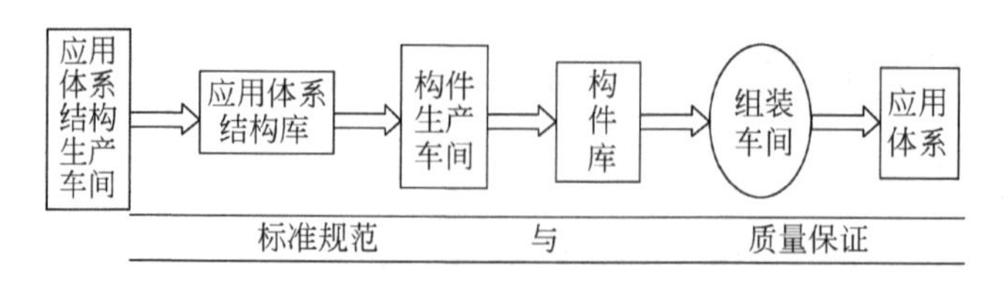

图 8-13 软件产品线示意图

1）软件产品线工程

软件产品线是一种基于架构的软件复用技术，它的理论基础是特定领域（产品线）内的相似产品具有大量的公共部分和特征，通过识别和描述这些公共部分和特征，可以开发需求规范、测试用例、软件组件等产品线的公共资源。而这些公共资源可以直接应用或适当调整后应用于产品线内产品的开发，从而不再从草图开始开发产品。因此典型的产品线开发过程包括两个关键过程：领域工程和应用工程。

2）软件产品线的组织结构

因为软件产品线开发过程分为领域工程和应用工程，相应的软件开发的组织结构也有两个部分：负责核心资源的小组和负责产品的小组。在 EMS 系统开发过程中采用的产品线方法中，主要有 3 个关键小组：平台组、配置管理组和产品组。

3）软件产品线构件

产品线构件是用于支持产品线中产品开发的可复用资源的统称。这些构件远不是一般意义上的软件构件，它们包括领域模型、领域知识、产品线构件、测试计划及过程、通信协议描述、需求描述、用户界面描述、配置管理计划及工具、代码构件、性能模型与度量、工作流结构、预算与调度、应用程序生成器、原型系统、过程构件（方法、工具）、产品说明、设计标准、设计决策、测试脚本等。在产品线系统的每个开发周期都可以对这些构件进行精化。

3. 网构软件

进入 21 世纪，一方面以 Internet 为代表的网络逐渐融入人类社会的方方面面，极大地促进了全球化的广度和深度，为信息技术与应用扩展了发展空间，另一方面，Internet 正在成长为一台由数量巨大且日益增多的计算设备所组成的"统一的计算机"，与传统计算机系统相比，Internet 为应用领域问题求解所能提供的支持在量与质上均有飞跃。为了适应这些应用领域及信息技术方面的重大变革，软件系统开始呈现出一种柔性可演化、连续反应式、多目标自适应的新系统形态。从技术的角度看，在面向对象、软件构件等技术支持下的软件实体以主体化的软件服务形式存在于 Internet 的各个节点之上，各个软件实体相互间通过协同机制进行跨网络的互联、互通、协作和联盟，从而形成一种与 WWW 相类似的软件 Web（software Web）。将这样一种 Internet 环境下的新的软件形态称为网构软件（Internetware）。传统软件技术体系由于其本质上是一种静态和封闭的框架体系，难以适应 Internet 开放、动态和多变的特点。网构软件能够适应 Internet 的基本特征，呈现出柔性、多目标和连续反应式的系统形态，将导致现有软件理论、方法、技术和平台的革命性进展。

网构软件包括一组分布于 Internet 环境下各个节点的，具有主体化特征的软件实体，以及一组用于支撑这些软件实体以各种交互方式进行协同的连接子。这些实体能够感知外部环境的变化，通过体系结构演化的方法（主要包括软件实体与连接子的增加、减少与演化，以及系统拓扑结构的变化等)来适应外部环境的变化,展示上下文适应的行为,从而使系统能够以足够满意度来满足用户的多样性目标。网构软件这种与传统软件迥异的形态,在微观上表现为实体之间按需协同的行为模式,在宏观上表现为实体自发形成应用领域的组织模式。相应地,网构软件的开发活动表现为将原本无序的基础软件资源组合为有序的基本系统,随着时间推移,这些系统和资源在功能、质量、数量上的变化导致它们再次呈现出无序的状态,这种由无序到有序的过程往复循环,基本上是一种自底向上、由内向外的螺旋方式。

网构软件理论、方法、技术和平台的主要突破点在于实现如下转变:从传统软件结构到网构软件结构的转变;从系统目标的确定性到多重不确定性的转变;从实体单元的被动性到主动自主性的转变;从协同方式的单一性到灵活多变性的转变;从系统演化的静态性到系统演化的动态性的转变;从基于实体的结构分解到基于协同的实体聚合的转变;从经验驱动的软件手工开发模式到知识驱动的软件自动生成模式的转变。建立这样一种新型的理论、方法、技术和平台体系具有两个方面的重要性,一方面,从计算机软件技术发展的角度,这种新型的理论、方法和技术将成为面向 Internet 计算环境的一套先进的软件工程方法学体系,为21世纪计算机软件的发展构造理论基础;另一方面,这种基于 Internet 计算环境的软件的核心理论、方法和技术,必将为我国在未来5～10年建立面向 Internet 的软件产业打下坚实的基础,为我国软件产业的跨越式发展提供核心技术的支持。

习题 8

1. 名词解释

(1) CPS。
(2) 云计算。
(3) 商务智能。
(4) 知识管理。
(5) 中间件。
(6) CASE。

2. 判断题

(1) 物联网技术中,RFID是基础应用的关键技术,CPS是物理世界和信息世界的集成,云计算是用户和产业的愿景,智慧地球是物联网更高级的阶段。　(　)

(2) 商务智能只能处理结构性信息,不能处理非结构性信息。　(　)

(3) 数据仓库是一个很好的存储工具,也是商务智能系统的技术基础。通过数据仓库,商务智能系统可以存储原始信息,为 Portal 工具的使用提供信息源。　(　)

(4) 商务智能着眼于将企业信息化管理后所产生的营运数据予以转化增值为辅助决策的信息,进而累积成为企业的知识资产。　(　)

(5) 软件体系结构代表了系统公共的高层次的抽象,它是系统设计成败的关键。其设计的核心是能否使用结构性的体系模式。　(　)

3. 填空题

(1) 从产业发展阶段的角度预测，未来10年，中国物联网产业将经历________、________、________3个发展阶段，形成________、________、________三大市场。

(2) 从系统的观点来看，商务智能数据处理有如下过程：________，________，________。

(3) 物联网可划分成3个层面：________、________和________。

(4) 中间件是基于分布式处理的软件，最突出的特点是其网络通信功能。主要类型包括屏幕转换及仿真中间件、数据库访问中间件、________、________、________和安全中间件。

(5) CORBA体系的主要内容包括________、________、________、________和领域接口。

4. 选择题

(1) 海量信息处理对商业智能提出了哪些要求？(　　)

A. 实时商务智能　B. 分析速度更快　C. 数据质量更高　D. 数据挖掘更强

(2) 传统商业智能在面对海量数据时存在哪些问题？(　　)

A. 资金供应不足　B. 巨大的IT设备投入

C. 无法应对海量数据的增长　D. 无法应对客户种种不同的要求

(3) 知识管理包括哪几个方面的工作？(　　)

A. 建立知识库　B. 知识的结构化存储

C. 建立尊重知识的内部环境　D. 把知识作为资产来管理

(4) 基于构件的软件开发方法学应包括下面哪几方面？(　　)

A. 对中间件有明确的定义

B. 基于中间件的概念需要有中间件的描述技术和规范

C. 开发应用系统必须按中间件裁剪划分组织

D. 有支持检验中间件特性和生成文档的工具

(5) RFID中间件可以从架构上分为哪几种？(　　)

A. 以应用程序为中心　B. 以架构为中心

C. 以客户需求为中心　D. 以数据结构为中心

(6) RFID中间件的发展阶段包括以下哪几个？(　　)

A. 应用程序中间件发展阶段　B. 面向需求中间件发展阶段

C. 架构中间件发展阶段　D. 解决方案中间件发展阶段。

(7) CASE有哪几大作用？这些作用从根本上改变了软件系统的开发方式。(　　)

A. 一个具有快速响应、专用资源和早期查错功能的交互式开发环境

B. 对软件的开发和维护过程中的许多环节实现了自动化

C. 通过一个强有力的图形接口，实现了直观的程序设计

D. 在使用的时候要注意与硬件的兼容性

5. 简答题

(1) 简述 RFID 中间件的特点。
(2) CORBA 服务内容有哪些？
(3) 软件开发工具的基本功能有哪些？
(4) 4GL 有哪些优点和不足？

6. 论述题

(1) 叙述第四代语言(4GL)的应用前景。
(2) 敏捷开发的方法有哪些？
(3) 构件技术有哪几种？请比较它们的特点。

物联网工程案例

本章重点介绍物联网系统分析案例、物联网系统设计案例和物联网系统实现案例，要求学生了解物联网系统的分析、设计和实现的具体方式。

9.1 物联网系统分析案例

本节的内容是物联网系统分析案例，将介绍物联网系统的需求分析方法、系统功能需求、物理系统分析和软件需求分析。以学者王振等在《交通工程》(2012 年 1 月)发表的文章"物联网平台下智能交通系统体系框架研究"作为一个物联网工程系统分析的典型案例，以下向读者介绍其分析思路和方法。为了使读者能很好地理解系统分析方法，这里在原文的基础上做了增改和进一步设计。在此特别说明。

9.1.1 系统需求

制定 ITS(Intelligent Transport System，智能交通系统)体系框架的方法主要有两种，即结构化(面向过程)方法和面向对象方法。

我国"九五"国家科技攻关项目《中国智能运输系统体系框架》采用结构化方法。结构化方法各阶段与 ITS 体系框架各步骤的对应关系如图 9-1 所示。

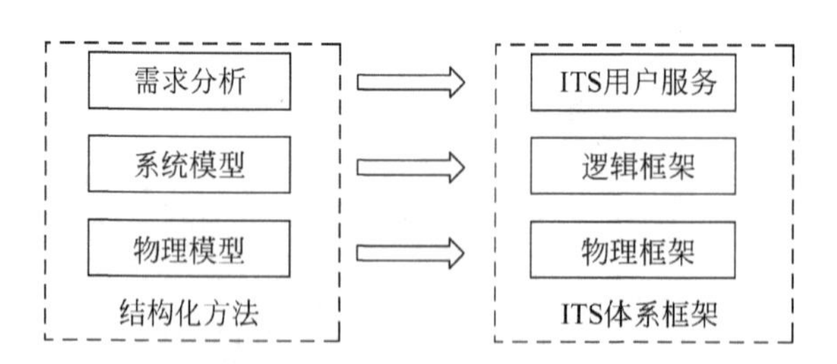

图 9-1 结构化方法与 ITS 体系框架对应关系图

根据结构化方法的 3 个步骤，下文中从确定 ITS 用户服务、建立逻辑框架以及建立物理框架三方面对物联网平台下 ITS 体系框架进行讨论。

我国智能交通共有 8 个服务领域，包括交通管理与规划、紧急事件和安全、车辆安全与辅助驾驶、电子收费、运营管理、出行者信息、综合运输和自动公路等。每一服务领域又划分为多个分项服务,每一分项服务又由各子服务组成。

9.1.2 物理系统分析

1. 物联网自主体系结构

图 9-2 是三类功能部件组成的物联网体系结构。它包括信息物品、物联网自主网络和智能应用三部分。其中,物联网自主网络为信息物品提供接入网络服务,使得信息物品可以被物联网系统识别并访问,并根据信息物品拥有的唯一标识自动选择相匹配的配置协议和网络接入协议;物联网自主网络为智能应用提供数据传递、远程服务等功能,实现网络数据传递和服务调用;自主网络依赖智能应用需求,确定可能的定制服务以及相应的服务质量;智能应用根据信息物品的数据语义进行相关的处理和决策,确定需要进行的相应操作;信息物品则根据智能应用需求,确定可以执行的相关操作以及可以提供的相关信息。

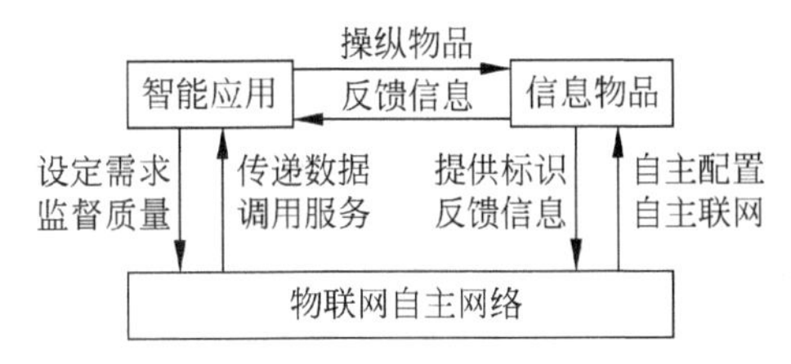

图 9-2 三类功能部件组成的物联网体系结构

2. 物联网平台下 ITS 物理框架

根据现有 ITS 的物理框架和上述功能部件的交互关系,得出物联网平台下 ITS 物理框架的基本模型,如图 9-3 所示。

终端既包含可以由物联网进行信息采集的道路使用者、车辆、道路与交通设施等,又包含紧急事件管理部门、规划部门等与信息终端有关的部门。终端接入物联网网络,可以被物联网平台直接识别并访问。

物联网平台底层包含有大量不同类型的传感器节点,包括 RFID、传感器、线圈、GPS 等信息采集设备,实时采集道路使用者、车辆、道路交通设施等的状态信息。采集的信息经过前段一次处理后,传送至支撑平台进行数据管理与处理。感知数据管理与处理技术包括数据的存储、查询、分析、挖掘、理解以及基于感知数据决策和行为的理论和技术。一方面,它实时采集终端信息,提供相应的协议与配置并将终端接入网内;另一方面,根据智能应用子系统的需求,确定相应的服务类型以及可能的定制服务,并将处理过的信息数据传送至智能应用子系统。支撑平台统一构建、规划或集成交通基础信息数据库,完成实时数据采集、数据处理、信息发布和数据交换,是 ITS 的重要基础信息,为城市交通规划和交通管理部门的正确决策提供科学依据。

智能应用系统包含 ITS 的七大子系统,利用经过分析处理的感知数据为智能交通用户提供丰富的特定服务。一方面,各子系统依靠物联网提供的远程服务和数据传递功能,实现网络数据传递和服务调用;另一方面,根据终端的数据特点,进行相应的处理和决策,实现对各终端的控制。

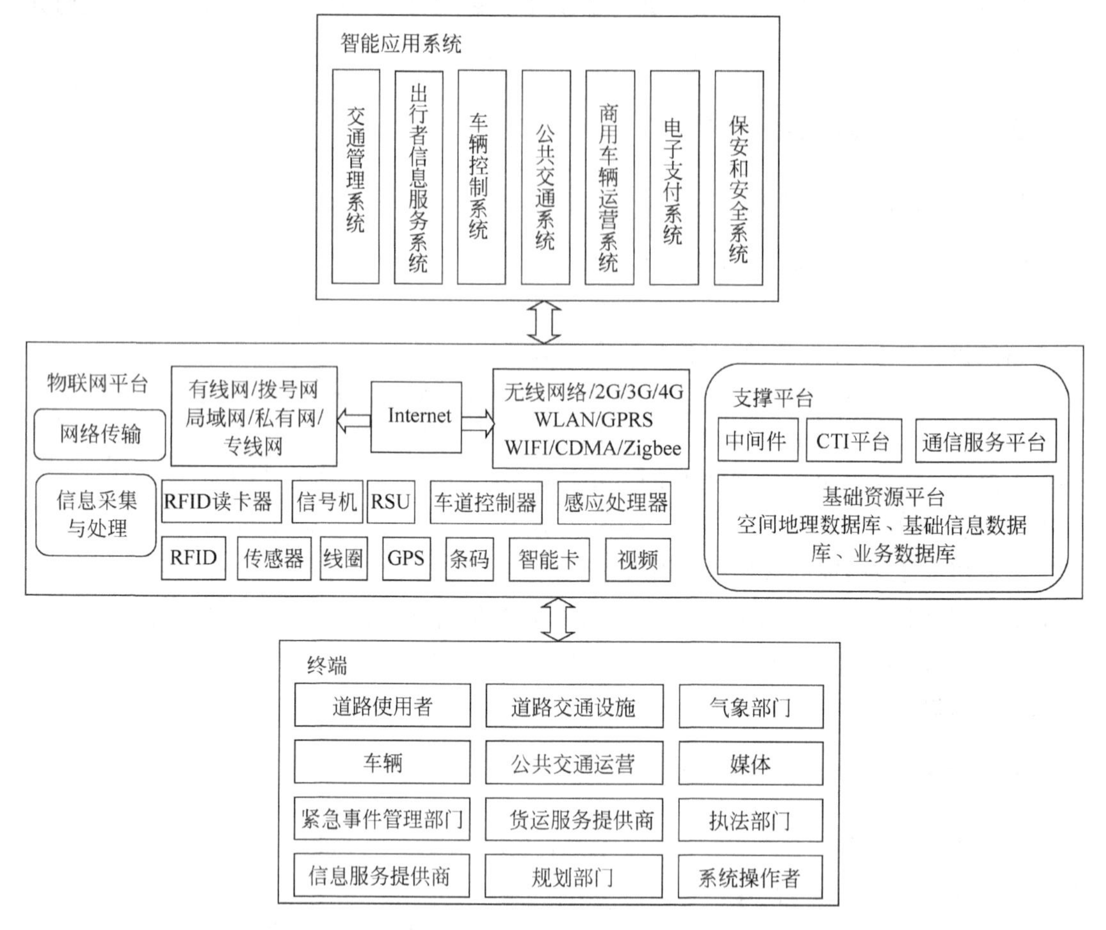

图 9-3　物联网平台下 ITS 物理框架基本模型

9.1.3　软件需求分析

1. 基于物联网系统结构的功能分析

由于这个系统中，网络层不涉及软件开发，因此，物联网智能交通系统只涉及两个部分，即感知层和应用层。而感知层包括信息采集和处理。对应于中国智能交通的 8 个服务领域，应用层包括交通管理与规划、紧急事件和安全、车辆安全与辅助驾驶、电子收费、运营管理、出行者信息、综合运输和自动公路 8 个服务。这样，就可以绘制数据流图。

2. 数据流图

开始，可以绘制最简单的第一级基本数据流图，包括外部实体数据采集设备和用户、数据信息存储部分 D，以及采集处理和交通服务两个处理单元，如图 9-4 所示。

在此基础上，可以细分采集处理单元和交通服务单元，分别如图 9-5 和图 9-6 所示。

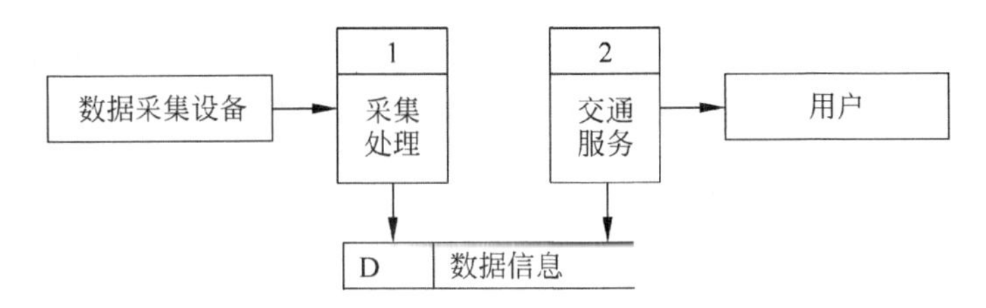

图 9-4 第一级基本数据流图

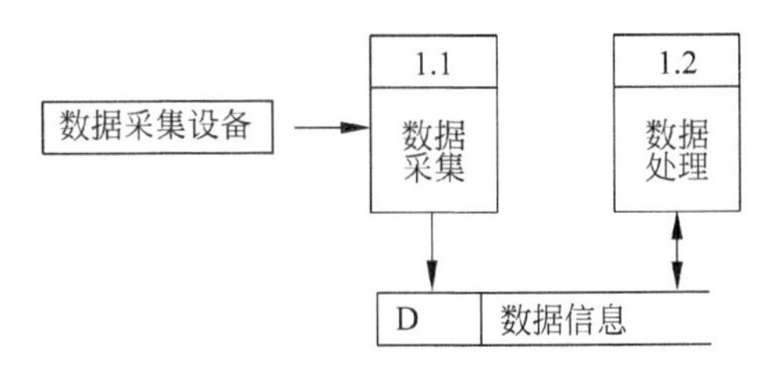

图 9-5 第二级采集处理单元数据流图

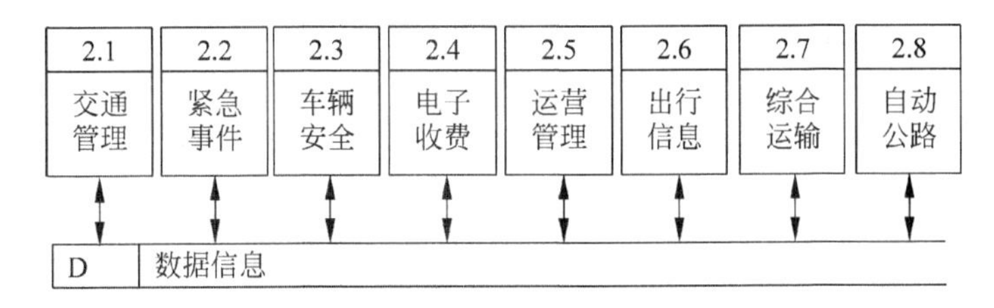

图 9-6 第二级交通服务单元数据流图

3. 功能结构转换与设计

事物流转换示意图如图 9-7 所示，其中虚线第一部分是信息采集和处理事物流，虚线第二部分是交通服务事物流。如果利用事物流分析方法，可以将功能需求转换为软件层次结构图。两条点线分别从事物流图指向被转换后的软件层次结构图。

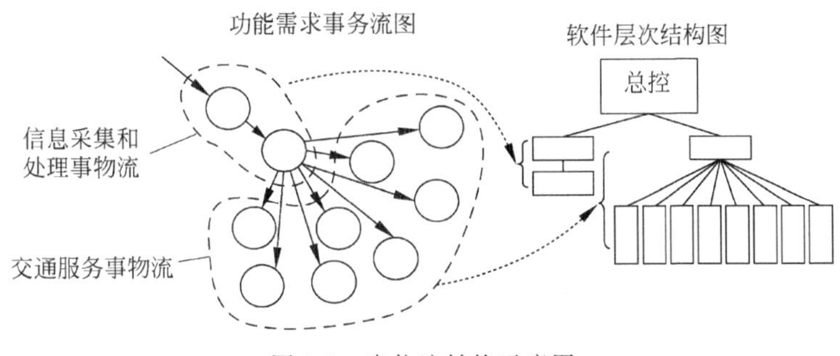

图 9-7 事物流转换示意图

9.2 物联网系统设计案例

本节是物联网系统设计的一个案例。以学者方静在《公路与汽运》（2012 年 3 月）发表的文章"物联网背景下基于公众服务的交通信息整合架构"作为一个物联网工程系统设计的典型案例,以下向读者介绍其设计思路和方法。为了使读者能很好地理解系统设计的方法,这里在原文的基础上做了增改和进一步设计细化。在此特别说明。

9.2.1 案例的背景介绍

1. 数据资源整合范围

(1) 公路,包括公路属性数据和地理空间数据、交通量调查数据、交通建设项目管理数据、交通投资管理数据、公路养护数据、治超检测与处罚数据、监控数据和通行费数据。

(2) 道路运输管理,包括营运车辆数据、道路运输业户数据、从业人员数据、班线班次数据、运管费及货运附加费数据、客货运站场数据和道路运输 GPS(全球定位系统)数据。

(3) 规费稽征,包括车辆数据、车主数据、稽征数据、养路费及其他统计数据。

(4) 应急处置,包括应急预案、人员、车辆、机械和物资数据。

(5) 其他数据,如旅游景点数据和气象数据。

2. 业务系统整合范围

(1) 交通管理业务系统,包括养护管理系统、交通量调查系统、项目管理系统、投资管理系统和治理超限超载系统。

(2) 道路运输管理业务系统,包括道路运输管理信息系统、道路运输 GPS 监控系统。

(3) 规费稽征业务系统,包括征收管理、审批管理、稽查管理、违章处理、票证管理和征费财务管理等模块。

(4) 收费管理业务系统,包括高速公路联网收费系统、高速公路监控系统、开放式收费站收费系统、计重收费系统。

(5) 电子政务系统,包括办公自动化系统、业务管理部门专项信息系统、网站、路况服务系统。

9.2.2 系统总体构架设计

交通信息资源整合的总体框架分为以下 5 个层面,如图 9-8 所示。

(1) 第一层为网络平台层。网络平台是资源整合的基础平台,主要包括交通行业专网、高速公路光纤通信网及各级单位的外网。

(2) 第二层为主机系统/支撑软件层。主机系统及支撑软件是信息系统运行的基础设施之一,应根据整合后的功能及性能要求进行设备合理选型、支撑软件采购和开发。

(3) 第三层为数据中心层。数据中心是信息资源整合的建设重点之一。数据中心将各类交通信息资源进行整合,对多源异构数据进行梳理,形成数据统一管理中心。

(4) 第四层为应用系统层。应用系统层是最终功能的直接体现,满足用户的综合应用需求。根据交通信息资源整合的范围及目标,将应用系统划分为交通建设综合管理系统、综合运行分析系统、应急处置系统和公众出行信息服务系统。

(5) 第五层为前端展现层。前端展现层是面对用户的统一服务窗口,主要包括交通门户网站、呼叫中心、短信平台、广播电台和可变情报板等。

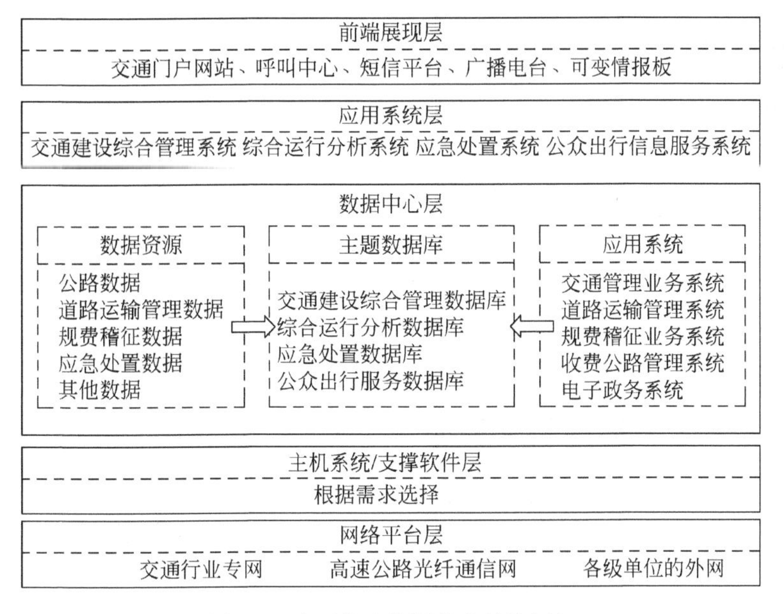

图 9-8　交通信息资源整合总体框架

9.2.3　系统数据库设计

数据中心管理系统负责定义交换存储策略、基础数据标准；对授权用户开放业务数据访问的定制服务；调度、监控所有业务管理信息系统的信息流转，根据需要为单位之间提供数据共享与交换；从各级业务系统中抽取、整合数据，如图 9-9 所示。

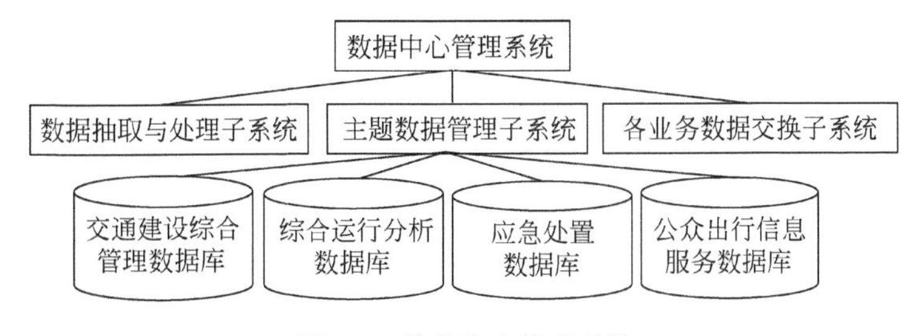

图 9-9　数据中心管理系统

1. 数据抽取及加工处理

这部分包括：数据接入，数据检查，数据抽取，数据组织，数据转换和数据装载。

2. 数据交换及共享

由于信息的种类不同，数据中心在进行数据交换、共享的过程中，应针对不同的数据特点采用不同的方式：对于基础性静态数据，采用统一管理的方式提供共享和交换；对于动态数据，采用一次登记申请，按照要求周期性实时提供；对于历史数据，需求者按照时间和数据内容等的要求提出申请，数据中心管理系统负责组织和一次性提供；现有历史记录的数据粒度达不到申请者要求时，采取特别定制的方法，按要求提供定制信息。

3. 数据交换接口

为了使数据中心有效发挥功能，需要为各业务应用系统接入数据交换平台提供统一的接口标准，同时考虑到交通业务的发展需求和信息化的进步，数据交换平台还应考虑新系统加入的需要。统一的接口应考虑以下功能要求：按照标准对统一接口进行规范，在制定接口标准时充分考虑业务应用系统和数据库系统的异构特性；统一接口技术标准采用分层结构和开放的信息环境，重点在于数据结构和信息访问方式的制定，使用统一的数据字典；数据交换平台的统一接口采用开放平台环境，为数据中心获得其他行业系统或新建业务系统的信息提供良好条件。

9.2.4 软件系统结构设计

资源整合需建设四大应用系统，分别为交通建设综合管理系统、综合运行分析系统、应急处置系统及公众出行信息服务系统。公共服务交通信息系统(即应用系统层)如图 9-10 所示。

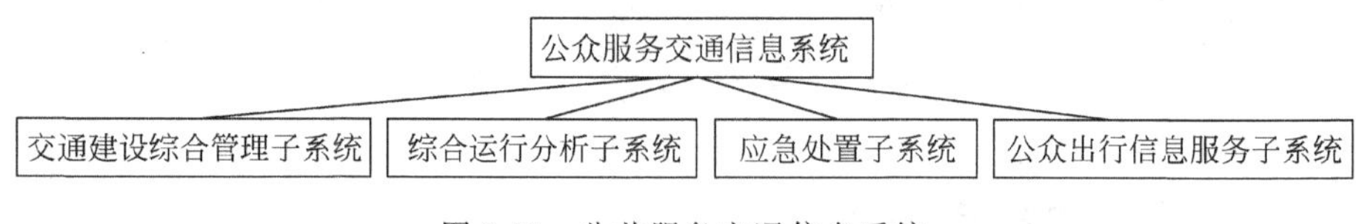

图 9-10 公共服务交通信息系统

1. 交通建设综合管理子系统

交通建设综合管理子系统包括 3 个孙系统，如图 9-11 所示。

(1) 交通投资计划与统计信息管理。

(2) 交通建设项目动态管理。

(3) 交通建设企业单位信用管理。

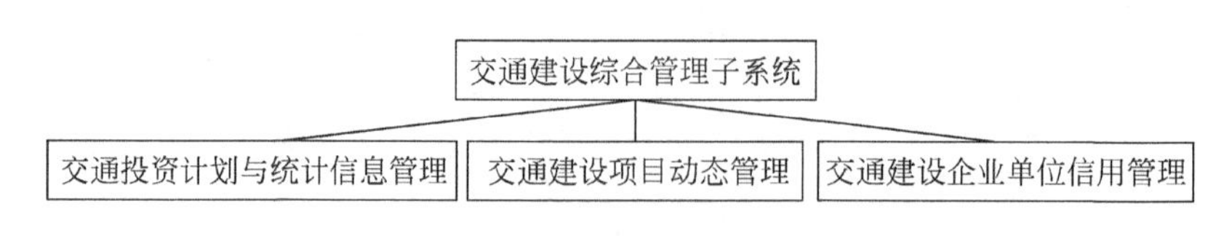

图 9-11 交通建设综合管理子系统

2. 综合运行分析子系统

综合运行分析子系统包括 4 个孙系统，分别为交通建设与养护统计分析孙系统、路网运行分析孙系统、交通规费征收情况分析孙系统和超限超载治理综合分析孙系统，其简洁形式如图 9-12 所示。

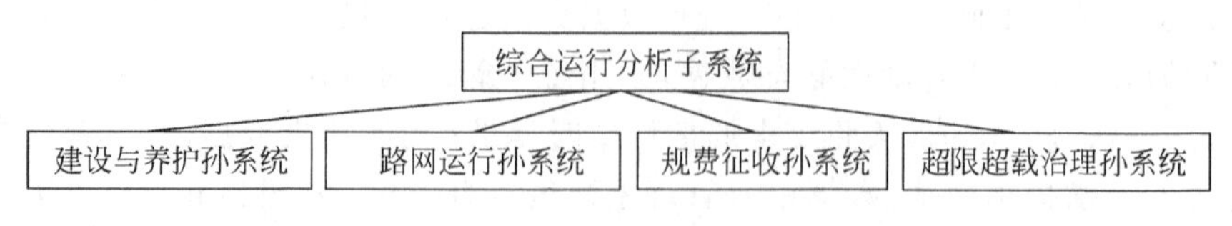

图 9-12 综合运行分析子系统

3. 应急处置子系统

应急处置子系统主要模块如图 9-13 所示。

4. 公众出行信息服务子系统

公众出行信息服务子系统是资源整合成果面向公众服务层的集中展示，通过出行信息服务网站、呼叫中心、可变情报板、电台、手机短信等手段为不同出行人群提供交通地图、动态路况、路径规划、出行参考、客运票务查询等信息服务，如图 9-14 所示。

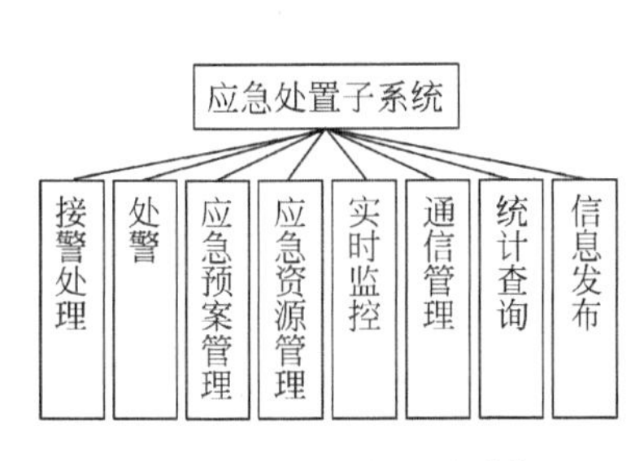

图 9-13　应急处置子系统

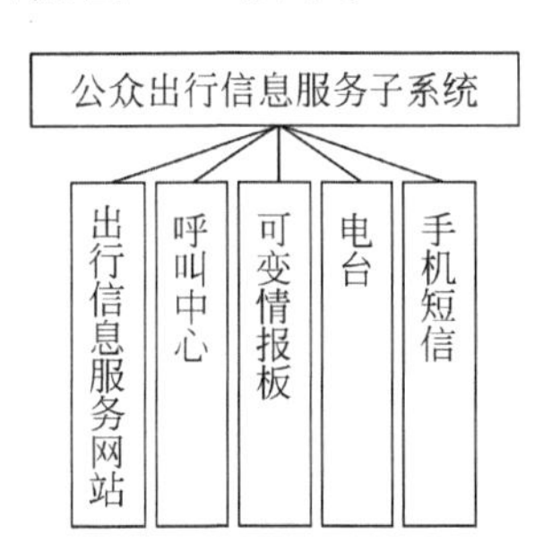

图 9-14　公众出行信息服务子系统

9.3 物联网系统实现案例

本节是物联网系统实现的案例。以学者范绍成等在《湖南工业大学学报》(2012 年 1 月)发表的文章“基于物联网的汽车被盗追踪系统”作为一个物联网工程系统实现的案例，以下向读者介绍其分析思路和方法。为了使读者能很好地理解系统分析方法，这里在原文的基础上做了删改。在此特别说明。

汽车被盗追踪系统的主要功能应该有：

(1) 定位追踪功能。若用户发现车辆被盗后，可用手机拨打被盗追踪定位装置的手机号码，启用跟踪定位功能，系统再利用 GPS 的定位功能实时地向用户报告被盗车辆的位置信息，用户可以根据该位置信息，配合电子地图，准确地找到被盗车辆的位置，并采取行动，找回车辆。

(2) 位置信息存储。每间隔一定的时间，该追踪系统通过 GPS 采集汽车所在的地理位置、行驶的速度和方向等信息，并将这些信息传送给服务器保存，方便用户查询与管理。

9.3.1 硬件设计与实现

1. 网络系统设计

整个汽车被盗追踪系统网络结构主要包括 server 和 client 两个部分，如图 9-15 所示。

系统网络中的 client 端为本节设计的被盗追踪系统，用户将其安装在自己的车辆上；server 端为用户的集中管理端，所有 client 的相关信息都要保存到 server 端，用户可以通过该端查看自己车辆的位置信息。每个 client 通过无线接入 GPRS 网络，且拥有自己唯一的

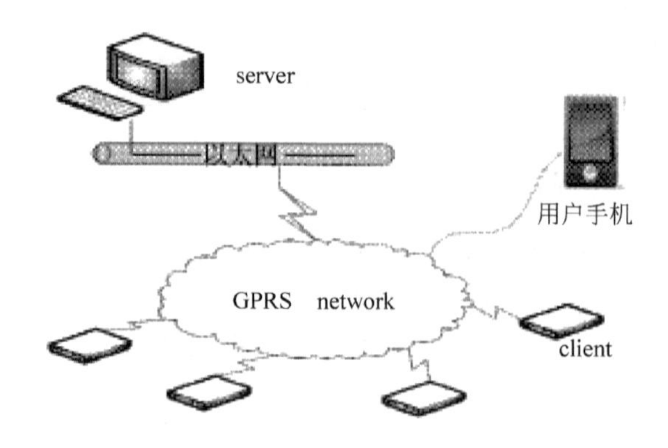

图 9-15 汽车被盗追踪系统网络结构示意图

ID 号即手机号。

2. 系统硬件设计

汽车被盗追踪系统的硬件电路包括电源模块、微控制器模块、数据选择模块、GPS 模块、GPRS 模块等。该系统硬件框架结构如图 9-16 所示。

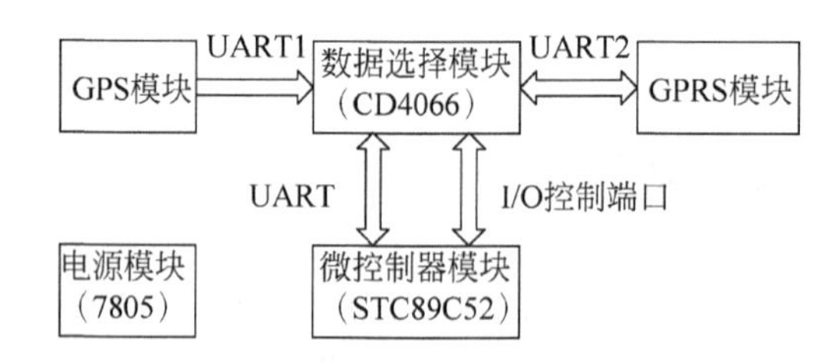

图 9-16 汽车被盗追踪系统硬件框架结构图

9.3.2 软件设计与实现

在汽车被盗追踪系统设计中，软件的主要功能是完成车辆被盗追踪定位、GPRS 数据发送、GPS 定位信息的提取以及车辆位置信息的存储。该系统的工作流程是：

(1) 程序初始化完成后，等待由 GPRS 模块发送过来的 GPS 数据请求信号。

(2) 当外部有 GPS 数据请求时，启动 GPS 模块，获取被盗车辆当前位置的经纬度等地理数据。

(3) 成功获取被盗车辆当前位置数据后，将这些数据通过 GPRS 模块发出，如果通过 GPS 模块无法获得所需要的数据，则通过 GPRS 模块发出数据获取失败信息。

(4) GPRS 模块将地理数据或失败信息发出之后，系统再次回到等待下一次请求的状态。

汽车被盗追踪系统工作流程图如图 9-17 所示。

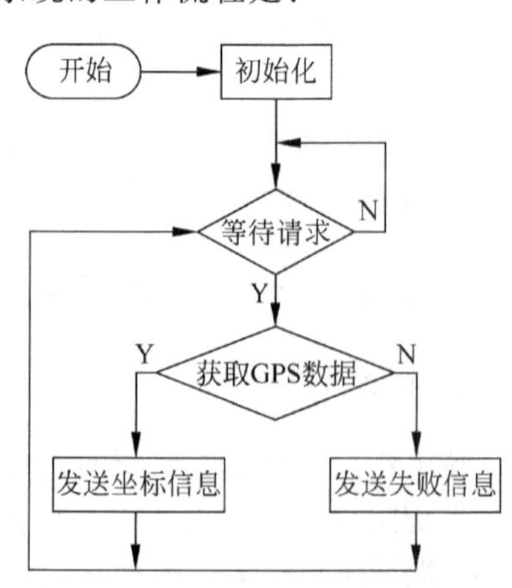

图 9-17 汽车被盗追踪系统工作流程图

第10章 综合实验

实验1 可行性分析说明书

1. 实验目的

通过对选定系统进行可行性分析和编写可行性分析说明书，掌握系统可行性分析的步骤和方法，明确可行性分析的内容和格式。

2. 实验内容

对选定系统进行可行性分析，然后按如下编写提示撰写可行性分析说明书。

1）项目概述

(1) 项目名称。

(2) 项目建设单位及负责人、项目负责人。

(3) 编制单位。

(4) 编制依据。

(5) 项目建设目标、规模、内容、建设期。

(6) 项目总投资及资金来源。

(7) 经济与社会效益。

(8) 相对项目建议书批复的调整情况。

(9) 主要结论与建议。

2）项目建设单位概况

(1) 项目建设单位与职能。

(2) 项目实施机构与职责。

3）项目建设的必要性

(1) 项目提出的背景和依据。

(2) 业务功能、业务流程、业务量、信息量等分析与预测。

(3) 信息系统装备和应用现状及存在的主要问题和差距。

(4) 项目建设的意义和必要性。

4）总体建设方案

(1) 建设原则和策略。

(2) 总体目标与分期目标。
(3) 总体建设任务与分期建设内容。
(4) 总体设计方案。
5) 本期项目建设方案
(1) 本期项目建设目标、规模与内容。
(2) 标准规范建设内容。
(3) 信息资源规划和数据库建设方案。
(4) 应用支撑平台和应用系统建设方案。
(5) 数据处理和存储系统建设方案。
(6) 终端系统建设方案。
(7) 网络系统建设方案。
(8) 安全系统建设方案。
(9) 备份系统建设方案。
(10) 运行维护系统建设方案。
(11) 其他系统建设方案。
(12) 主要软硬件选型原则和详细软硬件配置清单。
(13) 机房及配套工程建设方案。
(14) 建设方案相对项目建议书批复变更调整情况的说明。
6) 项目招标方案
(1) 招标范围。
(2) 招标方式。
(3) 招标组织形式。
7) 环保、消防、职业安全和卫生
(1) 环境影响分析。
(2) 环保措施及方案。
(3) 消防措施。
(4) 职业安全和卫生措施。
8) 节能分析
(1) 用能标准及节能设计规范。
(2) 项目能源消耗种类和数量分析。
(3) 项目所在地能源供应状况分析。
(4) 能耗指标。
(5) 节能措施和节能效果分析等内容。
9) 项目组织机构和人员培训
(1) 领导和管理机构。
(2) 项目实施机构。
(3) 运行维护机构。
(4) 技术力量和人员配置。
(5) 人员培训方案。

10）项目实施进度

（1）项目建设期。

（2）实施进度计划。

11）投资估算和资金来源

（1）投资估算的有关说明。

（2）项目总投资估算。

（3）资金来源与落实情况。

（4）资金使用计划。

（5）项目运行维护经费估算。

12）效益与评价指标分析

（1）经济效益分析。

（2）社会效益分析。

（3）项目评价指标分析。

13）项目风险与风险管理

（1）风险识别和分析。

（2）风险对策和管理。

实验2 项目开发计划说明书

1. 实验目的

通过对待开发系统进行项目开发分析和编写项目开发计划说明书，掌握项目开发的步骤和方法，明确项目开发计划说明书的内容和格式。

2. 实验内容

1）引言

（1）编写目的。说明编写这份项目计划的目的，并指出预期的读者。

（2）背景。主要说明项目的来历，一些需要项目团队成员知道的相关情况。

（3）定义。列出为正确理解本计划书所用到的专门术语的定义、外文缩写词的原词及中文解释。

（4）参考资料。列出本计划书中所引用的及相关的文件资料和标准的作者、标题、编号、发表日期和出版单位，必要时说明得到这些文件资料和标准的途径。

（5）标准、条约和约定。列出在本项目开发过程中必须遵守的标准、条约和约定。

2）项目概述

（1）项目目标。设定项目目标就是把项目要完成的工作用清晰的语言描述出来，让项目团队每一个成员都有明确的概念。

（2）产品目标与范围。根据项目输入（如合同、立项建议书、项目技术方案、标书等）说明此项目要实现的软件系统产品的目的与目标及简要的软件功能需求。

（3）假设与约束。对于项目必须遵守的各种约束（时间、人员、预算、设备等）进行说明。

(4) 项目工作范围。说明为实现项目的目标需要进行哪些工作。在必要时,可描述与合作单位和用户的工作分工。

(5) 应交付成果。包括需完成的软件、需提交用户的文档、需提交内部的文档、应当提供的服务这些内容。

(6) 项目开发环境。说明开发本软件项目所需要的软硬件环境和版本,如操作系统、开发工具、数据库系统、配置管理工具、网络环境等。

(7) 项目验收方式与依据。说明项目内部验收和用户验收的方式,如交付前验收、交付后验收、试运行(初步)验收、最终验收、第三方验收、专家参与验收等。

3) 项目团队组织

(1) 组织结构。说明项目团队的组织结构。项目的组织结构可以从所需角色和项目成员两个方面描述。

(2) 人员分工。确定项目团队的每个成员属于组织结构中的什么角色,他们的技术水平、项目中的分工与配置,可以用列表方式说明,具体编制时按照项目实际组织结构编写。

(3) 协作与沟通。项目的协作与沟通首先应当确定协作与沟通的对象,就是与谁协作、沟通。

4) 实施计划

(1) 风险评估及对策。识别或预估项目进行过程中可能出现的风险。应该分析风险出现的可能性(概率)、造成的影响、根据影响应该采取的对策与措施。

(2) 工作流程。说明项目采用什么样的工作流程进行。

(3) 总体进度计划。这里所说的总体进度计划为高层计划。

(4) 项目控制计划。

5) 支持条件

说明为了支持本项目的完成所需要的各种条件和设施。

(1) 内部支持。逐项列出项目每阶段的支持需求(含人员、设备、软件、培训等)及其时间要求和用途。

(2) 客户支持。列出对项目而言需由客户承担的工作、完成期限和验收标准,包括需由客户提供的条件及提供时间。

(3) 外包。列出需由外单位分合同承包者承担的工作、完成时间,包括需要由外单位提供的条件和提供的时间。

6) 预算

(1) 人员成本。

(2) 设备成本。

(3) 其他经费预算。列出完成本项目所需要的各项经费,包括差旅费、资料费、通行费、会议费、交通费、办公费、培训费、外包费等。

(4) 项目合计经费预算。列出完成本项目需要的所有经费预算(上述各项费用之和)。

7) 关键问题

逐项列出能够影响整个项目成败的关键问题、技术难点和风险,指出这些问题对项目成败的影响。

8）专题计划要点

专题计划也就是因为项目的需要在本文档之外独立建立的计划，这里说明本项目开发中需要制定的各个专题计划的要点。

实验3 绘制数据流图

1. 实验目的

通过绘制系统流程图和数据流图，熟练掌握系统流程图和数据流图的基本原理，并能对简单问题进行系统流程图和数据流图的分析，独立地完成数据流图设计。此外，学会使用CASE工具完成数据流图和系统流程图的分析与实现。

2. 实验内容

（1）用Microsoft Visio绘制出如图10-1所示的订货系统的系统流程图(SFD)的模型。

（2）用Microsoft Visio绘制如图10-2、图10-3和图10-4所示的仓库订货系统的数据流图(DFD)的顶层模型、第一层模型和第二层模型。

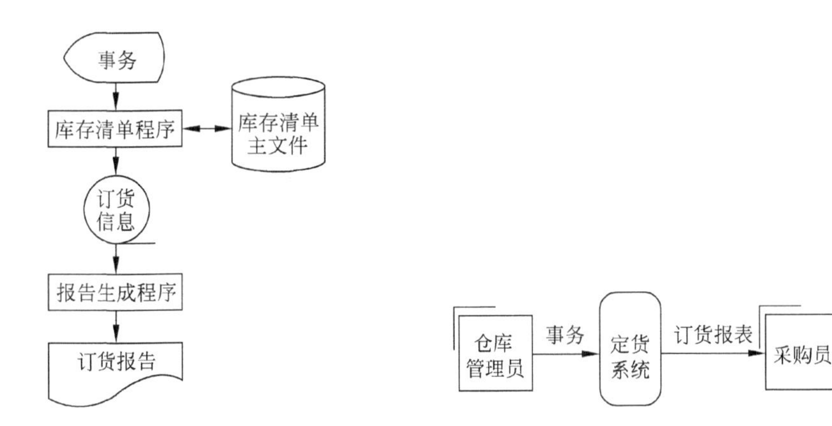

图10-1 某订货系统的系统流程图

图10-2 仓库订货系统的顶层数据流图

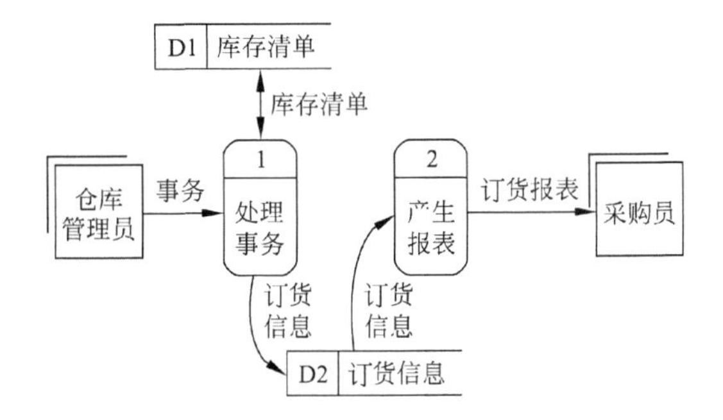

图10-3 仓库订货系统的第一层数据流图

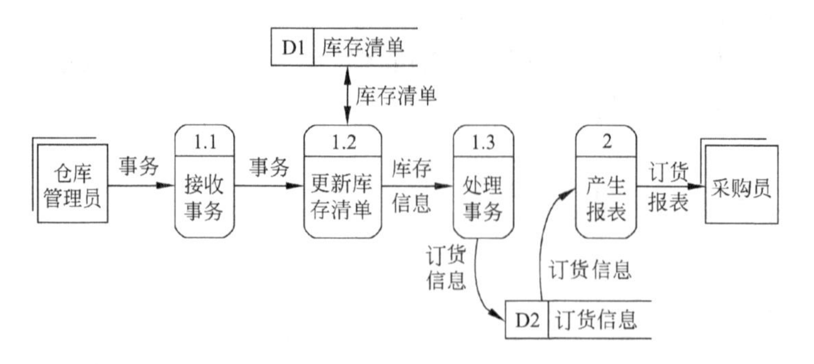

图 10-4 “处理事务”的第二层数据流图

(3) 用 Microsoft Visio 绘制如图 10-5 所示的取款手续的数据流图。

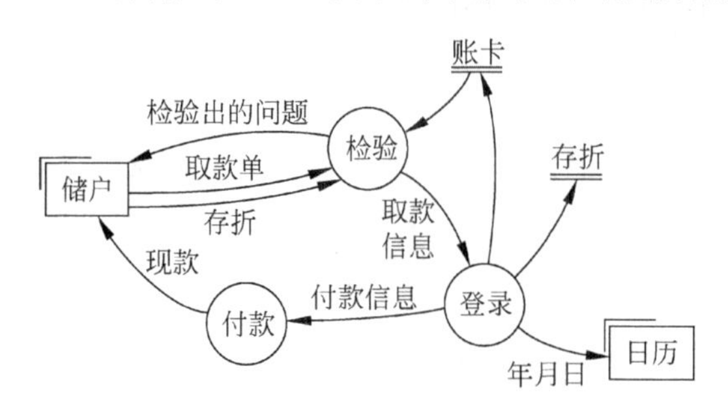

图 10-5 取款手续的数据流图

(4) 请结合目前的银行柜台取款手续,对图 10-5 的取款手续数据流图进行改进,绘制当前银行柜台取款手续的顶层数据流图和第一层数据流图。

实验 4 编写系统需求说明书

1. 实验目的

通过对选定系统进行系统分析和编写需求说明书,掌握系统需求分析的步骤和方法,明确需求说明书内容和格式。通过对 Visio 2003 的熟悉应用,把系统的逻辑模型画出来。

2. 实验内容

选定系统后,进行系统分析,然后按如下编写提示撰写需求说明书。

1) 引言

(1) 编写目的。说明编写软件需求说明的目的,指出预期的读者。

(2) 背景说明。说明待开发的软件系统的名称;本项目的任务提出者、开发者、用户及实现该软件的计算机中心或网络中心;该软件系统同其他系统或其他机构的基本的相互来往关系。

(3) 定义。列出本文件中用到的专门术语的定义和外文首字母组词的原词组。

(4) 参考资料。列出有关的参考资料及资料的来源。

2）任务概述

（1）目标。叙述该软件开发的意图、应用目标、作用范围以及其他应向读者说明的有关该软件开发的背景材料。解释被开发软件与其他有关软件之间的关系。如果本系统是一项独立的软件，而且全部内容自含，则说明这一点。如果所定义的系统是一个更大的系统的组成部分，则应说明本系统与该系统中其他各组成部分的关系，用方框图来说明该系统的组成和本系统同其他各个部分的联系和接口。

（2）用户的特点。列出系统的最终用户特点，充分说明操作人员、维护人员的教育水平和技术特长，以及本系统的预期使用频度。

（3）假定和约束。列出进行本系统开发工作的假定和约束，如经费限制、开发期限等。

3）需求规定

（1）对功能的规定。用列表方式（输入、处理、输出表的形式），逐项定量和定性地叙述对系统所提出的功能要求，说明输入什么量、经怎样的处理、得到什么输出，说明系统应支持的终端数和应支持的并行操作的用户数。

（2）对性能的规定。

① 精度：说明对该系统的输入、输出的数据精度的要求，包括传输过程中的精度。

② 时间特性要求：说明对于该系统的时间特征要求，如对响应时间、更新处理时间、转换和传送时间、解题时间等的要求。

③ 灵活性：说明对该系统的灵活性的要求，即当需求变化时，系统的适应能力。

（3）输入输出要求。解释各输入输出数据类型，并逐项说明其媒体、格式、数值范围、精度等。要求举例说明。

（4）数据管理能力要求。说明需要管理的文卷和记录的个数、表和文卷的规模大小，要按可预见的增长对数据及其分量的存储要求做出估计。

（5）故障处理要求。列出可能的软件、硬件故障以及对各项性能而言所产生的后果和对故障处理的要求。

（6）其他专门要求。安全保密要求，可维护性、可扩充性、易读性、可靠性、运行环境和可转换性等要求。

4）运行环境规定

（1）设备。列出运行该系统所需要的硬设备。说明其中的新型设备及其专门功能，包括：处理器内存容量；外存容量、联机或脱机、媒体及其存储格式，设备的型号及数量；输入及输出设备的型号和数量，联机或脱机；数据通信设备的型号和数量；功能键及其他专用硬件。

（2）支持软件。列出支持软件，包括操作系统、编译（或汇编）程序、测试支持软件等。

（3）接口。说明该系统同其他软件之间的接口、数据通信协议等。

（4）控制。说明控制该系统的运行的方法和控制信号，并说明这些控制信号的来源。

实验5 绘制软件设计结构图

1. 实验目的

学会使用CASE工具完成描述软件结构的软件结构图和软件层次图的设计，并熟练地掌握几种常用的软件详细设计工具，如程序流程图、盒图、PAD图和判定表，并能把给定的软件问题描述转换为过程设计结果，同时进行环路复杂度计算，判断结构化设计结果的复杂性。

2. 实验内容

1）软件结构设计

(1) 采用 Visio 绘制如图 10-6 所示的软件结构图。

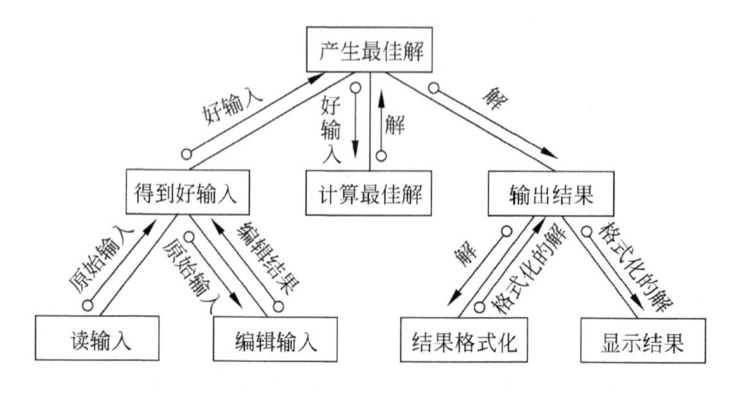

图 10-6 软件结构图

(2) 采用 Visio 或 Word 绘制如图 10-7 所示的软件层次图。

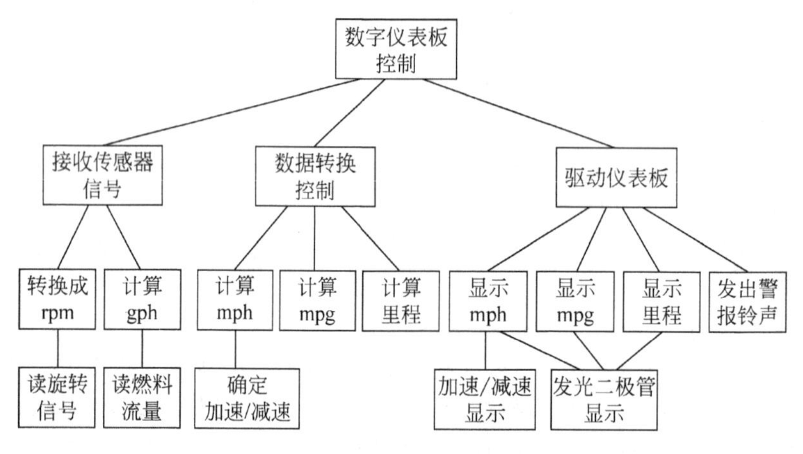

图 10-7 软件层次图

(3) 分析如图 10-8 所示的数据流图，并把它转换成合理的软件结构图，然后用 Visio 把结果画出来。(注意，请用结构图，而非层次图)

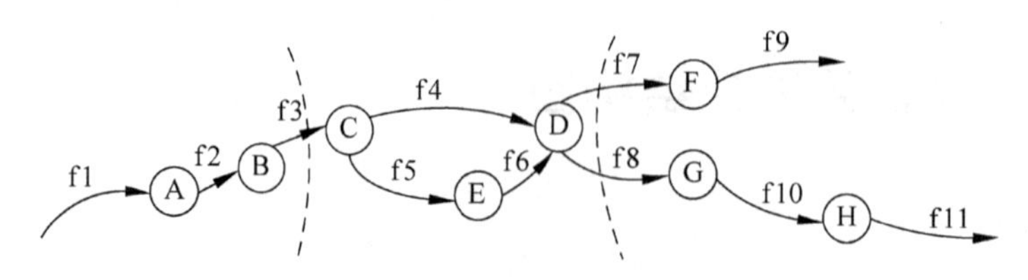

图 10-8 某系统的数据流图

2）软件的详细设计

某航空公司规定，乘客可以免费托运重量不超过20公斤的行李，当行李重量超过20公斤，对头等舱的国内乘客超重部分每公斤收费6元，对公务舱的国内乘客超重部分每公斤收费8元，对经济舱的国内乘客超重部分每公斤收费10元。对外国顾客超重部分每公斤收费比国内乘客多1.5倍，对残疾乘客超重部分每公斤收费比正常乘客少一半。

实验包含如下4个部分的内容：

① 用Word设计描述其详细设计结果的判定表。

② 用Visio画出它的程序流程图。

③ 用类C代码写出它的伪代码。

④ 将程序流程图转换为流图。

实验6 编写概要设计说明书

1. 实验目的

通过对选定系统进行概要设计和编写概要设计说明书，掌握系统概要设计的步骤和方法，明确需求说明书的内容和格式。

2. 实验内容

对选定系统进行概要设计，然后按如下编写提示撰写概要设计说明书。

1）引言

（1）编写目的。说明编写概要设计说明书的目的，指出预期的读者。

（2）背景说明。说明待开发的软件系统的名称；本项目的任务提出者、开发者、用户及实现该软件的计算机中心或网络中心。

（3）定义。列出本文件中用到的专门术语的定义和外文首字母组词的原词组。

（4）参考资料。列出有关的参考资料及资料的来源。

2）总体设计

（1）需求规定。说明对本系统的主要的输入输出项目、处理的功能与性能要求，详细的说明请参见需求说明书的编写提示。

（2）运行环境。简要地说明对本系统的运行环境（包括硬件环境和软件环境）的规定，详细请参见需求说明书编写提示。

（3）基本设计概念和处理流程。说明本设计的基本设计概念和处理流程，尽量使用图表的形式。

（4）结构。用一览表及框图的形式说明本系统的系统元素（各层模块、子程序、公用程序等）的划分，扼要说明每个系统元素的标识符和功能，分层次地给出各元素之间的控制与被控制关系

（5）功能需求与程序的关系。用表格列出功能需求与各程序之间的对应关系。

（6）人工处理过程。说明在系统工作过程中不得不包含的人工处理过程（如果有的话）。

（7）尚未解决的问题。说明在概要设计过程中尚未解决而设计者认为在系统完成之前

必须解决的问题。

3）接口设计

（1）用户接口。说明将向用户提供的命令和它们的语法结构，以及软件的回答信息。

（2）外部接口。说明系统同外界的所有接口的安排，包括软件与硬件之间的接口、系统与各支持软件之间的接口关系。

（3）内部接口。说明系统之内的各个系统元素之间的接口的安排。

4）运行设计

（1）运行模块组合。说明对系统施加不同的外界运行控制时所引起的各种不同的运行模块组合运行所使用的模块和支持软件。

（2）运行控制。说明每一种外界的运行控制的方式、方法和操作步骤。

（3）运行时间。说明每一种外界的运行模块组合占用各种资源的时间。

5）系统数据结构设计

（1）逻辑结构设计要点。给出系统内所使用的每个数据结构的名称、标识符以及它们中每个数据项、记录和文卷的标识、定义、长度及它们之间的层次的或规格的相互关系。

（2）物理结构设计要点。给出系统内所使用的每个数据结构中的每个数据项的存储要求、访问方法、存取单位、存取的物理关系（索引设备、存储区域）、设计考虑和保密条件。

（3）数据结构和程序关系。说明各个数据结构与访问这些数据结构的各个程序之间的对应关系，可采用矩阵图的形式。

6）系统出错处理设计

（1）出错信息。用一览表的方式说明每种可能的出错或故障情况出现时，系统输出信息的形式、含义及处理方法。

（2）补救措施。说明故障出现后可能采取的变通措施，包括：

① 后务技术：如周期性地把磁盘记录到磁带上。

② 降效技术：如系统由自动降为手工操作。

③ 恢复及再启动技术：系统从故障点恢复执行或使系统从头开始运行的方法。

（3）系统维护设计。说明为了系统维护的方便而在程序内部设计中做出的安排，包括在程序中专门安排用于系统的检查与维护的检测点和专用模块。

实验 7 数据库设计

1. 实验目的

通过对选定系统的数据库设计，掌握数据库设计的步骤和方法。

2. 实验内容

对选定系统在需求分析的基础上进行数据库设计，然后把数据库设计结果加入到概要设计说明书中，并对数据库设计步骤进行记录和保存。

1）概念设计图

（1）局部 E-R 图设计。

(2) 局部 E-R 图汇总，即全局 E-R 图设计。

2) 逻辑设计

将 E-R 图转换成所选择的 DBMS 所支持的数据模型的数据结构，如选择的是关系型数据库管理系统，则逻辑结构就是关系-表，并进行优化。

3) 物理设计

(1) 索引。给出索引的建立方案。

(2) 聚簇。说明聚簇的建立方案。

实验8 编写详细设计说明书

1. 实验目的

通过对选定系统详细设计说明书的编写，掌握详细设计说明书的编写步骤和方法，明确详细设计说明书的内容和格式。

2. 实验内容

对选定系统在概要设计的基础上进行详细设计，然后按如下编写提示撰写详细设计说明书。

1) 引言

(1) 编写目的。说明编写详细设计说明书的目的，指出预期的读者。

(2) 背景说明。所建议的软件系统的名称；本项目的任务提出者、开发者、用户及实现该软件的计算机中心或网络中心。

(3) 定义。列出本文件中用到的专门术语的定义和外文首字母组词的原词组。

(4) 参考资料。列出有关的参考资料及资料的来源。

2) 程序系统的结构

用一系列图表列出本程序系统内的每个程序(包括每个模块和子程序)的名称、标识符和它们之间的层次结构关系。

3) 程序 1(标识符)设计说明

(1) 程序描述。给出对该程序的简要描述，主要说明安排设计本程序的目的，并且说明本程序的特点(如常驻内存还是非常驻内存)。

(2) 功能。说明该程序应具有的功能，可采用 IPO 图(即输入—处理—输出图)的形式。

(3) 性能。说明对该程序的全部性能要求，包括对精度、灵活性和时间特性的要求。

(4) 输入项。给出每个输入项的特征，包括名称、标识、数据的类型和格式、数据的有效范围、输入的方式、数量和频度、输出媒体、对输出图形及符号的说明、安全保密条件等。

(5) 输出项。给出每个输出项的特征，包括名称、标识、数据的类型和格式、数据的有效范围、输出的形式、数量和频度、输出媒体、对输出图形及符号的说明、安全保密条件等。

(6) 算法。详细说明本程序所选用的算法、具体的计算公式和步骤。

(7) 流程逻辑。用图表(如流程图、判定表等)辅以必要的说明来表示本程序的逻辑流程。

(8) 接口。用图的形式说明本程序所隶属的上一层模块及隶属于本程序的下一层模块、子程序,说明参数赋值和调用方式,说明与本程序直接关联的数据结构(数据库、数据文卷)。

(9) 存储分配。根据需要,说明本程序的详细分配。

(10) 注释设计。说明准备在本程序中安排的注释,如:加在模块首部的注释;加在各分支点的流量;对各变量的功能、范围、默认条件等所加的注释;对使用的逻辑所加的注释;等等。

(11) 限制条件。说明本程序运行中所受到的限制条件。

(12) 测试计划。说明对本程序进行单元测试的计划安排,包括对测试的技术要求、输入数据、预期结果、进度安排、人员职责、设备条件、驱动程序及桩模块等的规定。

(13) 尚未解决的问题。说明在本程序中尚未解决而设计者认为在软件完成之前应解决的问题。

4) 程序 2(标识符)设计说明

用类似于程序 1 的方式,说明第二乃至第 n 个程序的设计考虑。

实验 9 编写用户操作手册

1. 实验目的

通过对所完成系统的用户操作手册的编写,掌握用户操作手册编写的步骤和方法,明确用户操作手册的内容和格式。

2. 实验内容

按如下编写提示撰写用户操作手册。

1) 引言

(1) 编写目的。

(2) 背景。

(3) 定义。

(4) 参考资料。

2) 用途

(1) 功能。

(2) 软件的结构。

(3) 程序表。

(4) 文卷表。

3) 运行环境

(1) 硬环境。

(2) 支撑软件。

(3) 数据结构。

4) 使用过程

(1) 安装与初始化。

(2) 运行步骤。

(3) 输入,包括输入数据的现实背景、输入格式和输入举例。

(4) 输出,包括输出数据的现实背景、输出格式和输出举例。

(5) 运行1说明,包括运行控制、操作信息、输入/输出文卷、输出文段、输出文段的复制和启动恢复过程。

(6) 运行2说明……。

(7) 出错处理与恢复。

实验10 编写测试计划和分析报告

1. 实验目的

通过对所完成的系统进行测试分析和测试分析报告的编写,掌握测试分析报告编写的步骤和方法,明确测试分析报告的内容和格式。

2. 实验内容

对所完成的系统进行测试分析后,按如下编写提示撰写测试分析报告。

1) 引言

(1) 编写目的。说明编写本测试分析报告的目的,指出预期的读者。

(2) 背景说明。说明被测试系统的名称;本软件任务的提出者、开发者、用户及实现该软件的计算机中心或网络中心;指出测试环境与实际运行环境之间可能存在的差异以及这些差异对测试结果的影响。

(3) 定义。列出本文件中用到的专门术语的定义和外文首字母组词的原词组。

(4) 参考资料。列出有关的参考资料及资料的来源。

2) 测试计划

用表格的形式列出每一项测试的标识符及其测试内容,并指明实际进行测试工作的内容与测试计划中预先设计的内容之间的差别,说明做出这种改变的原因。

(1) 软件说明。

(2) 测试内容。

(3) 测试1,包括进度安排、条件、测试资料和测试培训等。

(4) 测试2……

3) 测试结果及发现

(1) 测试1(标识符)。把本项测试中实际得到的动态输出(包括内部生成数据输出)结果同动态输出的要求进行比较,陈述其中的各项发现。

(2) 测试2(标识符)。用类似测试1的方式给出第二项及其后各项测试内容的测试结果和发现。

4) 对软件功能的结论

(1) 功能1(标识符)。

① 能力:简述该项功能,说明为满足此项功能而设计的软件能力以及经过一项或多项

测试已证实的能力。

② 限制：说明测试数据值的范围（包括动态数据和静态数据），列出就这项功能而言，测试期间在该软件中查出的缺陷和局限性。

(2) 功能 2(标识符)。用类似功能 1 的方式给出第二项及其后各项功能的测试结论。

5) 分析摘要

(1) 能力。陈述经测试证实了的软件能力。如果所进行的测试是为了验证一项或几项特定性能要求的实现，应提供这方面的测试结果与要求之间的比较，并测定测试环境与实际运行环境之间可能存在的差异对能力的测试所带来的影响。

(2) 缺陷和限制。陈述经测试证实了的软件缺陷和限制。说明每项缺陷和限制对软件性能的影响，并说明全部测得的性能缺陷的累积影响和总影响。

(3) 建议。对每项缺陷提出改进建议。如各项修改可采用的修改方法、紧迫程度、预计的工作量和负责人等。

(4) 评价。说明该项软件的开发是否已经达到预定目标，能否交付使用。

6) 测试资源消耗。总结测试工作的资源消耗数据，如不同级别工作人员的时间消耗、机时消耗等。

附录A 总复习题

1. 名词解释

(1) 计算机软件。
(2) 物联网。
(3) 传感器。
(4) 射频识别。
(5) 数据融合。
(6) 软件危机。
(7) 软件生命周期。
(8) 软件可靠性。
(9) 需求分析。
(10) 判定表。
(11) 数据流图。
(12) 数据字典。
(13) JSP 方法。
(14) 软件概要设计。
(15) 模块化。
(16) 耦合性。
(17) 数据耦合。
(18) 内聚性。
(19) 软件结构图。
(20) 结构化设计。
(21) 变换流。
(22) 事务流。
(23) 详细设计。
(24) 结构化程序设计。
(25) 流程图。
(26) 过程设计语言。
(27) JSD。
(28) 软件测试。
(29) 静态测试。
(30) 动态测试。
(31) 黑盒测试。
(32) 白盒测试。

(33) 测试用例。
(34) 驱动模块。
(35) 基线。

2. 写出下列常用术语的英文全称和中文含义

(1) IOT。
(2) RFID。
(3) MEMS。
(4) IC卡。
(5) WMAN。
(6) TCP。
(7) MAC。
(8) WSN。
(9) URI。
(10) HTTP。
(11) FTP。
(12) IP。
(13) PD。
(14) GIS。
(15) GPS。
(16) CPU。
(17) AI。
(18) CIO。
(19) CNNIC。
(20) NGI。
(21) OS。
(22) CC。
(23) RS。
(24) HA。
(25) HN。

3. 单选题

(1) 结构化分析的主要描述手段有哪些?(　　)
A. 系统流程图和模块图　　B. DFD图、数据字典、加工说明
C. 软件结构图、加工说明　　D. 功能结构图、加工说明
(2) 用于表示模块间的调用关系的图叫什么?(　　)
A. PAD　　B. SC　　C. N-S　　D. HIPO
(3) 在以下哪个模型中是采用用例驱动和架构优先的策略,使用迭代增量建造方法,软件逐渐被开发出来的?(　　)
A. 快速原型　　B. 统一过程　　C. 瀑布模型　　D. 螺旋模型

(4) 常用的软件开发方法有面向对象方法、面向(　　)方法和面向数据方法。

A. 过程　B. 内容　C. 用户　D. 流程

(5) 从工程管理的角度来看,软件设计分(　　)两步完成。

A. ①系统分析②模块设计　B. ①详细设计②概要设计

C. ①模块设计②详细设计　D. ①概要设计②详细设计

(6) 程序的3种基本结构是什么?(　　)

A. 过程、子程序、分程序　B. 顺序、条件、循环

C. 递归、堆栈、队列　D. 调用、返回、转移

(7) 我国物联网的现状是,物联网研究(　　),在部分行业有少量应用的实例。

A. 起步较早　B. 起步较晚　C. 尚未起步　D. 成果较少

(8) SD方法衡量模块结构质量的目标是什么?(　　)

A. 模块间联系紧密,模块内联系紧密　B. 模块间联系紧密,模块内联系松散

C. 模块间联系松散,模块内联系紧密　D. 模块间联系松散,模块内联系松散

(9) 为提高软件测试的效率应该怎样做?(　　)

A. 随机地选取测试数据

B. 取一切可能的输入数据作为测试数据

C. 在完成编码后制定软件测试计划

D. 选择发现错误可能性大的数据作为测试数据

(10) (　　)测试用例发现错误的能力较大。

A. 路径覆盖　B. 条件覆盖　C. 判断覆盖　D. 条件组合覆盖

(11) 软件需求分析应确定的是用户对软件的(　　)。

A. 功能需求和非功能需求　B. 性能需求

C. 非功能需求　D. 功能需求

(12) 下列各种图可用于动态建模的有(　　)。

A. 用例图　B. 类图　C. 序列图　D. 包图

(13) 软件过程模型有瀑布模型、(　　)、增量模型等。

A. 概念模型　B. 原型模型　C. 逻辑模型　D. 物理模型

(14) 面向对象的分析方法主要是建立三类模型,即(　　)。

A. 系统模型、E-R模型、应用模型　B. 对象模型、动态模型、应用模型

C. E-R模型、对象模型、功能模型　D. 对象模型、动态模型、功能模型

(15) 测试的分析方法是通过分析程序(　　)来设计测试用例的方法。

A. 应用范围　B. 内部逻辑　C. 功能　D. 输入数据

(16) 软件工程是研究软件(　　)的一门工程学科。

A. 数学　B. 开发与管理　C. 运筹学　D. 工具

(17) 需求分析可以使用许多工具,但以下哪种是不适合使用的?(　　)

A. 数据流图　B. 判定表　C. PAD图　D. 数据字典

(18) 划分模块时,一个模块内聚性最好的是(　　)。

A. 功能内聚　B. 过程内聚　C. 信息内聚　D. 逻辑内聚

(19) 软件可移植性是用来衡量软件的(　　)的重要尺度之一。

A. 效率　　B. 质量　　C. 人机关系　　D. 通用性

(20) 软件配置管理是在软件的整个生命周期内管理(　　)的一组活动。

A. 程序　　B. 文档　　C. 变更　　D. 数据

(21) 通过无线网络与 Internet 的融合,将物体的信息实时准确地传递给用户,指的是(　　)。

A. 可靠传递　　B. 全面感知　　C. 智能处理　　D. Internet

(22) 利用 RFID、传感器、二维码等随时随地获取物体的信息,指的是(　　)。

A. 可靠传递　　B. 全面感知　　C. 智能处理　　D. Internet

(23) 第三次信息技术革命指的是(　　)。

A. Internet　　B. 物联网　　C. 智慧地球　　D. 感知中国

(24) IBM 提出的物联网构架结构类型是(　　)。

A. 三层　　B. 四层　　C. 八横四纵　　D. 五层

(25) 计算模式每隔(　　)年发生一次变革。

A. 10　　B. 12　　C. 15　　D. 20

(26) 三层结构类型的物联网不包括以下哪一项?(　　)

A. 感知层　　B. 网络层　　C. 应用层　　D. 会话层

(27) 利用云计算、数据挖掘以及模糊识别等人工智能技术,对海量的数据和信息进行分析和处理,对物体实施智能化的控制,指的是(　　)。

A. 可靠传递　　B. 全面感知　　C. 智能处理　　D. Internet

(28) 物联网的核心是(　　)。

A. 应用　　B. 产业　　C. 技术　　D. 标准

(29) RFID 属于物联网的哪个层?(　　)

A. 感知层　　B. 网络层　　C. 业务层　　D. 应用层

(30) 下面哪一选项描述的不是智能电网?(　　)

A. 发展智能电网,更多地使用电力代替其他能源,是一种低碳的表现。

B. 将家中的整个用电系统连成一体,一个普通的家庭就能用上“自家产的电”。

C. 家中空调能够感应外部温度自动开关,并能自动调整室内温度。

D. 通过先进的传感和测量技术、先进的设备技术、控制方法以及先进的决策支持系统技术等,实现电网的可靠、安全、经济、高效、环境友好和使用安全的目标。

(31) 智能物流系统(ILS)与传统物流显著的不同是它能够提供传统物流所不能提供的增值服务,下面哪个属于智能物流的增值服务?(　　)

A. 数码仓储应用系统　　B. 供应链库存透明化

C. 物流的全程跟踪和控制　　D. 远程配送

(32) 下列哪一项不属于物联网十大应用范畴?(　　)

A. 智能电网　　B. 医疗健康　　C. 智能通信　　D. 金融与服务业

(33) 物联网中常提到的 M2M 概念不包括下面哪一项?(　　)

A. 人到人(Man to Man)　　B. 人到机器(Man to Machine)

C. 机器到人(Machine to Man)　　D. 机器到机器(Machine to Machine)

(34) 云计算最大的特征是(   )。

A. 计算量大　　B. 通过 Internet 进行传输

C. 虚拟化　　D. 可扩展性

(35) 下列哪项不属于无线通信技术(   )。

A. 数字化技术　　B. 点对点的通信技术

C. 多媒体技术　　D. 频率复用技术

(36) 蓝牙的技术标准为(   )。

A. IEEE 802.15　　B. IEEE 802.2　　C. IEEE 802.3　　D. IEEE 802.16

(37) 下列哪项不属于3G网络的技术体制?(   )

A. WCDMA　　B. CDMA2000　　C. TD-SCDMA　　D. IP

(38) 下列哪项不是传感器的组成元件?(   )

A. 敏感元件　　B. 转换元件　　C. 变换电路　　D. 电阻电路

(39) 下列哪项不是物联网的组成系统?(   )

A. EPC 编码体系　　B. EPC 解码体系

C. 射频识别技术　　D. EPC 信息网络系统

(40) 下列哪项不是物联网体系构架原则?(   )

A. 多样性原则　　B. 时空性原则　　C. 安全性原则　　D. 复杂性原则

(41) 连接到物联网上的物体都应该具有4个基本特征,即地址标识、感知能力、(   )、可以控制。

A. 可访问　　B. 可维护　　C. 通信能力　　D. 计算能力

(42) RFID 技术中的标签按使用的工作频率可以分为低频、中高频、超高频与微波等类型。我国居民的第二代身份证采用的是(   )RFID 技术。

A. 低频　　B. 中高频　　C. 超高频　　D. 微波

(43) 射频识别技术由电子标签(射频标签)和阅读器组成。电子标签附着在需要标识的物品上,阅读器通过获取(   )信息来识别目标物品。

A. 物品　　B. 条形码　　C. IC 卡　　D. 标签

(44) 要获取"物体的实时状态怎么样?"、"物体怎样了?"此类信息,并把它们传输到网络上,就需要(   )。

A. 计算技术　　B. 通信技术　　C. 识别技术　　D. 传感技术

(45) 用于"嫦娥2号"遥测月球的各类遥测仪器或设备、用于住宅小区保安之用的摄像头和火灾探头、用于体检的超声波仪器等,都可以被看作是(   )。

A. 传感器　　B. 探测器　　C. 感应器　　D. 控制器

(46) (   )技术是一种新兴的近距离、复杂度低、低功耗、低传输率、低成本的无线通信技术,是目前组建无线传感器网络的首选技术之一。

A. ZigBee　　B. Bluetooth　　C. WLAN　　D. WMEN

(47) 有线通信需要两类成本:设备成本和部署成本。部署成本是指(   )及配置所需要的费用。

A. 网线购置　　B. 路由器购置　　C. 交换器购置　　D. 布线和固定

(48) (   )无须布线和购置设备的成本,而且可以快速地进行部署,也比较容易组网,能有效地降低大规模布、撤接线的成本,有利于迈向通用的通信平台。

A. 有线通信　　B. 无线通信　　C. 专线通信　　D. 对讲机

(49) 物联网的安全问题中包含有共性化的网络安全。网络安全技术研究的目的是保证网络环境中传输、存储与处理信息的安全性。网络安全研究归纳为以下 4 个方面:网络安全体系结构方面的研究、网络安全防护技术研究、密码应用技术研究和(   )。

A. 网络安全法规的研究　　B. 网络安全应用技术研究

C. 防火墙技术的研究　　D. 杀毒软件的研究

(50) 支持物联网的信息技术包括(   )、数据库技术、数据仓库技术、人工智能技术、多媒体技术、虚拟现实技术、嵌入式技术、信息安全技术等。

A. 网格计算　　B. 中间件技术

C. 源代码开放技术　　D. 高性能计算与云计算

(51) 高性能计算(High-Performance Computing)又称为(   ),是世界公认的高新技术制高点和 21 世纪最重要的科研领域之一。

A. 超级计算　　B. 高速计算　　C. 平行计算　　D. 网格计算

(52) 云计算(Cloud Computing)是支撑物联网的重要计算环境之一。云计算有如下一些主要特性:云计算是一种新的计算模式;云计算是 Internet 计算模式的商业实现方式;云计算的优点是安全、方便,共享的资源可以按需扩展;云计算体现了(   )的理念。

A. 虚拟化　　B. 软件即服务　　C. 资源无限　　D. 分布式计算

(53) 24 小时不受时空限制地在线,实时进行信息交互、实时进行交易和支付、实时实施物流配送,这些是(   )的基本特征与需求。

A. 信息时代　　B. 网络时代　　C. C 时代　　D. E 时代

(54) 第三方物流是一个新型服务业,(   )在第三方物流业上的应用为启示服务行业该如何应用该技术来改善其服务提供了很好的借鉴。

A. 物联网　　B. Internet　　C. 通信网　　D. 传感器网络

(55) 在计量计费方面,智能电网通过物联网技术的应用,用户电量可自动计量与统计。这对智能电网具有十分重要的意义。因为电表数据计量与统计的及时性、正确性直接影响到电力部门的(   )。

A. 电网安全　　B. 供电的质量　　C. 自动化水平　　D. 信息化水平

(56) 智能电网解决方案被形象比喻为电力系统的(   )。电力公司可以通过使用传感器、计量表、数字控件和分析工具,自动监控电网,优化电网性能、防止断电、更快地恢复供电,消费者对电力使用的管理也可细化到每个联网的装置。

A. 动力系统　　B. 中枢神经系统　　C. 反馈系统　　D. 控制系统

(57) 智能家居作为一个家庭有机的生态系统主要包括七大子系统,它们均是以(   )为基础的。

A. Internet　　B. 物联网　　C. 无线自组网　　D. 无线局域网

(58) 智慧城市建设的总体框架一般包括五大平台、六个中心、五类应用、六大工程等。其中的五类应用包括(   )、经济系统、经济运行、社会服务和城市基础设施运行。

A. 文化产业　　B. 电子商务　　C. 电子政务　　D. 医疗服务

(59) IBM公司所提出的"智慧的地球"的规划中,勾勒出世界智慧化运转之道的3个重要维度。"第一,我们需要也能够更透彻地感应和度量世界的本质和变化。第二,我们的世界正在更加全面地互联互通。第三,在此基础上所有的事物、流程、运行方式都具有更深入的(　　),我们也获得更智能的洞察。"

A. 自动化　　B. 机械化　　C. 电气化　　D. 智能化

(60) 物联网把人们的生活(　　)了,万物都成了人的同类。在这个物与物相联的世界中,物品(商品)能够彼此进行"交流",而无须人的干预。

A. 美化　　B. 拟人化　　C. 自动化　　D. 电子化

4. 多选题

(1) 智能物流系统是建立在哪几个系统基础之上的?(　　)

A. 智能交通系统　　B. 智能办公系统

C. 自动化控制系统　　D. 电子商务系统

(2) 物联网跟人的神经网络相似,通过各种信息传感设备,把物品与Internet连接起来,进行信息交换和通信,下面哪些是物联网的信息传感设备?(　　)

A. 射频识别芯片　　B. 红外感应器

C. 全球定位系统　　D. 激光扫描器

(3) 物联网是把下面哪些技术融为一体,实现全面感知、可靠传送、智能处理为特征的、连接物理世界的网络?(　　)

A. 传感器及RFID等感知技术　　B. 通信网技术

C. Internet技术　　D. 智能运算技术

(4) 精细农业系统基于(　　)等实现短程、远程监控。

A. ZigBee网络　　B. GPRS网络　　C. Internet　　D. CDMA

(5) 以下哪些是无线传感网的关键技术?(　　)

A. 网络拓扑控制　　B. 网络安全技术

C. 时间同步技术　　D. 定位技术

(6) 物联网产业的关键要素是什么?(　　)

A. 感知　　B. 传输　　C. 网络　　D. 应用

(7) RFID系统解决方案的基本特征包括哪几项?(　　)

A. 机密性　　B. 完整性　　C. 可用性　　D. 真实性

(8) 数据融合是实现物联网的重要技术之一。对物联网数据融合的研究,除了数据融合的基本内容之外,还需解决什么问题?(　　)

A. 融合点的选择　　B. 融合时机　　C. 融合算法　　D. 融合的内容

(9) 针对传感网的数据管理系统结构有哪些?(　　)

A. 集中式　　B. 半分布式　　C. 分布式　　D. 层次式

5. 判断题

(1) 统一过程是一种以用户需求为动力,以对象作为驱动的模型,适合于面向对象的开发方法。(　　)

(2) 当模块中所有成分结合起来完成一项任务时,该模块的内聚是偶然内聚。 ( )
(3) SD方法衡量模块结构质量的目标是模块间联系松散、模块内联系紧密 ( )
(4) 当模块中所有成分结合起来完成一项任务时,该模块的内聚是功能内聚。 ( )
(5) 在进行需求分析时就应该同时考虑软件的可维护性问题。 ( )
(6) 需求分析可以使用许多工具,但数据流图是不适合使用的。 ( )
(7) 用白盒法测试时,测试用例是根据程序内部逻辑设计的。 ( )
(8) 若一组测试用例是条件覆盖,则一定是语句覆盖。 ( )
(9) 用黑盒法测试时,测试用例是根据程序内部逻辑设计的。 ( )
(10) 因果图法可以用于系统地设计测试用例。 ( )
(11) 在了解被测试模块的内部结构或算法的情况下进行的测试叫白盒测试。 ( )
(12) 为提高软件可移植性,应注意提高软件的设备独立性。 ( )
(13) 在完成测试作业之后,为缩短源程序长度,应删去源程序中的注解。 ( )
(14) 有GOTO语句的程序一般无法机械地变成功能等价的无GOTO语句的程序。
( )
(15) 快速原型模型是一种以用户需求为动力,以对象作为驱动的模型,适合于面向对象的开发方法。 ( )
(16) 好的程序不仅处理速度要快,而且易读、易修改。 ( )
(17) 应多使用GOTO语句。 ( )
(18) 系统模块的内聚度应尽可能地小。 ( )
(19) 信息隐藏原则禁止在模块外使用在模块接口说明中所没有说明的、关于该模块的信息。 ( )
(20) 在完成测试作业之后,为缩短源程序长度,应删去源程序中的注解。 ( )
(21) 云计算是物联网的一个组成部分。 ( )
(22) 物联网的感知层主要包括二维码标签、读写器、RFD标签、摄像头、GPS传感器、M-M终端。 ( )
(23) 2009年10月联想提出了"智慧的地球",从物联网的应用价值方面进一步增强了人们对物联网的认识。 ( )
(24) 物联网包括物与物互联,也包括人和人的互联。 ( )
(25) 物联网已经成为国际新一轮的信息技术竞争的关键点和制高点。 ( )
(26) 云计算是把"云"作为资料存储以及应用服务的中心的一种计算。 ( )
(27) RFID是一种接触式的识别技术。 ( )
(28) 感知层是物联网获得识别物体采集信息的来源,其主要功能是识别物体、采集信息。 ( )
(29) 应用层相当于人的神经中枢和大脑,负责传递和处理感知层获取的信息。( )
(30) 物联网的核心和基础仍然是Internet,它是在Internet基础上的延伸和扩展的网络。 ( )
(31) GPS属于网络层。 ( )
(32) 能够互动、通信的产品都可以看作是物联网应用。 ( )
(33) 物联网一方面可以提高经济效益大大节约成本;另一方面可以为全球经济的复

苏提供技术动力。 ( )

(34) 如何确保标签物拥有者的个人隐私不受侵犯成为射频识别技术以至物联网推广的关键问题。 ( )

6. 填空题

(1) 人们把物体通过传感设备和无线通信技术，与 Internet 相联，其目的是使物体的有关信息能及时地通过 Internet 为需要这些信息的对象所获悉，以便对方能随时对物体进行识别、定位、跟踪、监控和管理，从而达到________的第一步。

(2) 物联网依赖于 Internet 所具有的强大________，能及时地处理这些动态信息并针对变化了的状况做出及时的应答与反馈，而且这种应答是经过选优后推荐的，从而体现了智能化的要求。

(3) 使物品在其生产、流通、消费、使用直至报废的整个过程中都具备________。这也是物联网区别于 Internet 和传感器网络的特点。

(4) 目前，机器对机器的无线通信存在 3 种模式：机器对机器、机器对移动电话(如用户远程监视)以及移动电话对机器(如用户远程控制)。这种通信简称为________。

(5) 当一辆装载着集装箱的货车通过关口的时候，海关人员面前的计算机能够立即获得准确的进出口货物名称、数量、放出地、目的地、货主、报关信息等，海关人员就能够立即根据这些信息来决定是否放行或检查，而支持快速、自动货物通关信息系统的数据采集技术正是________。

(6) ________自己不带电源，只有在阅读器阅读范围之内，对阅读器所产生的电磁场发生感应而获得电能，从而使其所带的信息数据能够发送出去，主要应用在门禁控制、物流管理等方面。

(7) ________自带电源或可再生能源，标签可以通过无线发射模块主动向阅读器发送识别信号，主要应用在远程电子付费、远程识别、监控等系统中。

(8) RFID 系统中的本地服务器负责收集来自各种阅读器读取的信息，并通过________发送到后台处理中心进行相应的信息处理。

(9) 传感器节点与传感器是________(不同、相同、相近)的概念。

(10) 传感器节点除了通常的传感功能外，还具有信息的________、处理和通信功能。

(11) 无线传感器节点是________中需要大量应用的传感器件。

(12) 带有照相功能的手机、车载的 GPS 装置都可以被看作是________，因为手机可以把一些场景转化为一种视频信号输出，GPS 装置能输出地理位置的信号。

(13) ________具有规模大、自组织、多跳路由、动态、可靠、以数据为中心、与应用相关等特征，所以被人们看好。

(14) 蓝牙技术的工作频率在国际开放的 ISM 2.4GHz 上。为了避免相同频率电子设备之间的干扰，蓝牙技术采用了________。

(15) ________的优点使它可以应用于几乎所有的电子设备，例如移动电话、笔记本计算机的鼠标、打印机、投影仪、数码相机、门禁系统、遥控开关、各种家用电器等。

(16) 普适计算的最终目的是实现物理空间与信息空间的完全融合，这一点和________的目的非常相似。

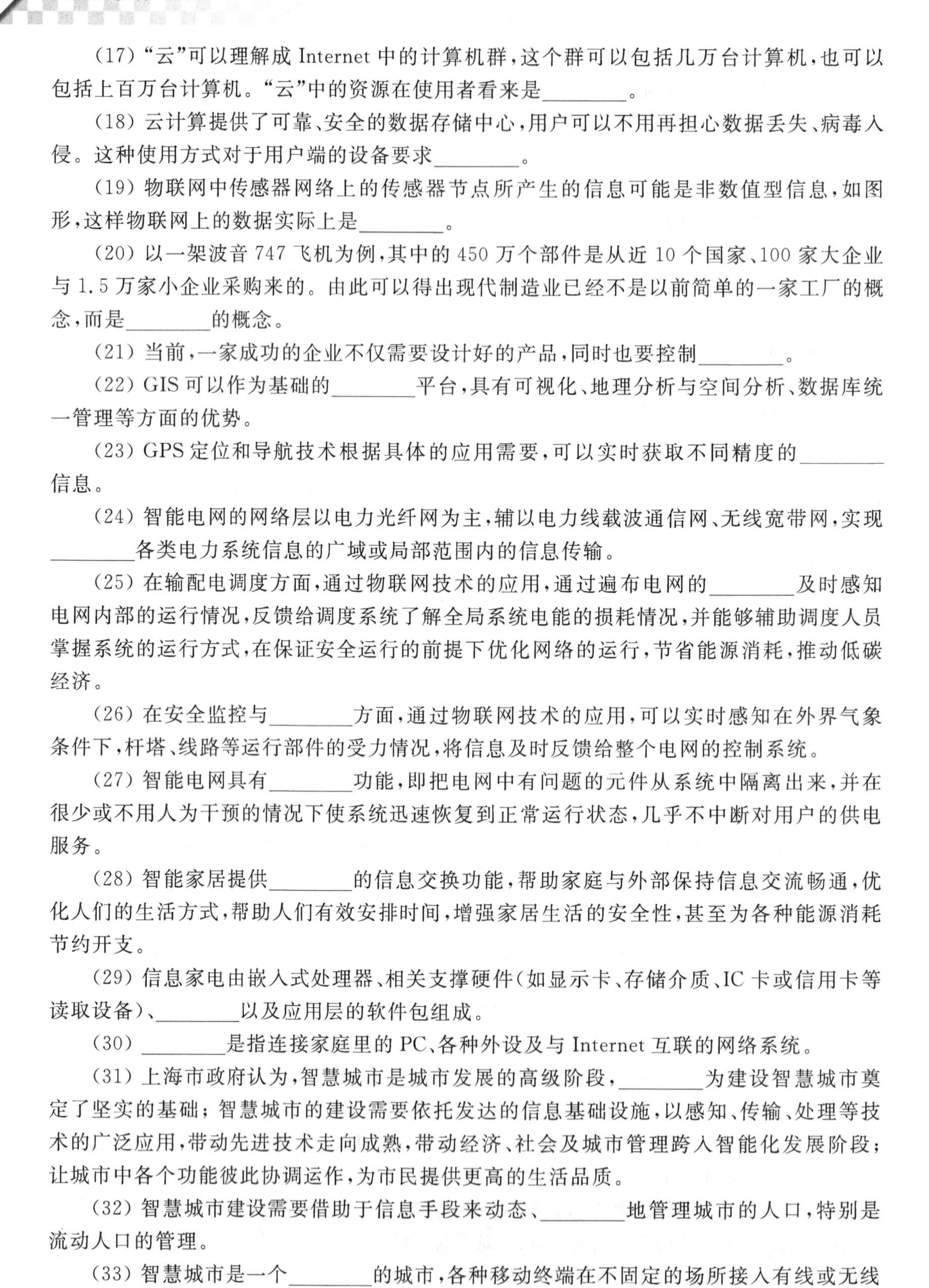

(17) “云”可以理解成 Internet 中的计算机群，这个群可以包括几万台计算机，也可以包括上百万台计算机。“云”中的资源在使用者看来是________。

(18) 云计算提供了可靠、安全的数据存储中心，用户可以不用再担心数据丢失、病毒入侵。这种使用方式对于用户端的设备要求________。

(19) 物联网中传感器网络上的传感器节点所产生的信息可能是非数值型信息，如图形，这样物联网上的数据实际上是________。

(20) 以一架波音 747 飞机为例，其中的 450 万个部件是从近 10 个国家、100 家大企业与 1.5 万家小企业采购来的。由此可以得出现代制造业已经不是以前简单的一家工厂的概念，而是________的概念。

(21) 当前，一家成功的企业不仅需要设计好的产品，同时也要控制________。

(22) GIS 可以作为基础的________平台，具有可视化、地理分析与空间分析、数据库统一管理等方面的优势。

(23) GPS 定位和导航技术根据具体的应用需要，可以实时获取不同精度的________信息。

(24) 智能电网的网络层以电力光纤网为主，辅以电力线载波通信网、无线宽带网，实现________各类电力系统信息的广域或局部范围内的信息传输。

(25) 在输配电调度方面，通过物联网技术的应用，通过遍布电网的________及时感知电网内部的运行情况，反馈给调度系统了解全局系统电能的损耗情况，并能够辅助调度人员掌握系统的运行方式，在保证安全运行的前提下优化网络的运行，节省能源消耗，推动低碳经济。

(26) 在安全监控与________方面，通过物联网技术的应用，可以实时感知在外界气象条件下，杆塔、线路等运行部件的受力情况，将信息及时反馈给整个电网的控制系统。

(27) 智能电网具有________功能，即把电网中有问题的元件从系统中隔离出来，并在很少或不用人为干预的情况下使系统迅速恢复到正常运行状态，几乎不中断对用户的供电服务。

(28) 智能家居提供________的信息交换功能，帮助家庭与外部保持信息交流畅通，优化人们的生活方式，帮助人们有效安排时间，增强家居生活的安全性，甚至为各种能源消耗节约开支。

(29) 信息家电由嵌入式处理器、相关支撑硬件(如显示卡、存储介质、IC 卡或信用卡等读取设备)、________以及应用层的软件包组成。

(30) ________是指连接家庭里的 PC、各种外设及与 Internet 互联的网络系统。

(31) 上海市政府认为，智慧城市是城市发展的高级阶段，________为建设智慧城市奠定了坚实的基础；智慧城市的建设需要依托发达的信息基础设施，以感知、传输、处理等技术的广泛应用，带动先进技术走向成熟，带动经济、社会及城市管理跨入智能化发展阶段；让城市中各个功能彼此协调运作，为市民提供更高的生活品质。

(32) 智慧城市建设需要借助于信息手段来动态、________地管理城市的人口，特别是流动人口的管理。

(33) 智慧城市是一个________的城市，各种移动终端在不固定的场所接入有线或无线网络，从移动计算网络环境中获取数据和信息，进行相应的计算处理和决策，这样的过程就是移动计算的过程。

(34) IBM 前首席执行官郭士纳曾对计算模式的发展提出他的观点。他认为计算模式每隔 15 年发生一次变革,最初的计算模式是主机终端模式,第二次是微机网络模式,第三次是 Internet 模式,第四次应该是________。

(35) 一家物流公司应用了连接________的货车,当装载超重时,汽车会自动告诉人超载了,包括超载多少,空间是否有剩余,告诉人重货与轻货之间该怎样搭配;当搬运人员卸货时,一只货物包装可能会大叫"你扔疼我了",或者说"亲爱的,请你不要太野蛮,可以吗?"

(36) 医疗保健中一个很重要的观念是"治未病",通过移动通信,把身上所带的体症________测得的信息传给手机,手机自动将检测到的与健康有关的信息发送给医院,医院的专家帮助诊断,提示预防并指导按时服药。

7. 简答题

(1) 为什么物联网被称为具有"智能"?
(2) 试述如何应用 RFID 技术来进行食品安全管理。
(3) 举例说明我们身边的传感器(5 项以上)。
(4) 简述无线传感器网络的特征。
(5) 简述支持物联网的信息技术有哪些。(列举 5 项以上)
(6) 为什么说物联网是实现现代物流最有效的技术手段?
(7) 简述智慧电网的定义及其功能。
(8) 智能家居与传统家居的主要区别在哪里?
(9) 试问智慧城市的管理中心包括哪些内容?
(10) 物联网对我国的意义是什么?
(11) 软件生命周期各阶段的任务是什么?
(12) 软件重用的效益是什么?
(13) 自顶而下渐增测试与自底而上渐增测试各有何优缺点?
(14) 提高可维护性的方法有哪些?
(15) 简述软件测试要经过哪几个步骤,每个步骤与什么文档有关。
(16) 可行性研究报告的主要内容有哪些?
(17) 系统设计的内容是什么?
(18) 什么是软件危机? 软件危机的表现是什么? 其产生的原因是什么?
(19) 软件质量保证应做好哪几方面的工作?
(20) 常用的软件项目的估算方法主要有哪几种?
(21) 软件复杂性的概念是什么?
(22) 软件质量保证(SQA)活动主要包括哪些内容?
(23) 单元测试、集成测试和确认测试之间有哪些不同?
(24) 在射频识别系统中使用中间件的目的主要是什么?
(25) 无线传感器网络容易遭受哪些安全攻击?

8. 应用题

(1) 假设一家工厂的采购部每天需要一张订货报表,报表按零件编号排序,表中列出所有需要再次订货的零件。对于每个需要再次订货的零件应该列出下述数据:零件编号,零件名称,订货数量,目前价格,主要供应者,次要供应者。零件入库或出库称为事务,通过放在仓库中的CRT终端把事务报告给订货系统。当某种零件的库存数量少于库存量临界值时就应该再次订货。要求:画出系统的数据流图。

(2) 将下面给出的伪码转换为N-S图和PAD图。

```
void root ( float root1, float root2 ){
    i = 1; j = 0;
    while ( i <= 10 ){
输入一元二次方程的系数 a, b, c;
p = b*b - 4*a*c;
if ( p < 0 )输出"方程 i 无实数根";
else if ( p > 0 )求出根并输出;
if ( p == 0 ){
    求出重根并输出;
    j = j + 1;
}
i = i +1;
    }
    输出重根的方程的个数 j;
}
```

(3) 某航空公司规定,乘客可以免费托运重量不超过30kg的行李。当行李重量超过30kg时,对头等舱的国内乘客超重部分每公斤收费4元,对其他舱的国内乘客超重部分每公斤收费6元,对外国乘客超重部分每公斤收费比国内乘客多一倍,对残疾乘客超重部分每公斤收费比正常乘客少一半。用判定树表示与上述每种条件组合相对应的计算行李费的算法。

(4) 某图书馆借阅系统有以下功能:

① 借书:根据读者的借书证查询读者档案,若借书数目未超过规定数量,则办理借阅手续(修改库存记录及读者档案),超过规定数量者不予借阅。对于第一次借阅者则直接办理借阅手续。

② 还书:根据读者书中的条形码,修改库存记录及读者档案,若借阅时间超过规定期限则罚款。

请对以上问题,画出分层数据流图。

附录B　期末考试模拟试卷(五套)

期末考试模拟试卷1

题号	1	2	3	4	5	总分	总分人
分值	15	20	30	24	11	100	
得分							

得分	评阅人

1. 选择题(本大题共10题,每题1.5分,共15分。在以下选择题中有单选题和多选题,请根据题目后面的提示,将正确选项前的字母填在题后的括号内。多选、少选、错选均无分)

(1) 物联网软件工程过程是指一套关于项目的阶段、状态、方法、技术和开发、维护软件的人员以及相关文档,它有哪些过程?(多选)(　　)

A. 统一过程　　B. 开启过程　　C. 结构化过程　　D. 面向对象的软件过程

(2) 软件过程质量的基本度量元有哪些?(多选)(　　)

A. 设计工作量应大于编码工作量

B. 设计评审工作量在设计工作量当中要少于四分之一

C. 代码评审工作量应占一半以上的代码编制的工作量

D. 每万行源程序在编译阶段发现的差错不应超过10个

(3) 软件需求分析所要做的工作包括以下哪些?(多选)(　　)

A. 深入描述软件的功能和性能　　B. 确定软件设计的限制

C. 软件的成本分析　　D. 定义软件的各种有效性需求。

(4) 模块是模块化设计和制造的功能单元,具有以下哪些特征?(多选)(　　)

A. 耦合性　　B. 互换性　　C. 通用性　　D. 相对独立性

(5) PowerBuilder的基本功能有哪些?(多选)(　　)

A. 可视化、多特性的开发工具

B. 面向对象的技术功能

C. 支持复杂应用程序、企业数据库的连接能力

D. 查询、报表和图形功能。

(6) 在黑盒测试中有哪些有效的方法?(多选)(　　)

A. 等价分类法　　B. 边界值分析法

C. 甘特图法　　D. 逆推法

(7) 海量信息处理对商业智能提出了哪些要求?(多选)(　　)

A. 实时商务智能　　B. 分析速度更快

C. 数据质量更高　　　　　D. 数据挖掘更强

(8) 为提高软件测试的效率应该怎样做？(单选)(　　)

A. 随机地选取测试数据

B. 取一切可能的输入数据作为测试数据

C. 在完成编码后制定软件测试计划

D. 选择发现错误可能性大的数据作为测试数据

(9) 通过无线网络与 Internet 的融合，将物体的信息实时准确地传递给用户，指的是(单选)(　　)。

A. 可靠传递　　B. 全面感知　　C. 智能处理　　D. Internet

(10) 下面哪一选项描述的不是智能电网？(单选)(　　)

A. 发展智能电网，更多地使用电力代替其他能源，是一种“低碳”的表现。

B. 将家中的整个用电系统连成一体，一个普通的家庭就能用上“自家产的电”。

C. 家中空调能够感应外部温度自动开关，并能自动调整室内温度。

D. 通过先进的传感和测量技术、先进的设备技术、控制方法以及先进的决策支持系统技术等，实现电网的可靠、安全、经济、高效、环境友好和使用安全的目标。

得分	评阅人

2. 名词解释题(本大题共 5 题，每题 4 分，共 20 分)

(1) 内聚：

(2) 软件外包：

(3) 数据字典：

(4) E-R 图：

(5) UML：

得分	评阅人

3. 简答题(本大题共 6 小题，每题 5 分，共 30 分)

(1) 简述 OOA 方法的基本步骤。

(2) 简述物联网的层次结构以及相应的作用。

(3) 需求调查的步骤是怎样的？

(4) 当数据流图呈现束状结构时，应采用事务分析的设计方法，通常采用哪几步？

(5) 请简述单元测试的步骤。

(6) 简述智慧电网的定义与它的功能。

得分	评阅人

4. 论述题(本大题共 3 小题，每小题 8 分，共 24 分)

(1) 解释面向对象方法里的对象、类、消息、封装、继承性、多态性这些基本概念。

(2) 面向对象设计方法有哪几种，请分别介绍。

(3) 敏捷开发的方法有哪些？

得分	评阅人

5. 分析阐述题(本大题共1题,每小题11分,共11分)

某图书出版公司希望每月定期向固定客户邮寄最近一个月的图书分类目录。客户可在其收到的目录上圈定自己要买的书。出版公司按照客户的反馈信息邮寄图书。要求为出版公司设计软件,以实现以下功能:

(1) 自动生成图书分类目录。

(2) 自动处理客户反馈信息。

试用面向数据流的方法给出系统的数据流图,并设计出软件结构图。

期末考试模拟试卷2

题号	1	2	3	4	5	6	总分	总分人
分值	10	10	20	30	20	10	100	
得分								

得分	评阅人

1. 单项选择题(本大题共10小题,每小题1分,共10分。在每小题列出的4个选项中只有一个选项是符合题目要求的,请将正确选项前的字母填在题后的括号内)

(1) 程序的3种基本结构是什么?(　　)

A. 过程、子程序、分程序　　B. 顺序、条件、循环

C. 递归、堆栈、队列　　D. 选择、分支、调用

(2) 在以下哪个模型中是采用用例驱动和架构优先的策略,使用迭代增量建造方法,软件逐渐被开发出来的。(　　)

A. 快速原型　　B. 统一过程　　C. 瀑布模型　　D. 螺旋模型

(3) SD方法衡量模块结构质量的目标是什么?(　　)

A. 模块间联系紧密,模块内联系紧密　　B. 模块间联系紧密,模块内联系松散

C. 模块间联系松散,模块内联系紧密　　D. 模块间联系松散,模块内联系松散

(4) 下列各种图可用于动态建模的有(　　)。

A. 用例图　　B. 类图　　C. 序列图　　D. 包图

(5) 利用云计算、数据挖掘以及模糊识别等人工智能技术,对海量的数据和信息进行分析和处理,对物体实施智能化的控制,指的是(　　)。

A. 可靠传递　　B. 全面感知　　C. 智能处理　　D. Internet

(6) 下列哪项不属于无线通信技术的?(　　)

A. 数字化技术　　B. 点对点的通信技术　　C. 多媒体技术　　D. 频率复用技术

(7) 有线通信需要两类成本:设备成本和部署成本。部署成本是指(　　)及配置所需要的费用。

A. 网线购置　　B. 路由器购置　　C. 交换器购置　　D. 布线和固定

(8) 软件过程模型有瀑布模型、(　　)、增量模型等。

A. 概念模型　　B. 原型模型　　C. 逻辑模型　　D. 物理模型

(9) 利用 RFID、传感器、二维码等随时随地获取物体的信息，指的是(　　)。

A. 可靠传递　　B. 全面感知　　C. 智能处理　　D. Internet

(10) 物联网中常提到的 M2M 概念不包括下面哪一项？(　　)

A. 人到人(Man to Man)　　B. 人到机器(Man to Machine)

C. 机器到人(Machine to Man)　　D. 机器到机器(Machine to Machine)

得分	评阅人

2. 多项选择题(本大题共 10 题，每题 1 分，共 10 分。在每小题列出的 5 个选项中有 2～5 个选项是符合题目要求的，请将正确选项前的字母填在题后的括号内。多选、少选、错选均无分)

(1) 软件开发流程(Software Development Process)即软件设计思路和方法的一般过程，包括以下哪几项？(　　)

A. 设计软件的功能和实现的算法和方法

B. 软件的总体结构设计和模块设计

C. 成本预算和效益分析

D. 编程和调试

E. 程序联调、测试和编写

(2) 项目组织机构的类型包括以下哪几种？(　　)

A. 集成团队组织　　B. 垂直团队组织　　C. 水平团队组织　　D. 混合团队组织

(3) 一个完整的 SRS 不仅要包括长长的功能性需求列表，还应包括外部接口描述和一些诸如质量属性、期望性等非功能性的需求。其特征包括以下哪些？(　　)

A. 结构性　　B. 完整性　　C. 正确性　　D. 一致性

E. 可修改性

(4) 编写概要设计文档包括哪几项？(　　)

A. 需求分析说明　　B. 概要设计说明书

C. 数据库设计说明书　　D. 集成测试计划

(5) 对于程序运行效率的改进可以从以下哪几个方面入手？(　　)

A. 压缩代码长度，减少冗余部分

B. 改进算法和数据结构以降低计算复杂度

C. 了解和掌握硬件的特性以便充分发挥硬件系统的性能

D. 完成代码的可视化

(6) 白盒测试包括哪些测试？(　　)

A. 整体测试　　B. 基本路径测试　　C. 模块测试　　D. 逻辑覆盖测试

(7) 传统商业智能在面对海量数据时存在哪些问题？(　　)

A. 资金供应不足　　B. 巨大的 IT 设备投入

C. 无法应对海量数据的增长　　D. 无法应对客户种种不同的要求

(8) 物联网是把下面哪些技术融为一体，实现全面感知、可靠传送、智能处理为特征的、连接物理世界的网络？(　　)

A. 传感器及 RFID 等感知技术　　B. 通信网技术

C. Internet 技术　　　　　　　　D. 智能运算技术

(9) RFID 系统解决方案的基本特征包括哪几项?(　　)

A. 机密性　　B. 完整性　　C. 可用性　　D. 真实性

(10) 针对传感网的数据管理系统结构有哪些?(　　)

A. 集中式　　B. 半分布式　　C. 分布式　　D. 层次式

得分	评阅人

3. 名词解释题(本大题共 5 题,每题 4 分,共 20 分)

(1) 喷泉模型:

(2) TSP:

(3) SQA:

(4) 软件复用:

(5) 联合开发:

得分	评阅人

4. 简答题(本大题共 6 小题,每题 5 分,共 30 分)

(1) 简述面向对象程序设计的基本步骤。

(2) 简述快速原型模型原型法的 3 个层次。

(3) 结构化设计的优缺点有哪些?

(4) 黑盒测试有哪些方法? 请分别简单介绍。

(5) 简述无线传感器网络的特征。

(6) 单元测试、集成测试和确认测试之间有哪些不同?

得分	评阅人

5. 论述题(本大题共 2 小题,每小题 10 分,共 20 分)

(1) 画出螺旋模型图,并给出意义解释。

(2) 比较几种语言工具的不同点。

得分	评阅人

6. 分析题(本大题共 1 题,每小题 10 分,共 10 分)

某考务中心准备开发一个成人自学考试系统的考务管理系统,经过调研,该系统应具有如下的功能:

(1) 对考生填写的报名单进行审查,对合格的考生,编好准考证发给考生,汇总后的报名单送给阅卷站。

(2) 给合格的考生制作考试通知单,将考试科目、时间、地点安排告诉考生。

(3) 对阅卷站送来的成绩进行登记,按当年标准审查单科合格者,并发成绩单,对所考专业各科成绩全部合格者发给大专毕业证书。

(4) 对成绩进行分类(按地区、年龄、职业、专业、科目等分类)产生相应统计表。

(5) 查询:考生可按准考证号随时查询自己的各科成绩。

试根据要求画出该系统的数据流图。

期末考试模拟试卷 3

题号	1	2	3	4	5	总分	总分人
分值	15	20	25	30	10	100	
得分							

得分	评阅人

1. 多项选择题(本大题共 15 题,每题 1 分,共 15 分。在每小题列出的几个选项中有 2～5 个选项是符合题目要求的,请将正确选项前的字母填在题后的括号内。多选、少选、错选均无分)

(1) 结构化设计方法的设计原则遵循哪几条?(　　)

A. 以类和继承为构造机制

B. 使每个模块尽量只执行一个功能

C. 每个模块用过程语句调用其他模块

D. 模块间传送的参数做数据用

(2) 成本管理的基本原则有哪些?(　　)

A. 合理化原则　B. 全面管理的原则　C. 责任制原则　D. 管理有效原则

(3) 数据流图的基本图形元素有哪些?(　　)

A. 数据流　B. 数据属性　C. 加工处理　D. 数据存储

(4) 通常采用下面的哪些方法对初始化软件结构进行优化?(　　)

A. 优化软件结构　B. 扇出合适

C. 控制代码运行效率　D. 设计功能可预测的模块

(5) 系统集成有以下哪几个显著特点?(　　)

A. 以满足用户的需求为根本出发点

B. 选择最适合用户的需求和投资规模的产品和技术

C. 系统集成包含技术、管理和商务等方面

D. 兼顾软件与硬件集成的结合

(6) 做测试计划的时候,要考虑的因素包括哪些?(　　)

A. 测试的步骤　B. 工作量　C. 进度　D. 资源

(7) 知识管理包括哪几个方面的工作?(　　)

A. 建立知识库　B. 知识的结构化存储

C. 建立尊重知识的内部环境　D. 把知识作为资产来管理。

(8) 在 OOD 的设计过程中,要展开的主要有如下哪几项工作?(　　)

A. 对象定义规格的求精过程　B. 需求分析和详细设计

C. 数据模型和数据库设计　D. 成本核算

(9) 工程项目进度计划的实施中,控制循环过程包括哪几项?( )

A. 事前进度控制　　B. 项目进度控制

C. 过程进度控制　　D. 事后进度控制

(10) 软件构件的属性有哪些?( )

A. 有用性　　B. 可用性　　C. 质量　　D. 适应性

E. 可移植性

(11) 详细设计的描述工具有哪几种?( )

A. 图形工具　　B. 表格工具　　C. 语言工具　　D. 案例工具

(12) 物联网工程系统集成通常要考虑以下哪几个子系统的集成技术?( )

A. 硬件集成　　B. 结构集成

C. 数据和信息集成　　D. 技术与管理集成

E. 人与组织机构集成

(13) 单元测试的任务主要包括哪些?( )

A. 模块接口测试　　B. 模块局部数据结构测试

C. 模块边界条件测试　　D. 模块图形界面测试

(14) 基于构件的软件开发方法学应包括下面哪几方面?( )

A. 对中间件有明确的定义

B. 基于中间件的概念需要有中间件的描述技术和规范

C. 开发应用系统必须按中间件裁剪划分组织

D. 有支持检验中间件特性和生成文档的工具

(15) CASE有哪几大作用?这些作用从根本上改变了软件系统的开发方式。( )

A. 一个具有快速响应、专用资源和早期查错功能的交互式开发环境

B. 对软件的开发和维护过程中的许多环节实现了自动化

C. 通过一个强有力的图形接口,实现了直观的程序设计

D. 在使用的时候要注意与硬件的兼容性

得分	评阅人

2. 名词解释题(本大题共5题,每题4分,共20分)

(1) 通信网:

(2) 软件工程过程:

(3) 模块化:

(4) 结构化设计:

(5) HIPO图:

得分	评阅人

3. 简答题(本大题共5小题,每题5分,共25分)

(1) CORBA服务内容有哪些?

(2) 物联网对我国的意义是什么?

(3) 简述结构化分析的步骤。

(4) 简述软件外包的优势和不足。

(5) 为什么说物联网是实现现代物流最有效的技术手段?

得分	评阅人

4. 论述题(本大题共3小题,每小题10分,共30分)

(1) 结构化分析的具体步骤是怎样的?

(2) 系统测试的策略有哪些?请简单介绍。

(3) 简介第四代语言的应用前景。

得分	评阅人

5. 分析题(本大题共1题,每小题10分,共10分)

现为某银行开发一个计算机储蓄管理系统。要求系统能够完成:将储户填写的存款单或取款单输入系统,如果是存款,系统记录存款人姓名、住址、存款类型、存款日期、利率等信息,同时要求储户输入口令,并打印出存款单给储户;如果是取款,则系统首先要求储户输入口令,储户身份确认后,系统计算结算清单给储户,结算清单中的信息包括本息金额和利息金额。

试根据要求画出该系统的数据流图。

期末考试模拟试卷4

题号	1	2	3	4	5	6	总分	总分人
分值	10	10	20	30	20	10	100	
得分								

得分	评阅人

1. 填空题(本大题共5个空,每空2分,共10分。请在每小题的空格中填上正确答案。错填、不填均无分)

(1) 目前,机器对机器的无线通信存在3种模式:机器对机器、机器对移动电话(如用户远程监视)以及移动电话对机器(如用户远程控制)。把这种通信简称为________。

(2) RFID系统中的本地服务器负责收集来自各种阅读器读取的信息,并通过________发送到后台处理中心进行相应的信息处理。

(3) 传感器节点除了通常的传感功能外,还具有信息的________、处理和通信功能。

(4) 蓝牙技术的工作频率在国际开放的ISM 2.4GHz上。为了避免相同频率电子设备之间的干扰,蓝牙技术采用了________。

(5) 物联网中传感器网络上的传感器节点所产生的信息可能是非数值型信息,如图形,这样物联网上的数据实际上是________。

得分	评阅人

2. 判断题(本大题共5小题,每题2分,共10分。判断下列各题,正确的在题后括号内打√,错的打×)

(1) 构件代表系统中的一部分物理实施,包括软件构件框架或其等价物。 ( )

(2) 进度计划是表示各项工程的实施方式、成本核算以及调度安排的计划。 ( )

(3) 成本估算是项目成本管理的核心,通过成本估算,分析并确定项目的估算成本,并以此为基础进行项目成本预算,开展项目成本控制等管理活动。 ( )

(4) 用户需求描述的是用户的目标,或用户要求系统必须能完成的任务。 ( )

(5) C/S结构也称客户机/服务器模式,是一类按新的应用模式运行的集成式计算机系统。 ( )

得分	评阅人

3. 名词解释题(本大题共5题,每题4分,共20分)

(1) 程序生成器:

(2) 软件集成:

(3) 3G:

(4) RFID:

(5) FPA:

得分	评阅人

4. 简答题(本大题共5小题,每题6分,共30分)

(1) 软件生命周期各阶段的任务是什么?

(2) 简述结构化程序设计步骤。

(3) 举例说明我们身边的传感器(5项以上)。

(4) 软件复杂性的概念是什么?

(5) 简述无线传感器网络容易遭受的安全攻击?

得分	评阅人

5. 论述题(本大题共2小题,每小题10分,共20分)

(1) 简单介绍几种数据库工具的特点。

(2) 构件技术有哪几种?请比较它们的特点。

得分	评阅人

6. 分析题(本大题共1题,每小题10分,共10分)

企业物资采购业务系统:

(1) 采购部门根据实际情况准备好采购单一式四份。

(2) 第一张采购单交给卖方;第二张采购单交到收货部门,用来登记收货清单;第三张采购单交给财会部门，登记应付账；第四张采购单存档。

(3) 到货时，收货部门按待收清单校对货物是否齐全后填写收货单一式四份。

(4) 第一张收货单交财务部门，通知付款；第二张收货单通知采购部门取货；第三张收货单存档；第四张收货单交给卖方。

根据要求画出该系统的数据流图。

期末考试模拟试卷5

题号	1	2	3	4	总分	总分人
分值	20	20	30	30	100	
得分						

得分	评阅人

1. 单项选择题(本大题共20小题，每小题1分，共20分。在每小题列出的4个选项中只有一个选项是符合题目要求的，请将正确选项前的字母填在题后的括号内)

(1) 面向对象方法的步骤是以下哪项？(　　)

① 通过整合各模块，达到高内聚、低耦合的效果，从而满足客户要求。

② 对需求进行合理分层，构建相对独立的业务模块。

③ 根据客户需求抽象出业务对象。

④ 设计业务逻辑，利用多态、继承、封装、抽象的编程思想，实现业务需求。

A. ②①④③　　B. ③②④①　　C. ①②④③　　D. ③①②④

(2) 云计算最大的特征是(　　)。

A. 计算量大　　B. 通过Internet进行传输

C. 虚拟化　　D. 可扩展性

(3) 下列哪项不是物联网的组成系统？(　　)

A. EPC编码体系　　B. EPC解码体系

C. 射频识别技术　　D. EPC信息网络系统

(4) 利用云计算、数据挖掘以及模糊识别等人工智能技术，对海量的数据和信息进行分析和处理，对物体实施智能化的控制，指的是(　　)。

A. 可靠传递　　B. 全面感知　　C. 智能处理　　D. Internet

(5) 软件可移植性是用来衡量软件的(　　)的重要尺度之一。

A. 效率　　B. 质量　　C. 人机关系　　D. 通用性

(6) RFID属于物联网的哪个层？(　　)

A. 感知层　　B. 网络层　　C. 业务层　　D. 应用层

(7) 下列哪项不是传感器的组成元件？(　　)

A. 敏感元件　　B. 转换元件　　C. 变换电路　　D. 电阻电路

(8) 下列哪项不是物联网体系构架原则？(　　)

A. 多样性原则　　B. 时空性原则　　C. 安全性原则　　D. 复杂性原则

(9) 要获取“物体的实时状态怎么样?”、“物体怎样了?”此类信息,并把它传输到网络上,就需要(　　)。

A. 计算技术　　B. 通信技术　　C. 识别技术　　D. 传感技术

(10) 物联网的安全问题中包含有共性化的网络安全。网络安全技术研究的目的是保证网络环境中传输、存储与处理信息的安全性。网络安全研究归纳为以下4个方面:网络安全体系结构方面的研究、网络安全防护技术研究、密码应用技术研究和(　　)。

A. 网络安全法规的研究　　B. 网络安全应用技术研究

C. 防火墙技术的研究　　D. 杀毒软件的研究

(11) (　　)测试用例发现错误的能力较大。

A. 路径覆盖　　B. 条件覆盖　　C. 判断覆盖　　D. 条件组合覆盖

(12) 需求分析可以使用许多工具,但以下哪种是不适合使用的?(　　)

A. 数据流图　　B. 判定表　　C. PAD图　　D. 数据字典

(13) 计算模式每隔(　　)年发生一次变革。

A. 10　　B. 12　　C. 15　　D. 20

(14) 下面哪一选项描述的不是智能电网?(　　)

A. 发展智能电网,更多地使用电力代替其他能源,是一种“低碳”的表现。

B. 将家中的整个用电系统连成一体,一个普通的家庭就能用上“自家产的电”。

C. 家中空调能够感应外部温度自动开关,并能自动调整室内温度。

D. 通过先进的传感和测量技术、先进的设备技术、控制方法以及先进的决策支持系统技术等,实现电网的可靠、安全、经济、高效、环境友好和使用安全的目标。

(15) 云计算最大的特征是(　　)。

A. 计算量大　　B. 通过Internet进行传输

C. 虚拟化　　D. 可扩展性

(16) 下列哪项不属于无线通信技术的?(　　)

A. 数字化技术　　B. 点对点的通信技术

C. 多媒体技术　　D. 频率复用技术

(17) 射频识别技术由电子标签(射频标签)和阅读器组成。电子标签附着在需要标识的物品上,阅读器通过获取(　　)信息来识别目标物品。

A. 物品　　B. 条形码　　C. IC卡　　D. 标签

(18) (　　)技术是一种新兴的近距离、复杂度低、低功耗、低传输率、低成本的无线通信技术,是目前组建无线传感器网络的首选技术之一。

A. ZigBee　　B. Bluetooth　　C. WLAN　　D. WMEN

(19) 支持物联网的信息技术包括(　　)、数据库技术、数据仓库技术、人工智能技术、多媒体技术、虚拟现实技术、嵌入式技术和信息安全技术等。

A. 网格计算　　B. 中间件技术

C. 源代码开放技术　　D. 高性能计算与云计算

(20) 智能电网解决方案被形象比喻为电力系统的(　　)。电力公司可以通过使用传感器、计量表、数字控件和分析工具,自动监控电网,优化电网性能、防止断电、更快地恢复供电,消费者对电力使用的管理也可细化到每个联网的装置。

A. 动力系统　　B. 中枢神经系统　　C. 反馈系统　　D. 控制系统

得分	评阅人

2. 名词解释题(本大题共5题,每题4分,共20分)

(1) 传感器:
(2) 需求分析:
(3) 耦合性:
(4) 事务流:
(5) 黑盒测试:

得分	评阅人

3. 简答题(本大题共5小题,每题6分,共30分)

(1) 简述软件复用的几个级别。
(2) 简述软件系统规划的任务和几个阶段。
(3) UML的基本特征有哪些?
(4) 标准建模语言(UML)的重要内容可以由哪几类图来定义?
(5) 4GL有哪些优点和不足?

得分	评阅人

4. 论述题(本大题共3小题,每小题10分,共30分)

(1) 进度控制的图形方法有哪几种?请简单介绍一下。
(2) UML建模工具Rational Rose、Power Designer和Visio的比较。
(3) 软件系统测试的模型包括哪些?

附录C 参考答案

习题1～8参考答案

习题1参考答案

1. 名词解释

(1) 软件工程：是一门研究用工程化方法构建和维护有效的、实用的和高质量的软件的学科。

(2) 软件工程过程：是指生产一个最终能满足需求且达到工程目标的软件产品所需要的步骤，是将用户需求转化为软件所需的软件工程活动的总集。

(3) OO方法：即面向对象方法，是一种把面向对象的思想应用于软件开发过程中指导开发活动的系统方法。

(4) OOA方法：面向对象的分析方法，是在一个系统的开发过程中进行了系统业务调查以后，按照面向对象的思想来分析问题。

(5) 软件复用：将已有的软件成分用于构造新的软件系统，以缩减软件开发和维护的花费。

(6) 喷泉模型：是一种以用户需求为动力，以对象为驱动的模型，主要用于描述面向对象的软件开发过程。

2. 判断题

(1)(√)　(2)(×)　(3)(√)　(4)(×)

3. 填空题

(1) 物联网系统由感知、可靠传递和智能处理三部分组成。

(2) 软件工程涉及程序设计语言、数据库、软件开发工具、系统平台、标准和设计模式等方面。

(3) 结构化方法是一种传统的软件开发方法，它是由结构化分析、结构化设计和结构化程序设计三部分有机组合而成的。

(4) 结构化分析就是使用数据流图、数据字典、结构化语言、判定表和判定树等工具，来建立一种新的、称为结构化说明书的目标文档，也就是需求规格说明书。

(5) 瀑布模型将软件生命周期划分为制定计划、需求分析、软件设计、程序编写、软件测试和运行维护等6个基本活动，并且规定了它们自上而下、相互衔接的固定次序，如同瀑布流水，逐级下落。

4. 选择题

(1) A B D	(2) A B D E	(3) B C D
(4) A C	(5) A B C D E	(6) A C D

5. 简答题

(1) 软件生命周期有哪几个阶段?

① 问题的定义及规划。

② 需求分析。

③ 软件设计。

④ 程序编码。

⑤ 软件测试。

⑥ 运行维护。

⑦ 软件升级。

⑧ 软件报废。

(2) 简述结构化分析的步骤。

① 分析当前的情况,做出反映当前物理模型的数据流图。

② 推导出等价的逻辑模型的数据流图。

③ 设计新的逻辑系统,生成数据字典和基元描述。

④ 建立人机接口,提出可供选择的目标系统物理模型的数据流图。

⑤ 确定各种方案的成本和风险等级,据此对各种方案进行分析。

⑥ 选择一种方案。

⑦ 建立完整的需求规约。

(3) 简述面向对象程序设计的基本步骤。

① 分析确定在问题空间和解空间出现的全部对象及其属性。

② 确定应施加于每个对象的操作,即对象固有的处理能力。

③ 分析对象间的联系,确定对象彼此间传递的消息。

④ 设计对象的消息模式,消息模式和处理能力共同构成对象的外部特性。

⑤ 分析各个对象的外部特性,将具有相同外部特性的对象归为一类,从而确定所需要的类。

⑥ 确定类间的继承关系,将各对象的公共性质放在较上层的类中描述,通过继承来共享对公共性质的描述。

⑦ 设计每个类关于对象外部特性的描述。

⑧ 设计每个类的内部实现(数据结构和方法)。

⑨ 创建所需的对象(类的实例),实现对象间应有的联系(发消息)。

(4) 简述 OOA 方法的基本步骤。

在用 OOA 具体地分析一个事物时,大致上遵循如下 5 个基本步骤:

第一步,确定对象和类。这里所说的对象是对数据及其处理方式的抽象,它反映了系统保存和处理现实世界中某些事物的信息的能力。

第二步，确定结构(structure)。结构是指问题域的复杂性和连接关系。

第三步，确定主题(subject)。主题是指事物的总体概貌和总体分析模型。

第四步，确定属性(attribute)。属性就是数据元素，可用来描述对象或分类结构的实例，可在图中给出，并在对象的存储中指定。

第五步，确定方法(method)。方法是在收到消息后必须进行的一些处理方法：方法要在图中定义，并在对象的存储中指定。

(5) 简述软件复用的几个级别。

① 代码的复用。包括目标代码和源代码的复用。

② 设计的复用。设计结果比源程序的抽象级别更高，因此它的复用受实现环境的影响较少，从而使可复用构件被复用的机会更多，并且所需的修改更少。

③ 分析的复用。这是比设计结果更高级别的复用，可复用的分析构件是针对问题域的某些事物或某些问题的抽象程度更高的解法，受设计技术及实现条件的影响很少，所以可复用的机会更大。

④ 测试信息的复用。主要包括测试用例的复用和测试过程信息的复用。

(6) 简述快速原型法模型的 3 个层次。

第一层包括联机的屏幕活动。这一层的目的是确定屏幕及报表的版式和内容、屏幕活动的顺序及屏幕排版的方法。

第二层是第一层的扩展，引用了数据库的交互作用及数据操作。这一层的主要目的是论证系统关键区域的操作，用户可以输入成组的事务数据，执行这些数据的模拟过程，包括出错处理。

第三层是系统的工作模型，它是系统的一个子集，其中应用的逻辑事务及数据库的交互作用可以用实际数据来操作。这一层的目的是开发一个模型，使其发展成为最终的系统规模。

6. 论述题

(1) 软件开发流程的步骤。

第一步：需求调研分析

系统分析员向用户初步了解需求，然后列出要开发系统的大功能模块，每个大功能模块有哪些小功能模块。系统分析员深入了解和分析需求，根据自己的经验和需求用相关的工具再做出一份系统的功能需求文档。这次的文档会清楚列出系统大致的大功能模块，大功能模块有哪些小功能模块，并且还列出相关的界面和界面功能。系统分析员向用户再次确认需求。

第二步：概要设计

开发者需要对软件系统进行概要设计，即系统设计。概要设计需要对软件系统的设计进行考虑，包括系统的基本处理流程、系统的组织结构、模块划分、功能分配、接口设计、运行设计、数据结构设计和出错处理设计等，为软件的详细设计提供基础。

第三步：详细设计

在概要设计的基础上，开发者需要进行软件系统的详细设计。在详细设计中，描述实现具体模块所涉及的主要算法、数据结构、类的层次结构及调用关系；需要说明软件系统各个层次中的每一个程序(每个模块或子程序)的设计考虑,以便进行编码和测试;应当保证软件的需求完全分配给整个软件。详细设计应当足够详细,能够根据详细设计报告进行编码。

第四步:编码

在软件编码阶段,开发者根据《软件系统详细设计报告》中对数据结构、算法分析和模块实现等方面的设计要求,开始具体的编写程序工作,分别实现各模块的功能,从而实现对目标系统的功能、性能、接口、界面等方面的要求。

第五步:测试

测试编写好的系统;交给用户试用,用户试用后一个一个地确认每个功能。

第六步:软件交付准备

在软件测试证明软件达到要求后,软件开发者应向用户提交开发的目标安装程序、数据库的数据字典、《用户安装手册》、《用户使用指南》、需求报告、设计报告、测试报告等双方合同约定的产物。

第七步:验收

用户验收。

(2) 解释面向对象方法里的对象、类、消息、封装、继承性、多态性这些基本概念。

① 对象是要研究的任何事物。从程序设计者来看,对象是一个程序模块;从用户来看,对象为他们提供所希望的行为。在对内的操作通常称为方法。一个对象请求另一对象为其服务的方式是通过发送消息。

② 类是对象的模板。即类是对一组有相同数据和相同操作的对象的定义,一个类所包含的方法和数据描述一组对象的共同属性和行为。类是在对象之上的抽象,对象则是类的具体化,是类的实例。类可有其子类,也可有其他类,形成类层次结构。

③ 消息是对象之间进行通信的一种规格说明。它一般由三部分组成:接收消息的对象、消息名及实际变元。

④ 封装是一种信息隐蔽技术,它体现于类的说明,是对象的重要特性。封装使数据和加工该数据的方法(函数)封装为一个整体,以实现独立性很强的模块,使得用户只能见到对象的外特性,而对象的内特性对用户是隐蔽的。封装的目的在于把对象的设计者和对象的使用者分开,使用者不必知晓行为实现的细节,只需用设计者提供的消息来访问该对象。

⑤ 继承性是子类自动共享父类之间数据和方法的机制。它由类的派生功能体现。一个类直接继职其他类的全部描述,同时可修改和扩充。继职具有传达室递性。继职分为单继承和多重继承。类的对象是各自封闭的,如果没继承性机制,则类对象中数据、方法就会出现大量重复。继承不仅支持系统的可重用性,而且还促进系统的可扩充性。

⑥ 多态性是对象根据所接收的消息而做出的动作。同一消息为不同的对象接收时可产生完全不同的行动,这种现象称为多态性。利用多态性用户可发送一个通用的信息,而将所有的实现细节都留给接收消息的对象自行决定,这样同一消息即可调用不同的方法。

(3) 画出螺旋模型图,并给出意义解释。

螺旋模型图如图 1-7 所示。螺旋模型把软件项目分解成一个个小项目。每个小项目都标识一个或多个主要风险,直到所有的主要风险因素都被确定。螺旋模型强调风险分析,使得开发人员和用户对每个演化层出现的风险有所了解,继而做出应有的反应,因此特别适用于庞大、复杂并具有高风险的系统。对于这些系统,风险是软件开发不可忽视且潜在的不利因素,它可能在不同程度上损害软件开发过程,影响软件产品的质量。减小软件风险的目标是在造成危害之前,及时对风险进行识别及分析,决定采取何种对策,进而消除或减少风险的损害。

螺旋模型沿着螺线进行若干次迭代,图中的4个象限代表了以下活动:

① 制定计划:确定软件目标,选定实施方案,弄清项目开发的限制条件。

② 风险分析:分析评估所选方案,考虑如何识别和消除风险。

③ 实施工程:实施软件开发和验证。

④ 客户评估:评价开发工作,提出修正建议,制定下一步计划。

螺旋模型由风险驱动,强调可选方案和约束条件从而支持软件的重用,有助于将软件质量作为特殊目标融入产品开发之中。

习题2参考答案

1. 名词解释

(1) RFID:射频识别,又称电子标签,是一种通信技术,可通过无线电信号识别特定目标并读写相关数据,而无须识别系统与特定目标之间建立机械或光学接触。

(2) 通信网:一种使用交换设备、传输设备将地理上分散用户终端设备互连起来实现通信和信息交换的系统。

(3) 3G:第三代通信网络,可实现无线漫游,并处理图像、音乐、视频流等多种媒体形式,提供包括网页浏览、电话会议、电子商务等多种信息服务。

2. 填空题

(1) 物联网的体系结构分为三层,分别是感知层、网络层、应用层。

(2) 在软件规划阶段,为了能使系统更加详尽、准确到位,重点需要确定用户是否需要这样的产品类型以及获取每个用户类的需求。它包括3个不同的层次:业务需求、用户需求和功能需求。

(3) 各类投资项目可行性研究的内容一般应包括投资必要性、技术可行性、财务可行性、组织可行性、经济可行性、社会可行性和风险因素及对策。

3. 简答题

(1) 简述物联网的层次结构以及相应的作用。

物联网的体系结构分为三层,分别是感知层、网络层和应用层。

感知层的作用是采集物品信息、传递控制信号。这是物联网互联的第一步,这里需要用到电子标签、数据采集技术和无线传感器。

网络层的作用是接收感知层传递的数据,将数据发送到其他网络中,并将控制命令发送给感知层。网络层需要网络化物理系统。网络化物理系统是利用计算技术监测和控制物理设备行为的嵌入式系统CPS(Cyber—Physical System)。网络层的具体功能包括:获取物品信息,获取感知层所发送的物品数据,识别其中的EPC码,并在本地网关注册;数据格式转换指的是一方面将网络层、感知层获取的数据信息进行格式转换，以便在 Internet、3G 或广电等外部网络中传输，另一方面把外部网络发送的数据转换成感知层可识别的数据格式；发送控制命令指的是将外部网络获取的数据，经转换格式后发送给感知层；网络连接，发送/接收外部网络数据。

应用层是收集数据的终端，经过数据分析和计算之后，向联网的物体发送实际的控制命令，以达到特定的应用目标。物联网的应用归根结底还是要实现某种功能，比如智能控制交通系统、智能农业灌溉系统、智能物流系统等。

(2) 简述软件系统规划的任务和阶段。

软件系统规划的任务是确定软件开发工程必须完成的总目标；确定工程的可行性，导出实现工程目标应该采用的策略及系统必须完成的功能；估计完成该项工程需要的资源和成本，并且制定工程进度表。这个时期的工作通常又称为系统分析，由系统分析员负责完成。通常划分为 3 个阶段，即问题定义、可行性研究和需求分析。

① 问题定义

确切地定义问题在实践中可能是最容易被忽视的一个步骤，软件开发初期，如果不知道问题是什么，就试图解决某些问题，盲目地讨论实现的细节，只会白白浪费时间和金钱，最终得出的结果很可能是毫无意义的。所以，问题定义阶段的首要关键问题是：要解决的问题是什么？只有弄清问题是什么，才能开始下一阶段的工作。

② 可行性研究

由于在问题定义阶段提出的对工程目标和规模的报告通常比较含糊，并没有确定是否有解决问题的途径，所以对于可行性研究阶段要解决的关键问题是：对于上一阶段所确定的问题有行得通的解决办法吗？在这个阶段，系统分析员要将系统设计大大压缩和简化，在较抽象的高层次上进行软件分析，从而导出系统的高层逻辑模型(通常用数据流程控制图表示)，并且在此基础上要更准确、更具体地确定工程规模和目标，准确地估计系统的成本和效益。最后，由使用部门负责人做出是否继续进行这项工程的决定。一般地，只有投资可能取得较大效益的工程项目才值得继续研究。因为可行性研究以后的阶段将需要投入更多的人力、物力，所以及时中止不值得投资的工程项目可以避免更大的浪费。

③ 需求分析

这个阶段的任务仍然不是具体地解决问题，而是准确地确定"为了解决这个问题，目标系统必须做什么"，主要是确定目标系统必须具备哪些功能。用户了解他们所面对的问题，知道必须做什么，但是通常不能完整准确地表达出他们的要求，更不知道怎样利用计算机解决他们的问题；软件开发人员知道怎样使用软件实现人们的要求，但是对特定用户的具体要求并不完全清楚。因此，系统分析员在需求分析阶段必须要和用户密切配合，充分交流信息，以便得出经过用户确认的系统逻辑模型。需求分析阶段确定的系统逻辑模型是以后设计和实现目标系统的基础，所以必须要准确完整地体现用户的要求。

习题 3 参考答案

1. 名词解释

(1) PSP：个人软件过程，是一种可用于控制、管理和改进个人工作方式的自我持续改进过程,是一个包括软件开发表格、指南和规程的结构化框架。

(2) 甘特图:以图示的方式通过活动列表和时间刻度形象地表示出任何特定项目的活动顺序与持续时间。

(3) 成本管理:在项目具体实施过程中,为了确保完成项目所花费的实际成本不超过预算成本而展开的项目成本估算、项目预算、项目成本控制等方面的管理活动。

(4) TSP:团队软件过程,为开发软件产品的开发团队提供指导。

(5) SQA:软件质量保证,指建立一套有计划、有系统的方法来向管理层保证拟定出的标准、步骤、实践和方法能够正确地被所有项目所采用。

(6) FPA:功能点分析法,是一种相对抽象的方法,是一种人为设计出的度量方式,主要解决如何客观、公正、可重复地对软件规模进行度量。

2. 判断题

(1) (√) (2) (√) (3) (×) (4) (×) (5) (√) (6) (×)

3. 填空题

(1) 进度控制的4个步骤包括计划、执行、检查、行动。

(2) 软件项目工作量估算的方法包括代码行估算法、功能点分析法、任务分解法、类比估算法、PERT时间估计法、Putnam模型、COCOMO模型。(填4个即可)

4. 选择题

(1) A C (2) B C D (3) A B C D (4) A C D

5. 简答题

(1) 进度控制的目标和范围是什么?

① 总目标:通过各种有效措施保障工程项目在规定的时间内完成,即信息系统达到竣工验收、试运行及投入使用的计划时间。

总目标分解:按单项工程分解;按专业分解;按工程阶段分解;按年、季、月分解。

② 进度控制的范围。

纵向范围:在工程建设的各个阶段,对项目建设的全过程控制。

横向范围:在工程建设的各个组成部分,对分项目、子系统的控制。

(2) 简单介绍COCOMO模型。

① COCOMO模型是一种精确的、易于使用的成本估算方法,是一种参数化的项目估算方法。参数建模是把下那个目的某些特征作为参数,通过建立一个数字模型预测项目成本。

② 在COCOMO模型中,工作量调整因子(EAF)代表多个参数的综合效果,这些参数使得项目可以特征化和根据COCOMO数据库中的项目规格化。每个参数可以定位很低、低、正常、高、很高。每个参数都作为乘数,其值通常在0.5～1.5之间,这些参数的乘积作为成本方程中的系数。

③ COCOMO模型具有估算精确、易于使用的特点。在该模型中使用的基本量包括:DSI(源指令条数),定义为代码行数;MM表示开发工作量,度量单位为人月;TDEV表示

开发进度，度量单位为月。

④ COCOMO 模型用 3 个不同层次的模型来反映不同程度的复杂性，他们分别为基本模型、中间模型和详细模型。

⑤ 根据不同应用软件的不同应用领域，COCOMO 模型划分为 3 种软件应用开发模式：组织模式、嵌入式应用开发模式和中间应用开发模式。

⑥ 但是 COCOMO 模型也存在一些很严重的缺陷，例如分析时的输入是优先的；不能处理意外的环境变换；得到的数据往往不能直接使用，需要校准；只能得到过去的情况总结，对于将来的情况无法进行校准等。

6. 论述题

(1) 进度控制的图形方法有哪几种？请简单介绍一下。

① 甘特图。甘特图思想比较简单，即以图示的方式通过活动列表和时间刻度形象地表示出任何特定项目的活动顺序与持续时间。甘特图基本上是一条线条图，横轴表示时间，纵轴表示活动(项目)，线条表示在整个期间上计划和实际的活动完成情况。它直观地表明任务计划在什么时候进行，及实际进展与计划要求的对比。管理者由此可便利地弄清一项任务(项目)还剩下哪些工作要做，并可评估工作进度。

② 工程进度曲线("香蕉"曲线图)。"香蕉"型曲线是两条 S 型曲线组合成的闭合曲线。从 S 型曲线比较法中得知，按某一时间开始的施工项目的进度计划，其计划实施过程中进行时间与累计完成任务量的关系都可以用一条 S 型曲线表示。对于一个施工项目的网络计划，在理论上总是分为最早和最迟两种开始与完成时间的。因此，一般情况下，任何一个施工项目的网络计划都可以绘制出两条曲线：一条是计划以各项工作的最早开始时间安排进度而绘制的 S 型曲线，称为 ES 曲线；另一条是计划以各项工作的最迟开始时间安排进度而绘制的 S 型曲线，称为 LS 曲线。两条 S 型曲线都是从计划的开始时刻开始和完成时刻结束，因此两条曲线是闭合的。一般情况下，其余时刻 ES 曲线上的各点均落在 LS 曲线相应点的左侧，形成一个形如"香蕉"的曲线，故此称为"香蕉"型曲线，如图 3-5 所示(此处图略)。在项目的实施中，进度控制的理想状况是任一时刻按实际进度描绘的点应落在该"香蕉"型曲线的区域内，如图 3-5 中所示的 R 曲线。

"香蕉"型曲线比较法的作用：利用"香蕉"型曲线进行进度的合理安排；进行施工实际进度与计划进度比较；确定在检查状态下，后期工程的 ES 曲线和 LS 曲线的发展趋势。

③ 网络图计划法。

单代号网络图：用一个圆圈代表一项活动，并将活动名称写在圆圈中。箭线符号仅用来表示相关活动之间的顺序，因其活动只用一个符号就可代表，故称为单代号网络图。

双代号网络图：这是应用较为普遍的一种网络计划形式。它是以箭线及其两端节点的编号表示工作的网络图。双代号网络图中，每一条箭线应表示一项工作。箭线的箭尾节点表示该工作的开始，箭线的箭头节点表示该工作的结束。

(2) 请介绍一下软件开发项目中常用的几种成本估算方法。

① 自上向下估算方法：又称为类比估算法，是一种自上而下的估算形式。它使用以前的、相似项目的实际成本作为目前项目成本估算的根据，这是一种专家判断法。项目经理利用以前类似的项目实际成本作为基本依据，通过经验做出判断项目整体成本和各个子任务

的成本预算，此方法通常在项目的初期或信息不足时进行。该方法较其他方法更节省，但不是很精确，需要项目经理具有较高的水平和经验。

② 自下而上估算方法：包括估算个人工作项和汇总单个工作项成整体项目，单个工作项的大小和估算人员的经验决定估算的精度。如果一个项目有详细工作分解结构，项目经理能够让每个人负责一个工作包，并让他们为那个工作包建立自己的成本估算；然后将所有的估算加起来，产生更高一级的估算，并且最终完成整个项目的估算。

③ 混合估算法：就是将上述两种估算方法综合使用。在科学计算的基础上，结合项目管理者的经验，做出既科学又符合实际情况的预算。并且可以在科学计算过程中加进参数模型，通过数据的积累，根据同类项目的管理状况和成本数据建立模型，在遇到同类项目时可直接套用。

④ 参数估算法：是一种使用项目特性参数建立数据模型来估算成本的方法，是一种统计技术，如回归分析和学习曲线。数学模型可以简单也可以复杂，有的是简单的线性关系模型，有的模型就比较复杂。一般参考历史信息，重要参数必须量化处理，根据实际情况对参数模型按适当比例调整。每个任务必须至少有一个统一的规模单位。

⑤ 组合估算法：这是目前企业软件开发过程中常用的软件成本估算方式，它是一种自下而上估算法和参数估算法的结合模型。

习题4参考答案

1. 名词解释

(1) 需求分析：指在建立一个新的或改变一个现存的计算机系统时描写新系统的目的、范围、定义和功能时所要做的所有工作。

(2) DFD：数据流图，它是结构化系统分析方法的主要表达工具及用于表示软件模型的一种图示方法。

(3) 数据字典：是数据流图中包含所有元素定义的集合，是对数据的数据项、数据结构、数据流、数据存储、处理逻辑、外部实体等进行的定义和描述。

(4) E-R图：实体-关系图，是表示数据对象及其之间关系的图形语言机制。

(5) UML：即统一建模语言或标准建模语言，是一种支持模型化和软件系统开发的图形化语言。

2. 判断题

(1)(×) (2)(√) (3)(×) (4)(√)

3. 填空题

(1) 需求分析可分为需求提出、需求描述及需求评审3个阶段。

(2) 结构化方法按软件生命周期划分，它由结构化分析、结构化设计和结构化程序设计三部分组成。

(3) 结构化分析方法利用图形等半形式化的描述方法表达需求，简单易懂，用它们来形成需求说明书中的主要部分。这些描述工具包括数据流图、数据词典和加工逻辑描述工具。

(4) 数据字典也是数据库设计时要用到的一种工具，用来描述数据库中基本表的设计，主要包括字段名、数据类型、主键、外键等描述表的属性的内容。

(5) 数据字典包括数据项、数据结构、数据流、数据存储和处理过程。

4. 选择题

(1) A B D (2) B C D E (3) A C D
(4) B (5) A B C D

5. 简答题

(1) 简述需求分析的过程。

需求分析的全过程主要包括目标确认、需求调查、需求分析、效果分析等几个循环往复的过程。

① 目标确认：必须清楚地定义建设一个系统或做一个业务的目标，如它包含的主要功能，它不包含的功能系统之间或业务之间的界面。在进行目标确认时，必须用清晰的语言描述目标。

② 需求调查：首先在不考虑目标的情况下做需求调查，尽可能详尽地掌握整个系统或业务的需求；然后对每个需求进行一致性的分析，确定其是否与已经确认的目标一致，或是修正目标，或是修正需求；最后确认该需求的合理性，并用清晰的语言描述该需求。

③ 需求分析：首先分析需求的内涵和相关的名词术语，必要时进行名词术语的重新定义；然后进行数据及流程、业务及流程等的定义与分析，以细化相应的需求；再次进行相关性分析，包括业务之间的相关性、数据之间的相关性、业务上和技术上的可行性等，并提出解决问题的方法，如果问题严重，还要考虑是否需要修改需求或修改目标；最后也是要用清晰的语言描述该需求及其相关关系。

④ 效果分析：综合评估经过需求分析后的需求的效果，是否满足预定目标，是否需要重新定义需求或目标等。

(2) 需求调查的步骤是怎样的？

① 找出真正的用户。通过与用户开发任务的提出者进行初步确认，由用户任务提出者指出所要开发的系统的最直接用户，或者说是系统的职能管理者，该用户也是未来的系统推进者。只有得到该用户的认可，才能得到他们的积极支持。

② 把握系统的整体流程。通过对系统用户的访问，了解系统的总体，整个系统经过了多少步骤，每个步骤都由谁来完成，应做哪些操作，形成哪些报表，通过整理，形成初步的系统模型。

③ 掌握一手资料。在通过与管理者的交流建立初步印象以后，再与各个用户进行交流，记录与整理用户所说的内容或意思，以及他们对系统的期望。要尽可能地访问到每一个用户。

④ 正确理解需求列表。通过需求分析，形成需求文档，给出需求列表，即系统应该实现的功能列表。

(3) UML的基本特征有哪些？

与以往的建模方法不同，使用UML，用户不必为迎合特定的开发商而改变工作方式。

UML 使用扩展机制对 UML 模型进行定制以满足特定应用类型或技术领域的需求。作为一种当前最流行的一种面向对象的开发技术，UML 具有以下特征：

① 可扩展性机制。没有任何标准、语言或工具能够 100%地满足用户的需要，这样的努力注定是劳而无功，而 UML 提供了一些机制对核心概念进行增强且不损坏其完整性。

② 线程和进程。线程和进程在应用程序中应用越来越多，UML 在所有的动作模型里都支持线程和进程的建模。

③ 活动图。多年来，商业和技术人员一直依靠流程图工作，UML 将之更名为活动图，活动图是对逻辑进行建模的简单而有效的工具。在工作流、方法设计、屏幕导航、计算等发展过程中，逻辑始终存在。活动图的价值不可忽视。

④ 精化。许多概念，如类元和关系，贯穿系统开发的各个层次，无论是应用于商业环境还是科技环境，它们的语义保持不变，但不同的抽象层次会原始的概念进行一些添加、定制或精化。这种方法支持并在某种程度上促进了概念在新的抽象层次的不同应用，它的结果是促进了用于系统开发的模型集的日益发展，所有这些模型都建立在相同的概念基础之上，但每个模型都被加以剪裁以适应特定的情况。

⑤ 构件和接口。建模的优势之一就是能够在不同的抽象层次上工作，而不仅仅局限于代码层次上。接口和构件使建模者在解决问题时能够将注意力集中在那些有助于解决问题的连通性和通信问题上，在比较重要的对策、协议、接口和通信需求没有确定的时候，可以暂时忽略构件的实现甚至是内部设计。在这样一个比较高的抽象层次上创建的模型可以并总是可以在不同的环境中实现。

⑥ 约束语言。对象约束语言提供了语法以定义保证模型完整性的规则。在这种编程方式中，建模元素之间的关系被定义为支配交互的规则。当契约的双方准备签约的时候，契约对客户和供应商同时赋予了义务，被称为前置条件的约束规定了客户为得到产品和服务必须要尽的义务，同时约束也规定了当客户履行了其义务时，供应商必须要做的事情，这些约束被称做后置条件或保证。

⑦ 动作语义。UML 的目标历来都是尽可能精确地对软件建模，对软件建模意味着要对行为建模。动作语义扩展可以用动作表达离散的行为，动作能够转换信息和/或改变系统。此外，UML 在建模中将动作当做单独的对象，这样就使得动作可以并发执行。

(4) 标准建模语言(UML)的重要内容可以由哪几类图来定义?

第一类是用例图(Use case diagram)，从用户角度描述系统功能，并指出各功能的操作者。

第二类是静态图(Static diagram)，包括类图、对象图和包图。其中类图描述系统中类的静态结构。不仅定义系统中的类，表示类之间的联系如关联、依赖、聚合等，也包括类的内部结构(类的属性和操作)。类图描述的是一种静态关系，在系统的整个生命周期都是有效的。对象图是类图的实例，几乎使用与类图完全相同的标识。它们的不同点在于对象图显示类的多个对象实例，而不是实际的类。一个对象图是类图的一个实例。由于对象存在生命周期，因此对象图只能在系统某一时间段存在。包图由包或类组成，表示包与包之间的关系，用于描述系统的分层结构。

第三类是行为图(Behavior diagram)，描述系统的动态模型和组成对象间的交互关系。行为图包括状态图、活动图、顺序图和协作图。其中状态图描述类的对象所有可能的状态以及事件发生时状态的转移条件。通常，状态图是对类图的补充。在实用上并不需要为所有的类画状态图，仅为那些有多个状态其行为受外界环境的影响并且发生改变的类画状态图。而活动图描述满足用例要求所要进行的活动以及活动间的约束关系，有利于识别并行活动。活动图是一种特殊的状态图，它对于系统的功能建模特别重要，强调对象间的控制流程。顺序图展现了一组对象和由这组对象收发的消息，用于按时间顺序对控制流建模。用顺序图说明系统的动态视图。协作图展现了一组对象，这组对象间的连接以及这组对象收发的消息。它强调收发消息的对象的结构组织，按组织结构对控制流建模。顺序图和协作图都是交互图。顺序图和协作图可以相互转换。

第四类是交互图(Interactive diagram)，描述对象间的交互关系。其中顺序图显示对象之间的动态合作关系，它强调对象之间消息发送的顺序，同时显示对象之间的交互；合作图描述对象间的协作关系，合作图跟顺序图相似，显示对象间的动态合作关系。除显示信息交互外，合作图还显示对象以及它们之间的关系。如果强调时间和顺序，则使用顺序图；如果强调上下级关系，则选择合作图。这两种图合称为交互图。

第五类是实现图(Implementation diagram)。其中构件图描述代码部件的物理结构及各部件之间的依赖关系。一个部件可能是一个资源代码部件、一个二进制部件或一个可执行部件。它包含逻辑类或实现类的有关信息。部件图有助于分析和理解部件之间的相互影响程度。配置图定义系统中软硬件的物理体系结构，它可以显示实际的计算机和设备(用节点表示)以及它们之间的连接关系，也可显示连接的类型及部件之间的依赖性。在节点内部，放置可执行部件和对象以显示节点跟可执行软件单元的对应关系。

6. 论述题

(1) 结构化分析的具体步骤是怎样的?

① 建立当前系统的物理模型。在可行性研究的基础上，进一步研究当前使用的系统(可能是人工系统)，用一个模型来反映自己对当前系统的理解，如通过画系统流程图来反映现行系统的实际情况。

② 抽象出当前系统的逻辑模型。物理模型反映了系统“怎么做”的具体实现，去掉物理模型中非本质的因素，抽取出本质的因素。本质的因素是指系统固有的、不依赖运行环境变化而变化的因素，任何实现都这样做。而非本质的因素不是系统固有的，随环境不同而不同，随实现不同而不同。对物理模型进行分析，去掉非本质的因素，就形成了当前系统的逻辑模型，反映当前系统“做什么”的功能。

③ 建立目标系统的逻辑模型。分析比较目标系统与当前系统逻辑上的差别，在当前系统的基础上找出要改变的部分，将变化的部分抽象为一个加工，这个加工的外部环境及输入、输出就确定了。然后对变化的部分重新进行分解，根据分析人员自己的经验，采用自顶向下逐步求精的分析策略，逐步确定变化部分的内部细节，从而建立目标系统的逻辑模型。

④ 做进一步补充和优化。为完整地描述目标系统，还要做一些补充，如至今尚未详细考虑的细节、出错处理、输入输出格式、存储容量等性能要求与限制等。

⑤ 确定系统的成本和风险等级。首先要计算完成系统所需的工作量，然后制定规避风险的预案，并分析和选择一种优化方案。

⑥ 建立完整的需求规约，完成需求说明书。需求获取完成后，是需求分析。通过需求

分析，要确定完整的需求规约，在此基础上，根据国家标准撰写需求说明书。接着是小组内部组织的需求说明书审查。小组审查通过后要提交甲方审查。然后组织(包括甲、方乙方专家等)多方参加的审查。最后根据各方提出的意见进行修改。

(2) UML建模工具Rational Rose、Power Designer和Visio的比较。

① Rational Rose是IBM的产品，是一种基于UML的建模工具。Rational Rose自推出以来就受到了业界的瞩目，并一直引领可视化建模工具的发展。很多软件公司和开发团队都使用Rational Rose进行大型项目的分析、建模与设计等。Rational Rose易于使用，支持使用多种构件和多种语言的复杂系统建模；利用双向工程技术可以实现迭代式开发；团队管理特性支持大型、复杂的项目和大型而且通常队员分散在各个不同地方的开发团队。同时，Rational Rose与微软Visual Studio系列工具中GUI的完美结合所带来的方便性，使得它成为绝大多数开发人员的首选建模工具；Rational Rose还是市场上第一个提供对基于UML的数据建模和Web建模支持的工具。此外，Rational Rose还为其他一些领域提供支持，如用户定制和产品性能改进。Rational Rose主要是在开发过程中的各种语义、模块、对象以及流程、状态等描述比较好，主要体现在能够从各个方面和角度来分析和设计，使软件的开发蓝图和内部结构更清晰，对系统的代码框架生成有很好的支持。Rational Rose开始没有对数据库端建模的支持，现在的版本中已经加入数据库建模的功能。对数据库的开发管理和数据库端的迭代不是很好。

② Power Designer原来是对数据库建模而发展起来的一种数据库建模工具。直到7.0版才开始对面向对象的开发的支持，后来又引入了对UML的支持。但是由于Power Designer侧重不一样，所以它对数据库建模的支持很好，支持了能够看到的90%左右的数据库，对UML的建模使用到的各种图的支持比较滞后。但是在最近得到加强。所以使用它来进行UML开发的并不多，很多人都是用它来作为数据库的建模。如果使用UML分析，它的优点是生成代码时对Sybase的产品PowerBuilder的支持很好(其他UML建模工具则没有或者需要一定的插件)，其他面向对象语言如C++、Java、VB、C#等支持也不错。但是它好像继承了Sybase公司的一贯传统，对中文的支持总是有这样或那样的问题。

③ UML建模工具Visio原来仅仅是Microsoft的一种画图工具，能够用来描述各种图形(从电路图到房屋结构图)，也是到Visio 2000才开始引进软件分析设计功能到代码生成的全部功能，它可以说是目前最能够用图形方式来表达各种商业图形用途的工具(对软件开发中的UML支持仅仅是其中很少的一部分)。它跟微软的Office产品能够很好地兼容，能够把图形直接复制或者内嵌到Word的文档中。但是对于代码的生成更多是支持微软的产品如VB、VC++、Microsoft SQL Server等，所以它用于图形语义的描述比较方便，但是用于软件开发过程的迭代开发则有点牵强。

习题5参考答案

1. 名词解释

(1) 软件模块：是指在程序设计中为完成某一功能所需的一段程序或子程序，或指能由编译程序、装配程序等处理的独立程序单位，或指大型软件系统的一部分。

(2) 内聚：指内部各元素之间联系的紧密程度，内聚度越低模块的独立性越差。

(3) 模块化：是一种处理复杂系统分解成为更好的可管理模块的方式。

(4) 结构化设计：是运用一组标准的准则和工具帮助系统设计员确定软件系统是由哪些模块组成的，这些模块用什么方法连接在一起才能构成一个最优的软件系统结构。

(5) HIPO图：是表示软件结构的一种图形工具，它既可以描述软件总的模块层次结构，又可以描述每个模块输入/输出数据、处理功能及模块调用的详细情况。

(6) PDL语言：是一种用于描述功能部件的算法设计和处理细节的语言。

2. 判断题

(1) (√) (2) (×) (3) (×) (4) (√) (5) (√) (6) (√) (7) (×)

3. 填空题

(1) 具体区分模块间耦合程度的强弱的标准包括非直接耦合、数据耦合、标记耦合、控制耦合、外部耦合、公共环境耦合、内容耦合。(填4个即可)

(2) 内聚按强度从低到高有以下几种类型：偶然内聚、逻辑内聚、时间内聚、通信内聚、顺序内聚、功能内聚、信息内聚。(填4个即可)

(3) 为了开发出高质量、低成本的软件，在软件开发过程中必须遵循下列软件工程原则：抽象、信息隐藏、模块化、一致性、控制层次。(填4个即可)

(4) 传统软件开发方法的详细设计主要是用结构化程序设计法。详细设计工具有表格工具、图形工具和语言工具。图形工具有业务流图、程序流程图、PAD图、N-S图。语言工具有伪码和PDL。

(5) 根据工作性质和内容的不同，软件设计分为概要设计和详细设计。概要设计实现软件的总体设计、模块划分、用户界面设计、数据库设计；详细设计则根据概要设计所做的模块划分，实现各模块的算法设计，实现用户界面设计、数据结构设计的细化。

(6) 遵循下列准则有助于设计出让用户满意的人机交互界面：一致性、减少步骤、及时提供反馈信息、提供撤消命令、无须记忆、易学、富有吸引力。(填4个即可)

(7) 常见的任务有事件驱动型任务、时钟驱动型任务、优先任务、关键任务和协调任务等。

(8) 界面规范良好的用户界面一般都符合下列的用户界面规范：易用性、规范性、帮助设施、合理性、美观与协调性、菜单位置、独特性、快捷方式的组合、排错性考虑、多窗口的应用与系统资源。(填4个即可)

(9) Web页面设计遵循3条原则：简洁性、一致性、好的对比度。

4. 选择题

(1) B C D (2) B C (3) A B D (4) A B C
(5) A B C D (6) B D (7) A C E (8) A B D

5. 简答题

(1) 简单介绍产品模块化以及模块化产品设计方法。

模块化产品是实现以大批量的效益进行单件生产目标的一种有效方法。产品模块化也是支持用户自行设计产品的一种有效方法。产品模块是具有独立功能和输入、输出的标准部件。这里的部件一般包括分部件、组合件和零件等。模块化产品设计方法的原理是，在对一定范围内的不同功能或相同功能、不同性能、不同规格的产品进行功能分析的基础上，划分并设计出一系列功能模块，通过模块的选择和组合构成不同的顾客定制的产品，以满足市场的不同需求。这是相似性原理在产品功能和结构上的应用，是一种实现标准化与多样化的有机结合及多品种、小批量与效率的有效统一的标准化方法。

(2) 结构化设计的步骤是怎样的？

① 评审和细化数据流图。

② 确定数据流图的类型。

③ 把数据流图映射到软件模块结构，设计出模块结构的上层。

④ 基于数据流图逐步分解高层模块，设计中下层模块。

⑤ 对模块结构进行优化，得到更为合理的软件结构。

⑥ 描述模块接口。

(3) 结构化设计的优缺点有哪些？

① 优点：由于模块相互独立，因此在设计其中一个模块时不会受到其他模块的牵连，因而可将原来较为复杂的问题化简为一系列简单模块的设计；模块的独立性还为扩充已有的系统、建立新系统带来了不少的方便，因为可以充分利用现有的模块做积木式的扩展；它整体思路清楚，目标明确；设计工作中阶段性非常强，有利于系统开发的总体管理和控制；在系统分析时可以诊断出原系统中存在的问题和结构上的缺陷。

② 缺点：用户要求难以在系统分析阶段准确定义，致使系统在交付使用时产生许多问题；用系统开发每个阶段的成果来进行控制，不能适应事物变化的要求；系统的开发周期长。

(4) 当数据流图呈现束状结构时，应采用事务分析的设计方法，通常采用哪几步？

① 确定以事务为中心的结构，包括找出事务中心和事务来源。

② 按功能划分事务，将具备相同功能的事务分为同一类，建立事务模块。

③ 为每个事务处理模块建立全部的操作层模块。其建立方法与变换分析方法类似，但事务处理模块可以共享某些操作模块。

④ 若有必要，则为操作层模块定义相应的细节模块，并尽可能地使细节模块被多个操作模块共享。

(5) 简述结构化程序设计步骤。

完成一个程序设计任务，一般可以分为以下几个步骤进行：

① 提出和分析问题。即弄清楚提出任务的性质和具体要求，例如提供什么数据、得到什么结构、打印什么格式、允许多大误差等，都要确定。若没有详细而确切的了解，匆忙动手编程序，就会出现许多错误，造成无谓的返工或损失。

② 构造模型。即把工程中或工作中实际的物理过程经过简化构成物理模型，然后用数学语言来描述它，这称为建立数学模型。

③ 选择计算方法。即选择用计算机求解该数学模型的近似方法。不同的数学模型，往往要进行一定的近似处理。对于非数值计算则要考虑数据结构等问题。

④ 算法设计。即制订出计算机运算的全部步骤。它影响运算结果的正确性和运行效

率的高低。

⑤ 画流程图。即用结构化流程图把算法形象地表示出来。

⑥ 编写程序。即根据流程图用一种高级语言把算法的步骤写出来，就构成了高级语言源程序。

⑦ 输入程序。即将编好的源程序通过计算机的输入设备送入计算机的内存储器中。

⑧ 调试。即用简单的、容易验证结果正确性的所谓“试验数据”输入到计算机中，经过执行、修改错误、再执行的反复过程，直到得出正确的结果为止。

⑨ 正式运行。即输入正式的数据，以得到预期的输出结果。

⑩ 整理资料。即写出一份技术报告或程序说明书，以便作为资料交流或保存。

6. 论述题

(1) 软件体系风格有哪些？请分别介绍。

① 管道/过滤器风格。

在管道/过滤器风格的软件体系结构中，每个构件都有一组输入和输出，构件读输入的数据流，经过内部处理，然后产生输出数据流。这个过程通常通过对输入流的变换及增量计算来完成，所以在输入被完全消费之前，输出便产生了。因此，这里的构件被称为过滤器，这种风格的连接件就像是数据流传输的管道，将一个过滤器的输出传到另一个过滤器的输入。此风格特别重要的过滤器必须是独立的实体，它不能与其他过滤器共享数据，而且一个过滤器不知道它上游和下游的标识。一个管道/过滤器网络输出的正确性并不依赖于过滤器进行增量计算过程的顺序。

② C2 风格。

C2 体系结构风格可以概括为通过连接件绑定在一起的按照一组规则运作的并行构件网络。C2 风格中的系统组织规则如下：系统中的构件和连接件都有一个顶部和一个底部；构件的顶部应连接到某连接件的底部，构件的底部则应连接到某连接件的顶部，而构件与构件之间的直接连接是不允许的；层次系统风格的体系结构；一个连接件可以和任意数目的其他构件和连接件连接；当两个连接件进行直接连接时，必须由其中一个的底部到另一个的顶部。

③ 数据抽象和面向对象风格。

抽象数据类型概念对软件系统有着重要作用，目前软件界已普遍转向使用面向对象系统。这种风格建立在数据抽象和面向对象的基础上，数据的表示方法和它们的相应操作封装在一个抽象数据类型或对象中。这种风格的构件是对象，或者说是抽象数据类型的实例。对象是一种被称作管理者的构件，因为它负责保持资源的完整性。对象是通过函数和过程的调用来交互的。

④ 基于事件的隐式调用。

基于事件的隐式调用风格的思想是构件不直接调用一个过程，而是触发或广播一个或多个事件。系统中的其他构件中的过程在一个或多个事件中注册，当一个事件被触发，系统自动调用在这个事件中注册的所有过程，这样，一个事件的触发就导致了另一模块中的过程的调用。从体系结构上说，这种风格的构件是一些模块，这些模块既可以是一些过程，又可以是一些事件的集合。过程可以用通用的方式调用，也可以在系统事件中注册一些过程，当发生这些事件时，过程被调用。

⑤ 层次系统风格。

层次系统组织成一个层次结构，每一层为上层服务，并作为下层客户。在一些层次系统中，除了一些精心挑选的输出函数外，内部的层只对相邻的层可见。在这样的系统中，构件在一些层实现了虚拟机（在另一些层次系统中层是部分不透明的）。连接件通过决定层间如何交互的协议来定义，拓扑约束包括对相邻层间交互的约束。这种风格支持基于可增加抽象层的设计。这样，允许将一个复杂问题分解成一个增量步骤序列的实现。由于每一层最多只影响两层，同时只要给相邻层提供相同的接口，允许每层用不同的方法实现，同样为软件重用提供了强大的支持。

⑥ 仓库风格。

在仓库风格中有两种不同的构件，中央数据结构说明当前状态，独立构件在中央数据存储上执行，仓库与外构件间的相互作用在系统中会有大的变化。控制原则的选取产生两个主要的子类。若是输入流中某类时间触发进程执行的选择，则仓库是一传统型数据库；若是中央数据结构的当前状态触发进程执行的选择，则仓库是一黑板系统。

⑦ 三层结构。

在软件体系架构设计中，分层结构很常见，也是最重要的一种结构。分层式结构一般分为三层，从下至上分别为数据访问层、业务逻辑层、表示层。所谓三层体系结构，是在客户端与数据库之间加入了一个中间层，也叫组件层。三层体系的应用程序将业务规则、数据访问、合法性校验等工作放到了中间层进行处理。通常情况下，客户端不直接与数据库进行交互，而是通过中间层建立连接，再经由中间层与数据库进行交互。

⑧ C/S 结构。

C/S 结构也称客户机/服务器（Clint/Server）模式，是一类按新的应用模式运行的分布式计算机系统。在 C/S 系统中，能为应用提供服务（如文件服务、打印服务、复制服务、图像服务、通信管理服务等）的计算机或处理器，当其被请求服务时就成为服务器。一台计算机可能提供多种服务，一个服务也可能要由多台计算机组合完成。与服务器相对，提出服务请求的计算机或处理器在当时就是客户机。从客户应用角度看，这个应用的一部分工作在客户机上完成，其他部分的工作则在（一个或多个）服务器上完成。

⑨ B/S 结构。

B/S 结构即浏览器/服务器（Browser/Server）结构。它是随着 Internet 技术的兴起，对 C/S 结构的一种变化或者改进的结构。在这种结构下，用户工作界面是通过 WWW 浏览器来实现的，极少部分事务逻辑在前端（Browser）实现，但是主要事务逻辑在服务器端（Server）实现，形成所谓三层（3-tier）结构。

B/S 结构是 Web 兴起后的一种网络结构模式，Web 浏览器是客户端最主要的应用软件。这种模式统一了客户端，将系统功能实现的核心部分集中到服务器上，简化了系统的开发、维护和使用。客户机上只需安装一个浏览器，服务器安装 Oracle、Sybase、Informix 或 SQL Server 等数据库，浏览器通过 Web Server 同数据库进行数据交互。这样就大大简化了客户端计算机载荷，减轻了系统维护与升级的成本和工作量，降低了用户的总体成本。

（2）面向对象设计方法有哪几种？请分别介绍。

① Booch 设计方法。Booch 方法的 OOD 过程的简单描述为：

体系结构设计：把相似对象聚集在单独的体系结构部分；由抽象级别对对象分层；标

识相关情景；建立设计原型。

策略设计：定义域独立政策；为内存管理、错误处理和其他基础功能定义特定域政策；开发描述策略语义的情景；为每个策略建立原型；装备和细化原型；审核每个策略以保证它广泛适用于它的结构范围。

发布设计：优先组织在OOA期间开发的情景；把相应结构发布分配给情景；逐渐地设计和构造每个结构发布；随需要不断调整发布的目标和进度。

② Coad/Yourdon设计方法。Coad和Yourdon方法的OOD过程的简单描述为：

问题域部件：对确定类的所有域分组；为应用类设计一个适当的类层次，令其完成适当的工作以简化继承；细化设计以提高性能；与数据管理部件一起开发接口；细化和增加所需的低级别对象；审查设计并提出分析面向外部的其他问题。

人员活动部件：定义人员参与者；开发任务情景；定义用户命令层次，细化用户活动顺序；设计相关类和类层次；适当集成GUI类。

任务管理部件：标识任务类型；建立优先级别；标识作为其他任务协调者的任务为每个任务设计适当的对象。

数据管理部件：设计数据结构和分布；设计管理数据结构所需的服务；标识可辅助实现数据管理的工具；设计适当的类和类层次。

③ Jacobson设计方法。Jacobson方法的OOD过程的简单轮廓如下：

考虑适当的配合以使理想的分析模型适合现实世界环境。

建立块作为主要设计对象；定义块以实现相关分析对象；标识接口块、实体块和控制块；描述在执行时块如何进行通信；标识在块之间传送的消息和通信顺序。

建立显示消息如何在块之间传送的交互作用图。

把块组织成子系统。

审核设计工作。

④ Rambaugh设计方法。Rambaugh方法的OOD过程的简单描述为：

进行系统设计：把分析模型分成子系统；标识由问题指示的并发，把子系统分配给处理器和任务；选择一个基本策略以实现数据管理；标识全局资源和存取它们所需的控制机制；为系统设计一个适当的控制机制；考虑边界条件如何处理；审核并考虑折中方案。

进行对象设计：从分析模型中选择操作；为每个操作定义算法；选择算法的适当数据结构；定义内部类；审核类组织以优化数据存取，提高计算效率；数据类属性的定义。

实现在系统设计中定义的控制机制。

调整类结构以加强继承。

设计消息机制以实现对象联系。

把类和联系打包成模块。

⑤ Wirfs-Brock设计。Wirfs-Brock方法的OOD简单描述为：

为每个类构造协议：把对象之间的约定细化成明确的协议；定义每个操作和协议。

为每个类建立一个设计说明：详细描述每个约定；定义私有职责；为每个操作说明算法；注意特殊考虑和约束平台、环境，而在面向对象设计方法中必须将系统的有关平台、环境作为统一的内容予以考虑。

(3) 面向对象设计的准则有哪些?

① 模块的弱耦合。

交互耦合。如果对象之间的耦合通过消息连接来实现,则这种耦合就是交互耦合。为使交互耦合尽可能松散,应该遵守下述准则:尽量降低消息连接的复杂程度;应该尽量减少消息中包含的参数个数,降低参数的复杂程度;减少对象发送(或接收)的消息数。

继承耦合。与交互耦合相反,应该提高继承耦合程度。继承是一般化类与特殊类之间耦合的一种形式。从本质上看,通过继承关系结合起来的基类和派生类,构成了系统中粒度更大的模块。因此,它们彼此之间应该结合得越紧密越好。

为获得紧密的继承耦合,特殊类应该确实是对它的一般化类的一种具体化,也就是说,它们之间在逻辑上应该存在 ISA 的关系。因此,如果一个派生类摒弃了其基类的许多属性,则它们之间是松耦合的。在设计时应该使特殊类尽量多继承并使用其一般化类的属性和服务,从而更紧密地耦合到其一般化类。

② 模块的强内聚。

服务内聚。一个服务应该完成一个且仅完成一个功能。

类内聚。设计类的原则是一个类应该只有一个用途,它的属性和服务应该是高内聚的。类的属性和服务应该全都是完成该类对象的任务所必需的,其中不包含无用的属性或服务。如果某个类有多个用途,通常应该把它分解成多个专用的类。

一般—特殊内聚。设计出的一般—特殊结构,应该符合多数人的概念,更准确地说,这种结构应该是对相应的领域知识的正确抽取。

③ 模块可重用性。

软件重用是提高软件开发生产率和目标系统质量的重要途径。重用基本上从设计阶段开始。重用有两方面的含义,一是尽量使用已有的类(包括开发环境提供的类库和以往开发类似系统时创建的类),二是如果确实需要创建新类,则在设计这些新类的协议时,应该考虑将来的可重复使用性。

习题6参考答案

1. 名词解释

(1) 汇编语言:是面向机器的程序设计语言,也是利用计算机所有硬件特性并能直接控制硬件的语言。

(2) 程序生成器:是一种代码生成器,其任务是根据详细设计的要求,自动或者半自动地生成某种语言的程序。

(3) 联合开发:指组织的 IT 人员和开发公司的技术人员一起工作,完成开发任务。

(4) 软件外包:一个组织不想使用内部资源或者没有内部资源开发软件,它可以雇佣专门从事这些服务的组织来做这些工作,这种把软件开发转给外部供应商的过程就称作软件外包。

(5) 软件集成:将不同软件和信息等集成到相互关联的、统一和协调的系统之中,使资源达到充分共享,实现集中、高效、便利的管理。

2. 填空题

(1) 软件集成程度的高低标志着其进化程度。它的进化经历了信息交换集成、公共界面集成、公共信息管理与信息共享集成和高度集成4个阶段

(2) 提高程序运行效率的方法包括调整代码、改进算法、间换时间、改进数据结构、了解和适应硬件的特性、编译优化选项。

(3) 软件组织根据对候选软件的评价结果决定选择哪一种软件。这一过程由4个子过程组成：起始过程、构造过程、评价过程、选择过程。

(4) 系统集成作为一种服务方式，通过综合统筹设计优化，使计算机软件、硬件、操作系统、数据库、网络通信等实现集成。

3. 选择题

(1) A B C D (2) B C (3) A B C (4) A C D E

4. 简答题

简述软件外包的优势和不足。

优点：

软件包之所以被广泛采用，一是因为对于很多组织来说，都有共同的特性，如都包括财务管理、人事管理和库存管理等职能。实际上，很多组织都具有标准、统一的工作程序。二是应用软件包策略减少开发时间和费用。当存在一个适合的软件包时，组织就可以直接使用，这样减少了很多开发过程的浪费。三是软件供应商在提供软件的时候，一般都提供大量的持续的系统维护和支持，可以满足用户不断适应市场变化的需要。四是软件供应商提供了先进的工作流程。很多大的软件公司，如德国的SAP公司，都有一些高级人才从事流程设计，因此体现在软件中的管理流程往往是最先进的。五是对于组织的特殊要求，软件供应商还可以提供定制(customization)服务。定制服务允许改变软件包来满足一个组织的特殊需求，而无须破坏该软件包的完整性。一些软件包采用组件开发思想，允许顾客从一组选项中仅仅选择他们所需要的处理功能的模块。

外包是目前比较流行的一种方式。主要是因为多数组织认为外包是一种低成本软件开发的策略。尤其是对于那些业务波动的组织，外包策略提供给他们的是使用后付费方式，有效地降低了组织的成本。对于软件供应商来说，外包也使他们从规模经营中获得效益。通过提供具有竞争力的服务，外包软件的供应商获得稳定的收益。外包策略有很多优点：降低成本；获得标准流程的服务支持；减少技术人员的需求；降低信息系统建设的风险。

不足：

没有一个软件包的方案是完美的。无论多么优秀的软件在解决具体企业的具体问题时，都会存在软件中找不到对应的功能部分的问题。因此，软件的二次开发是难免的。即都有定制的要求，大量的定制给项目建设带来风险和困难，因此选择合适的软件是应用软件包策略首要考虑的问题。其次，如果定制要求很多，系统建设费用将成倍增长。而这些费用属于隐藏费用，软件包最初的购买价格往往具有欺骗性。另外，项目建设中的有效管理是控制过程成本的有效途径。

外包是组织资源外部化的一种方式，因此，外包常常引发一系列问题，如组织可能失去对信息系统甚至是组织关键资源的控制。当系统的控制转向外部的时候，往往意味着组织商业秘密的外部化。如果组织不限制外包供应商为其竞争对手提供服务或开发软件的话，可能会给组织带来危害。因此，组织需要对外包信息系统进行管理，还需要建立一套评价外包供应商的评鉴标准，并建立相应的约束机制，如在合同中写明提供给其他客户类似的服务要征得该组织的同意等条款。认真设计外购合同是减少风险的一种有效办法。

5. 论述题

(1) 比较几种语言工具的不同点。

汇编语言是面向机器的程序设计语言，也是利用计算机所有硬件特性并能直接控制硬件的语言。汇编语言是机器语言的助记符，比枯燥的机器代码易于读写、易于调试和修改。汇编语言像机器指令一样，是硬件操作的控制信息，因而仍然是面向机器的语言，使用起来还是比较繁琐费时的，通用性也差。汇编语言是面向具体机型的，不能通用，也不能在不同机型之间移植，它离不开具体计算机的指令系统。它是面向机器的低级语言，通常是为特定的计算机或系列计算机专门设计的；保持了机器语言的优点，具有直接和简捷的特点；可有效地访问、控制计算机的各种硬件设备，如磁盘、存储器、CPU、I/O端口等；目标代码简短，占用内存少，执行速度快，是高效的程序设计语言；经常与高级语言配合使用，应用十分广泛。

C语言是世界上流行、使用最广泛的高级程序设计语言之一。常用的编译软件有Microsoft Visual C++、Borland C、Borland C++、Borland C++Builder、Microsoft C和High C等。它既具有高级语言的特点，又具有汇编语言的特点，是介于高级语言与汇编语言之间的语言。C语言可以作为工作系统设计语言，编写系统应用程序，也可以作为应用程序设计语言，编写不依赖计算机硬件的应用程序。C语言对操作系统和系统使用程序以及需要对硬件进行操作的场合，具体应用比如单片机以及嵌入式系统开发，用C语言明显优于其他高级语言，许多大型应用软件都是用C语言编写的。C语言绘图能力强，具有可移植性，并具备很强的数据处理能力，因此适于编写系统软件、三维、二维图形和动画。

Delphi是一种应用程序开发工具，其核心是由传统Pascal语言发展起来的，以图形用户界面为开发环境，透过IDE、VCL工具与编译器，配合连接数据库的功能，构成一个以面向对象程序设计为中心的应用程序开发工具。Delphi语言具有以下特点：①直接编译生成可执行代码，编译速度快；②支持将存取规则分别交给客户机或服务器处理的两种方案，而且允许开发人员建立一个简单的部件或部件集合，封装起所有的规则，并独立于服务器和客户机，所有的数据转移通过这些部件来完成；③提供了许多快速方便的开发方法，使开发人员能用尽可能少的重复性工作完成各种不同的应用；④具有可重用性和可扩展性；⑤具有强大的数据存取功能；⑥拥有强大的网络开发能力，能够快速的开发B/S应用；⑦Delphi使用独特的VCL类库，使得编写出的程序显得条理清晰，VCL是现在最优秀的类库；⑧从Delphi 8开始Delphi也支持.NET框架下程序开发。

VB(Visual Basic)是由微软公司开发的包含协助开发环境的事件驱动编程语言。VB拥有图形用户界面和快速应用程序开发系统，可以使用DAO、RDO、ADO连接数据库，或者创建ActiveX控件。程序员可以使用VB组件建立一个应用程序。VB使用了可以简单建立应用程序的GUI(图形界面)系统,其程序可以包含一个或多个窗体,或者是一个主窗体和多个子窗体,组件既可以拥有用户界面,也可以没有,使用参数计算的方法来进行垃圾收集。VB也提供了建立、使用和重用这些控件的方法,但是由于语言问题,从一个应用程序创建另外一个应用程序存在一些局限。VB语言具有不支持继承、无原生支持多线程、异常处理不完善三项明显缺点,使其有所局限性。

PowerBuilder是Sybase公司研制的一种快速开发工具,是C/S结构下,基于Windows系列的一个集成化开发工具。它包含一个直观的图形界面和可扩展的面向对象的编程语言PowerScript,提供与当前流行的大型数据库的接口,并通过ODBC与单机数据库相连。PowerBuilder是一种面向对象的开发工具,采用事件驱动工作方式,具有良好的跨平台性,提供开放的数据库连接、功能强大的编程语言与函数,实现面向对象的编程。具体特点是:支持应用系统同时访问多种数据库;使用PowerScript结构化的编程语言。PowerBuilder是一个用来进行C/S开发的完全的可视化开发环境。在C/S结构的应用中,PowerBuilder具有描述多个数据库连接与检索的能力。使用PowerBuilder可以开发出图形界面的访问服务器数据库的应用程序,PowerBuilder提供了建立符合工业标准的应用程序所需的所有工具。PowerBuilder应用程序由窗口组成,这些窗口包含用户与之交互的控件。PowerBuilder已成为C/S应用开发的标准。

(2) 简单介绍几种数据库工具的特点。

dBASE 5.0 for Windows在原有强大的数据库操作及编程能力的基础上,加入面向对象的开发环境,提供C/S应用程序开发能力,处理的数据类型包括声音、图像等二进制数据及OLE数据类型,可开发多媒体应用程序。它与DOS版的完全兼容,还提供工具将DOS应用程序转换为Windows应用程序。

Visual FoxPro源于美国Fox Software公司推出的数据库产品FoxBase,在DOS上运行,与xBase系列相容。FoxPro原来是FoxBase的加强版。之后,Fox Software被微软收购,加以发展,使其可以在Windows上运行,并且更名为Visual FoxPro。在桌面型数据库应用中,处理速度极快,是日常工作中的得力助手。Visual Foxpro将可视化编程技术引入4GL语言编程环境,使数据库管理应用软件的开发更简捷。其面向对象编程技术的引入增强了开发大型应用软件的能力,弥补了以前其他版本的缺陷。

Oracle数据库系统是Oracle公司提供的以分布式数据库为核心的一组软件产品,是目前最流行的C/S或B/S体系结构的数据库之一。比如SilverStream就是基于数据库的一种中间件。Oracle数据库是目前世界上使用最为广泛的数据库管理系统,作为一个通用的数据库系统,它具有完整的数据管理功能;作为一个关系数据库,它是一个完备关系的产品;作为分布式数据库它实现了分布式处理功能。但它的所有知识,只要在一种机型上学习了Oracle知识,便能在各种类型的机器上使用它。

Informix是IBM公司出品的关系数据库管理系统(RDBMS)家族。作为一个集成解决方案,它被定位为作为IBM在线事务处理(OLTP)旗舰级数据服务系统。

Sybase是UNIX或Windows NT平台上C/S环境下的大型关系型数据库系统。Sybase提供了一套应用程序编程接口和库,可以与非Sybase数据源及服务器集成,允许在多个数据库之间复制数据,适于创建多层应用。系统具有完备的触发器、存储过程、规则以及完整性定义,支持优化查询,具有较好的数据安全性。Sybase通常与Sybase SQL

Anywhere 用于 C/S 环境，前者作为服务器数据库，后者为客户机数据库，采用该公司研制的 PowerBuilder 为开发工具，在我国大中型系统中具有广泛的应用。

习题 7 参考答案

1. 名词解释

(1) 软件缺陷：从产品内部看，缺陷是软件产品开发或维护过程中存在的错误、毛病等各种问题；从产品外部看，缺陷是系统所需要实现的某种功能的失效或违背。

(2) 软件测试：利用测试工具按照测试方案和流程对产品进行功能和性能测试，甚至根据需要编写不同的测试工具，设计和维护测试系统，对测试方案可能出现的问题进行分析和评估。

(3) 单元测试：指对软件中的最小可测试单元进行检查和验证。

(4) 非增量式集成：也叫莽撞测试，程序设计人员把所有模块按设计要求一次全部组装起来，进行整体测试。

(5) 错误推测法：基于经验和直觉推测程序中所有可能存在的各种错误，从而有针对性地设计测试用例的方法。

(6) 自顶向下集成：构造程序结构的一种增量式方式，它从主控模块开始，按照软件的控制层次结构逐步向下延伸，延伸的方法以深度优先或广度优先为策略，逐步把各个模块集成在一起。

(7) 软件可靠性：狭义的可靠性是指产品在使用期间没有发生故障的性质，广义可靠性是指使用者对产品的满意程度或对企业的信赖程度。

(8) 可靠性测试：也称软件的可靠性评估，是指根据软件系统可靠性结构、寿命类型和各单元的可靠性试验信息，利用概率统计方法，评估出系统的可靠性特征量。

2. 判断题

(1) (×) (2) (√) (3) (×) (4) (√) (5) (√) (6) (√) (7) (×)

3. 填空题

(1) 一个完整的测试一般要经过测试、评价和纠错 3 个过程。

(2) 静态错误分析的方法就是以下手段在源程序中发现是否有错误的结构：类型和单位分析、引用分析、表达式分析、接口分析。

(3) 系统测试策略主要任务是如何把设计测试用例的技术组织成一个系统的、有计划的测试步骤。这部分工作通常在测试计划报告中设计规划，测试策略应包含测试计划、设计测试用例、测试实施和测试结果分析等。

(4) 整体测试包括以下方法：非增量式集成、自顶向下集成、自底向上集成、综合方法。

(5) 软件的静态测试不要求在计算机上实际执行所测程序，主要以一些人工的方式和技术对软件进行分析和测试。静态分析包括对需求说明书、概要设计说明书、详细设计报告、测序代码、测试计划等进行的静态审查

(6) 系统维护的目的是保证管理信息系统正常而可靠地运行，并能使系统不断得到改

善和提高，以充分发挥作用。系统维护包括完善性维护、适应性维护、纠错性维护和预防性维护。

4. 选择题

(1) A B　(2) B D　(3) A B C D　(4) A B C
(5) B C D　(6) A D　(7) A B C D E　(8) A B C

5. 简答题

(1) 软件测试的原则有哪些？

① 测试应该尽早进行，最好在需求阶段就开始介入，因为最严重的错误是系统不能满足用户的需求。

② 程序员应该避免检查自己的程序，软件测试应该由测试人员负责。

③ 设计测试用例时应考虑到合法的输入和不合法的输入以及各种边界条件，特殊情况下不要制造极端状态和意外状态。

④ 应该充分注意测试中的群集现象。测试发现问题越多的地方，也是存在错误越多的地方。

⑤ 测试的对策是对错误结果进行确认的过程。一般由 A 测试出来的错误，一定要由 B 来确认。严重的错误可以召开评审会议进行讨论和分析，对测试结果要进行严格的确认，是否真的存在这个问题以及严重程度等。

⑥ 制定严格的测试计划。一定要制定测试计划，并且要有指导性。测试时间安排尽量宽松，不要希望在极短的时间内完成也有一个高水平的测试。

⑦ 妥善保存测试计划、测试用例、出错统计和最终分析报告，为维护提供方便。

(2) 黑盒测试有哪些方法？请分别简单介绍。

黑盒测试也称功能测试，它是通过测试来检测每个功能是否都能正常使用。在测试中，把程序看作一个不能打开的黑盒子，在完全不考虑程序内部结构和内部特性的情况下，在程序接口进行测试，它只检查程序功能是否按照需求规格说明书的规定正常使用，程序是否能适当地接收输入数据而产生正确的输出信息。黑盒测试着眼于程序外部结构，不考虑内部逻辑结构，主要针对软件界面和软件功能进行测试。黑盒测试方法主要包括等价分类法、边界值分析法、因果图法和错误推测法 4 种测试技术。

① 等价分类法。等价分类法是把根据程序的输入数据集合，按输入条件将其划分为若干个等价类，每一等价类设计一个测试用例，这样既可大大减小测试的次数又不错过发现问题的机会。因此，等价分类法的关键是如何利用输入数据的类型和程序的功能说明划分等价类。

② 边界值分析法。经验表明，边界值是软件最容易出错的地方。因此，边界值分析法就是有意选择边界值作为测试用例，在程序中运行，这样就很容易发现大量错误和问题。

该方法是对等价分类技术的补充，即在一个等价类中不是任选一个元素作为等价类的代表进行测试，而是选择此等价类边界上的值。此外，采用该方法导出测试用例时，不仅要考虑输入条件，还要考虑输出的状态。采用该方法设计测试用例与等价分类法有许多相似之处。该方法的核心是在临界值附近取值进行测试用例设计。

③ 因果图法。与前面两个方法相比，这个方法侧重于输入条件之间的联系。由于不同的条件组合可能会产生不同的运行结果，因此这个方法提供的是分析因果关系的方法。

④ 错误推测法。错误推测法是基于经验和直觉推测程序中所有可能存在的各种错误，从而有针对性地设计测试用例的方法。错误推测方法的基本思想是列举出程序中所有可能有的错误和容易发生错误的特殊情况，根据它们选择测试用例。

(3) 请简述单元测试的步骤。

第一步是构筑测试台，它由一个测试驱动模块和若干个桩模块，另外还有其他部分。驱动模块接收测试数据，驱动被测模块，并将这些数据传递给被测试模块；被测试模块被驱动后调用桩模块运行，并将处理结果返回驱动模块；驱动模块打印或存储测试结果。驱动模块和桩模块是测试过程中使用的程序，不是软件产品最终的组成部分，但它需要一定的开发费用。因为它们比较简单，实际开销相对低些。但正因为这一点，测试有时不能反映真实情况，最好的办法是实际进行整体测试。

第二步是准备测试用例。这部分工作在测试计划报告中可以看出，其任务就是精心准备测试数据及对应的期望结果，以便尽可能多地发现软件中存在的问题。

第三步是测试实施和分析测试结果。根据测试用例执行测试后，会得到测试结果，测试工程师要比对期望值和测试结果，分析可能存在的错误，给出测试分析报告。

6. 论述题

(1) 系统测试的策略有哪些？请简单介绍。

系统测试策略的主要任务是如何把设计测试用例的技术组织成一个系统的、有计划的测试步骤。测试策略应包含测试计划、设计测试用例、测试实施和测试结果分析等。测试实施一般从模块(单元)测试开始，然后是整体测试、确认测试，直到有效性测试，最后是系统测试和验收测试。

① 单元测试。单元测试是指对软件中的最小可测试单元进行检查和验证。单元就是人为规定的最小的被测功能模块。单元测试是在软件开发过程中要进行的最低级别的测试活动，软件的独立单元将在与程序的其他部分相隔离的情况下进行测试。单元测试的对象是软件的最小单位模块。单元测试的依据是详细设计说明书，单元测试应对模块内所有重要的控制路径设计测试用例，以便发现模块内部的错误。单元测试一般采用白盒测试技术，而且多个模块可以并行测试。对于一个小的项目来说，这部分工作可以由程序员来完成；对于一个大的项目，这部分工作通常由测试人员完成。

② 整体测试。整体测试就是讨论组装软件的系统测试技术，按设计要求把通过单元测试的各个模块组装在一起之后，进行整体测试以便发现与接口有关的各种错误。这部分工作由测试工程师完成，而不是由高级程序员完成。测试工程师在组装软件的过程中，要发现问题，并进行调试，使整个软件系统能组装成一个整体。

一般来说，整体测试可能出现错误的几个原因是模块相互调用时接口会引入许多新问题。例如：数据经过接口可能丢失；一个模块对另一个模块可能造成的影响；几个子功能组合起来后不能实现主要的功能；误差不断积累达到不可接受的程度；全局数据结构出现错误等等。

③ 确认测试。整体测试之后，软件已组装完成，接口方面的错误也已排除，软件测试的

下一步工作是确认测试。确认测试的目的是向未来的用户表明系统能够像预定要求那样工作。确认测试又称有效性测试。有效性测试是在模拟的环境下,运用黑盒测试的方法,验证被测软件是否满足需求规格说明书列出的需求。确认测试的任务是验证软件的功能和性能及其他特性是否与用户的要求一致。对软件的功能和性能要求在软件需求规格说明书中已经明确规定,它包含的信息就是软件确认测试的基础。

④ 有效性测试。有效性测试的目的是通过测试以及与需求的比较,发现软件与需求定义之间的差异和不同。有效性测试的依据是需求分析说明书而不是合同的规定,这是有效性测试与确认测试的区别。

为了有效性测试能顺利进行,在此之前软件工程师应做好以下准备工作:测试软件系统的输入信息设计出错处理通路;设计测试用例,模拟错误数据和软件界面可能发生的错误,记录测试结果,为系统测试提供经验和帮助;参与系统测试的规划和设计,保证软件测试的合理性。

⑤ 系统测试。系统测试与有效性测试、确认测试不同,它由若干个不同测试组成,目的是充分运行系统,验证系统各部件是否都能正常工作并完成所赋予的任务。

⑥ 验收测试。验收测试是系统开发生命周期方法论的一个阶段,这时相关的用户和独立测试人员根据测试计划和结果对系统进行测试和接收。它让系统用户决定是否接受系统,是一项确定产品是否能够满足合同或用户所规定需求的测试。这是管理性和防御性控制。

验收测试是部署软件之前的最后一个测试操作。在软件产品完成了功能测试和系统测试之后、产品发布之前所进行的软件测试活动。它是技术测试的最后一个阶段,也称为交付测试。验收测试的目的是确保软件准备就绪,并且可以让最终用户将其用于执行软件的既定功能和任务。验收测试是向未来的用户表明系统能够像预定要求那样工作。

(2) 软件系统测试的模型包括哪些模型?请简述之。

① V模型。V模型是软件开发瀑布模型的变种,它反映了测试活动与分析和设计的关系。从左到右描述了基本的开发过程和测试行为,非常明确地标明了测试过程中存在的不同级别,并且清楚地描述了这些测试阶段和开发过程期间各阶段的对应关系。左边依次下降的是开发过程各阶段,与此相对应的是右边依次上升的部分,即各测试过程的各个阶段。

② W模型。相对于V模型,W模型增加了软件各开发阶段中应同步进行的验证和确认活动。W模型由两个V字型模型组成,分别代表测试与开发过程。W模型强调测试伴随着整个软件开发周期,而且测试的对象不仅仅是程序,需求、设计等同样要测试,也就是说测试与开发是同步进行的。W模型有利于尽早地、全面地发现问题。

③ H模型。H模型原理:软件测试是一个独立的流程,贯穿产品整个生命周期,与其他流程并发地进行。H模型指出软件测试要尽早准备,尽早执行。不同的测试活动可以是按照某个次序先后进行的,但也可能是反复的,只要某个测试达到准备就绪点,测试执行活动就可以开展。

④ X模型。X模型也是对V模型的改进,X模型提出针对单独的程序片段进行相互分离的编码和测试,此后通过频繁的交接,通过集成最终合成为可执行的程序。X模型的左边描述的是针对单独程序片段所进行的相互分离的编码和测试,此后将进行频繁的交接,通过集成最终成为可执行的程序,然后再对这些可执行程序进行测试。已通过集成测试的成品

可以进行封装并提交给用户，也可以作为更大规模和范围内集成的一部分。

习题8参考答案

1. 名词解释

(1) CPS：信息-物理融合系统，是一个综合计算、网络和物理环境的多维复杂系统，其通过3C技术的有机融合与深度协作，实现大型工程系统的实时感知、动态控制和信息服务。

(2) 云计算：是一种网络应用模式。狭义云计算是指IT基础设施的交付和使用模式；广义云计算是指服务的交付和使用模式。

(3) 商务智能：是指对商务信息的搜集、管理、分析整理、展现的过程。

(4) 知识管理：是指为企业实现显性知识和隐性知识共享提供新的途径，利用集体的智慧提高企业的应变和创新能力。

(5) 中间件：是一种独立的系统软件或服务程序，分布式应用软件借助这种软件在不同的技术之间共享资源。

(6) CASE：是一组工具和方法集合，可以辅助软件开发生命周期各阶段进行软件开发。

2. 判断题

(1) (√)　(2) (×)　(3) (√)　(4) (√)　(5) (×)

3. 填空题

(1) 从产业发展阶段的角度预测，未来10年，中国物联网产业将经历应用创新、技术创新、服务创新3个发展阶段，形成公共管理和服务、企业应用、个人和家庭应用三大市场。

(2) 从系统的观点来看，商务智能数据处理有如下过程：数据转换与存储，信息整合与分析，知识管理与决策。

(3) 物联网可划分成3个层面：感知层、网络层和应用层。

(4) 中间件是基于分布式处理的软件，最突出的特点是其网络通信功能。主要类型包括屏幕转换及仿真中间件、数据库访问中间件、消息中间件、交易中间件、应用服务器中间件和安全中间件。

(5) CORBA体系的主要内容包括对象请求代理、对象服务、公共设施、应用接口、领域接口。

4. 选择题

(1) A B C D　(2) B C　(3) A C D　(4) A B C D
(5) A B　(6) A C D　(7) A B C

5. 简答题

(1) 简述RFID中间件的特点。

① 独立于架构。RFID中间件独立并介于RFID读写器与后端应用程序之间，并且能够与多个RFID读写器以及多个后端应用程序连接，以减轻架构与维护的复杂性。

② 数据流。RFID的主要目的在于将实体对象转换为信息环境下的虚拟对象，因此数据处理是RFID最重要的功能。RFID中间件具有数据的搜集、过滤、整合与传递等特性，以便将正确的对象信息传到企业后端的应用系统。

③ 处理流。RFID中间件采用程序逻辑及存储再转送的功能来提供顺序的消息流，具有数据流设计与管理的能力。

④ 标准。RFID是自动数据采样技术与辨识实体对象的应用。EPC global目前正在研究为各种产品的全球唯一识别号码提出通用标准，即EPC(产品电子编码)。EPC是在供应链系统中以一串数字来识别一项特定的商品，通过无线射频辨识标签由RFID读写器读入后，传送到计算机或是应用系统中的过程称为对象命名服务。对象命名服务系统会锁定计算机网络中的固定点抓取有关商品的消息。EPC存放在RFID标签中，被RFID读写器读出后，即可提供追踪EPC所代表的物品名称及相关信息，并立即识别及分享供应链中的物品数据，有效率地提供信息透明度。

(2) CORBA服务内容有哪些？

① 对象命名服务。在命名服务中，通过将服务对象赋予一个在当前网络空间中的唯一标识来确定服务对象的实现。在客户端，通过指定服务对象的名字，利用绑定(Bind)方式实现对服务对象实现的查找和定位，进而可以调用服务对象实现中的方法。

② 对象安全性服务。在分布式系统中，服务对象的安全性和客户端应用的安全性一直是一个比较敏感的问题，安全性要求影响着分布式应用计算的每个方面。对于分布在Internet中的分布式应用来讲，为了防止恶意用户或未经授权的方法调用对象的服务功能，CORBA提供了严格的安全策略，并制定了相应的对象安全服务。安全服务可以实现如下功能：服务请求对象的识别与认证；授权和访问控制；安全监听；通信安全的保证；安全信息的管理；行为确认。

CORBA系统将对象请求的安全性管理的功能交由ORB负责，系统组件只需负责系统本身的安全管理，使得基于分布式应用在安全性控制方面的责任十分明确。

③ 并发控制服务。CORBA规范中定义并发控制服务的目的在于实现多客户访问情况下的并发性控制和对共享资源的管理。

并发控制服务由多个接口构成，能够支持访问方法的事务模型和非事务模型。由于两种模型的引入，使得非事务型客户在访问共享资源时，如果该资源被拥有事务模型的方法锁定(Lock)，则该客户转入阻塞状态，直到事务型方法执行结束，将共享资源锁打开，非事务模型的客户才能够访问该共享资源。

并发控制服务使多个对象能够利用资源锁定(Lock)的方式来对共享资源进行访问。在访问共享资源之前，客户对象必须从并发控制服务中获得锁定。在确认资源目前正在空闲时获得资源的使用权。每个锁定是一个资源—客户对，说明哪个客户正在访问何种类型的资源。

④ 对象生命期服务。CORBA中的生命期服务定义和描述了创建、删除、复制和移动对象的方法。通过生命期服务，客户端应用可以实现对远程对象的控制。

(3) 软件开发工具的基本功能有哪些？

① 提供描述软件状况及其开发过程的概念模式，协助开发人员认识软件工作的环境与

要求、管理软件开发的过程。

② 提供存储和管理有关信息的机制与手段。软件开发过程中涉及众多信息，结构复杂，开发工具要提供方便、有效地处理这些信息的手段和相应的人机界面。由于这种信息结构复杂，数量众多，只靠人工管理是十分困难的，所以软件开发工具不仅需要提供思维框架，而且要提供方便有效的处理手段和相应的用户界面。

③ 帮助使用者编制、生成和修改各种文档，包括文字材料和各种表格、图像等。开发过程中大量的文字材料、表格、图形常常使人望而却步，人们企望得到开发工具的帮助。

④ 生成代码，即帮助使用者编写程序代码，使用户能在较短时间内半自动地生成所需要的代码段落，进行测试和修改。但这里的代码生成只能是局部的、半自动的，多数情况下还有待于程序员的整理与加工。

⑤ 对历史信息进行跨生命周期的管理，即将项目运行与版本更新的有关信息联合管理。这是信息库的一个组成部分。对于大型软件开发来说，这一部分会成为信息处理的瓶颈。做好这一部分工作将有利于信息与资源的充分利用。

以上 5 个方面基本上包括了目前软件开发工具的各种功能。完整的、一体化的开发工具应当具备上述功能。现有的多数工具往往只实现了其中的一部分。

(4) 4GL 有哪些优点和不足?

① 优点：4GL 具有简单易学、用户界面良好、非过程化程度高和面向问题的特点。4GL 编程代码量少，可成倍提高软件生产率。4GL 为了提高对问题的表达能力和语言的使用效率，引入了过程化的语言成分，出现了过程化的语句与非过程化的语句交织并存的局面。

② 4GL 已成为目前应用开发的主流工具，但也存在着以下不足：4GL 语言抽象级别提高以后，丧失了 3GL 一些功能，许多 4GL 只面向专项应用；4GL 抽象级别提高后不可避免地带来系统开销加大，对软硬件资源消耗加重；4GL 产品花样繁多，缺乏统一的工业标准，可移植性较差；目前 4GL 主要面向基于数据库应用的领域，不宜于科学计算、高速的实时系统和系统软件开发。

6. 论述题

(1) 叙述第四代语言(4GL)的应用前景。

在今后相当一段时期内，4GL 仍然是应用开发的主流工具。但其功能、表现形式、用户界面、所支持的开发方法将会发生一系列深刻的变化。主要表现在以下几个方面：

① 4GL 与面向对象技术将进一步结合。面向对象技术所追求的目标和 4GL 所追求的目标实际上是一致的。目前有代表性的 4GL 普遍具有面向对象的特征，随着面向对象数据库管理系统研究的深入，建立在其上的 4GL 将会以崭新的面貌出现在应用开发者面前。

② 4GL 将全面支持以 Internet 为代表的网络分布式应用开发。随着 Internet 为代表的网络技术的广泛普及，4GL 又有了新的活动空间。出现类似于 Java，但比 Java 抽象级更高的 4GL 不仅是可能的，而且是完全必要的。

③ 4GL 将出现事实上的工业标准。目前 4GL 产品很不统一，给软件的可移植性和应用范围带来了极大的影响。但基于 SQL 的 4GL 已成为主流产品。随着竞争和发展，有可能出现以 SQL 为引擎的事实上的工业标准。

④ 4GL将以受限的自然语言加图形作为用户界面。目前4GL基本上还是以传统的程序设计语言或交互方式为用户界面的。前者表达能力强，但难于学习使用；后者易于学习使用，但表达能力弱。在自然语言理解未能彻底解决之前，4GL将以受限的自然语言加图形作为用户界面，以大大提高用户界面的友好性。

⑤ 4GL将进一步与人工智能相结合。目前4GL主流产品基本上与人工智能技术无关。随着4GL非过程化程度和语言抽象级的不断提高，将出现功能级的4GL，必然要求人工智能技术的支持才能很好地实现，使4GL与人工智能广泛结合。

⑥ 4GL继续需要数据库管理系统的支持。4GL的主要应用领域是商务。商务处理领域中需要大量的数据，没有数据库管理系统的支持是很难想象的。事实上大多数4GL是数据库管理系统功能的扩展，它们建立在某种数据库管理系统的基础之上。

⑦ 4GL要求软件开发方法发生变革。由于传统的结构化方法已无法适应4GL的软件开发，工业界客观上又需要支持4GL的软件开发方法来指导他们的开发活动。预计面向对象的开发方法将居主导地位，再配之以一些辅助性的方法，如快速原型方法、并行式软件开发、协同式软件开发等，以加快软件的开发速度，提高软件的质量。

(2) 敏捷开发的方法有哪些？

敏捷开发是一种应对快速变化的需求的一种软件开发能力。相对于"非敏捷"更强调沟通、变化、产品效益，也更注重作为软件开发中人的作用。敏捷开发包括一系列的方法，主流的有如下7种：

① XP极限编程。XP(极限编程)的思想源自Kent Beck和Ward Cunningham在软件项目中的合作经历。XP注重的核心是沟通、简明、反馈和勇气。因为知道计划永远赶不上变化，XP无须开发人员在软件开始初期做出很多的文档。XP提倡测试先行，为了将以后出现bug的几率降到最低。

② SCRUM方法。SCRUM是一种迭代的增量化过程，用于产品开发或工作管理。它是一种可以集合各种开发实践的经验化过程框架。SCRUM中发布产品的重要性高于一切。该方法由Ken Schwaber和Jeff Sutherland提出，旨在寻求充分发挥面向对象和构件技术的开发方法，是对迭代式面向对象方法的改进。

③ Crystal Methods(水晶方法族)。Crystal Methods(水晶方法族)由Alistair Cockburn在20实际90年代末提出。之所以是个系列，是因为他相信不同类型的项目需要不同的方法。虽然水晶系列不如XP那样的产出效率，但却有更多的人能够接受并遵循它。

④ FDD(特性驱动开发)。FDD(Feature-Driven Development，特性驱动开发)由Peter Coad、Jeff de Luca、Eric Lefebvre共同开发，是一套针对中小型软件开发项目的开发模式。此外，FDD是一个模型驱动的快速迭代开发过程，它强调的是简化、实用、易于被开发团队接受，适用于需求经常变动的项目。

⑤ ASD(自适应软件开发)。ASD(Adaptive Software Development，自适应软件开发)由Jim Highsmith在1999年正式提出。ASD强调开发方法的适应性(Adaptive)，这一思想来源于复杂系统的混沌理论。ASD不像其他方法那样有很多具体的实践做法，它更侧重为ASD的重要性提供最根本的基础，并从更高的组织和管理层次来阐述开发方法为什么要具备适应性。

⑥ DSDM(动态系统开发方法)。DSDM(动态系统开发方法)是众多敏捷开发方法中的

一种，它倡导以业务为核心，快速而有效地进行系统开发。实践证明 DSDM 是成功的敏捷开发方法之一。在英国，由于其在各种规模的软件组织中的成功，它已成为应用最为广泛的快速应用开发方法。

⑦ 轻量型 RUP 框架。轻量型 RUP 其实是个过程的框架，它可以包容许多不同类型的过程，Craig Larman 极力主张以敏捷型方式来使用 RUP。他的观点是：目前如此众多的努力以推进敏捷型方法，只不过是在接受能被视为 RUP 的主流 OO 开发方法而已。

(3) 构件技术有哪几种？请比较它们的特点。

分布式对象技术有三大流派 COBRA、COM/DCOM 和 Java。CORBA 技术是最早出现的，1991 年 OMG 颁布了 COBRA 1.0 标准；Microsoft 的 COM 系列，从最初的 COM 发展成现在的 DCOM，形成了 Microsoft 一套分布式对象的计算平台；而 Sun 公司的 Java 平台，在其最早推出的时候只提供了远程的方法调用，在当时并不能被称为分布式对象计算，只是属于网络计算里的一种，接着推出的 JavaBean 也还不足以和上述两大流派抗衡，而其目前的版本 J2EE 推出了 EJB，除了语言外还有组件的标准以及组件之间协同工作通信的框架。于是，也就形成了目前的三大流派。

三者之中，COBRA 标准做得最好。COBRA 标准主要分为 3 个层次：对象请求代理、公共对象服务和公共设施。最底层是对象请求代理 ORB，规定了分布对象的定义（接口）和语言映射，实现对象间的通信和互操作，是分布式对象系统中的软总线；在 ORB 之上定义了很多公共服务，可以提供诸如并发服务、名字服务、事务（交易）服务、安全服务等各种各样的服务；最上层的公共设施则定义了组件框架，提供可直接为业务对象使用的服务，规定业务对象有效协作所需的协定规则。总之，CORBA 的特点是大而全，互操作性和开放性非常好。其目前的版本是 CORBA 2.3，CORBA 3.0 也已完成了，增加了有关 Internet 集成和 QoS 控制等内容。CORBA 的缺点是庞大而复杂，并且技术和标准的更新相对较慢，COBRA 规范从 1.0 升级到 2.0 所花的时间非常短，而再往上的版本的发布就相对十分缓慢了。

相比之下，Java 标准的制订就快得多，Java 是 Sun 公司自己定的，演变得很快。Java 的优势是纯语言的，跨平台性非常好。Java 分布式对象技术通常指远程方法调用（RMI）和企业级 JavaBean（EJB）。RMI 提供了一个 Java 对象远程调用另一个 Java 对象的方法的能力，与传统 RPC 类似，只能支持初级的分布式对象互操作。Sun 公司于是基于 RMI 提出了 EJB。基于 Java 服务器端组件模型，EJB 框架提供了像远程访问、安全、交易、持久和生命期管理等多种支持分布式对象计算的服务。目前，Java 技术和 CORBA 技术有融合的趋势。

COM 技术是 Microsoft 独家的，是在 Windows 3.1 中最初为支持复合文档而使用的 OLE 技术上发展而来的，经历了 OLE 2/COM、ActiveX、DCOM 和 COM+等几个阶段，目前 COM+把消息通信模块 MSMQ 和解决关键业务的交易模块 MTS 都加了进去，是分布式对象计算的一个比较完整的平台。Microsoft 的 COM 平台效率比较高，同时它有一系列相应的开发工具支持，应用开发相对简单。但它有一个致命的弱点就是 COM 的跨平台性较差，如何实现与第三方厂商的互操作性始终是其一大问题。从分布式对象技术发展的角度来看，大多数人认为 COM 竞争不过 COBRA。

总复习题参考答案

1. 名词解释

(1) 计算机软件：计算机软件是指与计算机系统操作有关的程序、数据以及任何与之有关的文档资料。

(2) 物联网：通过各种信息传感设备及系统，如传感器、射频识别(RFID)技术、全球定位系统(GPS)、红外感应器、激光扫描器、气体感应器等各种装置与技术，实时采集任何需要监控、连接、互动的物体或过程，采集其声、光、热、电、力学、化学、生物、位置等各种需要的信息，与 Internet 结合形成的一个巨大网络。

(3) 传感器：是一种能把特定的被测量信息按一定规律转换成某种可用信号输出的器件或装置，以满足信息的传输、处理、记录、显示和控制等要求。

(4) 射频识别：射频识别是一种非接触式的自动识别技术，它利用射频信号及其空间耦合的传输特性，实现对静止或移动物品的自动识别。

(5) 数据融合：是利用计算机技术对时序获得的若干感知数据，在一定准则下加以分析、综合，以完成所需决策和评估任务而进行的数据处理过程。

(6) 软件危机：软件危机是指在计算机软件开发、使用与维护过程中遇到的一系列严重问题和难题。

(7) 软件生命周期：软件从定义开始，经过开发、使用和维护，直到最终退役的全过程称为软件生命周期。

(8) 软件可靠性：软件可靠性定义为在某个给定时间间隔内，程序按照规格说明成功运行的概率。

(9) 需求分析：开发人员要准确理解用户的要求，进行细致的调查分析，将用户非形式的需求陈述转换为完整的需求定义，再由需求定义转换到相应的形式功能规约(需求规格说明)的过程。

(10) 判定表：又称判断表，是一种图形工具，适合于描述加工判断的条件较多各条件又相互组合的逻辑功能，它共分四大部分，即条件、状态、决策方案和决策规则。

(11) 数据流图：从数据传递和加工的角度，以图形方式来表达系统的逻辑功能、数据在系统内部的逻辑流向和逻辑变换过程，是结构化系统分析方法的主要表达工具及用于表示软件模型的一种图示方法。

(12) 数据字典：数据流图中包含所有元素定义的集合，是对数据的数据项、数据结构、数据流、数据存储、处理逻辑、外部实体等进行的定义和描述，其目的是对数据流图中的各个元素做出详细说明。其中数据项是数据的最小组成单位，若干个数据项可以组成一个数据结构。

(13) JSP 方法：是面向数据结构的设计方法，其定义了一组以数据结构为指导的映射过程，根据输入、输出的数据结构，按一定的规则映射成软件的过程描述，即程序结构。

(14) 软件概要设计：软件概要设计又称结构设计，这是一个把软件需求转换为软件表示(只是描述软件的总的体系结构)的过程。

(15) 模块化：模块化指解决一个复杂问题时自顶向下逐层把软件系统划分成若干模块的过程。每个模块完成一个特定的子功能，所有模块按某种方法组装起来，成为一个整体，完成整个系统所要求的功能。

(16) 耦合性：耦合性也称块间关系，指软件系统结构中各模块间相互联系紧密程度的一种度量。

(17) 数据耦合：数据耦合指两个模块之间有调用关系，传递的是简单的数据值，相当于高级语言中值传递。

(18) 内聚性：内聚性又称块内联系，指模块的功能强度的度量，即一个模块内部各个元素彼此结合的紧密程度的度量。

(19) 软件结构图：是软件系统的模块层次结构，反映了整个系统的功能实现。

(20) 结构化设计：又称面向数据流的设计，它是以需求分析阶段产生的数据流图为基础，按一定的步骤映射成软件结构。

(21) 变换流：在数据流图中，信息沿输入通路进入系统，同时由外部形式变换成内部形式，进入系统的信息通过变换中心，经加工处理以后再沿输出通路变换成外部形式离开软件系统，当数据流具有了信息流的这种特征时这种信息流就叫做变换型数据流(有时简称变换流)。

(22) 事务流：在数据流图中，数据沿输入通路到达一个处理，这个处理根据输入数据的类型在若干个动作序列中选出一个来执行，当数据流图具有这些特征时，这种信息流称为事务型数据流(有时简称事务流)。

(23) 详细设计：详细设计主要确定每个模块的具体执行过程，也称过程设计。

(24) 结构化程序设计：结构化程序设计是一种典型的面向数据流的软件总体设计方法。它采用自顶向下、逐步求精的设计方法和单入口、单出口的控制结构，并且只包含顺序、选择和重复3种结构。

(25) 流程图：流程图又称程序框图，是一种描述程序逻辑结构的工具。

(26) 过程设计语言：过程设计语言(PDL)也称程序描述语言，又称伪码，它是一种用于描述模块算法设计和处理细节的语言。

(27) JSD：JSD主要以活动事件为中心，通过由一串活动顺序组合构成进程，建立系统模型，最后实现该模型。

(28) 软件测试：软件测试指为了发现软件中的错误而执行软件的过程。它的目标是尽可能多地发现软件中存在的错误，将测试结果作为纠错的依据。

(29) 静态测试：静态测试指被测试的程序不在机器上运行，而是采用人工检测和计算机辅助静态分析的手段对程序进行检测。

(30) 动态测试：动态测试指通过运行程序发现错误。

(31) 黑盒测试：它是通过测试来检测每个功能是否都能正常使用。在测试中，把程序看作一个不能打开的黑盒子，在完全不考虑程序内部结构和内部特性的情况下，在程序接口进行测试，它只检查程序功能是否按照需求规格说明书的规定正常使用，程序是否能适当地接收输入数据而产生正确的输出信息。

(32) 白盒测试：白盒测试指把测试对象看成一个打开的盒子，测试人员需了解程序的内部结构和处理过程，以检查处理过程的细节为基础，对程序中尽可能多的逻辑路径进行测试,检验内部控制结构和数据结构是否有错、实际的运行状态与预期的状态是否一致。

(33) 测试用例:测试用例指为寻找程序中的错误而精心设计的一组测试数据。

(34) 驱动模块:驱动模块指用来模拟被测模块的上级调用模块,其功能比真正的上级模块简单得多,它只完成接收测试数据,以上级模块调用被测模块的格式驱动被测模块,接收被测模块的测试结果并输出。

(35) 基线:已经通过正式复审和批准的某规约或产品,它因此可以作为进一步开发的基础,并且只能遵循正式的变化控制过程得到改变。

2. 写出下列常用术语的英文全称和中文含义

(1) IOT: The Internet of Things,物联网。

(2) RFID: Radio Frequency Identification,射频识别技术,又称电子标签、无线射频识别。

(3) MEMS: Micro Electro Mechanical System,微机电系统。

(4) IC卡: Integrated Circuit Card,集成电路卡。

(5) WMAN: Wireless Metropolitan Area Networks,无线城域网技术。

(6) TCP: Transfer Control Protocol,传输控制协议。

(7) MAC: Medium Access Control,介质访问控制层。

(8) WSN: Wireless Sensor Netware,无线传感器网络。

(9) URI: Uniform Resource Identifier,统一资源标识。

(10) HTTP: Hyper Text Transport Protocol,超文本传送协议。

(11) FTP: File Transfer Protocol,文件传输协议。

(12) IP: Internet Protocol,互联网协议。

(13) PD: Physical Distribution,物流。

(14) GIS: Geographic Information System,地理信息系统。

(15) GPS: Global Positioning System,全球定位系统。

(16) CPU: Central Processor Unit,中央微处理机。

(17) AI: Artificial Intelligence,人工智能。

(18) CIO: Chief Information Officer,首席信息官。

(19) CNNIC: China Internet Network Information Center,中国互联网络信息中心。

(20) NGI: Next Generation Network,下一代互联网。

(21) OS: Operation System,操作系统。

(22) CC: Cloud Computing,云计算。

(23) RS: Remote Sensing,遥感技术。

(24) HA: Home Automation,家庭自动化。

(25) HN: Home Networking,家庭网络。

3. 单选题

(1) B	(2) D	(3) B	(4) A	(5) D
(6) B	(7) B	(8) C	(9) C	(10) D

(11) A　(12) C　(13) B　(14) D　(15) B
(16) B　(17) C　(18) A　(19) D　(20) D
(21) C　(22) B　(23) B　(24) C　(25) C
(26) D　(27) A　(28) A　(29) A　(30) C
(31) C　(32) C　(33) A　(34) B　(35) C
(36) A　(37) D　(38) D　(39) B　(40) D
(41) C　(42) B　(43) D　(44) D　(45) A
(46) A　(47) D　(48) B　(49) B　(50) D
(51) A　(52) B　(53) C　(54) A　(55) D
(56) B　(57) B　(58) C　(59) D　(60) B
(61) A

4. 多选题

(1) A　D　(2) A　B　C　D　(3) A　B　C　D　(4) A　B　C
(5) A　B　C　D　(6) A　B　D　(7) A　B　C　D　(8) A　B　C
(9) A　B　C　D

5. 判断题

(1) (×)　(2) (×)　(3) (√)　(4) (√)　(5) (√)
(6) (×)　(7) (√)　(8) (√)　(9) (×)　(10) (√)
(11) (√)　(12) (×)　(13) (×)　(14) (×)　(15) (√)
(16) (√)　(17) (×)　(18) (×)　(19) (√)　(20) (×)
(21) (√)　(22) (√)　(23) (×)　(24) (√)　(25) (√)
(26) (×)　(27) (×)　(28) (√)　(29) (×)　(30) (√)
(31) (×)　(32) (×)　(33) (√)　(34) (√)

6. 填空题

(1) 人们把物体通过传感设备和无线通信技术，与 Internet 相联，其目的是使物体的有关信息能及时地通过 Internet 为需要这些信息的对象所获悉，以便对方能随时对物体进行识别、定位、跟踪、监控和管理，从而达到智能化的第一步。

(2) 物联网依赖于 Internet 所具有的强大计算能力，能及时地处理这些动态信息并针对变化了的状况做出及时的应答与反馈，而且这种应答是经过选优后推荐的，从而体现了智能化的要求。

(3) 使物品在其生产、流通、消费、使用直至报废的整个过程中都具备智能。这也是物联网区别于 Internet 和传感器网络的特点。

(4) 目前，机器对机器的无线通信存在 3 种模式：机器对机器、机器对移动电话(如用户远程监视)，以及移动电话对机器(如用户远程控制)。我们把这种通信简称为M2M。

(5) 当一辆装载着集装箱的货车通过关口的时候，海关人员面前的计算机能够立即获得准确的进出口货物名称、数量、放出地、目的地、货主、报关信息等，海关人员就能够立即根据这些信息来决定是否放行或检查,而支持快速、自动货物通关信息系统的数据采集技术正是射频技术。

(6) 无源 RFID 标签自己不带电源,只有在阅读器阅读范围之内,对阅读器所产生的电磁场发生感应而获得电能,从而使其所带的信息数据能够发送出去,主要应用在门禁控制、物流管理等方面。

(7) 有源 RFID 标签自带电源或可再生能源,标签可以通过无线发射模块主动向阅读器发送识别信号,主要应用在远程电子付费、远程识别、监控等系统中。

(8) RFID 系统中的本地服务器负责收集来自各种阅读器读取的信息,并通过专用网或 Internet 发送到后台处理中心进行相应的信息处理。

(9) 传感器节点与传感器是不同(不同、相同、相近)的概念。

(10) 传感器节点除了通常的传感功能外,还具有信息的存储、处理和通信功能。

(11) 无线传感器节点是物联网中需要大量应用的传感器件。

(12) 甚至带有照相功能的手机、车载的 GPS 装置都可以被看作是传感器,因为手机可以把一些场景转化为一种视频信号输出,GPS 装置能输出地理位置的信号。

(13) 无线传感器网络具有规模大、自组织、多跳路由、动态、可靠、以数据为中心、与应用相关等特征,所以被人们看好。

(14) 蓝牙技术的工作频率在国际开放的 ISM 2.4GHz 上。为了避免相同频率电子设备之间的干扰,蓝牙技术采用了调频扩展技术。

(15) 蓝牙技术的优点使它可以应用于几乎所有的电子设备,例如移动电话、笔记本计算机的鼠标、打印机、投影仪、数码相机、门禁系统、遥控开关、各种家用电器等。

(16) 普适计算的最终目的是实现物理空间与信息空间的完全融合,这一点和物联网的目的非常相似。

(17) "云"可以理解成 Internet 中的计算机群,这个群可以包括几万台计算机,也可以包括上百万台计算机。"云"中的资源在使用者看来是可以无限扩展。

(18) 云计算提供了可靠、安全的数据存储中心,用户可以不用再担心数据丢失、病毒入侵。这种使用方式对于用户端的设备要求很低。

(19) 物联网中传感器网络上的传感器节点所产生的信息可能是非数值型信息,如图形,这样物联网上的数据实际上是异构。

(20) 以一架波音 747 飞机为例,其中的 450 万个部件是从近 10 个国家、100 家大企业与 1.5 万家小企业采购来的。由此可以得出现代制造业已经不是以前简单的一家工厂的概念,而是全球分工合作的概念。

(21) 当前,一家成功的企业不仅需要设计好的产品,同时也要控制物流成本。

(22) GIS 可以作为基础的信息系统平台,具有可视化、地理分析和空间分析、数据库统一管理等方面的优势。

(23) GPS 定位和导航技术根据具体的应用需要,可以实时获取不同精度的目标位置信息。

(24) 智能电网的网络层以电力光纤网为主,辅以电力线载波通信网、无线宽带网,实现感知层各类电力系统信息的广域或局部范围内的信息传输。

(25) 在输配电调度方面,通过物联网技术的应用,通过遍布电网的RFID 及时感知电网内部的运行情况，反馈给调度系统了解全局系统电能的损耗情况，并能够辅助调度人员掌握系统的运行方式，在保证安全运行的前提下优化网络的运行，节省能源消耗，推动低碳经济。

(26) 在安全监控与继电保护方面，通过物联网技术的应用，可以实时感知在外界气象条件下，杆塔、线路等运行部件的受力情况，将信息及时反馈给整个电网的控制系统。

(27) 智能电网具有自愈功能，即把电网中有问题的元件从系统中隔离出来，并在很少或不用人为干预的情况下使系统迅速恢复到正常运行状态，几乎不中断对用户的供电服务。

(28) 智能家居提供全方位的信息交换功能，帮助家庭与外部保持信息交流畅通，优化人们的生活方式，帮助人们有效安排时间，增强家居生活的安全性，甚至为各种能源消耗节约开支。

(29) 信息家电由嵌入式处理器、相关支撑硬件(如显示卡、存储介质、IC卡或信用卡等读取设备)、嵌入式操作系统以及应用层的软件包组成。

(30) 家庭局域网是指连接家庭里的PC、各种外设及与Internet互联的网络系统。

(31) 上海市政府认为，智慧城市是城市发展的高级阶段，城市信息化为建设智慧城市奠定了坚实的基础；智慧城市的建设需要依托发达的信息基础设施，以感知、传输、处理等技术的广泛应用，带动先进技术走向成熟，带动经济、社会及城市管理跨入智能化发展阶段；让城市中各个功能彼此协调运作，为市民提供更高的生活品质。

(32) 智慧城市建设需要借助于信息手段来动态、智能化地管理城市的人口，特别是流动人口的管理。

(33) 智慧城市是一个信息移动的城市，各种移动终端在不固定的场所接入有线或无线网络，从移动计算网络环境中获取数据和信息，进行相应的计算处理和决策，这样的过程就是移动计算的过程。

(34) IBM前首席执行官郭士纳曾对计算模式的发展提出他的观点。他认为计算模式每隔15年发生一次变革，最初的计算模式是主机终端模式，第二次是微机网络模式，第三次是Internet模式，第四次应该是物联网模式。

(35) 一家物流公司应用了连接物联网系统的货车，当装载超重时，汽车会自动告诉人超载了，包括超载多少，空间是否有剩余，告诉人重货与轻货之间该怎样搭配；当搬运人员卸货时，一只货物包装可能会大叫"你扔疼我了"，或者说"亲爱的，请你不要太野蛮，可以吗?"

(36) 医疗保健中一个很重要的观念是"治未病"，通过移动通信，把身上所带的体症传感器测得的信息传给手机，手机自动将检测到的与健康有关的信息发送给医院，医院的专家帮助诊断，提示预防并指导按时服药。

7. 简答题

(1) 为什么物联网被称为具有"智能"?

① 物联网能随时获悉连接在网上的各种物体的性质、位置和状态，大量的这类信息使它对客观世界的了解比较深刻。

② 物联网借助于Internet的强大计算资源，能及时地处理动态的信息并针对变化了的状况做出及时的应答与反馈，做出更具体、更智慧的决策。

(2) 试述如何应用RFID技术来进行食品安全管理。

食品的供应链包含食品生产前期、中期和后期。食品生产前期包括种子、饲料的生产环节,中期是粮食种植生产环节,而后期包括粮食分级、包装、加工、存储与销售等环节。因此,食品安全实际上涉及"从农田到餐桌"的全过程。而RFID技术应用于食品安全中可以从种子或种畜开始,一个一个环节地跟踪到餐桌边,进行全程记录在案,以便进行食物来源的追溯。

(3) 举例说明我们身边的传感器(5项以上)。

在每个人的日常生活中都在使用着各种各样的传感器,例如:电视机、音响、DVD、空调遥控器等所使用的红外线传感器;电冰箱、微波炉、空调及温控所使用的温度传感器;家庭使用的煤气灶、燃气热水器报警所使用的气体传感器;家用摄像机、数码照相机、上网聊天视频所使用的光电传感器;汽车所使用的传感器就更多,如温度、压力、油量、角度线性位移传感器等。

(4) 简述无线传感器网络的特征。

无线传感器网络具有如下的特征:规模大、自组织、多跳路由、动态性、可靠性、以数据为中心、与应用密切相关等。

(5) 简述支持物联网的信息技术有哪些。(列举5项以上)

高性能计算与云计算、数据库技术、数据仓库技术、人工智能技术、多媒体技术、虚拟现实技术、嵌入式技术、信息安全技术等。

(6) 为什么说物联网是实现现代物流最有效的技术手段?

物联网可以在物流的"末梢神经"的产品上和原材料数据采集环节使用RFID与传感器网络技术,在多企业系统工作中应用Internet计算模式,在物流运输过程中应用GIS、GPS及时准确定位、跟踪与调度,在产品销售环节应用电子订货与电子销售POS设备。物联网从任何一种原材料的采购、生产、运输的末梢神经到整个系统的运行过程都实现了自动化、网络化并可以实现整个过程的实时监控和实时决策。

(7) 简述智慧电网的定义及其功能。

智能电网是以特高压电网为骨干网架,以各级电网协调发展的坚强网架为基础,以信息通信平台为支撑,具有信息化、自动化、交互化特征,包括电力系统的发电、输电、变电、配电、用电和调度各个环节,覆盖所有电压等级,实现电力流、信息流、业务流的高度融合的现代化电网。

(8) 智能家居与传统家居的主要区别在哪里?

与普通家居相比,智能家居由原来的被动静止的家居结构转变为具有能动智慧的工具,提供全方位的信息交换功能,帮助家庭与外部保持信息交流畅通,优化人们的生活方式,帮助人们有效安排时间,增强家居生活的安全性,甚至为各种能源消耗节约费用。

(9) 试问智慧城市的管理中心包括哪些内容?

智慧城市的管理中心是智慧城市的心脏,是城市信息化的核心和基础工程。它包括6个分中心:信息网络互联中心、身份认证中心、信息资源管理中心、信息服务中心、Internet数据中心、决策支持中心。

(10) 物联网对我国的意义是什么?

物联网描绘的是一个充满智能化的世界。物联网对我国的意义在于:

① 物联网将改善人与自然界的联系。

② 物联网将有益于建设智能化、节能型城市。

③ 物联网将大大改善民生。

④ 物联网建设对我国具有战略意义。

(11) 软件生命周期各阶段的任务是什么？

软件生命周期分为 7 个阶段：

① 问题定义：要解决的问题是什么。

② 可行性研究：确定问题是否值得解决，技术可行性、经济可行性、操作可行性。

③ 需求分析：系统必须做什么。

④ 总体设计：系统如何实现，包括系统设计和结构设计。

⑤ 详细设计：具体实现设计的系统。

⑥ 实现：编码和测试。

⑦ 运行维护：保证软件正常运行。

(12) 软件重用的效益是什么？

① 软件重用可以显著地改善软件的质量和可靠性。

② 软件重用可以极大地提高软件开发的效率。

③ 节省软件开发的成本，避免不必要的重复劳动和人力、财力的浪费。

(13) 自顶而下渐增测试与自底而上渐增测试各有何优缺点？

① 自顶而下渐增测试。优点：不需要测试驱动程序，能够在测试阶段的早期实现并验证系统的主要功能，而且能够尽早发现上层模块的接口错误。缺点：需要存根程序，底层错误发现较晚。

② 自底而上渐增测试。优点与缺点和自顶而下渐增测试的相反。

(14) 提高可维护性的方法有哪些？

在软件工程的每个阶段都应该努力提高系统的可维护性，在每个阶段结束前的审查和复审中，应着重对可维护性进行复审。

① 在需求分析阶段的复审中，应对将来要扩充和修改的部分加以注明。

② 在讨论软件可移植性问题时，要考虑可能要影响软件维护的系统界面。

③ 在软件设计的复审中，应从便于修改、模块化和功能独立的目标出发，评价软件的结构和过程，还应对将来可能修改的部分预先做准备。

④ 在软件代码复审中，应强调编码风格和内部说明这两个影响可维护性的因素。

⑤ 在软件系统交付使用前的每一测试步骤中都应给出需要进行预防性维护部分的提示。在完成每项维护工作后，都应对软件维护本身进行仔细认真的复审。

为了从根本上提高软件系统的可维护性，人们正试图通过直接维护软件规格说明来维护软件，同时也在大力发展软件重用技术。

(15) 简述软件测试要经过哪几个步骤，每个步骤与什么文档有关。

软件测试过程按 4 个步骤进行，即单元测试(模块测试)、集成测试(子系统测试和系统测试)、确认测试(验收测试)和平行运行。

① 单元测试集中对用源代码实现的每一个程序单元进行测试，与其相关的文档是单元测试计划和详细设计说明书。

② 集成测试把已测试过的模块组装起来，主要对与设计相关的软件体系结构的构造进

行测试。与其相关的文档是集成测试计划和软件需求说明书。

③ 确认测试则是要检查已实现的软件是否满足了需求规格说明中确定了的各种需求，以及软件配置是否完全、正确。与其相关的文档是确认测试计划和软件需求说明书。

④ 平行运行把已经经过确认的软件纳入实际运行环境中，与其他系统成分组合在一起进行测试。与其相关的文档是用户指南、使用手册等。

(16) 可行性研究报告的主要内容有哪些？

一个可行性研究报告的主要内容如下：

① 引言：说明编写本文档的目的；项目的名称、背景；本文档用到的专门术语和参考资料。

② 可行性研究前提：说明开发项目的功能、性能和基本要求；达到的目标；各种限制条件；可行性研究方法和决定可行性的主要因素。

③ 对现有系统的分析：说明现有系统的处理流程和数据流程；工作负荷；各项费用支出；所需要各类专业技术人员的数量；所需要各种设备；现有系统存在什么问题。

④ 所建议系统的技术可行性分析：所建议系统的简要说明；处理流程和数据流程；与现有系统比较的优越性；采用所建议系统对用户的影响；对各种设备、现有软件、开发环境、运行环境的影响；对经费支出的影响；对技术可行性的评价。

⑤ 所建议系统的经济可行性分析：说明所建议系统的各种支出、各种效益；收益投资比；投资回收周期。

⑥ 社会因素可行性分析：说明法律因素，对合同责任、侵犯专利权、侵犯版权等问题的分析；说明用户使用可行性，是否满足用户行政管理、工作制度、人员素质的要求。

⑦ 其他可供选择方案：逐一说明其他可供选择的方案，并说明未被推荐的理由。

⑧ 结论意见：说明项目是否能开发；还需要什么条件才能开发；对项目目标有什么变动等。

(17) 系统设计的内容是什么？

系统设计阶段先从高层入手，然后细化。系统设计要决定整个结构及风格，这种结构为后面设计阶段的更详细策略的设计提供了基础。

① 系统分解。系统中主要的组成部分称为子系统，子系统既不是一个对象也不是一个功能，而是类、关联、操作、时间和约束的集合。每次分解的各子系统数目不能太多，最底层子系统称为模块。

② 确定并发性。分析模型、现实世界及硬件中不少对象均是并发的。系统设计的一个重要目标就是确定哪些是必须同时动作的对象，哪些不是同时动作的对象。后者可以放在一起而综合成单个控制线或任务。

③ 处理器及任务分配。各并发子系统必须分配给单个硬件单元，要么是一个一般的处理器，要么是一个具体的功能单元，必须完成下面的工作：估计性能要求和资源需求，选择实现子系统的软硬件，将软件子系统分配给各处理器以满足性能要求和极小化处理器之间的通信，决定实现各子系统的各物理单元的连接。

④ 数据存储管理。系统中的内部数据和外部数据的存储管理是一项重要的任务。通常各数据存储可以将数据结构、文件、数据库组合在一起，不同数据存储要在费用、访问时间、容量以及可靠性之间做折中考虑。

⑤ 全局资源的处理。必须确定全局资源,并且制定访问全局资源的策略。全局资源包括:物理资源,如处理器、驱动器等;空间,如盘空间、工作站屏等;逻辑名字,如对象标识符、类名、文件名等。

⑥ 选择软件控制机制。分析模型中所有交互行为都表示为对象之间的事件。系统设计必须从多种方法中选择某种方法来实现软件的控制。

⑦ 人机交互接口设计。设计中的大部分工作都与稳定的状态行为有关,但必须考虑用户使用系统的交互接口。

(18) 什么是软件危机?软件危机的表现是什么?其产生的原因是什么?

软件发展第二阶段的末期,由于计算机硬件技术的进步,计算机运行速度、容量、可靠性有显著的提高,生产成本显著下降,这为计算机的广泛应用创造了条件。一些复杂的、大型的软件开发项目提出来了,但是,软件开发技术的进步一直未能满足发展的需要。在软件开发中遇到的问题找不到解决办法,使问题积累起来,形成了尖锐的矛盾,因而导致了软件危机。

软件危机表现在以下4个方面:

① 经费预算经常突破,完成时间一再拖延。

② 开发的软件不能满足用户要求。

③ 开发的软件可维护性差。

④ 开发的软件可靠性差。

造成软件危机的原因是:

① 软件的规模越来越大,结构越来越复杂。

② 软件开发管理困难而复杂。

③ 软件开发费用不断增加。

④ 软件开发技术落后。

⑤ 生产方式落后。

⑥ 开发工具落后,生产率提高缓慢。

(19) 软件质量保证应做好哪几方面的工作?

软件质量保证是软件工程管理的重要内容,软件质量保证应做好以下几方面的工作。

① 采用技术手段和工具。质量保证活动要贯彻开发过程始终,必须采用技术手段和工具,尤其是使用软件开发环境来进行软件开发。

② 组织正式技术评审。在软件开发的每一个阶段结束时,都要组织正式的技术评审。国家标准要求单位必须采用审查、文档评审、设计评审、审计和测试等具体手段来保证质量。

③ 加强软件测试。软件测试是质量保证的重要手段,因为测试可发现软件中大多数潜在错误。

④ 推行软件工程规范(标准)。用户可以自己制定软件工程规范(标准),但标准一旦确认就应贯彻执行。

⑤ 对软件的变更进行控制。软件的修改和变更常常会引起潜伏的错误,因此必须严格控制软件的修改和变更。

⑥ 对软件质量进行度量。即对软件质量进行跟踪,及时记录和报告软件质量情况。

(20) 常用的软件项目的估算方法主要有哪几种?

① 自上向下估算方法。

② 自下向上估算方法。

③ 混合估算法。

④ 参数估算法。

⑤ 组合估算法。

(21) 软件复杂性的概念是什么?

从6个方面来描述软件复杂性:

① 理解程序的难度。

② 维护程序的难度。

③ 向其他人解释程序的难度。

④ 按指定方法修改程序的难度。

⑤ 根据设计文件编写程序的工作量。

⑥ 执行程序时需要资源的多少。

(22) 软件质量保证(SQA)活动主要包括哪些内容?

SQA活动主要包括以下内容:

① 在需求分析阶段提出对软件质量的需求,并将其自顶向下逐步分解为可以度量和控制的质量要素,为软件开发、维护各阶段软件质量的定性分析和定量度量打下基础。

② 研究并选用软件开发方法和工具。

③ 对软件生命周期各阶段进行正式的技术评审(FTR)。

④ 制定并实施软件测试策略和测试计划。

⑤ 及时生成软件文档并进行其版本控制。

⑥ 保证软件开发过程与选用的软件开发标准相一致。

⑦ 建立软件质量要素的度量机制。

⑧ 记录SQA的各项活动,并生成各种SQA报告。

(23) 单元测试、集成测试和确认测试之间有哪些不同?

① 测试内容不同:单元测试集中于单个模块的功能和结构检验,其测试内容主要包括模块接口、局部数据结构、重要的执行路径、错误处理和边界测试;集成测试集中于模块组合的功能和软件结构检验,其测试内容主要包括模块组装中可能出现的问题,即数据穿过接口可能丢失、一个模块可能破坏另一个模块的内容、子功能组装可能不等于主功能、全程数据结构问题、误差累积问题;确认测试集中于论证软件需求的可追溯性,主要包括测试软件功能和性能是否与软件需求一致、测试软件配置的所有程序与文档是否正确、完整而且一致。

② 测试的方法不同:单元测试总是使用白盒测试法,为被测模块设计驱动模块和桩模块;集成测试使用渐增式测试和非渐增式测试,渐增式测试又有分为自顶向下集成法和自底向上集成法;确认测试总是使用黑盒测试法。

③ 发现的错误不同:单元测试发现的错误主要是在编码阶段产生的错误;集成测试发现的错误主要是在设计阶段产生的错误;确认测试发现的错误主要是在需求分析阶段产生的错误。

④ 涉及的文档不同:单元测试涉及编码和详细设计文档;集成测试涉及详细设计文档和概要设计文档;确认测试涉及软件需求规格说明书和用户手册。

三者相互关系是:单元测试、集成测试和确认测试是顺序实现的。首先单元测试对各个模块进行测试,然后集成测试以单元测试为基础,将所有已测模块按照设计要求组装成一个完整的系统,对模块组合的功能和软件结构检验进行测试,最后确认测试是以集成测试为基础,测试集成的软件是否满足需求规格说明书中确定的各种需求。

(24) 在射频识别系统中使用中间件的主要是什么?

使用 RFID 中间件有以下 3 个主要目的:

① 隔离应用层和设备接口。

② 处理读写器和传感器捕获的原始数据,使应用层看到的都是有意义的高层的事件,从而大大减少所需处理的信息。

③ 提供应用层接口用于管理读写器和查询 RFID 观测数据,目前大多数可用的 RFID 中间件都有这些特性。

(25) 无线传感器网络容易遭受哪些安全攻击?

① 物理层攻击:拥塞攻击;物理破坏。

② 链路层攻击:碰撞攻击;能量耗尽攻击;非公平竞争。

③ 网络层攻击:选择转发攻击;Sinkhole 攻击;Sybil 攻击;Wormhole 攻击;Hello 泛洪攻击;确认欺骗攻击。

④ 传输层攻击:泛洪攻击;同步破坏攻击。

8. 应用题

(1)

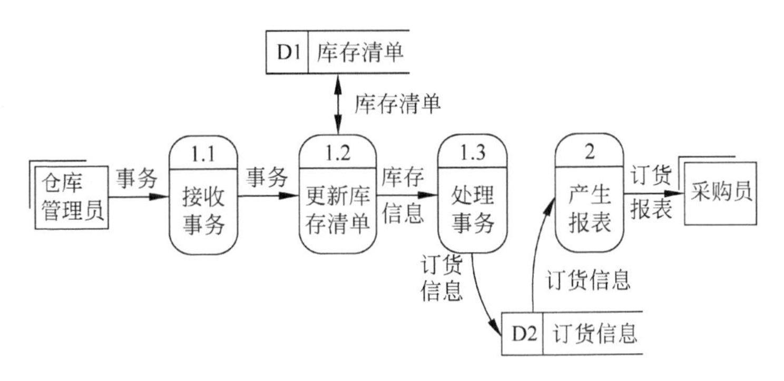

总复习题 8.(1)题的系统数据流图

(2)

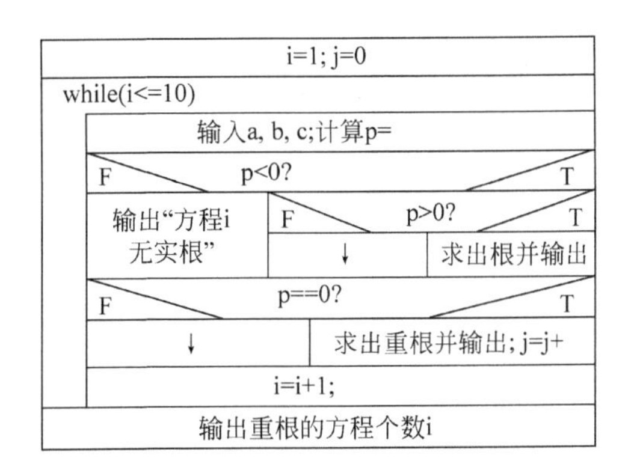

总复习题 8.(2)题的 N-S 图

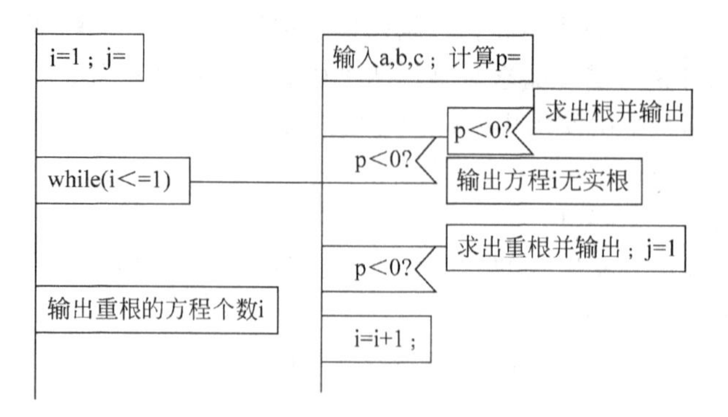

总复习题 8.(2)题的 PAD 图

(3)

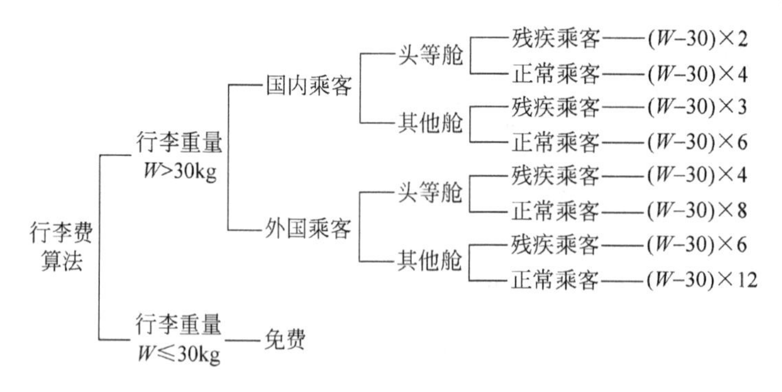

总复习题 8.(3)题的判定树

(4)

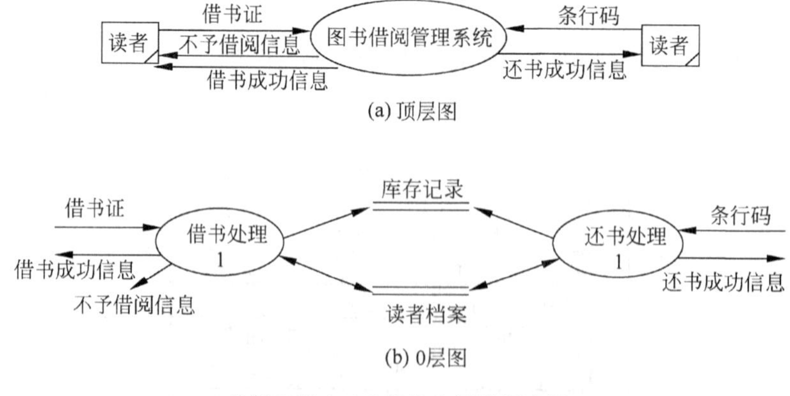

总复习题 8.(4)题的分层数据流图

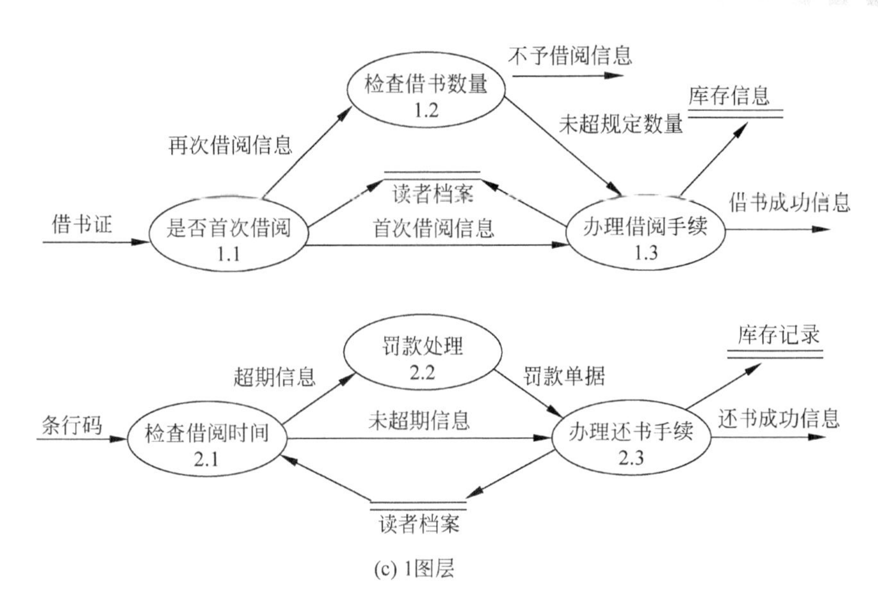

(c) 1图层

总复习题 8.(4)题的分层数据流图(续)

期末考试模拟试卷 1～5 参考答案

期末考试模拟试卷 1 部分参考答案

1. 选择题

题号	(1)	(2)	(3)	(4)	(5)	(6)	(7)	(8)	(9)	(10)
答案	ABD	AC	ABD	BCD	ABCD	AB	ABCD	C	C	C

2. 名词解释题

(1) 内聚：指内部各元素之间联系的紧密程度，内聚度越低模块的独立性越差。

(2) 软件外包：一个组织不想使用内部资源或者没有内部资源开发软件，它可以雇佣专门从事这些服务的组织来做这些工作，这种把软件开发转给外部供应商的过程就称作软件外包。

(3) 数据字典：是数据流图中包含所有元素定义的集合，对数据的数据项、数据结构、数据流、数据存储、处理逻辑、外部实体等进行定义和描述。

(4) E-R 图：实体—关系图，是表示数据对象及其之间关系的图形语言机制。

(5) UML：又称统一建模语言或标准建模语言，是一种支持模型化和软件系统开发的图形化语言。

3. 简答题(略)

4. 论述题(略)

5. 分析阐述题

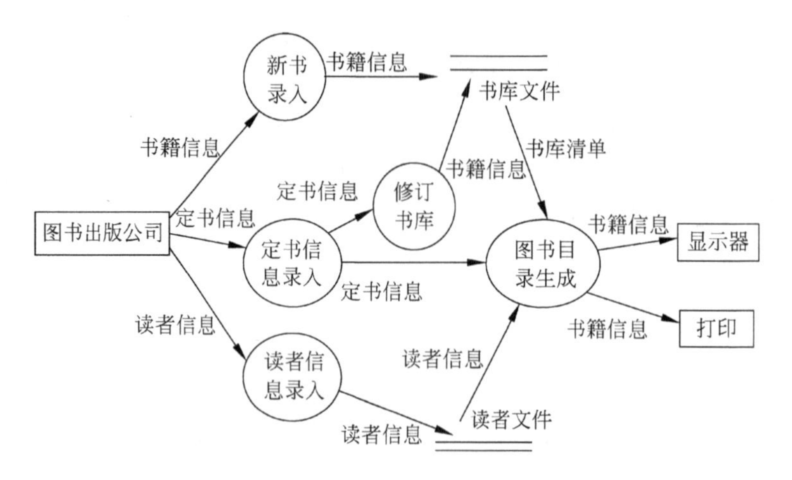

期末考试模拟试卷1分析阐述题图(1)

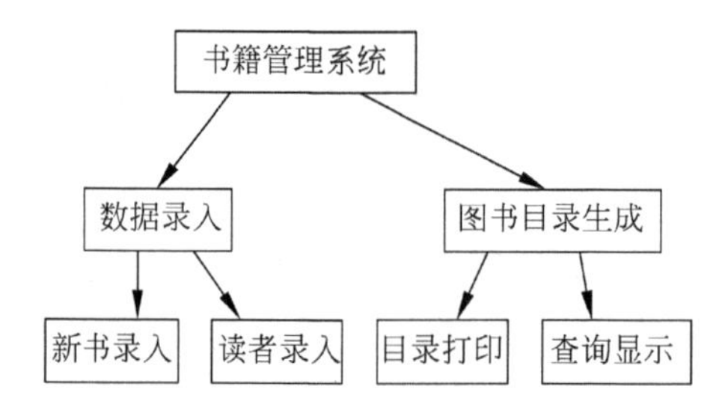

期末考试模拟试卷1分析阐述题图(2)

期末考试模拟试卷2部分参考答案

1. 单项选择题

题号	(1)	(2)	(3)	(4)	(5)	(6)	(7)	(8)	(9)	(10)
答案	B	B	C	C	A	C	D	B	B	A

2. 多项选择题

题号	(1)	(2)	(3)	(4)	(5)	(6)	(7)	(8)	(9)	(10)
答案	ABDE	BCD	BCDE	BC	BC	BD	BC	ABCD	ABCD	ABCD

3. 名词解释题

(1) 喷泉模型：是一种以用户需求为动力，以对象为驱动的模型，主要用于描述面向对象的软件开发过程。

(2) TSP：团队软件过程，是为开发软件产品的开发团队提供指导的活动。

(3) SQA：软件质量保证，指建立一套有计划、有系统的方法来向管理层保证拟定出的标准、步骤、实践和方法能够正确地被所有项目所采用。

（4）软件复用：将已有的软件成分用于构造新的软件系统，以缩减软件开发和维护的花费。

（5）联合开发：指组织的IT人员和开发公司的技术人员一起工作，完成开发任务。

4. 简答题（略）

5. 论述题（略）

6. 分析题

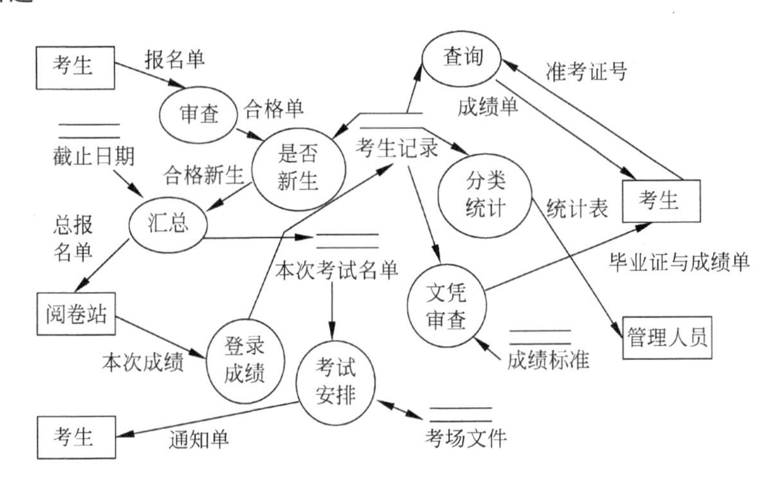

期末考试模拟试卷2分析题图

期末考试模拟试卷3部分参考答案

1. 多项选择题

题号	（1）	（2）	（3）	（4）	（5）	（6）	（7）	（8）	（9）	（10）
答案	BCD	ABCD	ACD	ABD	ABC	ABCD	ACD	AC	ACD	ABCDE
题号	（11）	（12）	（13）	（14）	（15）					
答案	ABC	ACDE	ABC	ABCD	ABC					

2. 名词解释题

（1）通信网：一种使用交换设备、传输设备，将地理上分散的用户终端设备互连起来实现通信和信息交换的系统。

（2）软件工程过程：生产一个最终能满足需求且达到工程目标的软件产品所需要的步骤，是将用户需求转换为软件所需的软件工程活动的总集。

（3）模块化：是一种将复杂系统分解成为更好的可管理模块的方式。

（4）结构化设计：运用一组标准的准则和工具帮助系统设计员确定软件系统是由哪些模块组成的，这些模块用什么方法连接在一起才能构成一个最优的软件系统结构。

（5）HIPO图：是表示软件结构的一种图形工具，它既可以描述软件总的模块层次结构，又可以描述每个模块输入/输出数据、处理功能及模块调用的详细情况。

3. 简答题(略)

4. 论述题(略)

5. 分析题

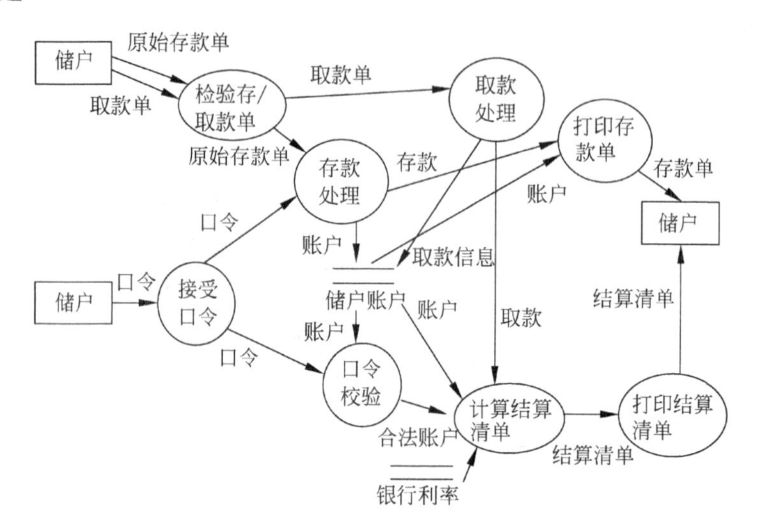

期末考试模拟试卷 3 分析题图

期末考试模拟试卷 4 部分参考答案

1. 填空题

题号	(1)	(2)	(3)	(4)	(5)
答案	M2M	专用网或 Internet	存储	调频扩展技术	异构

2. 判断题

题号	(1)	(2)	(3)	(4)	(5)
答案	×	×	√	√	×

3. 名词解释题

(1) 程序生成器：一种代码生成器，其任务是根据详细设计的要求自动或者半自动地生成某种语言的程序。

(2) 软件集成：将不同软件和信息等集成到相互关联的、统一和协调的系统之中，使资源达到充分共享，实现集中、高效、便利的管理。

(3) 3G：第三代通信网络，可实现无线漫游，并处理图像、音乐、视频流等多种媒体形式，提供包括网页浏览、电话会议、电子商务等多种信息服务。

(4) RFID：射频识别，又称电子标签，是一种通信技术，可通过无线电信号识别特定目标并读写相关数据，而无须识别系统与特定目标之间建立机械或光学接触。

(5) FPA：功能点分析法，是一种相对抽象的方法，是一种人为设计出的度量方式，主要解决如何客观、公正、可重复地对软件规模进行度量。

4. 简答题(略)

5. 论述题(略)

6. 分析题

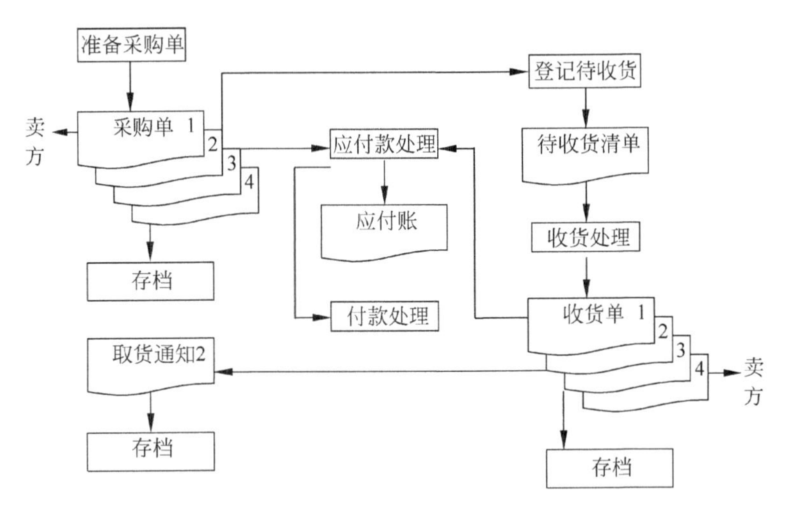

期末考试模拟试卷4分析题图

期末考试模拟试卷5部分参考答案

1. 单项选择题

题号	(1)	(2)	(3)	(4)	(5)	(6)	(7)	(8)	(9)	(10)
答案	B	B	B	A	D	A	D	D	D	B
题号	(11)	(12)	(13)	(14)	(15)	(16)	(17)	(18)	(19)	(20)
答案	D	C	C	C	B	C	D	A	D	B

2. 名词解释题

(1) 传感器:是一种能把特定的被测量信息按一定规律转换成某种可用信号输出的器件或装置,以满足信息的传输、处理、记录、显示和控制等要求。

(2) 需求分析:开发人员要准确理解用户的要求,进行细致的调查分析,将用户非形式的需求陈述转换为完整的需求定义,再由需求定义转换到相应的形式功能规约(需求规格说明)的过程。

(3) 耦合性:耦合性也称块间关系,指软件系统结构中各模块间相互联系紧密程度的一种度量。

(4) 事务流:数据沿输入通路到达一个处理,这个处理根据输入数据的类型在若干个动作序列中选出一个来执行,当数据流图具有这些特征时,这种信息流称为事务型数据流(有时简称事务流)。

(5) 黑盒测试：黑盒测试也称功能测试，它是通过测试来检测每个功能是否都能正常使用。在测试中，把程序看作一个不能打开的黑盒子，在完全不考虑程序内部结构和内部特性的情况下，在程序接口进行测试，它只检查程序功能是否按照需求规格说明书的规定正常使用，程序是否能适当地接收输入数据而产生正确的输出信息。

3. 简答题（略）

4. 论述题（略）

参考文献

[1] 周丽娟,王华.新编软件工程实用教程.北京：电子工业出版社,2008.

[2] 刁成嘉.软件工程导论.天津：南开大学出版社,2006.

[3] 任胜兵.软件工程.北京：北京邮电大学出版社,2004.

[4] 曹哲.软件工程.北京：中国水利水电出版社,2004.

[5] 许家珀,曾翎,彭德中.软件工程：理论与实践.北京：高等教育出版社,2004.

[6] 刘志峰.软件工程技术与实践.北京：电子工业出版社,2004.

[7] 刘秉刚.QUICK BASIC 结构化程序设计.重庆：重庆大学出版社,1997.

[8] 冯玉琳.软件工程：方法·工具和实践.合肥：中国科学技术大学出版社,1988.

[9] 申贵成.面向对象理论、方法及应用.北京：兵器工业出版社,2008.

[10] 徐洁磐.面向对象数据库系统及其应用.北京：科学出版社,2003.

[11] 袁淑君.计算机程序结构及其描述.上海：上海交通大学出版社,1988.

[12] 郑人杰.软件工程.北京：清华大学出版社,1999.

[13] 孙家广.软件工程.北京：高等教育出版社,2005.

[14] 郑人杰.实用软件工程.北京：清华大学出版社,2004.

[15] 张海藩.软件工程导论.北京：清华大学出版社,1987.

[16] 陈有祺.软件工程引论.天津：南开大学出版社,2000.

[17] 杨芙清.面向对象程序设计.北京：北京大学出版社,1992.

[18] 潘锦平.软件系统开发技术.西安：西安电子科技大学出版社,1997.

[19] 蔡希尧,陈平.面向对象技术.西安：西安科技大学出版社,1993.

[20] 罗晓沛,侯炳辉.系统分析员教程.北京：清华大学出版社,1992.

[21] 郑人杰,殷人昆,陶永雷.实用软件工程.二版.北京：清华大学出版社,1997.

[22] 齐治昌,潭庆平,宁洪.软件工程.二版.北京：高等教育出版社,2004.

[23] 张海藩.软件工程导论.三版.北京：清华大学出版社,1998.

[24] 冯玉琳,黄涛,倪彬.对象技术导论.北京：科学出版社,1998.

[25] 邵维忠,杨芙清.面向对象系统分析.北京：清华大学出版社,1998.

[26] 周之英.现代软件工程.北京：科学出版社,2000.

[27] 刘超,张莉.可视化面向对象建模技术.北京：北京航空航天大学出版社,1999.

[28] 朱三元,钱乐秋,宿为民.软件工程技术概论.北京：科学出版社,2002.

[29] 冀振燕.UML 系统分析设计与应用案例.北京：人民邮电出版社,2003.

[30] Ivar Jacobson,Grady Booch,James Rumbaugh 著.统一软件开发过程.周伯生,冯学民,樊东平译.北京：机械工业出版社,2002.

[31] Philippe Kruchten 著.Rational 统一过程引论.2 版.周伯生,吴超英,王佳丽译.北京：机械工业出版社,2002.

[32] 曾庆勇.物联网系统在社区医疗服务中心的应用分析与设计.微型电脑应用,2012,(1).

[33] 大唐电信水利物联网系统方案.电信技术,2010,(8).

[34] 李光亚.物联网软件技术发展新趋势研究.微型电脑应用,2011,27(1).

[35] 李永强.浅论软件系统规划.江汉石油职工大学学报,2005,18(2).

[36] 樊学东.论软件开发系统调查.硅谷,2010,(07).

[37] 张毅.物联网的体系结构与应用.中国高新技术企业,2011,(08).

[38] 侯忠华.物联网通用应用层架构设计.物联网技术,2011,(07).
[39] 刘勇,侯荣旭.浅谈物联网的感知层.电脑学习,2010,(05).
[40] 方静.物联网背景下基于公众服务的交通信息整合架构.公路与汽运,2012,(3).
[41] 王振,李文勇,马剑.物联网平台下智能交通系统体系框架研究.交通工程,2012,(1).
[42] 范绍成,周东峰,车倍凯,肖伸平.基于物联网的汽车被盗追踪系统.湖南工业大学学报,2012,26(1).
[43] 毛莺池,程莉,王志坚.浅析个体软件过程(PSP).内蒙古师范大学学报(自然科学汉文版),2002,(1).
[44] 吴菲菲,韩福荣.个体软件过程(PSP)的原理与实施.世界标准化与质量管理,2003,(2).
[45] 高振平,杨柳青.个人软件过程.计算机工程与应用,2003,(2).
[46] 孙博.论个体软件过程(PSP).连云港师范高等专科学校学报,2003,(1).
[47] 文海英,梁小芝.个体软件过程(PSP)实施规范研究.湖南科技学院学报,2006,(5).
[48] 杨雪,王志坚,朱菊.基于 PSP 的个人过程改进策略.计算机与现代化,2006,(6).
[49] 吴丽.基于 CMMI/TSP/PSP 的软件过程改进框架探讨.软件工程师,2011,(1).
[50] 展翔.基于 TSP 的气象信息系统的研究.电脑知识与技术,2010,(1).
[51] 王晓霞.小组软件过程在教学中的应用.甘肃农业,2005,(06).
[52] 王军红.CMMI 在网络安全项目管理中的应用.沈阳师范大学学报(自然科学版),2011,(2).
[53] 吴丽.基于 CMMI/TSP/PSP 的软件过程改进框架探讨.软件工程师,2011,(1).
[54] 赵桂亮.软件项目开发团队的组建问题研究.北京工业大学,2006.
[55] 丁文将.GD 公司质量管理对策研究.电子科技大学,2008.
[56] 张世辉,罗白玲.关于计算机软件专业学生毕业设计工作的探讨.教学研究,2006,(4).
[57] 盛幼为.团队软件过程的研究与实践,上海管理科学,2004(1).
[58] 李越.关于 PSP、TSP 和 CMM(CMMI)相结合的探讨.铁路计算机应用,2006,(9).
[59] 王新萍.如何编写软件需求说明书.山西煤炭管理干部学院学报,2005,(2).
[60] (美)汉弗莱著.个体软件过程.吴超英,车向东译.北京:人民邮电出版社,2001.
[61] 张凯.软件复杂性与质量控制.北京:中国财政经济出版社,2005.
[62] 张凯.计算机科学技术前沿选讲.北京:清华大学出版社,2010.
[63] 张凯.软件开发环境与工具教程.北京:清华大学出版社,2011.
[64] 张凯.管理信息系统教程.北京:清华大学出版社,2011.

教学资源支持

敬爱的教师：

感谢您一直以来对清华版计算机教材的支持和爱护。为了配合本课程的教学需要，本教材配有配套的电子教案（素材），有需求的教师请到清华大学出版社主页（http://www.tup.com.cn）上查询和下载，也可以拨打电话或发送电子邮件咨询。

如果您在使用本教材的过程中遇到了什么问题，或者有相关教材出版计划，也请您发邮件告诉我们，以便我们更好地为您服务。